U0151334

国家工科物理教学基地　国家级精品课程使用教材

新工科大学物理

李翠莲　主编

下册　电磁学、光学与量子力学

内容提要

本书分上下两册，上册为力学与热学部分，下册为电磁学、光学和量子力学。下册包括34个知识点精讲和相应知识点课后习题中部分难题的详解。每个知识点从层层递进的若干问题出发揭示知识点的内涵和外延，并配设若干课后练习。

本书可作为非物理类大学本科生的物理教材，也可作为期末、考研复习时强化物理知识点和熟悉大学物理解题方法的参考书。

图书在版编目(CIP)数据

新工科大学物理.下册，电磁学、光学与量子力学/李翠莲主编.—上海：上海交通大学出版社，2020
ISBN 978-7-313-21781-3

Ⅰ.①新… Ⅱ.①李… Ⅲ.①物理学—高等学校—教材 Ⅳ.①04

中国版本图书馆CIP数据核字(2019)第173013号

新工科大学物理(下册电磁学、光学与量子力学)
XIN GONGKE DAXUE WULI (XIA CE DIANCIXUE GUANGXUE YU LIANGZI LIXUE)

主　　编：李翠莲
出版发行：上海交通大学出版社　　地　　址：上海市番禺路951号
邮政编码：200030　　电　　话：021-64071208
印　　制：常熟市文化印刷有限公司　　经　　销：全国新华书店
开　　本：710 mm×1000 mm　1/16　　印　　张：19
字　　数：391千字
版　　次：2020年1月第1版　　印　　次：2020年1月第1次印刷
书　　号：ISBN 978-7-313-21781-3
定　　价：59.00元

前言

为了响应教育部“推进新工科建设与发展，开展新工科研究和实践”的号召，发挥综合性大学的优势，适应面向未来新技术和新产业发展的需要，推动理工科向工科延伸，我们编写了这套能向新技术和新产业各领域不断渗透、有助于提高未来社会接班人科学素养和创新能力的《新工科大学物理》教材。下面从三个方面介绍本套教材期待解决的问题、特色和创新点。

首先，目前国内使用的大学物理教材版本众多：有上海交通大学基础物理教研室编的《大学物理教程》、朱峰主编由清华大学出版社出版的《大学物理》、北京大学出版社出版的《简明大学物理》等。关于大学物理的习题集就更多了，这里不一一列举。这些教材为物理理论在工科学生中的普及和推广起到了重要的作用。然而，这些物理教材一般只强调物理公式的推导和习题应用，物理学丰富的发展史、物理学在现代工业、国防、科研中的应用却被忽略了，造成学生普遍感到物理学枯燥无趣，且深奥难懂。因此，《新工科大学物理》的第一个要解决的问题就是掀开物理学神秘的面纱，让学习者明白物理是有故事的，是有趣的。

其次，当代学生生活在知识爆炸、信息畅通的时代，纯粹的知识灌输远远不能满足学生的需要，培养学生的学习能力、创新能力比任何时代都更加迫切。正如爱因斯坦指出的“发展独立思考和独立创新的一般能力，应该始终放在首位”。著名物理学家杨振宁也在清华大学上了一学期《大学物理》后感慨地说，“如今中国学生学习认真、严谨，但缺乏创新意识和创新能力”。因此，配合国家开发新技术和新产业的战略需求，切实加强培养学生的创新意识和创新能力是《新工科大学物理》教材要解决的第二个问题。

怎样才能培养学生的创新意识、提高学生的创新能力呢？我们知道爱因斯坦在他 26 岁时就完成论文《论动体的电动力学》，独立而完整地提出狭义相对性原理，开创物理学的新纪元，他的创新能力是毋庸置疑的。那么，他的创新能力从哪里来的呢？读过爱因斯坦传记的读者都知道，早在中学时代，爱因斯坦就从伯恩斯坦所著的多卷本《自然科学通俗读本》中了解了整个自然科学领域里主要的成果和方法。这套书的第一卷的开始部分就论述了有关光速以及光和距离的内容，以至于当时 16 岁的爱因斯坦在无意中想到了一个奇特的“追光悖论”。从此，开始了长达 10 年的关于光速相对性以及关于光的传播介质“以太”存在问题的探索。这样，在他 26 岁那年发表了《论动体的电动力学》,成功地解释他的“追光悖论”,创立狭义相对论也就是水到渠成的事了。从这个事例我们明白了创新是需要源头、需要传承、需要视野的。再举一个例子,谈谈什么是物理,物理与工程的联系又是怎样的。1824 年,卡诺著写的建立热力学理论的第一篇法文文章中最基本的一句话,“任何不以做功为目的的热传导都是浪费”,就是热力学最根本的原理。它是不是与网上某句关于结婚和恋爱关系的流行语很像呀。卡诺的热力学原理问世 10 年以后,克拉珀龙在 1834 年才读懂了它,并画出了卡诺的理想热机的循环图。克拉珀龙在自己文章的最后还随手甩了一句话,说“如果对于任何一部热机,不以做功为目的的热传导都是在浪费的话,那么灶上面那个正烧开水的壶,它最大的浪费的地方不在壶里面,而在炉子和水壶的交界处。”而这样一句话等了约 50 年以后才终于被一位工程师 R.狄塞尔(R. Diesel)读懂。他说,如果最大的浪费是在炉子和灶台的交界面上,那么好的热机就不应该把炉子架在灶上,而应该是把灶建到炉子里面,从此,世界上有了内燃机。卡诺、克拉珀龙、狄塞尔这些人是不是真正的有大学问的人?从这些人的故事中我们是否对什么是物理学、物理学与工程技术又有怎样的联系有所感悟?

最后,谈谈物理学与工程专业的联系。我国的高中教师、学生及学生家长往往不管物理学在生产工程和生活中有什么用,只要学生能举一反三做得出物理练习,高考获得较高分数,学生、家长、中学教师都满意。到了大学,大学生已步入成年人的门槛,他们不得不思索自己在未来职业生涯中究竟干什么,什么是最适合自己的,什么是值得他们终身追求的目标等等。而物理学作为自然科学的基础学科,几乎物理学的每个知识点开发出去都是一个工程应用领域。比如,大家爱不释手的手机,就是量子力学基础上的能带理论开发的半导体器件与麦克斯韦方程组预言的电磁波理论完美结合的产物;又比如现代高大上的虚拟现实技术就是半导体技术结合光的偏振、光的干涉和衍射知识点的应用。所以,在每一个知识点的理论讲授结束后,除了讲解一些例题让学生熟悉、掌握该知识点以外,增加该知识点在生产工程和生活上的应用实例是必要的,这有助于工科学生在以后的专业选择中有的放矢,也为学生找到适合自己的专业进行有益的尝试。这是《新工科大学物理》教材要解决的第三个问题。

为了培养学生科学思维能力和创新能力,有效解决上面三个问题,本套教材贯彻落实新工科教育的三个新元素。

第一是新理念,本套教材把科学研究的启蒙教育融入本科学生大学物理教学中,这个新理念贯穿于整套教材的每一个知识点的阐述中。时间跨入 21 世纪,中华民族要实现复兴,要引领世界,只是紧跟欧美的工作是远远不够的,需要在中国大地上涌现出一批原创性的工作。要实现这个目标,首先需要全面提高中华民族的科学素养,因为只有整个民族科学素质高了,才会有人才不断涌流出原创性的工作。因此,在事关民族未来的大学物理教育中还原物理学本来丰满的面目,让物理学中涉及的每个知识点都以“它从哪里来”的故事开始,以解决“它可能到哪里去”的问题结束;用一个个生动具体化的故事来阐述被高度抽象的物理学原理,还原大学物理学本来具有的故事性、趣味性、启发性特点，这有助于培养学生的好奇心和发现意识，让每个正常智力的人都可以掌握物理学研究方法，成为敢于突破、敢于创新但又不盲目乱动、有物理学原理底蕴的人。正如SpaceX创始人马斯克那样，每当工程师们觉得某些技术是痴心妄想，马斯克就盯着对方，问：这个技术违反哪一条物理学原理？对方答不出来，就只能去不断尝试，最后获得了巨大的成功。这正是科学研究启蒙教育融入本科教育中的目的。

第二是新架构。本套教材不像以前的大学物理教材以力学、热学、电磁学、光学和量子力学作为大块，在其下再分章节的内容安排模式来编排所有大学物理知识点，而是在深入研究和贯彻教育部“非物理类理工科大学物理课程教学基本要求”，保证A类知识点不减少的基础上，对大学物理的知识点架构做了大幅度改变。新的架构是在力学、热学、电磁学、光学、量子力学五大物理学体系中精选出66个重要的知识点(涵盖教育部“基本要求”中的74个A类知识点全部和52个B类知识点的一部分)分上册32章、下册34章来组织学习。这种架构划分与上海交通大学工科本科生每学期大学物理32～34次课(每次课2小时)相适应。更重要的是，这种架构编排的教材给每个知识点以平等的地位、同样的重要性，让工科类本科学生对大学物理教育中的每个知识点保持新鲜感，在整个一个学年的大学物理学习中保持旺盛的求知欲望；也给对某一知识点有特别兴趣的学生以拓展学习的空间。

第三是新内容。

(1) 本套教材与已出版的其他《大学物理》教材相比增添了每个知识点的**发展史内容**。这部分内容包括当时遇到了怎样的难题需要建立该知识点，建立该知识点的过程中经历了哪些困难，走过哪些弯路，最后怎样统一到目前这个认识的等等。《新唐书·魏徵传》云：“以铜为鉴，可正衣冠；以古为鉴，可知兴替；以人为鉴，可明得失。”每个学习物理的学习者了解一些知识点的发展史才能明白该知识点在人类认识自然的历史长河中所起的作用、所处的位置，才有尊敬和发自心底的赞赏和敬畏。这是培养学生敬畏自然，形成按照自然规律办事的行为习惯不可缺少的环节。本套教材加上发展史内容，希望能改变每个知识点、每个公式在学生心中的较为枯燥的形象，让它们不再显得过于刻板、无趣，而是丰满的、美丽的。

(2) 本套教材与已出版的其他《大学物理》教材相比增添了每个知识点的**新研究方法**，尽量用两种或者两种以上的科学研究方法获得该知识点。让学生从前辈物理学家那里学习遇到问题时思考解决问题的方法，在阅读、查找、讨论、推理、归纳等实践中完成一个个小目标。整个学年下来读懂物理学的大目标就完成了。例如，在“单摆”知识点中，本套教材分别用量纲分析和逻辑推演法分析单摆振动周期与摆长、摆球质量、重力加速度的关系。其中量纲分析法用简单而有效的方法初步探讨决定单摆振动周期的要素，逻辑推演法用牛顿第二定律和数学推理探寻单摆振动规律背后的原因。

(3) 本套教材与已出版的其他《大学物理》教材相比增添了每个知识点的**新应用**

以及可能的拓展内容。这里的应用不仅仅指用知识点所涉及的物理原理解题,而是实实在在地在工业、国防和日常生活中的应用。如在“光的偏振”知识点中,本套教材分析了偏振片在三维影视中的应用和偏振片在现代高科技“虚拟现实”中的重要应用。将基础的物理知识、物理原理与现代高科技结合在一起,大大提高了学生学习的愿望,也使我们摆脱了知识与生活脱节、原理与现实脱节的局面,回答了百姓关心的“学这个知识有什么用”的问题。本套教材还为每个知识点预估了今后可能拓展的方向。学习者通过这套教材学习,能从物理这棵大树的根和杆去接枝,他们在工作中涌现出原创性的、重大的成果将是水到渠成的事。

(4) 本教材增加了用 Python 求解物理问题、把物理问题形象化、生活化的内容。目前,计算物理已成为除实验物理和理论物理外的第三种研究物理的方法,研究生已大量使用各种计算机语言、计算机程序研究物理学、化学、药学等,但是,计算物理还没有引入大学物理教学中。本教材增添这部分内容,一方面可以弥补以前大学物理教材的不足,更重要的是可以拓展学生用物理原理处理实际问题的范围。目前的教材能处理的问题是基于一些具有高度对称性、忽略了许多次要因素的理想情形下得到的结论。现实问题要复杂得多,用 Python 语言编程处理物理问题,把忽略的次要因素加进去后会得到一些新的结论,发现一些新的现象,这也是一种创新。而且,这样处理的结果与生活中的实践结果更接近,使物理理论指导工科实践的意义得到彰显,有助于激发学习者学习物理理论的兴趣。目前这版教材这方面内容仅开始试点,再版时会增加 Python 编程解决物理问题的数量和质量,增加表征物理过程的二维码动画、游戏等内容。

最后,本书每个知识点后配设 3～7 道练习与思考题,其中一道题具有现代应用典型代表意义,且有一定难度。这样安排的目的是既兼顾普通学生熟悉、掌握知识的需要,又考虑个别学有余力的学生拓展知识面,多往深处理解和拓展知识的需要。本书可作为非物理类本科生的物理教材,也可作为读者期末、考研复习准备考试强化物理知识点和熟悉大学物理解题方法的参考书。

由于编者水平有限,书中存在的错误和不足之处,欢迎读者批评指正。

目 录

第一章　电荷、库仑定律及电场

电荷是物质吸引或排斥另一物质的一种属性。库仑定律是关于两个静止点电荷相互作用的规律。库仑定律指出两个静止点电荷之间的相互作用力与其电量的乘积成正比，与两个点电荷之间距离的平方成反比，方向在两个点电荷的连线上。

电场是电荷以及变化的磁场周围空间中存在的一种特殊媒介物质。电荷间的相互作用总是通过电场进行的，因此静电相互作用力又称为电场力。而电场强度是用来表示电场大小和方向的物理量，定义为检验电荷在电场中某一位置所受到的电场力与电荷量之比，其方向与正电荷在该位置所受电场力的方向相同。

一、电荷、库仑定律及电场研究背景

古希腊的哲学家泰勒斯发现琥珀经过毛皮摩擦以后可吸引轻小物体。1600 年，英国医生威廉·吉尔伯特拓展了泰勒斯的研究，他用金刚石、蓝宝石、水晶、明矾、硫磺等物质做实验，同样发现了它们经摩擦后能吸引轻小物质。吉尔伯特在他的著作《论磁石》中首次把摩擦后的物质吸引轻小物体的性质称为物质的电性。1729 年，史蒂芬·戈瑞发现了电传导现象，即通过特定的物体(特别是金属)可以让电相互传递。此后，一些研究者认为电是一种独立存在的物质，而不是与产生电的物体密不可分。1733 年，查尔斯·堵费将电分为两种：玻璃电和琥珀电，即当玻璃与丝巾摩擦时，玻璃会生成玻璃电；当琥珀与毛皮摩擦时，琥珀会生成琥珀电。他认为这两种电会彼此相互抵消，并提出了电现象的双流体理论。1746 年，富兰克林从一位英国朋友那里获得一个可以收集电荷的莱顿瓶，开始了对电现象长达 10 年的研究。富兰克林利用从雷云中收集到的电给莱顿瓶充电而得到电火花证明雷也是一种电现象，天电与地电是一致的。在此基础上，富兰克林提出了电荷、正电、负电概念以及**电荷守恒假说**(电荷不因摩擦玻璃管而产生，而只是从摩擦物转移到了玻璃管，且摩擦物失去的电荷与玻璃管得到的电荷严格相等)。1748 年，法国的让·安东尼·诺雷发明了验电器来测量物体带电量的多少。1766 年，普列斯特里首先对静电力与距离的关系进行了猜测。普列斯特里在 1767 年出版的《电的历史和现状》中写道：“电的吸引应该遵从与万有引力相同的定律，即按距离的平方而变化。”遗憾的是，他对电的排斥力没有做出猜测。1784 年，法国物理学家库仑直接尝试通过类比万有引力定义的方法，定义静电力与两带电体间距离的关系为平方反比关系，然后通过实验来验证其正确性。

库仑还根据对称性利用相同的金属球互相接触的方法,巧妙地获得了各种大小的电荷,得出了电荷间的作用力与它们所带电量的乘积成正比的关系,从而得出 $f \propto \frac{q_1 q_2}{r^2}$ 的结论。这个结论就是现代物理学中的库仑定律。库仑定律发现后,人们对库仑定律中两个点电荷之间的作用力与其距离平方反比的精确程度和适用范围很感兴趣。根据库仑当时的实验条件,他发现 $f \propto \frac{1}{r^{2+\delta}}$,其中 $\delta \leqslant 0.02$。另一方面,库仑定律的指数为 2 与光子静止质量为零这一结论是可以互相推导的。也就是说,假如这一指数与 2 产生了即使是很小的偏差,也会动摇物理学大厦的重要基石,因为现有的很多重要理论都是以库仑定律中指数为 2 作为基本前提的。因此,很多物理学家意识到,必须对这一定律的精确性,即对平方反比律做更多的检验,才能确保这一重要定律能正确无误地贡献于其他领域的研究。1971 年,E. R.威廉斯(E. R. Williams)等人的实验证明 $\delta \leqslant (2.70 \pm 0.31) \times 10^{-16}$,这一实验结果有力地支持了库仑定律,让人们不再怀疑它的正确性。半个世纪后,高斯提出用库仑定律来定义电荷量的大小,即如果两个带有等量电荷的物体相距 1 m 受到的静电力是 9.0×10^9 N,则这两个带电物体带的电量为 1 库仑(C)。从此,电量的基本单位定义为库仑。

物体由于摩擦或者其他原因带了电,我们说物体带了电荷。电荷的多少可以用验电器来测量,电荷的单位也确定了。那么,接下来的问题是:物体带的电量是否有极限?如果有,极大值是多少?极小值又是多少?密立根与他的研究生一起对这个问题做出了很好的回答。

1907—1913 年,美国实验物理学家罗伯特·安德鲁·密立根设计了一系列实验。他将两块水平放置的金属板分别与电源正、负极相接,使两块金属板带上异种电荷。他首先想到的是用喷雾器喷出水滴,让水滴在平行板中电力和重力作用下运动以测出水滴带的电量。但由于水滴容易蒸发,实验数据很不稳定。他的研究生改进了他的实验,用油滴代替了水滴,让带电油滴进入两平板之间,调节电压使油滴受到的电场力与重力平衡,由此他们获得了许多稳定的实验数据,并通过这些数据计算出油滴所带电荷量。1910 年,密立根对实验进行了第三次改进,使油滴可以在电场力与重力平衡时上上下下地运动,而且在受到照射时还可看到因电量改变而致油滴突然变化,从而求出电荷量的改变值。1913 年,密立根通过对 146 次试验中的 58 次实验数据(他剔出了自己认为不好的数据)比较分析,发现所有油滴带的电量都是一个基本量的整数倍。这个数据非常清楚地表明了基本电荷的存在,他进一步算出了基本电荷的精确值 $(4.774 \pm 0.009) \times 10^{-10}$ 静库仑[等于 $(1.592\,4 \pm 0.001\,7) \times 10^{-19}$ 库仑]。这个值与现代国际标准的测量值 $(1.602\,176\,53 \pm 0.000\,000\,14) \times 10^{-19}$ 库仑只差百分之一。这是一个惊人的发现,证明研究者从实验中确证了元电荷的存在。这个精确值也结束了关于对电子离散性的争论,确定了电子作为基本粒子的地位。密立根因为他的关于基本电荷以及光电效应的工作被授予 1923 年的诺贝尔物理学奖。

根据库仑定律，人们明确了电荷与电荷之间相互作用力的大小和方向，但关于电荷与电荷之间的相互作用的性质还不十分清楚。以安培、韦伯、诺埃曼为代表的一批物理学家认为电荷与电荷之间的相互作用是直接的，不需要中介，也不需要任何传递时间。静电力的存在仅仅因为两个电荷都同时存在，如果只有单独一方时，就不存在这种作用能力，或者说这种力就突然在空间消失；当另一电荷再次出现时静电力又突然作用于对方。由于牛顿力学的成功，静电力的这种超距作用观点在物理学中得到广泛传播，而且以超距作用观点发展起来的电动力学在大量实际问题中获得成功，但它难以解释物质的相互作用通过"非物质"的虚空进行瞬时传递，这是这一理论的缺陷。以法拉第为代表的另一派物理学家受到磁力线思想的启发，认为电荷与电荷之间的作用也是近距接触作用，并进而提出了电力线的思想。1820 年，奥斯特发现了电流的磁效应，即电流能使小磁针偏转，而后安培发现了磁场中电流受力的规律。不久以后，法拉第发现当磁棒插入闭合线圈时，会在线圈中产生电流，自此，人们发现了电和磁有着密不可分的关系。科学家们注意到在电荷之间或者电流间产生作用时，若一方产生了变化，另一方则会马上对这种变化产生反应，即使两者相隔一定距离也是如此。当时的人们并不知道电荷之间的作用是以什么方式传播的。法拉第在晚年第一次提出了电磁力的作用并不仅限于导体与带电体中，而是存在于带电体周围的空间中，也就是我们现在常说的电场，并且尝试用场线形象地描述电场。1851 年，法拉第在他发表的《论磁力线》一文中把磁力线、电力线类比为流体场，首次对场的物理图像做了直观的描述。他指出，场是由力线组成的，许多力线组成一个力管，它们将相反的电荷或者磁极联系起来。力线上任一点的切线方向就是该点场强的方向，力线的疏密程度则表示不同点场强的大小。法拉第在一张纸上撒上铁屑，用磁棒在下面轻轻振动，铁屑就连接成规则的曲线，他以此来证明力线和力管的存在。

法拉第在提出电场这一概念时并没有遇到太多困难，但是这一理论被世人接受的过程却很曲折。

人们最早对电现象的认识是电荷之间存在相互作用，而电荷移去后，相互作用的现象也就随之消失。在当时人们的印象中，电荷之间的作用是完全依附于电荷本身的。因此，在法拉第起初提出电现象是由电场这种特殊物质承载的概念时，人们并没有接受这一理论。法拉第去世后，麦克斯韦提出了相对完整的电磁理论，后又被赫兹所证实。这证明了电磁的作用并不完全依托于附近存在的电荷或磁体，而是可以在距离电荷很远的地方单独存在。人们这才意识到电荷周围的确存在着一种特殊的物质，也就是法拉第所说的电场。电场可以由静止电荷激发，也可以由变化的磁场激发。人们把静止电荷产生的电场称为静电场，把变化磁场激发的电场称为涡旋电场。这一章中主讲静电场，涡旋电场将在电磁感应相关内容中讲述。

二、电荷、库仑定律及电场强度的数学描述及物理解析

1. 点电荷模型

为了研究带电物体的性质及其对周围环境的影响,我们需要先将带电物体本身做一简化。与质点的定义类比,当带电物体本身的几何尺度远远小于考察的空间点与带电体之间的距离时,可将这个带电体视为一个点电荷。明显地,点电荷也是描述带电物体的理想化模型,是一个相对性概念,没有绝对意义上的点电荷。一般来说,当考察的空间点到带电体的距离是带电体本身尺度的 100 倍以上时,就可以将该带电体视为点电荷。

2. 库仑定律

库仑定律:真空中两个点电荷之间的静电相互作用力的方向在两个点电荷的连线上,其大小与这两个点电荷所带的电量成正比,与它们之间距离的平方成反比。库仑定律的数学表达式为

$$\boldsymbol{F}=k\frac{q_1q_2}{r^2}\boldsymbol{e}_r \tag{1-1}$$

式(1-1)中,k 是比例常数,q_1,q_2 分别是两点电荷的电量的代数值,正电荷取正号,负电荷取负号,r 为两点电荷之间的距离,$\boldsymbol{e}_r$ 为从其中一个点电荷出发指向另一点电荷的方向单位矢量,如图 1-1 所示。式(1-1)与万有引力表达式 $\boldsymbol{F}_G=-G\frac{m_1m_2}{r^2}\boldsymbol{e}_r$ 相比,两式中力与距离的关系是一样的,但由于质量没有正负,万有引力只能有吸引力;而电荷有正负,所以库仑力既可以是引力,也可以是斥力,即同号电荷相斥,异号电荷相吸。另外,为了使推导结果中不含无理数因子 4π,令

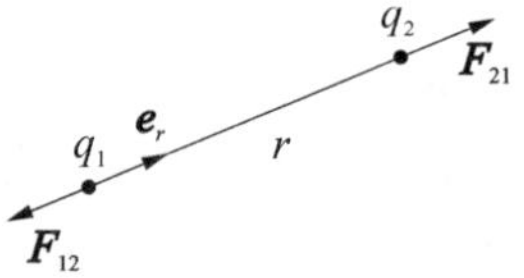

q_2 $\boldsymbol{F}_{21}$ q_1 $\boldsymbol{e}_r$ r $\boldsymbol{F}_{12}$

图 1-1

$$k=\frac{1}{4\pi\varepsilon_0} \tag{1-2}$$

式(1-2)中,$\varepsilon_0=8.854\,187\,82\times10^{-12}\ \mathrm{C^2/N\cdot m^2}$ 为真空介电常数,一般近似地取 $k=9.0\times10^9\ \mathrm{N\cdot m^2/C^2}$。因此式(1-1)可以改写为

$$\boldsymbol{F}=\frac{1}{4\pi\varepsilon_0}\frac{q_1q_2}{r^2}\boldsymbol{e}_r \tag{1-3}$$

值得注意的是,电荷之间的作用是相互的,由式(1-3)可以得出

$$\boldsymbol{F}_{12}=-\boldsymbol{F}_{21} \tag{1-4}$$

即电荷与电荷之间的库仑力满足牛顿第三定律。

3. 电场及电场强度

按照法拉第提出的场的观点，任何电荷都会在其周围的空间产生电场，通过电场实现对其他电荷的静电作用力。或者说，电荷间的静电相互作用是通过电场这种媒介来传递的，这样静电相互作用力又称为电场力。另外，按照法拉第电场的观点，电场在空间的传播速度有限，上限为真空中的光速 c，因此，电荷在空间激发（或建立）电场是需要时间的，或者说电荷间静电相互作用的传递是需要时间的。一个置于空间某位置的点电荷 q，我们说它产生了电场，用什么量来描述电场？又怎样检验电场存在呢？显然，需要从电场对另一电荷的作用来考察它的存在，我们把另一个电荷称为检验电荷。对于检验电荷，有两点基本要求：① 电荷的体积很小，从而可用来研究电场中各点的性质；② 电荷的电量很小，以不影响被检验电荷电场的分布为标准。实验发现，检验电荷在空间不同位置（如 a，b，c 三点）受到的电场力 $\boldsymbol{F}$ 大小和方向皆不同，这说明电场的强弱和方向与空间位置有关，如图 1－2 所示。在同一点（如 a 点）考察带不同电量的电荷受到的静电力时，实验结果证明，检验电荷受到的力与检验电荷带的电量 q_0 大小成正比，但其比值 $\boldsymbol{F}/q_0$ 却保持不变，是一常数。这说明在某一确定空间点的电场性质不因检验电荷的不同而不同，$\boldsymbol{F}/q_0$ 反映了被检验电荷产生的电场本身的属性，我们把它称为电场的**电场强度**，并用 $\boldsymbol{E}$ 来表示，即

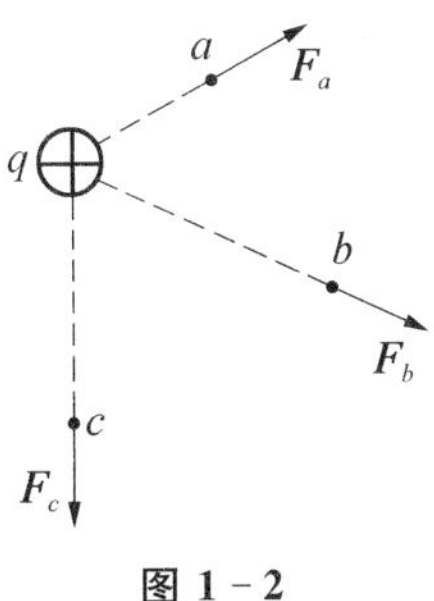

图 1－2

$$\boldsymbol{E}=\boldsymbol{F}/q_0 \tag{1-5}$$

式(1－5)定义了电场的电场强度，即电场中一确定场点的电场强度等于该点处的单位正电荷所受到的静电力。实验发现不同场点上的电场强度大小和方向各不相同，所以电场强度是空间位置的矢量函数，可表示为 $\boldsymbol{E}=\boldsymbol{E}(x, y, z)=\boldsymbol{E}(\boldsymbol{r})$。在国际单位制中，电场强度的单位为 N/C 或 V/m。这样，如果一个电场的空间分布确定，则在该电场中，点电荷 q 的受力可以由 $\boldsymbol{F}=q\boldsymbol{E}$ 来表示。下面我们举例讨论几种分布的电荷产生的电场的电场强度。

三、电场与电场强度概念的科学意义及影响

最初，人们在研究电现象时，曾经认为电荷间的相互作用是电荷自身的特性，电荷与电荷之间的作用是超距作用。法拉第电场概念的提出对传统科学观念是一个重大突破。场的概念抛弃了超距作用观，把近距媒介传递作用观引进物理学中，对于整个电磁学以及物理学的发展都产生了深远的影响。它很好地解决了这些问题：① 电荷之间的作用力是以什么为媒介的；② 电能存储于什么地方；③ 为什么变化的磁场自身不存在电荷，却能对其他电荷产生力的作用；等等。

人类长时间把电与磁当成存在一定联系的两种不同事物来分别进行研究，走了不少弯路。直到电场被提出后，人们才真正踏上了研究“电磁学”的正轨。所以劳厄

说,法拉第是正确理解电磁现象的带路人。

可能有人认为,电场只属于物理中很小的一个部分,但是实际上,我们研究的绝大多数力的本质都是电场力。摩擦力与弹力的本质主要是电场力;生化反应的动力是电场力;电学中包括电流、电压在内的几乎所有现象都由电场引起;磁场是由变化的电场所产生的;电场也是电磁波的重要组成部分。在物理学的终极目标大统一理论的研究中,弱、强、电三种基本作用力已被统一。可以说,电场其实涵盖了自然科学中绝大部分的内容。

四、静电场在工农业中的应用

静电场在工农业生产和日常生活中有很多应用。在工业方面,静电场在电力、机械、轻工、纺织、航天航空以及高科技领域都有广泛的应用。例如,静电纺纱是美国在1949年首先进行研究的自由端新型纺纱技术,现在已大量用于纺纱工业;静电喷涂是利用静电吸附作用将聚合物涂料微粒涂敷在接地的金属物体上,然后将其送入烘炉以形成厚度均匀的涂层;静电复印是利用静电感应使带静电的光敏材料表面在曝光时,按影像使局部电荷随光线强弱发生相应的变化而存留静电潜影,经一定的干法显影、影像转印和定影而得到复制件,具有简便、迅速、清晰、可扩印和缩印,还可复印彩色原件等优点。在农业方面,静电喷雾能大大提高效率和降低农药的使用,既经济又环保;静电处理的种子抗病能力强,可减少病害发生,而且发芽率高,产量得到了提高;静电放电产生的臭氧是强化剂,有很强的杀菌作用,经过静电处理的水既能杀菌又不易起水垢;等等。

五、应用举例

1. 点电荷的电场

在电量为 q 的点电荷周围空间置入一个电量为 q_0 的检验点电荷,根据库仑定律,该检验电荷受到的力为

$$\boldsymbol{F}=\frac{qq_0}{4\pi\varepsilon_0 r^2}\boldsymbol{e}_r \tag{1-6}$$

再利用电场强度的定义式(1-5)可得

$$\boldsymbol{E}=\frac{\boldsymbol{F}}{q_0}=\frac{q}{4\pi\varepsilon_0 r^2}\boldsymbol{e}_r \tag{1-7}$$

式(1-7)就是单个点电荷产生的电场在空间点 $\boldsymbol{r}$ 处的电场强度表达式。明显地,电场强度的大小与距离平方成反比,方向与电荷的正负性质有关。正电荷产生电场的电场强度方向从正电荷出发指向场点,负电荷产生的电场方向相反,如图1-3所示。

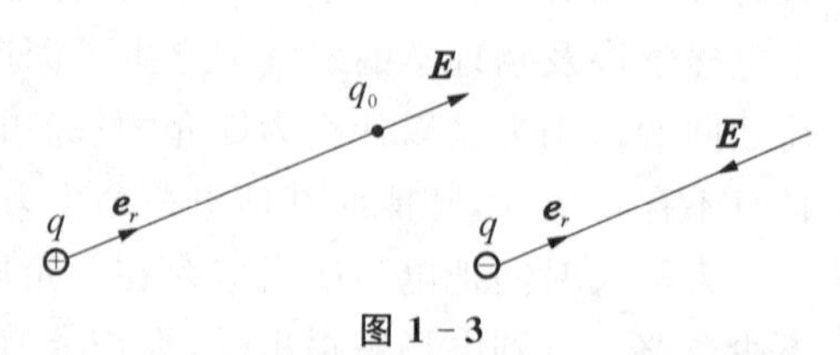

图1-3

2. 点电荷系的电场

对于由 q_1，q_2，…，q_i，…，q_N 组成的电荷系，根据力叠加原理，检验电荷 q_0 受到的力为

$$\boldsymbol{F}=\sum_i \boldsymbol{F}_i \tag{1-8}$$

根据电场强度的定义式(1－5)有

$$\boldsymbol{E}=\frac{\sum_i \boldsymbol{F}_i}{q_0}=\sum_{i=1}^{N}\frac{\boldsymbol{F}_i}{q_0}=\sum_{i=1}^{N}\boldsymbol{E}_i \tag{1-9}$$

将式(1－7)表示的单个点电荷产生的电场强度表达式代入式(1－9)有

$$\boldsymbol{E}=\sum_{i=1}^{N}\frac{q_i}{4\pi\varepsilon_0 r_i^2}\boldsymbol{e}_{r_i} \tag{1-10}$$

式(1－10)就是点电荷系产生电场的电场强度表达式。

如果电荷连续分布在一个物体内(或者表面)，而这个物体又不能视为点电荷，则这个带电体(面、线)可以视为由无穷多个线度无限小的元电荷 $\mathrm{d}q$ 构成。将每个元电荷视为点电荷，则元电荷产生的电场强度为

$$\mathrm{d}\boldsymbol{E}=\frac{\mathrm{d}q}{4\pi\varepsilon_0 r^2}\boldsymbol{e}_r \tag{1-11}$$

积分式(1－11)可以得到连续分布的电荷系统的电场强度为

$$\boldsymbol{E}=\int\mathrm{d}\boldsymbol{E}=\int\frac{\mathrm{d}q}{4\pi\varepsilon_0 r^2}\boldsymbol{e}_r \tag{1-12}$$

3. 电偶极子产生的电场

两个相距很近、电量相等、符号相反的电荷组成的系统称为电偶极子。假设电偶极子中一个点电荷带的电量为 q，另一个的电量为 $-q$，且它们之间的距离为 l，指定 $\boldsymbol{l}$ 的方向从 $-q$ 指向 q，$\boldsymbol{p}=q\boldsymbol{l}$ 定义为电偶极子的电偶极矩。下面分别计算电偶极子在其延长线上和垂直轴线上的电场强度。

设这对电荷的带电量分别为 $+q$ 和 $-q$，如图 1－4 所示。根据式(1－9)和式(1－10)，有

$$\boldsymbol{E}=\boldsymbol{E}_{+}+\boldsymbol{E}_{-}=\frac{q}{4\pi\varepsilon_0 r_{+}^2}\boldsymbol{e}_{r_{+}}+\frac{-q}{4\pi\varepsilon_0 r_{-}^2}\boldsymbol{e}_{r_{-}} \tag{1-13}$$

式(1－13)是矢量求和式，原则上我们可以根据式(1－13)计算空间任一点的电场强度，但由于任意点电场的方向随位置变化而变化，用电场叠加原理计算有一定的困难。我们暂且把研究的焦点放在两电荷的延长线和中垂线上。

1) 两异号电荷延长线上点的电场强度

以两电荷连线中点为坐标原点 O,以该连线为 x 轴建立如图 1-4 所示坐标。r 为两电荷延长线上点 A 到 O 的距离,对于这种情形,有

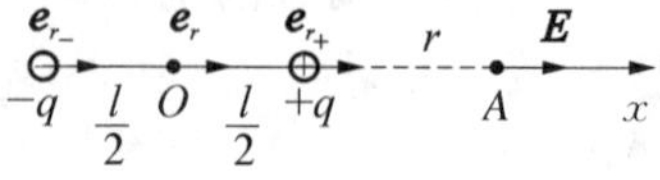

图 1-4

$$\boldsymbol{e}_{r_+} \equiv \boldsymbol{e}_{r_-} = \boldsymbol{e}_r, \quad r_+ = r - \frac{l}{2}, \quad r_- = r + \frac{l}{2} \tag{1-14}$$

将式(1-14)代入式(1-13)可得

$$\boldsymbol{E} = \boldsymbol{E}_+ + \boldsymbol{E}_- = \left[\frac{q}{4\pi\varepsilon_0\left(r - \frac{l}{2}\right)^2} + \frac{-q}{4\pi\varepsilon_0\left(r + \frac{l}{2}\right)^2}\right]\boldsymbol{e}_r \tag{1-15}$$

考虑 $r \gg l$ 的点,简化式(1-15)可得

$$\boldsymbol{E} = \frac{ql}{2\pi\varepsilon_0 r^3}\boldsymbol{e}_r \tag{1-16}$$

因为我们把距离保持相对不变的两个点电荷称为电偶极子,并定义

$$\boldsymbol{p} = ql\boldsymbol{e}_r \tag{1-17}$$

为电偶极子的电偶极矩,其中 $\boldsymbol{e}_r$ 是从负电荷指向正电荷的单位矢量,所以式(1-16)又可以表示为

$$\boldsymbol{E} = \frac{\boldsymbol{p}}{2\pi\varepsilon_0 r^3} \tag{1-18}$$

式(1-18)说明电偶极子在其延长线上产生的电场的电场强度大小与电偶极矩的大小成正比,与空间点到偶极子的距离的三次方成反比,其方向与偶极矩方向相同。

2) 两异号电荷中垂线上的电场强度

对于这种情形,我们以两电荷连线中点为原点,以该连线为 x 轴,以垂直于该连线的直线为 y 轴,建立直角坐标 $O\text{-}xy$,如图 1-5 所示,设 r 为中垂线上点 B 到坐标原点 O 的距离,有

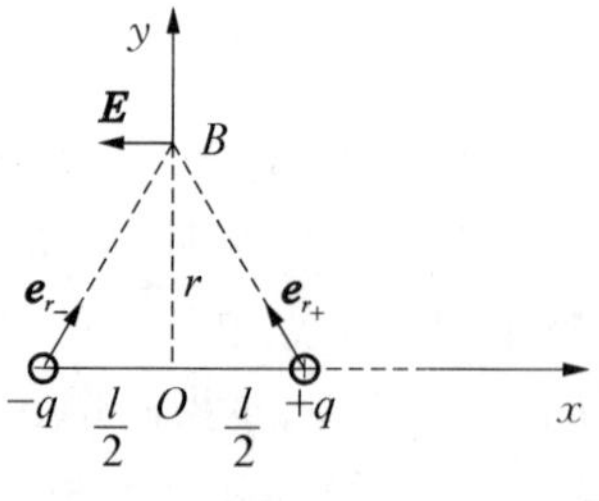

图 1-5

$$\boldsymbol{e}_{r_+} = \frac{l/2}{\left[r^2 + \left(\frac{l}{2}\right)^2\right]^{1/2}}(-\boldsymbol{i}) + \frac{r}{\left[r^2 + \left(\frac{l}{2}\right)^2\right]^{1/2}}\boldsymbol{j}$$

$$\boldsymbol{e}_{r_-} = \frac{l/2}{\left[r^2 + \left(\frac{l}{2}\right)^2\right]^{1/2}}\boldsymbol{i} + \frac{r}{\left[r^2 + \left(\frac{l}{2}\right)^2\right]^{1/2}}\boldsymbol{j}, \quad r_+^2 = r_-^2 = r^2 + \left(\frac{l}{2}\right)^2 \tag{1-19}$$

将式(1-19)代入式(1-13)可得

$$\boldsymbol{E}=\boldsymbol{E}_{+}+\boldsymbol{E}_{-}=-\frac{ql}{4\pi\varepsilon_0\left(r^2+\dfrac{l^2}{4}\right)^{3/2}}\boldsymbol{i} \tag{1-20}$$

考虑 $r\gg l$，$\boldsymbol{p}=ql\boldsymbol{i}$ 可得

$$\boldsymbol{E}=\boldsymbol{E}_{+}+\boldsymbol{E}_{-}=-\frac{ql}{4\pi\varepsilon_0 r^3}\boldsymbol{i}=-\frac{\boldsymbol{p}}{4\pi\varepsilon_0 r^3} \tag{1-21}$$

式(1-21)就是电偶极子在其中垂线上电场的电场强度表达式。该式说明电偶极子在其中垂线上产生的电场的电场强度大小与电偶极矩的大小成正比，与空间点到偶极子的距离的三次方成反比，是延长线上电场强度大小的一半，其方向与偶极矩方向相反，如图 1-5 所示 B 点的电场。

两异号电荷在任意点的电场强度将在电势概念讲解以后补充。

4. 电荷线密度为 λ 的无限长均匀带电直线产生电场的电场强度

分析　由于电荷连续分布在无限长的导线中，需要首先在该直线上取一个元电荷 $\mathrm{d}q$，然后把已知条件代入式(1-12)，并积分该式，以获得无限长带电直线产生电场的电场强度代数表达式。为了数学处理方便，我们需要建立以下坐标。

以该直线上任一点为坐标原点 O，沿该直线方向为 y 轴，过 O 垂直于该带电直线的直线为 x 轴，建立如图 1-6 所示的坐标系。这样位于 y 轴上的元电荷 $\mathrm{d}q$ 可表示为

$$\mathrm{d}q=\lambda\mathrm{d}y \tag{1-22}$$

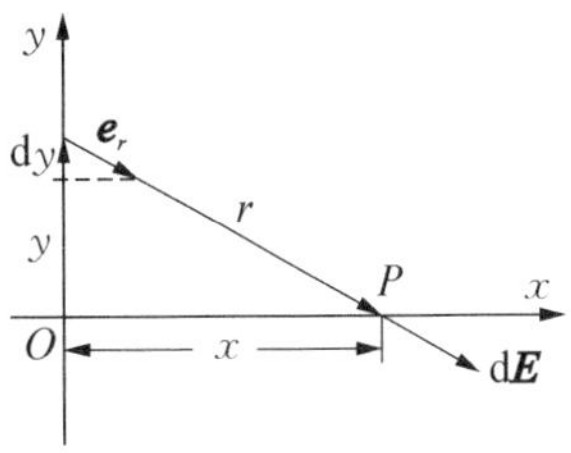

场点与 $\mathrm{d}q$ 之间的距离 r 为

$$r=(x^2+y^2)^{1/2} \tag{1-23}$$

图 1-6

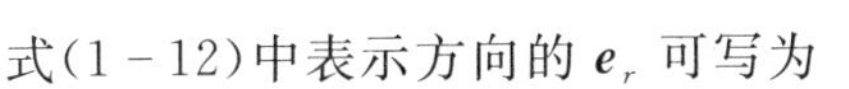

式(1-12)中表示方向的 $\boldsymbol{e}_r$ 可写为

$$\boldsymbol{e}_r=\frac{x}{(x^2+y^2)^{1/2}}\boldsymbol{i}-\frac{y}{(x^2+y^2)^{1/2}}\boldsymbol{j} \tag{1-24}$$

将式(1-22)、式(1-23)和式(1-24)代入式(1-12)可得

$$\boldsymbol{E}=\int\frac{\mathrm{d}q}{4\pi\varepsilon_0 r^2}\boldsymbol{e}_r=\int_{-\infty}^{+\infty}\frac{\lambda}{4\pi\varepsilon_0}\frac{(x\boldsymbol{i}-y\boldsymbol{j})}{(x^2+y^2)^{3/2}}\mathrm{d}y \tag{1-25}$$

式(1-25)中的被积函数的第二项是关于原点的奇函数，所以第二项积分为零，故

$$\boldsymbol{E}=\int_{-\infty}^{+\infty}\frac{\lambda}{4\pi\varepsilon_0}\frac{x\boldsymbol{i}}{(x^2+y^2)^{3/2}}\mathrm{d}y=\frac{\lambda}{2\pi\varepsilon_0 x}\boldsymbol{i} \tag{1-26}$$

式(1－26)就是无限长带电直线在它周围空间产生电场的电场强度分布。由于 x 代表空间点到该直线的垂直距离,因此该电场强度的大小与距离成反比。这样,在与带电直线同一个垂直距离的圆柱面上电场强度大小相等,方向垂直于柱面。因此,我们说无限长的带电直线产生的电场具有柱对称性。

5. 均匀带电圆环的电场强度

有一个半径为 R、均匀带电 Q 的细圆环,求过圆环中心垂直于圆环平面的轴线上的任一点的电场强度。

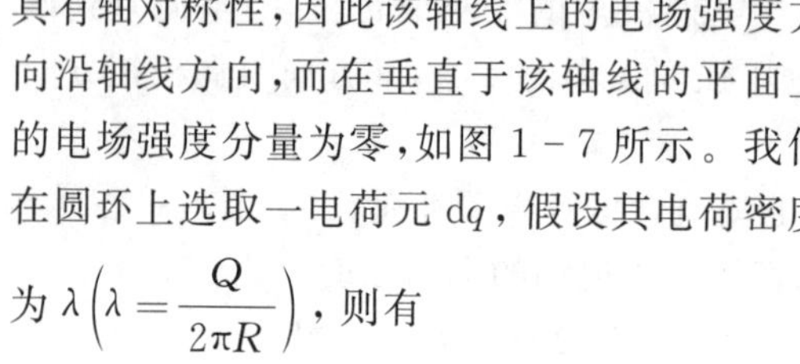

分析　由于电荷 Q 连续分布在圆环上,这些电荷产生的在其中心垂直轴线上的电场具有轴对称性,因此该轴线上的电场强度方向沿轴线方向,而在垂直于该轴线的平面上的电场强度分量为零,如图 1－7 所示。我们在圆环上选取一电荷元 $\mathrm{d}q$,假设其电荷密度为 $\lambda\left(\lambda=\dfrac{Q}{2\pi R}\right)$,则有

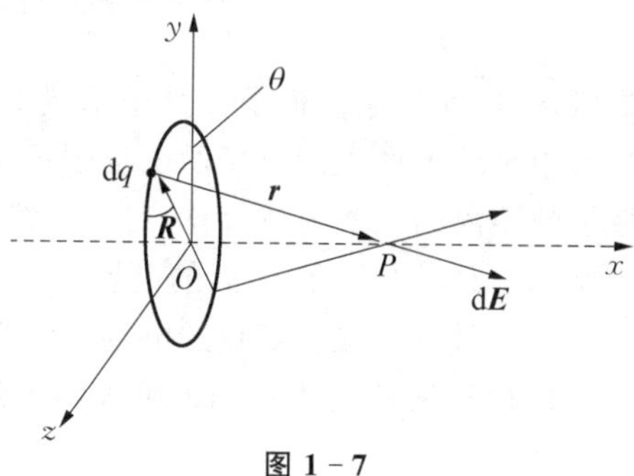

图 1－7

$$\mathrm{d}q=\lambda\,\mathrm{d}l=\lambda(R\,\mathrm{d}\theta) \tag{1-27}$$

相应于 $\mathrm{d}q$ 的电场强度可表示为

$$\mathrm{d}\boldsymbol{E}=\frac{\mathrm{d}q}{4\pi\varepsilon_0 r^3}\boldsymbol{r} \tag{1-28}$$

其中 $\boldsymbol{r}$ 为 $\mathrm{d}q$ 到场点 P 的位置矢量。在图 1－7 的坐标中,$\boldsymbol{r}$ 可表示为

$$\boldsymbol{r}=x\boldsymbol{i}-\boldsymbol{R} \tag{1-29}$$

其中

$$\boldsymbol{R}=R(\cos\theta\boldsymbol{j}+\sin\theta\boldsymbol{k}) \tag{1-30}$$

为圆环的半径矢量。将式(1－29)代入式(1－28)得

$$\mathrm{d}\boldsymbol{E}=\frac{\mathrm{d}q(x\boldsymbol{i}-\boldsymbol{R})}{4\pi\varepsilon_0(x^2+R^2)^{3/2}} \tag{1-31}$$

考虑式(1－27)和式(1－30),有

$$\mathrm{d}\boldsymbol{E}=\frac{x\boldsymbol{i}-R(\cos\theta\boldsymbol{j}+\sin\theta\boldsymbol{k})}{4\pi\varepsilon_0(x^2+R^2)^{3/2}}\lambda R\,\mathrm{d}\theta \tag{1-32}$$

积分式(1－32)可得

$$
\begin{aligned}
\boldsymbol{E} &= \int_0^{2\pi} \frac{x\boldsymbol{i} - R(\cos\theta\boldsymbol{j} + \sin\theta\boldsymbol{k})}{4\pi\varepsilon_0(x^2+R^2)^{3/2}}\lambda R\,\mathrm{d}\theta \\
&= \int_0^{2\pi} \frac{x\boldsymbol{i}}{4\pi\varepsilon_0(x^2+R^2)^{3/2}}\lambda R\,\mathrm{d}\theta \\
&= \frac{\lambda R x}{2\varepsilon_0(x^2+R^2)^{3/2}}\boldsymbol{i} \\
&= \frac{Qx}{4\pi\varepsilon_0(x^2+R^2)^{3/2}}\boldsymbol{i}
\end{aligned} \tag{1-33}
$$

讨论　如果 P 点在圆环的中心，则有 $x=0$，$E=0$，这与电场是矢量，且为中心力场相符。如果 P 点距离圆环较远，即 $x \gg R$，则化简式(1-33)可得 $E=\dfrac{Q}{4\pi\varepsilon_0 x^2}$，这就是点电荷在周围空间的电场强度大小。这说明在较远的点，带电体的大小可忽略不计的情形下，带电体产生的场近似为点电荷的场。

六、练习与思考

1-1　如图 1-8 所示，直角三角形的 ABC 的 A 点上有电荷 $q_1=1.8\times10^{-9}$ C，B 点上有电荷 $q_2=-4.8\times10^{-9}$ C，求 C 点的电场强度(假设 $|BC|=0.04$ m，$|AC|=0.03$ m)。

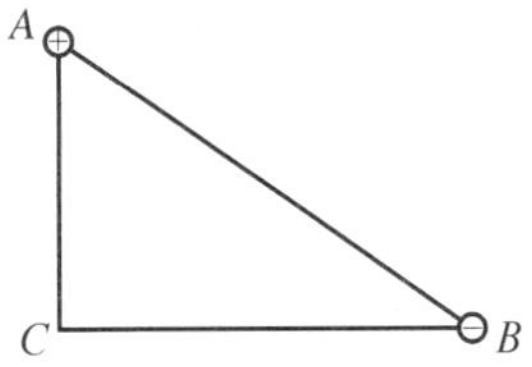

1-2　如图 1-9 所示，两个电量均为 q 的正电荷占据正方形的一对角顶点，另两个电量均为 $-q$ 的电荷占据正方形的另一对角顶点组成的系统称为电四极子。试推导电四极子在对角线上和中垂线上的电场强度。

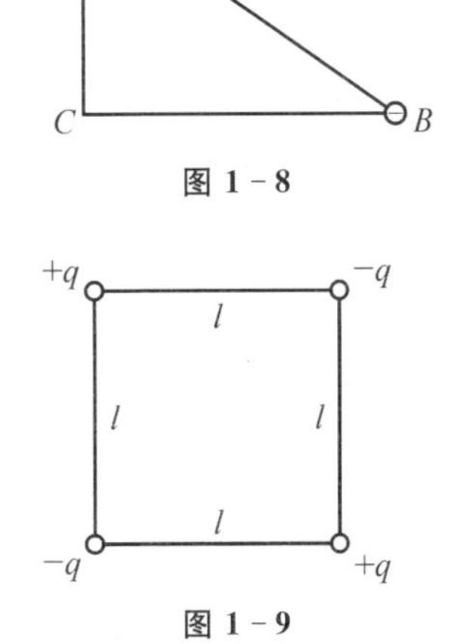

图 1-8

图 1-9

1-3　一长为 l 的均匀带电直导线，其电荷密度为 λ，试求导线延长线上距离近端 a 处一点的电场强度。

1-4　电量 Q 均匀分布在一个半径为 R 的半球面上，求半球面球心处的电场强度。

1-5　半径为 R 的均匀带电细圆盘，带电量为 Q，求圆盘中心垂直轴线上任一点的电场强度。

1-6　两根长为 l、带电电荷线密度为 λ 的细棒沿同一直线放置。假设细棒间的最近距离为 l，棒中的电荷不能自由移动，试求两棒间的静电相互作用力。

1-7　有人说，电力叠加原理中隐含了库仑定律的下述内容：两个静止点电荷之间的作用力与两个点电荷的电量成正比。你认为此说法有道理吗？如有，请阐明你的理由；如没有，请阐明你的观点。

第二章　电场线、电通量与高斯定理

电场线又称电力线，是为了直观形象地描述电场分布，在电场中引入的一些假想曲线。曲线上每一点的切线方向表示该点电场强度的方向，曲线的密度表示电场强度的大小。电力线密集的地方电场强度大，稀疏的地方电场强度小。电场是一种物质，但电场线不是客观存在的物质，是人为画出的形象描述电场分布的辅助工具。通过电场中任意曲面的电场线条数定义为过该曲面的电通量。

在静电学中，高斯定理表明在真空中的静电场内，通过任意闭合曲面的电通量等于该闭合面所包围的电量的代数和的 $1/\varepsilon_0$ 倍。

一、电场线、电通量和高斯定理建立的背景

19 世纪中叶，英国物理学大师法拉第在研究电磁感应现象时形成了“力线”的观念，他用磁力线、电力线来描述磁铁与带电金属球体周围的力分布“状态”。力线的思想直接启迪德国素有“数学王子”之称的高斯引入力线密度概念来解决电荷周围场强的数学分布规律。因此，电场线是为了直观形象地描述电场分布，在电荷产生的电场中引入的一些假想的曲线。为了使这些曲线能表达电场的性质，规定电场线上每一点的切线方向和该点电场强度的方向一致，电场线的密度表示电场强度的大小，因此电场线密集的位置电场强度强，稀疏的位置电场强度弱。另外，由于静电场是由静止电荷产生的，规定电场线起始于正电荷或无穷远，终止于负电荷或无穷远。两条电场线永远不相交，也不能相切。在理解电场线这一物理概念时，最大的困难是正确理解它的属性。静电场是电荷周围空间里存在的一种特殊物质，这种物质与通常的实物不同，它不是由分子、原子所组成，但它是客观存在的；而电场线并不是一种客观存在的物质，它只是人们为了描述场强的分布在电场中人为地画出的一些曲线。初学时，很多人会将电场线理解为带电粒子在电场中的运动轨迹，这是错误的。电场线的切线方向的确是带电粒子的受力方向，但是在很多情况下，电荷并不沿电场线运动。因此，电场线只可通过仪器测量或理论计算得到，并不能通过实验或观察直接得出。而理解这一物理量的另一个难点便是如何理解它与磁感线的异同。我们很容易发现这两个物理量都是为了形象化电场而引入的假想的、事实上并不存在的曲线，且这两个场线都可以反映相关场的强弱与方向。然而，电场线与磁感线也存在差异。首先，静电场的电场线不是闭合曲线而磁场线是闭合曲线；其次，沿电场线电势降低而磁场线

则不存在这个规律。

此外，法拉第认为，球体电荷力线分布呈球对称性，高斯吸纳了法拉第的这一思想，提出了电通量这一概念。一般地，通量是表征物质分子通过某个面移动量大小的物理量，而高斯发现电场强度对电场中任意闭合曲面的通量与该曲面所包围的源电荷间存在一定的定量关系，这个关系式称为高斯定理。高斯利用库仑定律中的平方反比关系计算闭合曲面的电通量，创造性地提出了高斯定理，由此拉开了近代“场物理学”寻求电磁力、万有引力统一的序幕。也就是说，高斯定理是数学与物理结合的成果。高斯定理表明电场强度对任意闭合曲面的通量只取决于该闭合曲面内电荷的代数和，与曲面内电荷的位置分布情况无关，与闭合曲面外的电荷亦无关，由此反映了静电场是有源场这一属性，从理论上阐明了电场和电荷之间的关系。在一些具有高对称性（如球对称、柱对称及平面对称）的电荷分布条件下，采用高斯定理可以非常简便地计算出电场强度。

二、电场线、电通量和高斯定理的数学表述及物理解析

1. 电场线

电场中每一个空间点只有一个确定的电场强度 $\boldsymbol{E}$，这个性质与空间光滑曲线上每一点只有一个切线方向的性质相同，因此，可以用一组光滑的曲线来形象地描述电场分布。考虑到这组曲线还要表达电场强度大小的分布情况，人们制定了引入这组光滑曲线的原则：① 这些曲线上各点的切线方向都与该点处的电场强度方向一致；② 如果用 $\mathrm{d}S_{\perp}$ 表示与电场中任一点处电场强度方向垂直的面积元，通过该面积元的光滑曲线的数目 $\mathrm{d}N$ 满足 $E=\dfrac{\mathrm{d}N}{\mathrm{d}S_{\perp}}$。这样，一组光滑曲线既可以由曲线的切线方向表示电场中一点电场强度的方向，也可以由曲线的疏密程度表示该点处电场强度的大小，因此，这样一组光滑的曲线称为电场线。依据静电场的基本性质，电场线具有以下特点：① 静电场的电场线发自正电荷或无穷远，终止于负电荷或无穷远，在无电荷处不中断。② 静电场的电场线不能闭合。③ 任意两条电场线不能相交，也不能相切。

下面举例介绍几种常见电场的电场线。

1）正、负点电荷

图 2－1(a)和(b)分别是正、负点电荷电场线的示意图。从该图可发现正点电荷的电场线呈发散状，负点电荷的电场线呈会聚状，且越靠近点电荷处，电场线越密，电场强度 $\boldsymbol{E}$ 越大。如果我们以点电荷为球心，以一定长度为半径在点电荷周围画一球面，则球面上的各点场强的大小相同，方向沿该球的

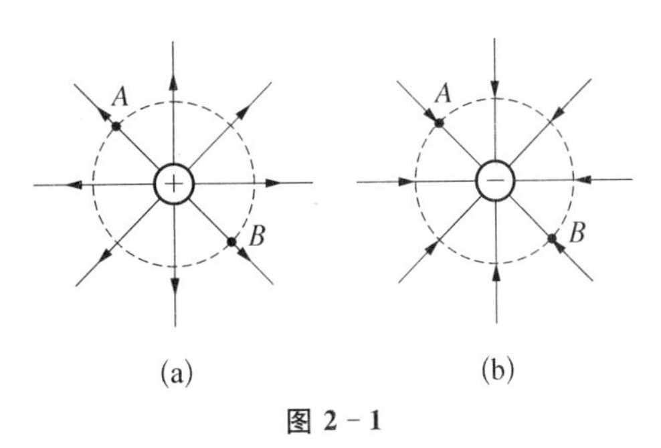

图 2－1

径线方向,所以也可以说点电荷的电场强度具有球对称分布。

2) 两个等量点电荷

图 2-2(a)是等量异号电荷的电场线示意图。电荷连线上的电场方向是由正电荷指向负电荷,电荷连线的中垂面与该处的电场方向垂直。图 2-2(b)是等量同号电荷的电场线示意图,电荷连线的中垂面上电场强度为零。

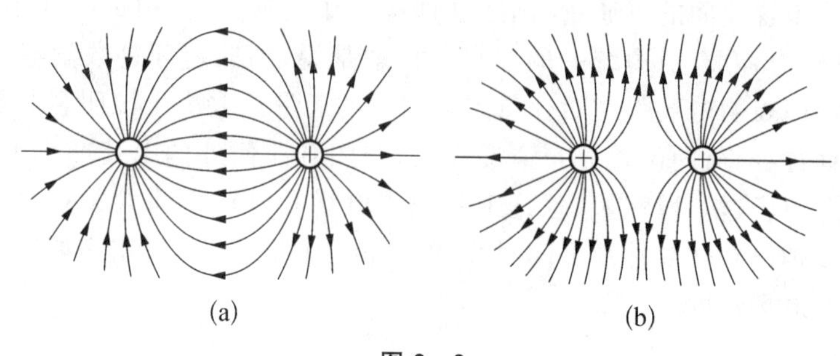

图 2-2

2. 电通量

电通量定义为通过电场中任意曲面的电场线条数,用 Φ_e 表示。如图 2-3 所示,在匀强电场 $\boldsymbol{E}$ 中任取一个面积元 $d\boldsymbol{S}$,该面积元的法线方向 $\boldsymbol{e}_n$ 与场强 $\boldsymbol{E}$ 之间的夹角为 θ,$dS_\perp$ 为 $d\boldsymbol{S}$ 在垂直于电场方向上的投影面积,即 $dS_\perp = dS\cos\theta$。依据电场线的定义,通过面积元 $d\boldsymbol{S}$ 的电通量可表示为

$$d\Phi_e = E\,dS_\perp = E\,dS\cos\theta \tag{2-1}$$

如果我们把电场强度的方向和面元的法线方向考虑进来,式(2-1)可改写为矢量表示:

$$d\Phi_e = \boldsymbol{E}\cdot d\boldsymbol{S} \tag{2-2}$$

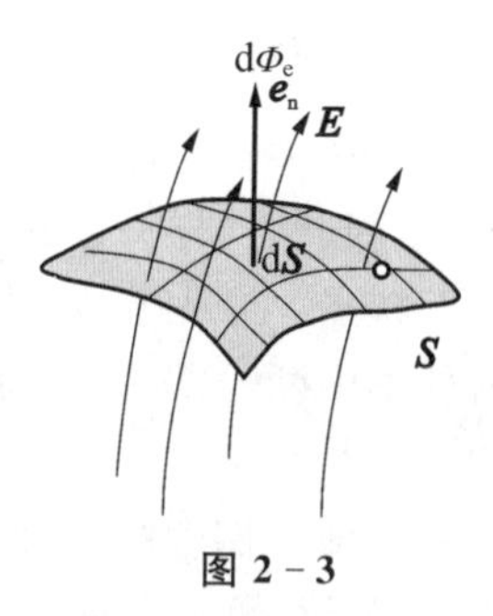

图 2-3

由此可以看出,如果面元 $d\boldsymbol{S}$ 定义为相反方向,通过 $d\boldsymbol{S}$ 电通量为负值,因此,电通量是一代数量,可以取正值、负值或零。

在非匀强电场中,计算任意曲面 $\boldsymbol{S}$ 的电通量可以先把曲面 $\boldsymbol{S}$ 分割成无穷多个小面元。这样尽管电场分布不均匀,但对每个小面元来讲,电场仍可以认为是匀强的,因此可以利用式(2-2)给出电场通过每个面元的电通量。这样通过整个曲面 $\boldsymbol{S}$ 的电通量为通过无穷多个面元电通量的和,即

$$\Phi_e = \iint_S d\Phi_e = \iint_S \boldsymbol{E}\cdot d\boldsymbol{S} \tag{2-3}$$

如果曲面 $\boldsymbol{S}$ 是闭合的,则电通量为

$$\Phi_e = \oint\!\!\!\oint_S \mathrm{d}\Phi_e = \oint\!\!\!\oint_S \boldsymbol{E} \cdot \mathrm{d}\boldsymbol{S} \tag{2-4}$$

对于闭合曲面，我们通常约定闭合曲面任一面积元 $\mathrm{d}\boldsymbol{S}$ 的方向为沿该面元所在位置从闭合曲面内向闭合曲面外的法线方向(外法线方向)，因此，从闭合曲面内穿出的电场线对电通量的贡献为正，从闭合曲面外穿入的电场线对电通量的贡献为负。

3. 高斯定理

高斯定理：在真空中通过任一个闭合曲面的电通量等于该曲面所包围的所有电量代数和的 $1/\varepsilon_0$ 倍。如果电荷分布是多个分立的点电荷，则

$$\Phi_e = \oint\!\!\!\oint_S \boldsymbol{E} \cdot \mathrm{d}\boldsymbol{S} = \frac{1}{\varepsilon_0} \sum_{i=1}^{N} q_i \tag{2-5}$$

如果电荷分布是体连续的，则

$$\Phi_e = \oint\!\!\!\oint_S \boldsymbol{E} \cdot \mathrm{d}\boldsymbol{S} = \frac{1}{\varepsilon_0} \iiint_V \rho \mathrm{d}V \tag{2-6}$$

式(2-6)中，闭合曲面 $\boldsymbol{S}$ 称为高斯面；ρ 为电荷体密度；V 是 $\boldsymbol{S}$ 面内有电荷分布的空间体积。高斯定理作为静电场的一条基本定理，有两种不同的看待方式：① 穿过一闭合曲面的电场线条数与闭合曲面所包围的电荷量成正比；② 电场强度在一闭合曲面上的面积分与闭合曲面所包围的电荷量成正比。不过，这两种描述只是由电通量的两种意义导出来的，本质上并没有区别。下面从数学角度来证明高斯定理。首先验证点电荷在闭合曲面 $\boldsymbol{S}$ 之外(这种情形下 $\boldsymbol{S}$ 面内电荷量为零)情形下高斯定理成立。

证明 数学中关于曲面积分与相关的体积分关系的高斯定理为

$$\oint\!\!\!\oint_S P\mathrm{d}y\mathrm{d}z + Q\mathrm{d}z\mathrm{d}x + R\mathrm{d}x\mathrm{d}y = \iiint_V \left(\frac{\partial P}{\partial x} + \frac{\partial Q}{\partial y} + \frac{\partial R}{\partial z}\right)\mathrm{d}x\mathrm{d}y\mathrm{d}z \tag{2-7}$$

按照定义，点电荷的电场强度对闭合曲面 $\boldsymbol{S}$ 的电通量为

$$\begin{aligned}\Phi_e &= \oint\!\!\!\oint_S \boldsymbol{E} \cdot \mathrm{d}\boldsymbol{S} = \oint\!\!\!\oint_S \frac{q}{4\pi\varepsilon_0 r^2}\boldsymbol{e}_r \cdot \mathrm{d}\boldsymbol{S} \\ &= \frac{q}{4\pi\varepsilon_0}\oint\!\!\!\oint_S \left(\frac{x}{r^3}\mathrm{d}y\mathrm{d}z + \frac{y}{r^3}\mathrm{d}z\mathrm{d}x + \frac{z}{r^3}\mathrm{d}x\mathrm{d}y\right)\end{aligned} \tag{2-8}$$

利用式(2-7)，将式(2-8)变为体积分可得

$$\Phi_e = \frac{q}{4\pi\varepsilon_0}\iiint_V \left(\frac{\partial \frac{x}{r^3}}{\partial x} + \frac{\partial \frac{y}{r^3}}{\partial y} + \frac{\partial \frac{z}{r^3}}{\partial z}\right)\mathrm{d}x\mathrm{d}y\mathrm{d}z = 0 \tag{2-9}$$

至于物理证明方法，是用电场线的概念来说的。如图 2 - 4 所示，由于电力线在没电荷处不中断，如果有一条电场线穿进闭合曲面 **S**，就一定会穿出闭合曲面。而任意一条穿进又穿出高斯面的电场线对闭合曲面总电通量的贡献是零，且任意一条与高斯面没有交叉的电场线对通过闭合曲面 **S** 的电通量的贡献也为零，所以，通过闭合曲面的总电通量为零，即

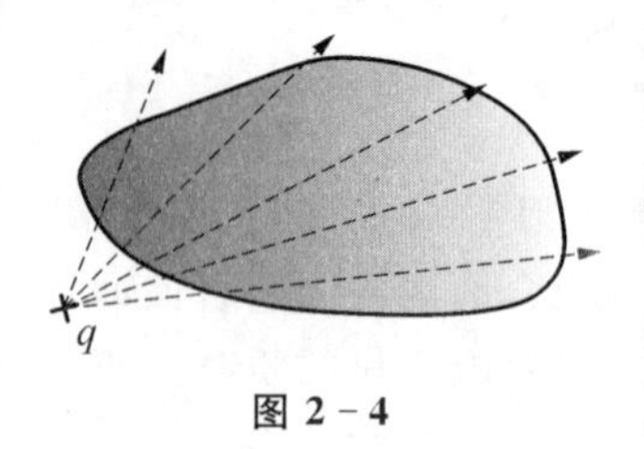

图 2 - 4

$$\Phi_e = \oiint_S \boldsymbol{E} \cdot d\boldsymbol{S} = 0 \tag{2-10}$$

因此闭合曲面外单个点电荷电场的情况得证。

其次，证明高斯曲面内有点电荷的情况下，高斯定理成立。

证明 如图 2 - 5 所示，如果在高斯面内有一个点电荷，由于点电荷产生的电场具有球对称性，可选点电荷外的球面为高斯面，根据电通量的定义，有

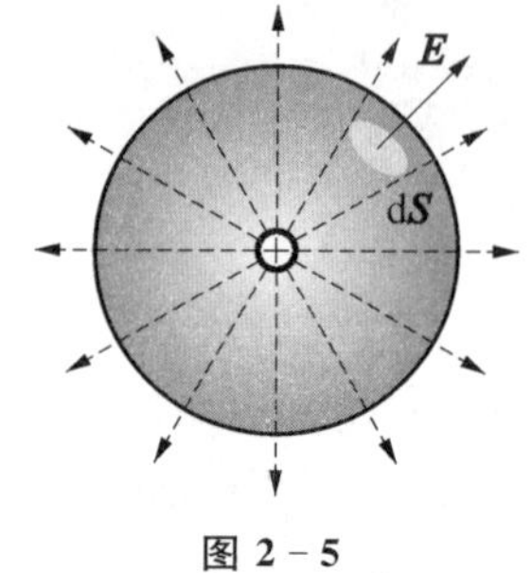

图 2 - 5

$$\begin{aligned}\Phi_e &= \oiint_S \boldsymbol{E} \cdot d\boldsymbol{S} = \oiint_S \frac{q}{4\pi\varepsilon_0 r^2}\boldsymbol{e}_r \cdot d\boldsymbol{S} \\ &= \frac{q}{4\pi\varepsilon_0 r^2}\oiint_S dS = \frac{q}{4\pi\varepsilon_0 r^2} \cdot 4\pi r^2 = \frac{q}{\varepsilon_0}\end{aligned} \tag{2-11}$$

这样高斯定理在高斯面包围点电荷的情形下成立。

如果高斯面内的点电荷不止一个，可以把它们看成点电荷系，则通过高斯面的电通量为

$$\begin{aligned}\Phi_e &= \oiint_S \boldsymbol{E} \cdot d\boldsymbol{S} = \oiint_S \sum_i \boldsymbol{E}_i \cdot d\boldsymbol{S} = \sum_i \oiint_S \boldsymbol{E}_i \cdot d\boldsymbol{S} \\ &= \sum_i \frac{q_i}{\varepsilon_0} = \frac{1}{\varepsilon_0}\sum_i q_i\end{aligned} \tag{2-12}$$

式(2 - 12)中用到了电场强度的叠加原理。由式(2 - 12)可以看出高斯定理对于点电荷系情形成立。由于连续分布的电荷体总可以视为无限多个元电荷的叠加，所以原则上连续分布的电荷产生的场的闭合曲面的电通量与点电荷系的电通量类似，不再证明。

在学习高斯定理的时候，以下两点是可能会产生疑惑的地方。第一点，高斯面如何选取。由于高斯定理表达式有积分需求，一般只有被积函数 **E** 在所选取的面元上大小为常数，方向与高斯面法线方向一致时，最容易积分。这实际上要求其电荷分布具有一定的对称性，所以需要根据电荷分布的对称性选取具有一定对称性的高斯面来计算电场强度。例如，对于具有球对称性电荷分布(如点电荷、均匀带电球面和均

匀带电球体)的物体,取球形高斯面;对具有柱对称性电荷分布的物体选取一个包含所有电荷的柱面作为高斯面。第二点,高斯定理式中的 $\boldsymbol{E}$ 是带电体系所有电荷(无论在高斯面内或高斯面外)产生的总场强,而 $\sum_i q_i$ 是对高斯面内的电荷求和。这表明高斯定理表述的内容是高斯面外的电荷产生的电场对总通量 Φ_e 没有贡献,但不是对总场强 $\boldsymbol{E}$ 没有贡献。

三、电场线、电通量及高斯定理的意义

有关电的记载最早可追溯至公元前 6 世纪,人们不仅发现了生活中的静电现象,还对自然界中的电闪雷鸣怀有敬畏,然而有关电的研究在 16 世纪以后才兴盛起来。1831 年,法拉第引入场的观念才使电的研究获得了突破性的进展。电场线概念的美丽与伟大之处就是通过人为创造一个假想曲线从而能直观反映电场的各种形态,把抽象事物具体化、形象化,为计算电通量以及推导高斯定理提供了形象分析的基础,为电磁学的最终统一起到引领性的作用。这一章我们学习了电场中的高斯定理,今后还会学习磁场中的高斯定理。事实上,高斯定理是从库仑平方反比定律中推导出来的,它对任何形式的平方反比规律都适用,因此是一个关于场平方反比规律分布的“统一”数学范式。从高斯定理的表达式也可以看出,不论什么场,它们的强度空间分布数学规律都一样,只是场所对应的“荷”概念不同罢了。电场中对应的为电荷,磁场中为“磁荷”(当然磁荷的观念还有待考证)。

电场中的高斯定理对于物理学的贡献是巨大的。它从理论上阐述了电场与电荷的关系,为静电场的研究提供了许多方便,而且为我们初学者提供了计算场强的一种新方法。高斯定理还反映出静电场是有源场这一事实。如果封闭曲面内含正电荷,则电通量为正,有电场线出来;如封闭曲面内含负电荷,则电通量为负,有电场线进去。这说明电场线发自正电荷终止于负电荷,在没有电荷的地方不中断。

高斯定理对于人类生活的影响也是巨大的,最熟悉的例子莫过于避雷针,我们由高斯定理推导出了导体表面外侧电场与导体表面电荷分布的关系,从而发现了尖端放电的原理,有了如今造福千家万户的避雷针。

高斯定理尽管已经很完善,却还是存在着一定的缺陷。它只是对静态电荷的相关描述,没有涉及电荷运动的情况。我们不禁要问,在运动状态下,电荷的电场分布还遵循高斯定理吗?这是电动力学课程中要学习的内容。

四、应用举例

例 1　如图 2-6 所示,一个电场强度为 $\boldsymbol{E}$ 的均匀电场,其方向与 y 轴正方向平行,计算通过图中一个半径为 R 的半球面的电通量。

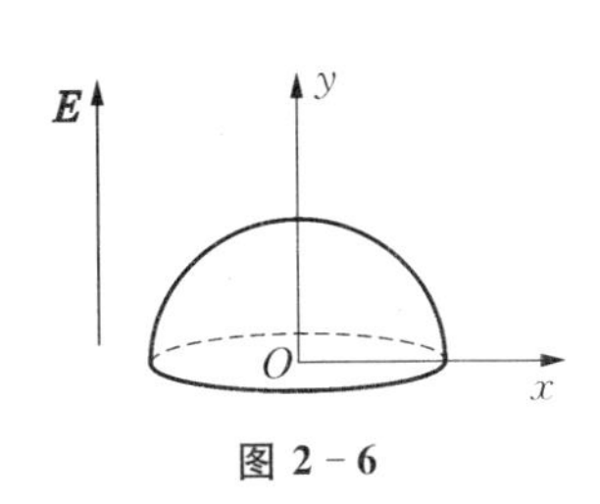

图 2-6

解　在球面上选一面元 $\mathrm{d}\boldsymbol{S}$,其法线方向与电场强度成

θ 角,根据电通量的定义有

$$\Phi_e = \iint_S \boldsymbol{E} \cdot d\boldsymbol{S} = \iint_S E\,dS\cos\theta \qquad ①$$

因为 $\boldsymbol{E}$ 的大小是常数,可以从积分中提出来。另外,用球坐标表示球面上面积元有 $dS = R^2\sin\theta\,d\theta\,d\varphi$,因此式①可表示为

$$\Phi_e = E\iint_S R^2\sin\theta\cos\theta\,d\theta\,d\varphi = E\int_0^{2\pi} d\varphi\int_0^{\pi/2} R^2\sin\theta\cos\theta\,d\theta = \pi E R^2 \qquad ②$$

式②是通过图 2-6 中半球的电通量的代数表达式。

思考 如果电场强度平行于 x 轴呢?

例 2 根据高斯定理计算半径为 R,电荷体密度为 ρ 的均匀带电球体内、外的电场强度分布。

解 首先分析电场的对称性。如图 2-7 所示,由于电荷分布具有球对称性,由电荷产生的场亦具有球对称性,即 $\boldsymbol{E}(\boldsymbol{r}) = E(r)\boldsymbol{e}_r$。或者说这种电场在以球心为中心的任一半径为 r 的球面上场强的大小相等,其方向沿带电球的径向。因此选取以球心为中心的球面为高斯面是合适的。首先计算带电球外部空间的电场强度。

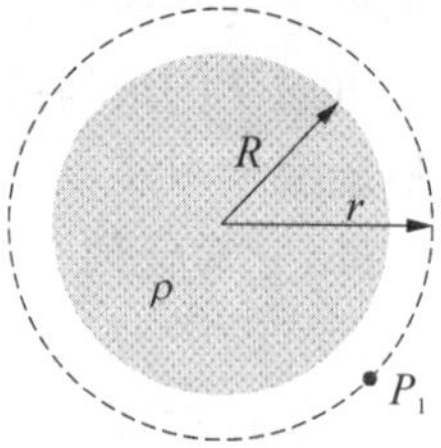

图 2-7

对于球外任一点 P_1 的电场强度,可以过 P_1 点作一半径为 $r(r > R)$ 的与带电球同心的球面为高斯面,这样穿过高斯面的通量为

$$\Phi_e = \oiint_S \boldsymbol{E} \cdot d\boldsymbol{S} = \oiint_S E\,dS = 4\pi r^2 E \qquad ①$$

而包围在该高斯面中的电荷为

$$q = \rho\,\frac{4}{3}\pi R^3 \qquad ②$$

根据高斯定理有

$$4\pi r^2 E = \rho\,\frac{4}{3}\pi R^3/\varepsilon_0 \qquad ③$$

解式③可得

$$E = \frac{\rho R^3}{3\varepsilon_0 r^2} \quad (r > R) \qquad ④$$

注 由于均匀带电球体可以分割为一层一层的带电球面,它在球外任一点的电场强度与所有电荷集中到球心形成点电荷产生的电场分布一样,也可以由点电荷电

场表达式来推导这种情形的电场强度，即

$$E(r)=\frac{q}{4\pi\varepsilon_0 r^2}\quad(r>R) \tag{⑤}$$

由于这里 q 并不是已知量，需要用题设已知量来表示它。根据题设有

$$q=\rho\ \frac{4}{3}\pi R^3 \tag{⑥}$$

将式⑥代入式⑤有

$$E(r)=\frac{q}{4\pi\varepsilon_0 r^2}=\frac{\rho R^3}{3\varepsilon_0 r^2}\quad(r>R) \tag{⑦}$$

明显地，两种计算方法得到相同的结果，表明带电球外的电场强度有球对称性，且满足平方反比律。

对于球内任一点 P_2 的电场强度，可以过 P_2 点作一个半径为 $r(r<R)$ 的与带电球同心的球面为高斯面。如图 2-8 所示，穿过高斯面的通量为

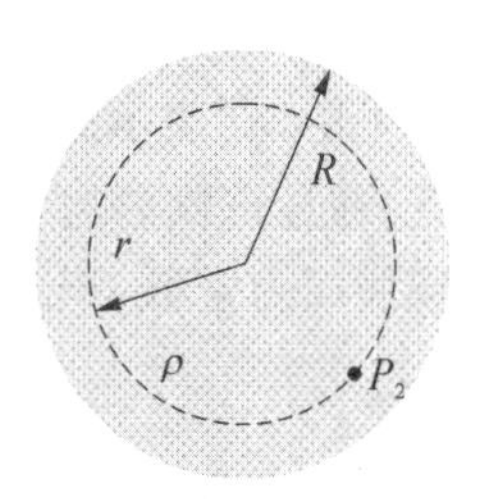

图 2-8

$$\Phi_e=\oint\!\!\oint_S \boldsymbol{E}\cdot \mathrm{d}\boldsymbol{S}=\oint\!\!\oint_S E\,\mathrm{d}S=4\pi r^2 E \tag{⑧}$$

而包围在该高斯面中的电荷为

$$q'=\rho\ \frac{4}{3}\pi r^3 \tag{⑨}$$

根据高斯定理有

$$4\pi r^2 E=\rho\ \frac{4}{3}\pi r^3/\varepsilon_0 \tag{⑩}$$

解式⑩可得

$$E=\frac{\rho}{3\varepsilon_0}r\quad(r<R) \tag{⑪}$$

式⑪表明球内的电场强度与半径成正比，随半径增加而增加。

例 3　如图 2-9 所示，一厚为 b 的“无限大”带电平板，其电荷体密度分布为 $\rho=kx\ (0\leqslant x\leqslant b)$，式中 k 为一正的常量。用高斯定理求：

(1) 平板外两侧任一点 P_1 和 P_2 处的电场强度大小；

(2) 平板内任一点 P 处的电场强度；

(3) 场强为零的点在何处。

解　(1) 由对称分析知，平板外两侧场强大小处处相等、方向垂直于平面且背离平面，设场强大小为 E。作一个垂直于平板的柱形高斯面，其底面大小为 S，如

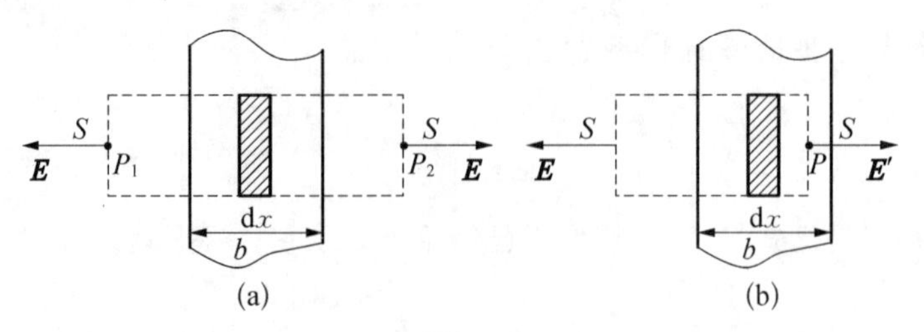

图 2-9

图 2-9(a)所示。

根据高斯定理,有

$$\oiint_S \boldsymbol{E} \cdot \mathrm{d}\boldsymbol{S} = \frac{q_{\text{in}}}{\varepsilon_0} \quad ①$$

式①中,q_{in}表示高斯面内包含的电荷量。由于高斯面的侧面法线与电场强度方向垂直,通过该侧的通量为零,而高斯面的两个底面法线方向与电场强度平行,且大小在该底面为常数,积分式①可得

$$2SE = \frac{1}{\varepsilon_0}\int_0^b \rho S \mathrm{d}x = \frac{kS}{\varepsilon_0}\int_0^b x\,\mathrm{d}x = \frac{kSb^2}{2\varepsilon_0} \quad ②$$

解式②得

$$E = \frac{kb^2}{4\varepsilon_0} \quad ③$$

式③即为带电平板外电场强度的大小,它是一个与距离无关的常数,其方向垂直于带电平板。

(2) 过平板内 P 点作一个垂直平板的柱形高斯面,底面面积为 S。设 P 点处场强为 E',如图 2-9(b)所示。按高斯定理有

$$(E' + E)S = \frac{kS}{\varepsilon_0}\int_0^x x\,\mathrm{d}x = \frac{kSx^2}{2\varepsilon_0} \quad ④$$

解式④得

$$E' = \frac{k}{2\varepsilon_0}\left(x^2 - \frac{b^2}{2}\right) \quad (0 \leqslant x \leqslant b) \quad ⑤$$

(3) 分析式⑤,若 $E' = 0$,必须有

$$x^2 - \frac{b^2}{2} = 0 \quad ⑥$$

解式⑥可得

$$x = b/\sqrt{2} \quad ⑦$$

由式⑦可知在平板内距离板边沿 $b/\sqrt{2}$ 处，电场强度为零。

五、练习与思考

2-1　在点电荷 q 产生的电场中取一半径为 R 的圆形平面，点电荷到该平面的垂直距离为 d，且点电荷与圆形平面圆心的连线垂直于该圆形平面，求通过该平面的电通量。

2-2　地球周围有微弱的静电场。假设在靠近地球表面的一点测得地球的电场强度大小为 100 N/C，试问地球表面每平方米上有多少个多余的电子？

2-3　一个带电量为 q 的点电荷位于一个立方体闭合曲面的中心。问通过该闭合曲面的通量是多少？如果把电荷移到立方体的一个顶点 A 时，通过该闭合曲面的电通量又是多少？

2-4　有一无限大均匀带电平面，且已知带电平面上面电荷密度为 σ，求该平面附近空间的电场强度。

2-5　气体放电形成的等离子体在圆柱体内的电荷分布为 $\rho(r)=\dfrac{\rho_0}{1+\left(\dfrac{r}{a}\right)^2}$，式中 r 为到中心轴线的距离，ρ_0 是轴线上的电荷密度且为常数，a 为常数，试计算该等离子体电场强度的分布。

2-6　如图 2-10 所示，一个半径为 R 的均匀带电球体，电量为 Q。在球体中开一条直径通道，假设此通道极细，不影响球体中电荷及电场的原来分布。在球体外距离球心 r 处有一带同种电荷 q 的点电荷沿通道方向朝球心 O 运动，计算该点电荷能到达球心至少应具有的初动能。

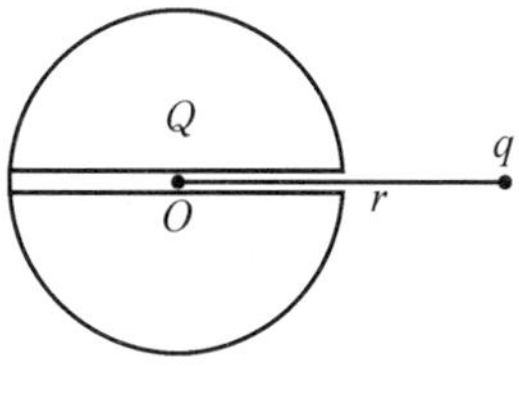

Q　q　O　r

图 2-10

2-7　根据量子理论，氢原子中心是个带正电 e 的原子核(可看成点电荷)，外面是带负电的电子云。在正常状态下，电子云的电荷分布为球对称，即电荷密度可表示为

$$\rho_e=-\frac{e}{\pi a_{\mathrm{B}}^3}e^{-2r/a_{\mathrm{B}}}$$

式中 a_{B} 为一常量。求氢原子内的电场分布。

2-8　高斯定理和库仑定律的关系如何？它们是彼此独立的吗？如果你认为它们是有联系的，请用数学推理证明之。

第三章　静电场的环路定理与电势

在静电场中,电场强度沿任意闭合路径的线积分(又称静电场的环流)恒为零,这个规律称为静电场的环路定理。该定理反映的是静电场力做功与路径无关的特性,即静电场是无旋场。因此,静电场力与万有引力一样是保守力,在静电场中引入电势的概念是适合的。

一、静电场的环路定理与电势建立背景

静电场环路定理是在库仑定律和电场叠加原理的基础上,结合静电力做功的性质推导出来的。1785年,法国物理学家库仑利用他发明的扭秤实验,测定了电荷之间的作用力,发现了静电力与距离平方成反比,同时他也认识到静电力与电量的乘积成正比,从而得到了库仑定律。库仑定律第一次打开了用数学理论研究静电及静电相互作用的大门,使静电学进入了定量研究的新阶段,也为泊松等人发展电学理论奠定了基础。但是,库仑定律没有解决电荷间相互作用力是如何传递的问题,英国科学家法拉第在研究静电力作用媒介时首先提出了场的观点。法拉第认为电荷会在其周围空间激发电场,处于电场中的其他电荷将受到力的作用,即电荷与电荷的相互作用是通过存在于它们之间的场来实现的。加上随后发现的遵循平行四边形法则的电场叠加原理,静电场的环路定理就成功推导出来了。

电势的概念是随着电场以及电场强度的概念一同出现的。电场与其他引力场一样,是矢量场。在法拉第提出电场概念的初期,电场强度作为描述电场对场中电荷作用力关系的物理量自然而然地出现了。同时,电势作为从另一个角度——能量角度来描述电场的物理量也引入到描述电场的性质中。从宏观上说,电场强度和电势在描述电场方面有着同等的地位。

二、静电场的环路定理与电势的数学描述及物理解析

1. 静电场的环路定理的推导

库仑定律指出,真空中静止点电荷 q 对另一个静止点电荷 q' 的作用力为 $\boldsymbol{F}=\dfrac{qq'}{4\pi\varepsilon_0 r^2}\boldsymbol{e}_r$,式中 r 为由 q 到 q' 的距离,ε_0 是真空电容率(真空介电常量)。由电场的

定义有 $\boldsymbol{E}=\frac{\boldsymbol{F}}{q'}=\frac{q}{4\pi\varepsilon_0 r^2}\boldsymbol{e}_r$。在此基础上计算一个点电荷 q 所激发的电场强度 $\boldsymbol{E}$ 对任一闭合回路 L 的环流 $\oint_L \boldsymbol{E}\cdot \mathrm{d}\boldsymbol{l}$，式中 $\mathrm{d}\boldsymbol{l}$ 为 L 的线元。将点电荷的电场强度表达式代入环流定义式可得

$$\oint_L \boldsymbol{E}\cdot \mathrm{d}\boldsymbol{l}=\frac{q}{4\pi\varepsilon_0}\oint_L \frac{\boldsymbol{e}_r}{r^2}\cdot \mathrm{d}\boldsymbol{l} \tag{3-1}$$

设 $\mathrm{d}\boldsymbol{l}$ 与 $\boldsymbol{e}_r$ 的夹角为 θ，则 $\boldsymbol{e}_r\cdot \mathrm{d}\boldsymbol{l}=\cos\theta\mathrm{d}l=\mathrm{d}r$，因而式(3-1)化为

$$\oint_L \boldsymbol{E}\cdot \mathrm{d}\boldsymbol{l}=\frac{q}{4\pi\varepsilon_0}\oint_L \frac{\mathrm{d}r}{r^2}=-\frac{q}{4\pi\varepsilon_0}\oint_L \mathrm{d}\left(\frac{1}{r}\right) \tag{3-2}$$

右边被积函数是一个全微分。从 L 的任一点开始，绕 L 一周之后回到原地点，函数 $\frac{1}{r}$ 亦回到原来的值，因而 $\mathrm{d}\left(\frac{1}{r}\right)$ 的回路积分为零。由此得

$$\oint_L \boldsymbol{E}\cdot \mathrm{d}\boldsymbol{l}=0 \tag{3-3}$$

式(3-3)表明一个点电荷的电场环流为零。对于一个连续分布的静止带电体，总可以把它分解为无穷多个元电荷，每一个元电荷可视为一点电荷，因此元电荷所激发的电场环流也为零。利用电场的叠加性，总电场 $\boldsymbol{E}$ 对一回路的环量恒为零，即

$$\oint_L \boldsymbol{E}\cdot \mathrm{d}\boldsymbol{l}=\oint_L \sum_i \boldsymbol{E}_i\cdot \mathrm{d}\boldsymbol{l}=\sum_i\oint_L \boldsymbol{E}_i\cdot \mathrm{d}\boldsymbol{l}=0 \tag{3-4}$$

把式(3-4)化成微分形式即可求出静电场的旋度。为此，把回路 L 不断缩小，使它包围着一个面元 $\mathrm{d}\boldsymbol{S}$。根据旋度的定义，式(3-4)左边趋于 $\nabla\times\boldsymbol{E}\cdot\mathrm{d}\boldsymbol{S}$，由 $\mathrm{d}\boldsymbol{S}$ 的任意性得

$$\nabla\times\boldsymbol{E}=0 \tag{3-5}$$

式(3-5)阐明了静电场的无旋性。由电磁学其他部分的内容可知，无旋性只在静电情况下成立，而感应电场是有旋的，关于感应电场的环路定理中会说明这一点。

2. 静电场中的电势

由静电场的环路定理可得到静电场是保守场、静电力为保守力这一结论，因此可定义电势能和电势的概念。

如图 3-1 所示，C_1 和 C_2 为由 P_1 点到 P_2 点的两条不同路径，则 C_1 与 $-C_2$ 合成闭合回路，根据环路定理，有

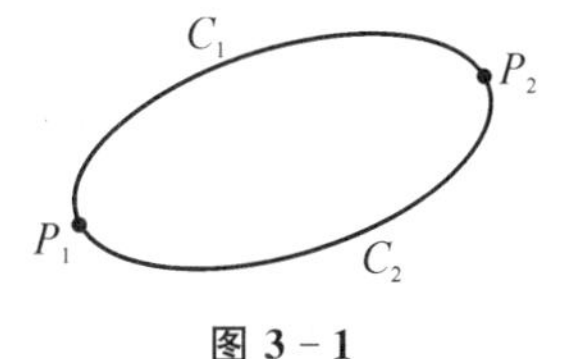

图 3-1

$$\oint_L \boldsymbol{E}\cdot \mathrm{d}\boldsymbol{l}=\int_{C_1}\boldsymbol{E}\cdot \mathrm{d}\boldsymbol{l}+\int_{-C_2}\boldsymbol{E}\cdot \mathrm{d}\boldsymbol{l}=\int_{C_1}\boldsymbol{E}\cdot \mathrm{d}\boldsymbol{l}-\int_{C_2}\boldsymbol{E}\cdot \mathrm{d}\boldsymbol{l}=0 \tag{3-6}$$

从式(3-6)中最后一个等式可得

$$\int_{C_1} \boldsymbol{E} \cdot \mathrm{d}\boldsymbol{l} = \int_{C_2} \boldsymbol{E} \cdot \mathrm{d}\boldsymbol{l} \tag{3-7}$$

由于C_1和C_2是电荷由P_1点移至P_2点的任意两条路径,因此式(3-7)说明电场移动电荷所做的功与路径无关,而只与两端点有关。这样,把单位正电荷从P_1点移到P_2点,电场$\boldsymbol{E}$所做的功为

$$W = \int_{P_1}^{P_2} \boldsymbol{E} \cdot \mathrm{d}\boldsymbol{l} \tag{3-8}$$

根据式(3-7),功只与P_1点和P_2点的位置有关,与从P_1到P_2的路径无关,因此可以在P_1点和P_2点定义一个仅与位置有关的物理量来表示这个功的大小,这个物理量称为电势V,即

$$W = \int_{P_1}^{P_2} \boldsymbol{E} \cdot \mathrm{d}\boldsymbol{l} = V(P_1) - V(P_2) \tag{3-9}$$

式(3-9)通常改写为

$$-[V(P_2) - V(P_1)] = -\Delta V = \int_{P_1}^{P_2} \boldsymbol{E} \cdot \mathrm{d}\boldsymbol{l} \tag{3-10}$$

式(3-10)说明电场力对单位正电荷做的功等于势能增量的负值。由定义可知只有两点的电势差才有物理意义,一点上的电势的绝对数值是没有物理意义的。但在实际计算中,为了方便,常常选取某个参考点,规定这个参考点的电势为零,这样整个空间的电势就单值地确定了。规定了电势的零点,电场中某点的电势值就有意义了。另外,因为电势与电场力对单位电荷做功相关,功是标量,所以电势也是标量,电势值前的"+"号表示该点电势高于规定零点的电势,"−"号表示该点电势低于规定零点的电势。参考点的选取是任意的,在电荷分布于有限区域的情况下,常常选取无穷远处作为参考点。令$V(\infty)=0$,由电势的定义式(3-10)可得空间任一点P的电势为

$$V(P) = \int_{P}^{\infty} \boldsymbol{E} \cdot \mathrm{d}\boldsymbol{l} \tag{3-11}$$

例1 计算静止点电荷q的周围空间的电势。

解 选无穷远处为势能零点,这样空间中与点电荷距离为r处的电势为

$$V(P) = \int_{P}^{\infty} \boldsymbol{E} \cdot \mathrm{d}\boldsymbol{l} = \int_{P}^{\infty} \frac{q}{4\pi\varepsilon_0 r^2} \boldsymbol{e}_r \cdot \mathrm{d}\boldsymbol{l} = \int_{P}^{\infty} \frac{q}{4\pi\varepsilon_0 r^2} \mathrm{d}r = \frac{q}{4\pi\varepsilon_0 r} \tag{3-12}$$

由式(3-12)可以看出,正电荷产生的场中电势为正值,离电荷越远电势越低,到无穷远处电势降为零。所以该场中向外移动正电荷势能减小,即此时电场力做正功,对应同号相斥的特征;向内移动正电荷电势增加,电场力做负功,也就是需要外力克服电场力做功。如果移动负电荷,则情形刚好相反。

例2 计算电偶极子周围空间的电势。

解 电偶极子由相距为l的$\pm q$两电荷构成,因为电荷分布仍在有限空间,可选

无穷远处为电势零点。按照点电荷的电势表达式(3-12)和电势的叠加原理,可得偶极子周围空间任一点 P 的电势为

$$V(P)=V_{+}(P)+V_{-}(P)=\frac{q}{4\pi\varepsilon_0 r_{+}}-\frac{q}{4\pi\varepsilon_0 r_{-}}=\frac{q}{4\pi\varepsilon_0}\left(\frac{1}{r_{+}}-\frac{1}{r_{-}}\right) \tag{3-13}$$

如图 3-2 所示。下面化简式(3-13)。假设 P 到偶极子中点的距离为 r,且 $r\gg l$,以偶极子中点为坐标原点,P 的位置矢量 $\boldsymbol{r}$ 与偶极子偶极矩之间的夹角为 θ,则有

$$r_{+}r_{-}\approx r^2,\ r_{-}-r_{+}\approx l\cos\theta \tag{3-14}$$

将式(3-14)代入式(3-13)可得

$$V(P)=\frac{q}{4\pi\varepsilon_0}\left(\frac{1}{r_{+}}-\frac{1}{r_{-}}\right)=\frac{ql\cos\theta}{4\pi\varepsilon_0 r^2} \tag{3-15}$$

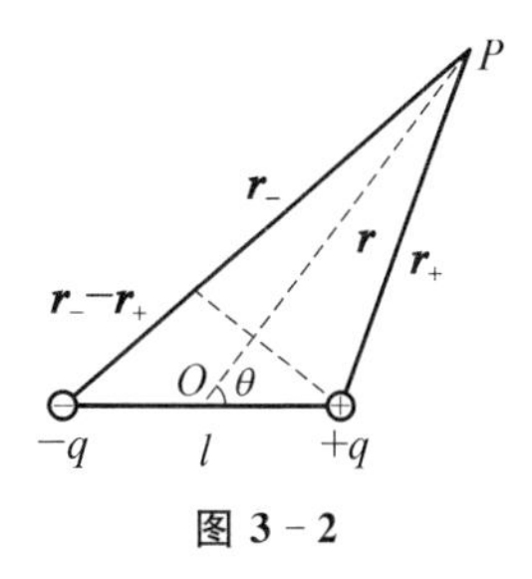

图 3-2

根据偶极矩的定义,有

$$p=ql \tag{3-16}$$

将式(3-16)代入式(3-15)得

$$V(P)=\frac{p\cos\theta}{4\pi\varepsilon_0 r^2} \tag{3-17}$$

式(3-17)即是偶极子空间的电势分布,它不仅与距离有关,而且与相对偶极子的方向角有关。特别地,在方向角为 90°的位置势能恒为零,也就是说,在偶极子的中垂线上移动电荷电场力不做功。

3. 等势线和等势面

等势线指二维静电场中电势相等的各点构成的线;类似地,等势面是指三维空间中静电场电势相等的各点构成的面。

等势面通常分为等比等势面和等差等势面。等比等势面的两个等势面的电势之比相等,等差等势面的两个等势面的电势之差相等。一般来讲,等势面具有以下特点。

(1) 电场线与等势面处处垂直。

(2) 在同一等势面上移动电荷电场力不做功,或做功之和为零。

(3) 电场线总是从电势高的等势面指向电势低的等势面。

(4) 任意两个等势面都不会相交。

(5) 等差等势面越密的地方电场强度越大。

(6) 沿电场线方向电势降低最快(电势逐渐降低不一定是沿电场线方向,而电势

降低最快一定是沿电场线方向)。

从字面上理解“等势面”：只要是电势相同的点，就可以将其连接形成等势线进而形成等势面，好像任意两个相邻面中，可以再画出无数个等势面。但为了保证相邻等势面电势差相等，等势面的画法实际上不是任意的，是有附加约定条件的。对于等差等势面，这个约定是：相邻等势面之间的电势差是相等的，不能任意增加等势面的数量，否则无法用等势面表示电场的强弱。几种常见的等势面如图 3-3 所示。

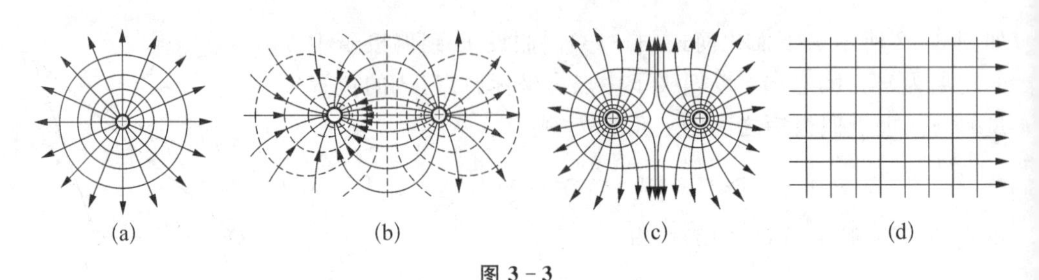

图 3-3

图 3-3(a)是点电荷的等势面和电场线图，等势面为以点电荷为圆心的一系列不等距的同心圆，电场线为以点电荷为中心往径向发射的射线；图 3-3(b)是两个等量异号点电荷的等势面(虚线表示)和电场线(实线表示)；图 3-3(c)是两个等量同号电荷的等势面(圆形和类圆形表示)和电场线(射线表示)；图 3-3(d)是均匀电场的等势面(竖直线表示)和电场线(水平线表示)。

4. 电势与电场强度的微分关系

首先把电势的定义式(3-10)写成微分形式，可得

$$\mathrm{d}V = -\boldsymbol{E} \cdot \mathrm{d}\boldsymbol{l} \tag{3-18}$$

由于 $V = V(x, y, z)$ 是空间位置的函数，可写出它的全微分表达式

$$\mathrm{d}V = \frac{\partial V}{\partial x}\mathrm{d}x + \frac{\partial V}{\partial y}\mathrm{d}y + \frac{\partial V}{\partial z}\mathrm{d}z = \nabla V \cdot \mathrm{d}\boldsymbol{l} \tag{3-19}$$

式中，$\nabla = \frac{\partial}{\partial x}\boldsymbol{i} + \frac{\partial}{\partial y}\boldsymbol{j} + \frac{\partial}{\partial z}\boldsymbol{k}$ 是梯度算符。对比式(3-18)和式(3-19)，有

$$\boldsymbol{E} = -\nabla V \tag{3-20}$$

式(3-20)说明电场强度是电势梯度的负值。

例 3　计算电偶极子周围空间任一点的电场强度。

解　我们在上一讲中利用电场强度的叠加原理计算了电偶极子中垂线和延长线上的电场强度，但对除此之外空间点的电场强度的计算却遇到了困难。现在我们利用例 2 的式(3-17)和电场强度与电势的微分关系式(3-20)来计算。将式(3-17)代入式(3-20)可得

$$\boldsymbol{E}=-\nabla V=-\frac{\partial V}{\partial r}\boldsymbol{e}_r-\frac{\partial V}{r\partial\theta}\boldsymbol{e}_\theta=-\frac{p\cos\theta}{4\pi\varepsilon_0}\frac{\partial\frac{1}{r^2}}{\partial r}\boldsymbol{e}_r-\frac{p}{4\pi\varepsilon_0 r^3}\frac{\partial\cos\theta}{\partial\theta}\boldsymbol{e}_\theta \tag{3-21}$$

整理式(3-21)可得

$$\boldsymbol{E}=\frac{p\cos\theta}{2\pi\varepsilon_0 r^3}\boldsymbol{e}_r+\frac{p\sin\theta}{4\pi\varepsilon_0 r^3}\boldsymbol{e}_\theta \tag{3-22}$$

式(3-22)明确表示,只要知道空间点与偶极子的距离和方位角,就可以计算出该点的电场强度大小和方向。显然,这里的计算比用电场强度的矢量叠加原理计算要简单得多。

三、静电场环路定理的科学意义

静电场环路定理反映了静电场是保守力场。试验电荷在静电场中经闭合曲线回到原始位置,静电场力做功为零,即做功只与始末位置有关。这是所有保守力做功的特点,故静电场力是保守力,静电场是保守力场。从电荷在电场中受到的电场力以及电场力做功的特点出发,高斯定理反映了电场与电荷之间的定量关系,而环路定理着重在于反映电荷在电场中受力与电场力做功的性质,单从反映电场性质来说,显然环路定理更加直接准确,居于主导地位,而高斯定理更多只是从侧面对电场性质的必要补充。虽然单独应用环路定理无法直接定量求解电场和电荷的分布,但是通过环路定理反映出的电场是有势场这一性质,可引入电势这一概念,从而能通过用电荷分布和叠加原理求解相应的电势,然后应用电位梯度进而求得电场强度。

环路定理与高斯定理共同刻画了静电场的性质特点。高斯定理并不只适用于静止电荷形成的电场,还适用于运动电荷形成的电场,且对于涡旋电场也适用,故径向性、球对称性并不是高斯定理的必要条件;对环路定理,由上述的推导过程,静电场的球对称性、径向性以及场叠加性是其成立条件,故两者共同刻画了静电场反平方衰减性、径向性、球对称性、场的叠加性等特性。环路定理的径向性以及球对称性使之与涡旋电场区别开,但只定性地说明了静电场是无旋场,模糊地说明电位的存在,对势的定义没有定量阐述,因为重要的反平方衰减性并未涉及,故高斯定理与环路定理互不能替代。

静电场的环路定理实用性很强,在计算理解特殊问题时经常会用到。环路定理虽然重要,但若缺少了高斯定理的配合使用,很可能无法独立地解决特殊问题。在环路、高斯两定理的发展过程中,须完全熟悉两者内涵并加以融会贯通,才能解决具有一定对称性的导体系在静电场中的电荷分配、电位高低、电场强弱等问题。电势、电场强度是电学的基础概念,奠定了电磁学、电动力学发展的基础。等势面在推断电场性质时必不可少,而实际中测量电势也比测定场强容易,所以常用等势面研究电场。

先测绘出等势面的形状和分布,再依据电场线与等势面处处垂直,绘出电场线分布,就可以知道所研究的电场。这也使等势面概念在一些电子仪器(如示波器、电子显微镜等)的电极设计中发挥着重要作用。

电场和电势的概念已融于当今许多基础研究领域。例如,细胞膜电势在生物化学中是极其重要的概念;电场强度与电势的概念在超导结构和耦合超导结构的研究中处于核心价值的地位。

四、练习与思考

3-1 一细直杆长度为 $2L$,沿 x 轴放置,杆上均匀带电,其线电荷密度为 λ,试计算沿杆方向离杆中心点为 $l(l>L)$ 处 P 点的电势。

3-2 一半径为 R 的均匀带电圆盘,其面电荷密度为 σ,求:

(1) 通过该圆盘中心的垂直轴线上的电势分布;

(2) 通过该圆盘中心的垂直轴线上的电场强度分布(利用电场强度与电势的微分关系)。

3-3 电荷以相同的面密度 σ 分布在半径分别为 $r_1=10$ cm, $r_2=20$ cm 的两个同心球面上。设无限远处电势为零,球心处的电势为 $V_0=300$ V,求:

(1) 电荷面密度 σ 的值;

(2) 若要使球心处的电势为零,外球面上应该放掉多少电量?

3-4 图 3-4 是电势 V 在 x 轴上五个区域中随距离变化的曲线,请:

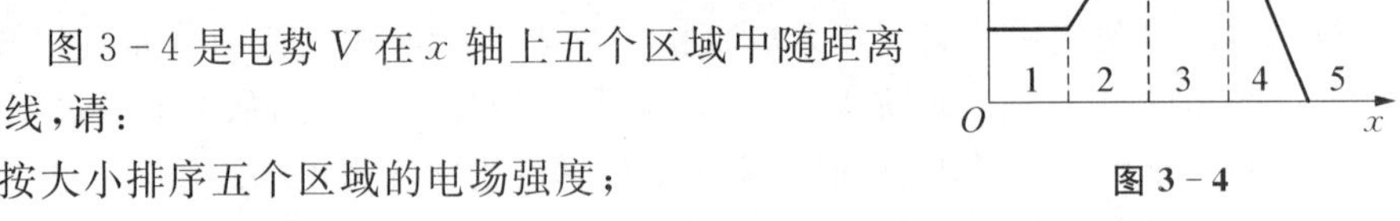

图 3-4

(1) 按大小排序五个区域的电场强度;

(2) 指出区域 2 和区域 4 中电场强度的方向。

3-5 试讨论一维离子晶体两正、负离子之间区域的电势分布。

3-6 二极管的主要构件是一个半径为 $R_1=5.0\times10^{-4}$ m 的圆柱状阴极和一个套在阴极外的半径为 $R_2=4.5\times10^{-3}$ m 的同轴圆筒状阳极。阳极与阴极间的电势差为 $V_+-V_-=300$ V。

(1) 若一个电子从阴极出发时的初速度很小,可忽略不计,求该电子到达阳极时所具有的动能。

(2) 求两极间距离轴线为 r 的一点处电场强度的表达式。

3-7 一只鸟站在一根 3 000 V 的高压输电线上,它有危险吗?如果一个站在地面上的人不小心碰触这条高压线,会怎么样?为什么?

3-8 如果一个空间区域的电势是常数,对于这个区域,电场强度怎样?如果只是在这一区域的表面电势为常数,对于这表面上的电场强度又怎样呢?

第四章　静电场与导体的相互作用

导体是具有大量可自由移动的带电粒子、能传导电流的物质。常见的导体有两类：一类是依靠电子导电的物质，称为第一类导体，如金属；另一类是依靠离子导电的物质，称为第二类导体，如酸、碱、盐的溶液。本章主要讨论金属导体在静电场中的行为——静电感应现象和静电平衡状态，导体对静电场的影响，以及静电屏蔽现象。

一、静电场与导体的相互作用建立背景

静电场对置于其中的导体的作用早在电荷发现时就有相关研究，只是那时没有提升到场的高度，认为是一个电荷对另一个电荷或者另一种物质的作用。例如，1729 年，英国科学家斯蒂芬・格雷(Stephen Gray)就发现了静电感应现象，并且用一根空心的橡皮管和一根实心的橡皮管做实验证明了电荷只存在于带电体的表面。1755 年，富兰克林也做过一个有趣的实验。它让一个空银桶带上电，然后用一个细丝把一个小软木球吊在银桶里面，发现软木球并没有受到金属桶的任何影响；而且当软木球接触到银桶的内壁后取出，发现它一点也没带电，富兰克林由此认识到电荷只分布在导体表面。在此实验的基础上，富兰克林还发现了静电平衡状态及静电平衡时导体的电荷分布规律，即导体尖端附近电荷多，曲率平缓处电荷分布较少。受这个现象的启发，富兰克林发明了避雷针。在 1753 年和 1762 年，英国科学家约翰・坎顿和瑞典科学家约翰・卡尔・维尔克也分别发现：一个带电的物体与不带电的导体相互靠近时，由于电荷间的相互作用，会使导体内部的电荷重新分布，异种电荷被吸引到带电体附近，而同种电荷被排斥到远离带电体的导体另一端。用理论完美解释这些静电现象则是在法拉第的电场概念提出以及电子发现以后由库仑、高斯、法拉第、安培、麦克斯韦等科学家完成。现代物理理论认为组成物质的基本单元是原子或者分子，而原子、分子由带负电的电子和带正电的原子核组成。因此，一旦物质处于电场中，物质原子中的电子和原子核就要发生相对移动。科学家按电子能移动的区域大小把物质分为导体和绝缘体(电介质)两大类。即电子可以在整个物质中自由移动的物质称为导体；电子只能局限在原子核周围一个较小范围内移动的物质称为绝缘体(电介质)。本章主要介绍静电场与导体物质的相互作用。

二、静电场与导体相互作用的数学表示及物理解析

1. 静电感应

如图 4-1 所示，将一个带电的物体靠近一个不带电的验电器，物体还没有接触金属球，金属箔就已经张开，说明金属箔带电了，这种当带电体靠近导体时，导体内部电荷重新分布，导体显示出电性的现象称为静电感应现象。现代电场理论对这种现象是这样解释的：带电体产生一静电场，当导体靠近带电体时，导体中的自由电子受到电场力的作用而发生定向移动。如果带电体带的是正电荷，那么自由电子向靠近带电体的一端移动，靠近带电体的一端显示负电属性，远离带电体的一端显示正电特性。如果带电体带的是负电，那么自由电子向远离带电体的一端移动，靠近带电体的一端显示正电，远离带电体的一端显示负电。总之，在静电感应中，导体上靠近带电体的一端显示和带电体相异的电荷，导体上远离带电体的一端显示和带电体相同的电荷。

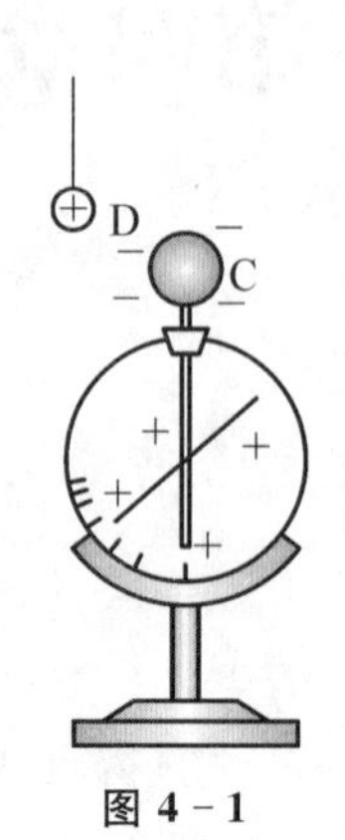

图 4-1

需要注意的是，静电感应现象中发生的只是导体中自由电荷的分布发生了改变，导体中的电荷总量并不改变，这就是电荷守恒定律。

2. 静电平衡状态

导体在电场中要发生静电感应现象，静电感应的最后结果是静电平衡。如图 4-2所示，所谓静电平衡是指由于导体在外加静电场 $\boldsymbol{E}_0$ 作用下发生电荷重新分布，导体内部形成一个新的与外加电场方向相反的感应电场 $\boldsymbol{E}'$，随着电荷堆积增加，$\boldsymbol{E}'$ 不断增强直至与外电场 $\boldsymbol{E}_0$ 势均力敌，彼此抵消，此时导体内部电场强度 $\boldsymbol{E}=0$，电子不再做定向移动的现象。所以静电平衡实际上是导体中自由电荷受力的平衡。

当导体在电场中达到静电平衡后，导体具有以下 4 个特点。

(1) 均匀导体达到静电平衡的条件是导体内部的总场强处处为零。

(2) 处于静电平衡的导体，其外部表面附近任何一点的场强方向与该点的表面垂直。

(3) 处于静电平衡状态的整个导体是个等势体，它的表面是个等势面。地球是一个极大的导体，可以认为处于静电平衡状态，所以它是一个等势体。

(4) 孤立实心导体的电荷只能分布在导体的表面上，导体内部不可能有静电荷分布。因为静电平衡时实心导体内部场强为零，由高斯定理可得电荷体密度为零，所

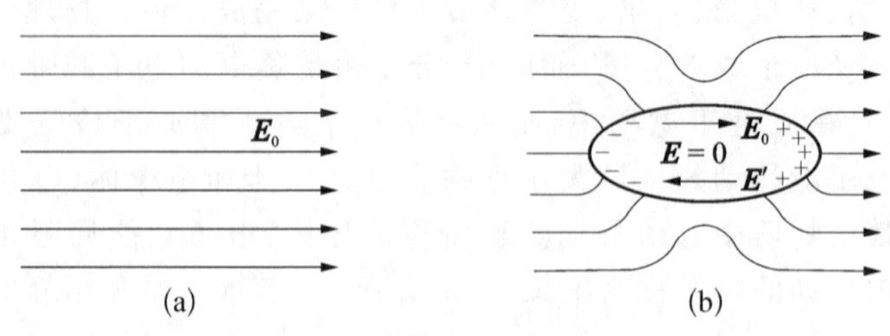

图 4-2

以实心导体的电荷只分布在导体表面上。导体表面上的电荷面密度大小与导体表面曲率有关。在导体表面曲率为正值时，表面曲率越大电荷面密度越大，表面曲率越小电荷面密度越小。在导体表面曲率为负值时，即当导体表面向导体内部凹进时，电荷面密度更小。下面举一个例子来解释之。

如图 4-3 所示，一个半径为 r、带电为 q 的金属小球与一个半径为 R、带电为 Q 的金属大球通过一长为 l 的金属导线相连，假设 $r \ll R \ll l$，则小球和大球所在位置的电势由各自所带电荷产生，互不影响，所以有

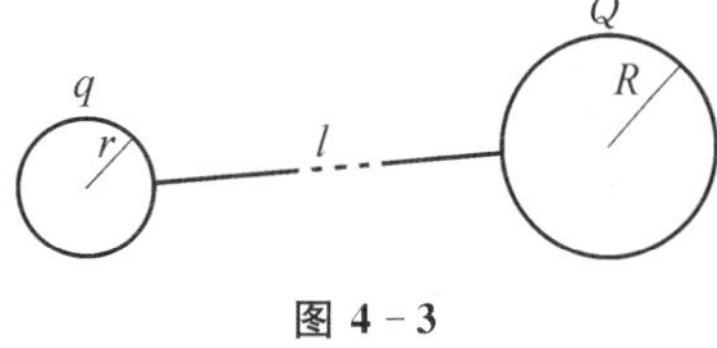

图 4-3

$$V_r = \frac{q}{4\pi\varepsilon_0 r} \tag{4-1}$$

和

$$V_R = \frac{Q}{4\pi\varepsilon_0 R} \tag{4-2}$$

由于两球用金属导线相连，静电平衡时两球电势应该相等，有

$$\frac{q}{4\pi\varepsilon_0 r} = \frac{Q}{4\pi\varepsilon_0 R} \tag{4-3}$$

整理式(4-3)可得

$$\frac{qr}{4\pi r^2} = \frac{QR}{4\pi R^2} \tag{4-4}$$

如果用 $\rho = \dfrac{q}{4\pi r^2}$ 表示小球面电荷密度，用 $\rho' = \dfrac{Q}{4\pi R^2}$ 表示大球的面电荷密度，式(4-4)变为

$$\rho r = \rho' R \tag{4-5}$$

式(4-5)是电荷密度与带电体半径的关系表达式，该式表明面电荷密度与曲率半径成反比。或者说，面电荷密度与表面的曲率成正比，曲率大的地方面电荷密度大。实验上人们经常观察到尖端放电现象，这是曲率大的位置电荷集中度高所致。

3. 静电平衡导体表面电荷密度与附近电场强度的关系

在静电平衡导体表面附近取一点 P，由于该点非常靠近导体表面，导体可视为无穷大。过 P 点作一个平行于导体的小面积元 ΔS，以 ΔS 为底，以过 P 点的导体表面法线为轴作一封闭的扁圆筒，并让圆筒的另一侧在导体内部(见图 4-4)。由于 $E_{内} \equiv 0$，根据高斯定理可以求得导体外部的电场强度大小为

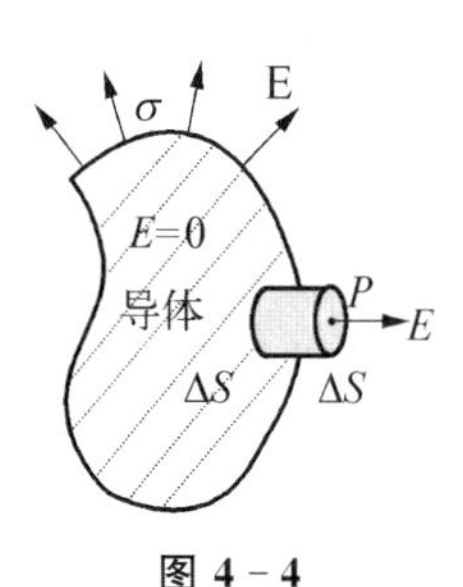

图 4-4

$$E\Delta S = \frac{\sigma \Delta S}{\varepsilon_0} \tag{4-6}$$

即

$$E=\frac{\sigma}{\varepsilon_0} \tag{4-7}$$

式(4-7)说明处于静电平衡的导体表面上各处的面电荷密度与当地表面附近的场强大小成正比。

4. 导体空腔和静电屏蔽现象

如图4-5所示,若空腔内无电荷,静电平衡下导体中及空腔内部的电场强度为零,根据高斯定理,导体中和空腔内电荷密度为零,电荷只能分布在空腔的外表面上。正因为空腔内电场强度为零,故空腔内部不受外部电场影响。人们把空腔的这种作用称为**静电屏蔽**。静电屏蔽在现代科学研究和人们日常生活中都有广泛的应用。例如人们通常把电子仪器置于金属网壳中以避免仪器受外界电场的影响。而要保证金属外壳也不受影响,只要将外壳接地与大地构成一等势体即可。

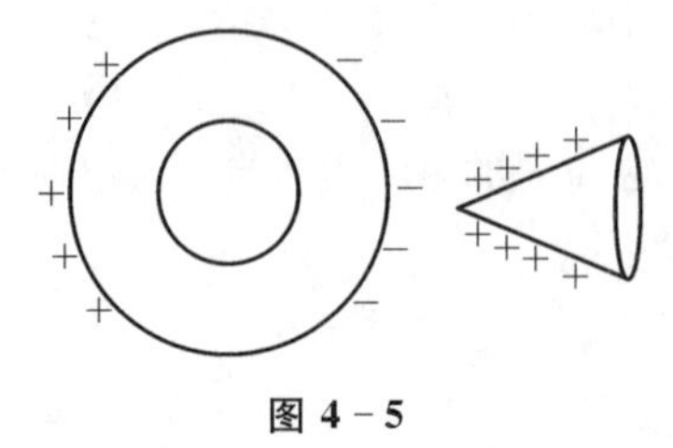

图4-5

若空腔内有电荷,则由于静电感应而在空腔导体的内表面产生等量异号的电荷,如图4-6所示。又由于整个空腔导体必须满足电荷守恒,故空腔外表面出现与腔内电荷等量同号的电荷。如腔内电荷变化时,空腔外表面的电荷随之改变,因此在空腔导体外部的电场强度也随之改变。为了使空腔内电荷不影响空腔的外部空间,人们也采取将空腔外壳接地,使外表面的电荷导入地中而不对外部空间产生影响。

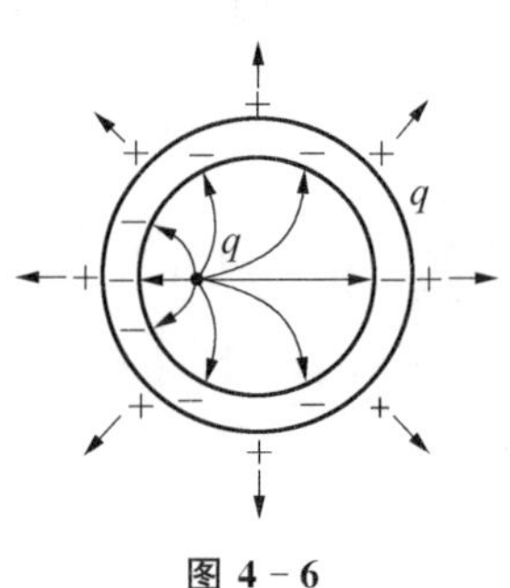

图4-6

三、应用举例

例 如图4-7所示,两块近距离放置的导体平板,面积均为S,分别带电q_1和q_2。求平板上的电荷分布。

解 由电荷守恒,有

$$\sigma_1 S+\sigma_2 S=q_1 \quad ①$$

$$\sigma_3 S+\sigma_4 S=q_2 \quad ②$$

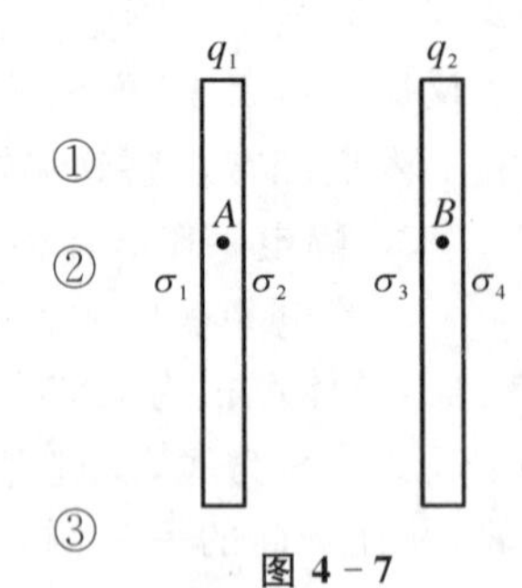

图4-7

由静电平衡条件可知导体板内没有电场,即

$$E_A=\frac{\sigma_1}{2\varepsilon_0}-\frac{\sigma_2}{2\varepsilon_0}-\frac{\sigma_3}{2\varepsilon_0}-\frac{\sigma_4}{2\varepsilon_0}=0 \quad ③$$

$$E_B=\frac{\sigma_1}{2\varepsilon_0}+\frac{\sigma_2}{2\varepsilon_0}+\frac{\sigma_3}{2\varepsilon_0}-\frac{\sigma_4}{2\varepsilon_0}=0 \quad ④$$

联合式①到式④求解可得

$$\sigma_1=\sigma_4=\frac{q_1+q_2}{2S} \tag{5}$$

$$\sigma_2=-\sigma_3=\frac{q_1-q_2}{2S} \tag{6}$$

特别地，当两板带的电量大小相等、符号相反时，即 $q_1=-q_2=Q$ 时，有

$$\sigma_1=\sigma_4=0 \tag{7}$$

$$\sigma_2=-\sigma_3=\frac{Q}{S}=\sigma \tag{8}$$

式⑦和式⑧说明在两板带有等量异号电荷的情况下，两导体板外表面电荷密度为零，电荷只分布在导体板的内表面。

由以上讨论可知，静电平衡和静电屏蔽两个知识点揭示了电荷在宏观现象与微观运动之间的联系，成为电学中连接微观机制和宏观现象的一座桥梁，有着广泛的应用价值。例如，避雷针的发明为人类规避雷电的伤害提供了强大的工具；屏蔽仪的使用使实验室、家庭中的电子仪器得到很好的保护。在未来的太空探索中，由于浩瀚宇宙中涉及的物理电学现象十分可观，人类要防范像太阳风暴之类的电磁效应的影响还要反复用到静电平衡和静电屏蔽效应。

四、练习与思考

4-1　如图 4-8 所示，金属球中心放一个电量为 q_1 的点电荷，球外有一个电量为 q_2 的点电荷，当达到静电平衡时，问：

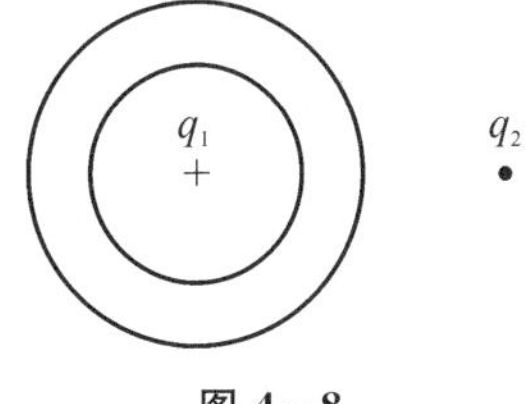

图 4-8

(1) q_2 是否在导体球壳上及空腔内产生电场？静电屏蔽作用如何体现？

(2) q_2 点电荷和 q_1 之间是否存在相互作用的静电力？

4-2　一个垂直于地面放置(接地)的无限大导体板，与其距离为 d 的位置水平放置一根带电导线，如图 4-9 所示。假设该导线的线电荷密度为 λ，求：

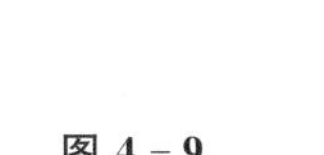

图 4-9

(1) 该导线到平面的垂足点 O 附近的感应电荷面密度；

(2) 平面上与垂足距离为 d' 的 P 点的面密度；

(3) P 点处单位面积上的感应电荷所受的电场力。

4-3　设一导体占有 $x\leqslant 0$ 的半无限大空间，在导体

右侧距离导体表面为 d 处有一点电荷 q，如图 4－10 所示。求导体表面上距原点 O 为 r 的 P 点处的感应面电荷密度 $\sigma(r)$。

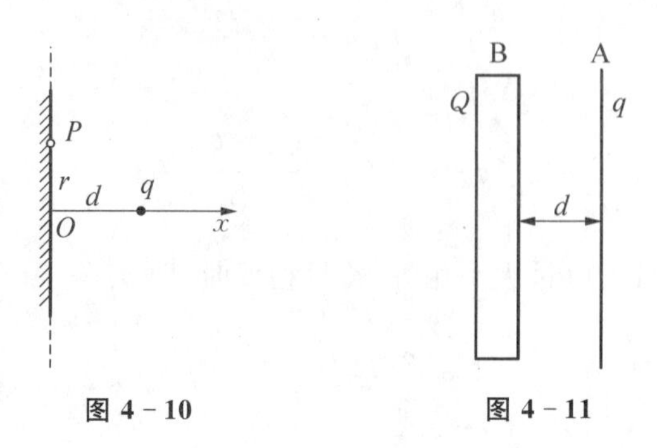

图 4－10　　图 4－11

4－4　面积很大的均匀带电平板 A 与导体板 B 平行放置，两者间距 d 远小于板的长度和宽度，如图 4－11 所示。设平板 A 带电量 q，导体板 B 带电量为 Q，求板 B 两侧面上的面电荷密度以及 A 和 B 之间的电势差。

4－5　如图 4－12 所示，半径为 R_1 的导体球带有电荷 q，球外有一内外半径分别为 R_2 和 R_3 的导体球壳，球壳上带有电荷 Q。求：

(1) 两球所处位置的电势 V_1 和 V_2；

(2) 两球的电势差 ΔV；

(3) 如果用导线将两球连起来，V_1 和 V_2 分别是多少？

(4) 如果外球壳接地，V_1 和 V_2 为多少？

(5) 如果内球用导线接地，V_1 和 V_2 为多少？

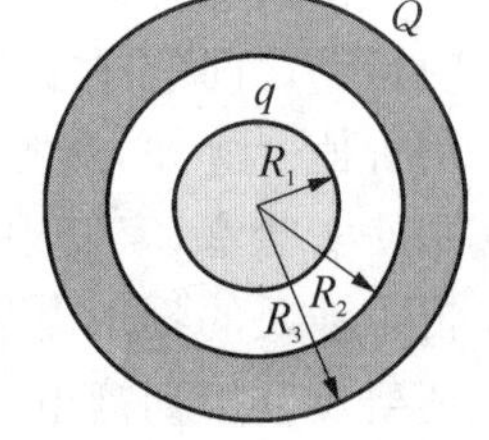

图 4－12

4－6　在各种形状的孤立导体中，是否只有球形导体内部的电场强度为零？用作静电屏蔽的金属网需要考虑它的形状吗？

4－7　面电荷密度为 σ 的无限大均匀带电平面两侧的电场强度为 $\dfrac{\sigma}{2\varepsilon_0}$，而在静电平衡下，面密度为 σ 的导体表面附近的电场强度为 $\dfrac{\sigma}{\varepsilon_0}$，为什么后者是前者的 2 倍？

第五章　电介质与外加静电场的相互作用

电介质是指没有可自由移动电子的理想绝缘体。按照电介质中的分子电性结构，把电介质分为非极性分子电介质和极性分子电介质两类。电介质与静电场的相互作用包含四个既独立又联系的内容，即在静电场作用下电介质的极化现象(极化强度和极化电荷)、介质中静电场的高斯定理、介质中静电场的环路定理和介质交界面两侧电场的关系。

一、电介质与外加静电场相互作用规律建立背景

人们通常把不导电的物质称为绝缘体，而“绝缘体”一词在哲学上有绝对不导电的含义，但物质的导电性能是相对的，所以现在一般把电阻率高(电工实际应用中电阻率大于10^8 Ω·m)的物质称为电介质，以取代“绝缘体”概念。电介质的准确定义是在电场中发生极化的物质。对电介质的研究已有150多年的历史，但从居里1880年发现石英材料的压电效应，并用该材料做成石英静电计应用于研究镭的放射特性中以后，电介质的研究才得到蓬勃发展。一方面工作电压越高，绝缘问题越突出，需要探索绝缘性能更好的电介质材料。另一方面由于微波、雷达技术的出现，需要用到在微波频率下损耗更小的电介质作为天线和其他功能元件；而激光与极性电介质有很密切的关系。例如，铁电体和压电体这类电介质的光电效应和其非线性光学效应在激光的研究和应用中起到很重要的作用。电介质的压电效应在声学、微波超声学、水声学等领域得到非常重要的应用。第一次世界大战时期，法国物理学家郎之万把电介质的压电效应应用于海中声波的发射和接收，出现了声呐技术。1919年，日本把驻极体(一种具有持久性极化的固体电介质，能产生电场，类似于能产生磁场的永磁体)用于军用无源电话机中。由于战争的需要，1919—1979年，对电介质的研究和应用都取得了长足的进步和发展：1921年发现了罗息盐的铁电性，1943年发现了多晶铁电体钛酸钡，1950年发现了反铁电现象物质锆酸铅，1953年发现了具有重要使用价值的铁电体锆钛酸铅等。

在实验不断取得进步的同时，理论上对电介质的微结构以及它对电场响应的研究也得到迅猛发展。现代物理已经基本弄清楚电介质的高电阻率、压电、铁电、反铁电现象的原因。理论研究表明，一个宏观电介质中含有数目巨大的粒子，而由于热运动的原因，这些粒子的取向处于混乱状态，因此无论粒子本身是否具有电矩，由于热运动的平均效果，电介质的宏观极化强度总是等于零。在外加电场的作用下，粒子会

沿电场方向贡献一个电矩,使电介质产生宏观极化。一个粒子对极化的贡献可以来自不同的原因,根据极化原因的不同电介质的极化分为转向极化和位移极化。一般地,电极化的三个基本过程是: ① 原子核外电子云的畸变极化。电子云极化的建立时间极短,内层电子极化建立的时间约为 10^{-19} s,价电子的极化建立时间为 $10^{-14}\sim10^{-15}$ s,这与近红外到紫外光区的光振动周期相对应。电子极化率具有 10^{-40} F・m^2 量级。可见,在电子云位移极化中原子核中心与电子云中心的相对位移是极其微小的。② 分子中正负离子的相对位移极化。离子位移极化建立所需时间与晶格振动的周期具有相同的数量级,为 $10^{-12}\sim10^{-13}$ s,这一时间与红外光区的光振动周期相对应,在频率处于红外范围内的交变电场作用下可以引起腔内的共振吸收和色散。离子位移极化率与束缚电子位移极化率有大致接近的数量级,即 10^{-40} F・m^2。一些共价键结合的分子,如 HCl、NH_3 等在电场的作用下引起键长的变化,使分子固有偶极矩产生变化,也属于这种极化过程。点状非离子型介质分子中的原子相对位移极化率都很小。③ 分子固有电矩的取向极化。固有电矩的取向极化存在于极性介质中。在电场的作用下,每个极性分子都有沿着电场方向取向的趋势,使电介质整体出现沿电场方向的宏观偶极矩。由于受到分子热运动的无序化影响,电场的有序化作用及极性分子间的长程作用等,这种极化的建立需要较长的时间,一般为 $10^{-6}\sim10^{-2}$ s,甚至更长,属于慢极化方式。

二、电介质与外加静电场相互作用的数学描述及物理解析

电介质是指导电性能极差,物质中没有自由电荷的一类物质。根据组成物质的分子有无极性将电介质分为两大类,即无极分子电介质和有极分子电介质。无极分子指分子的正负电荷中心重合,在分子层次上不表现出极性,或者说分子的电偶极矩为零,如氯气分子、氧气分子和氢气分子等双原子分子。有极分子指分子的正负电荷中心不重合,表现出极性的分子,如氯化氢分子、二氧化碳分子、水分子等。从微观上看,无极分子不表现电性质而有极分子表现电性质。从宏观上看,由于每个分子电矩的方向具有随机性,因此两者均不表现出电性质。

1. 电介质在外加电场中的极化现象

在静电场中,电介质内部的电荷分布会发生改变的现象称为电介质的极化。

1) 无极分子的极化

如图 5-1(a)所示,当没有外场时,分子中的正、负电荷中心重合。当有外加静电场 $\boldsymbol{E}_0$ 时,如图 5-1(b)所示,每个分子的正电荷中心与负电荷中心将发生相对位移。因此,每个分子都等同于一个电偶极子,其电矩方向沿外电场 $\boldsymbol{E}_0$ 方向排列。无极分子电介质的极化现象是由于单个分子正负电荷中心发生相对位移引起的。因此无极分子电介质的极化称为位移极化。

另外,由于介质极化时表面的电荷仍然被束缚于介质表面附近的分子(介质与电场方向垂直的两端面)内,不能自由移动,因此极化电荷又称为束缚电荷。

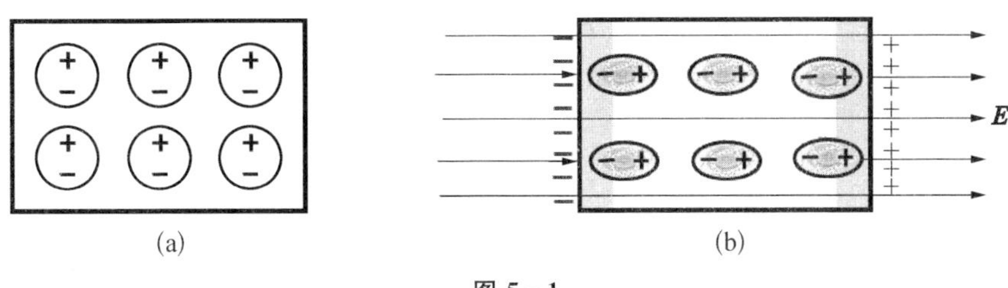

图 5-1

很显然，外电场 E_0 越强，单个分子正、负电荷中心被拉得越开，单个分子的电矩就越大，介质极化程度就越强。

2）有极分子的极化

如图 5-2 所示，当有外加静电场 E_0 时，每个分子的电矩都有转向 E_0 方向的趋势（由于相邻分子间的相互作用，这种转向会被制约，并不能完全转向 E_0 方向），因此，对于有极分子电介质，极化是由单个分子电矩发生转向引起的，这种极化称为转向极化。很显然，外电场 E_0 越强，单个分子电矩转向越明显，分子电矩的排列就越整齐，介质极化程度就越强。

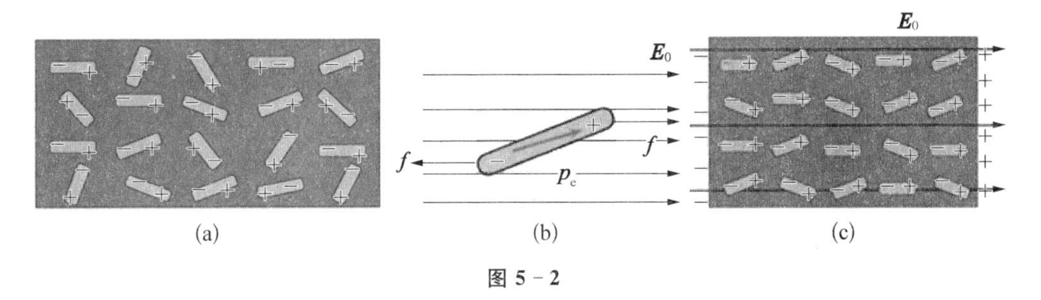

图 5-2

3）极化强度与极化电荷

上面对电介质在外电场中极化的现象做了定性的描述和解释，但我们知道科学研究仅有定性描述是不够的，需要更精确的定量描述。怎样精确描述电介质的极化现象呢？是否有已经定义的可以拿来描述这种现象的物理量？我们回头看看极化现象的特征：无论是位移极化还是转向极化，极化后电介质的总电偶极矩不再为零。这样，我们似乎可以用总电偶极矩来定量描述极化现象，但对于总电偶极矩相同、尺寸不同的两块电介质，又怎样区分它们极化的强弱呢？因此，为了比较不同电介质的极化程度，不仅要考虑电介质的总电偶极矩，还要考虑它体积的大小。为此，科学家定义了一个新的物理量——**极化强度 $\boldsymbol{P}$**：在有外电场时，介质中某体积元 ΔV 内的总电偶极矩与体积元比值的极限，即

$$\boldsymbol{P}=\lim_{\Delta V\to 0}\frac{\sum_{\Delta V}\boldsymbol{p}_i}{\Delta V} \tag{5-1}$$

由于电偶极矩是矢量,所以极化强度 $\boldsymbol{P}$ 也为矢量。在国际单位制中,$\boldsymbol{P}$ 的大小的单位是 $\mathrm{C/m^2}$。实验证明,当外加电场不太强时,电介质内任一点的极化强度与该点的总电场强度成正比,即

$$\boldsymbol{P}=\chi_e\varepsilon_0\boldsymbol{E} \tag{5-2}$$

式(5-2)中,χ_e称为介质的极化率,当介质为各向同性的均匀介质时,极化率为无量纲常量,与介质中的电场强度无关,与空间点无关。

极化电荷:对于密度均匀的电介质,由于分子电矩分布均匀,在任何宏观体元内正负电荷代数和为零,则电介质内无净电荷,但在被外电场极化的电介质界面上出现没有被抵消的电荷,这些电荷称为**极化电荷**。这些电荷被电介质内部的符号相反的电荷束缚在介质表面不能自由移动,所以又称为束缚电荷。显然,极化电荷密度应该与极化强度有关。为了得到极化电荷面密度与极化强度的关系,我们在一个电介质内选取一底面积为 ΔS、高为 Δx 的体积元 ΔV(见图 5-3),假设此电介质表面的电荷密度为 σ',则

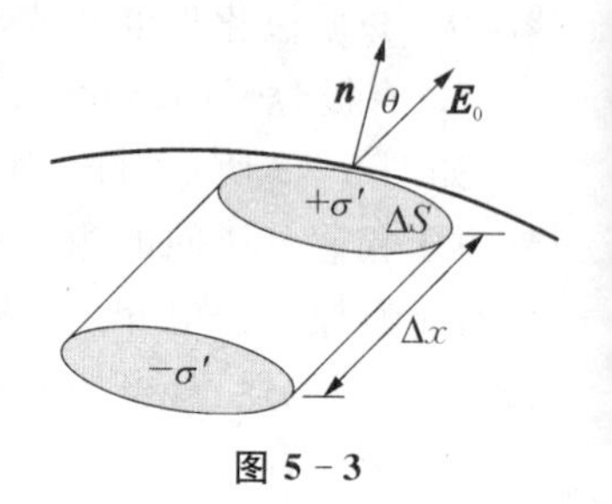

图 5-3

$$(\sigma'\Delta S)\Delta x=\left|\sum_{\Delta V}p_i\right| \tag{5-3}$$

将式(5-1)对应的物理量大小表达式代入式(5-3)可得

$$(\sigma'\Delta S)\Delta x=P\Delta V_{\perp}=P\Delta S\Delta x\cos\theta \tag{5-4}$$

式(5-4)中,θ 是底面法线方向与极化强度方向之间的夹角。化简式(5-4)可得

$$\sigma'=P\cos\theta=\boldsymbol{P}\cdot\boldsymbol{e}_{\mathrm{n}}=P_{\mathrm{n}} \tag{5-5}$$

式(5-5)说明极化电荷面密度等于相应的极化强度在电介质表面法线上的分量。

2. 极化的电介质对外加电场的影响

在外加电场的作用下,电介质被极化,其表面出现了极化电荷,这些极化电荷将在宏观尺度上激发电场,从而电介质中的电场包括外加电场 $\boldsymbol{E}_0$ 和极化电荷的电场 $\boldsymbol{E}'$ 两部分,即

$$\boldsymbol{E}=\boldsymbol{E}_0+\boldsymbol{E}' \tag{5-6}$$

当外加电场是静电场时,电介质极化是稳态的,对应的极化电荷可以看作静止电荷,由其产生的电场也可以看作静电场。因此,外加电场和极化电荷的场都满足静电场的环路定理,即

$$\oint_l\boldsymbol{E}_0\cdot\mathrm{d}\boldsymbol{l}=0 \tag{5-7}$$

和

$$\oint_l \boldsymbol{E}' \cdot \mathrm{d}\boldsymbol{l} = 0 \tag{5-8}$$

则电介质中总的电场满足

$$\oint_l \boldsymbol{E} \cdot \mathrm{d}\boldsymbol{l} = 0 \tag{5-9}$$

式(5-9)说明环路定理在电介质中成立,电介质中静电场仍然是保守力场,同样可以用电势的概念来描述电介质中的静电场。另外,在有电介质存在时,若考虑静电场对任意闭合曲面 $\boldsymbol{S}$ 的电通量,应有与真空中静电场的高斯定理相同的规律,只是闭合曲面 $\boldsymbol{S}$ 内的电荷除了自由电荷 q_0 外还应包括极化电荷 q',即

$$\oiint_S \boldsymbol{E} \cdot \mathrm{d}\boldsymbol{S} = \frac{1}{\varepsilon_0}\left(\sum_{S中} q_0 + \sum_{S中} q'\right) \tag{5-10}$$

由于闭合曲面 $\boldsymbol{S}$ 内的极化电荷代数和 $\sum\limits_{S中} q'$ 由介质中的总电场 $\boldsymbol{E}$ 的分布决定,而总电场 $\boldsymbol{E}$ 的分布又由外加电场 $\boldsymbol{E}_0$、自由电荷产生的电场以及极化电荷产生的电场 $\boldsymbol{E}'$ 三部分共同决定,因此,$\boldsymbol{E}$ 和 $\sum\limits_{S中} q'$ 间的这种相互依赖的关系使得高斯定理仅在形式上与没有介质时一致,实际情况要复杂一些。考虑到若 $\boldsymbol{S}$ 上一面元 $\mathrm{d}\boldsymbol{S}$ 的极化电荷为 $\sigma'\mathrm{d}S$,对应的 $\boldsymbol{S}$ 内的极化电荷即为 $\mathrm{d}q' = -\sigma'\mathrm{d}S$,因此,闭合曲面 $\boldsymbol{S}$ 内的极化电荷代数和为

$$\sum_{S中} q' = -\oiint_S \sigma'\mathrm{d}S = -\oiint_S \boldsymbol{P} \cdot \boldsymbol{e}_\mathrm{n}\mathrm{d}S = -\oiint_S \boldsymbol{P} \cdot \mathrm{d}\boldsymbol{S} \tag{5-11}$$

将式(5-11)代入式(5-10)可得

$$\oiint_S \boldsymbol{E} \cdot \mathrm{d}\boldsymbol{S} = \frac{1}{\varepsilon_0}\left(\sum_S q_0 - \oiint_S \boldsymbol{P} \cdot \mathrm{d}\boldsymbol{S}\right) \tag{5-12}$$

移项将式(5-12)改写为

$$\oiint_S (\varepsilon_0 \boldsymbol{E} + \boldsymbol{P}) \cdot \mathrm{d}\boldsymbol{S} = \sum_S q_0 \tag{5-13}$$

式(5-13)是有介质时静电场满足的高斯定理,由于其形式繁杂,为简化,定义一个新物理量——电位移矢量

$$\boldsymbol{D} = \varepsilon_0 \boldsymbol{E} + \boldsymbol{P} \tag{5-14}$$

来表示被积函数,这样式(5-13)可改写为

$$\oiint_S \boldsymbol{D} \cdot \mathrm{d}\boldsymbol{S} = \sum_S q_0 \tag{5-15}$$

式(5-15)称为介质中静电场的高斯定理,它表示电位移矢量通过任意闭合曲面 $\boldsymbol{S}$ 的

通量等于该闭合曲面所包围的自由电荷的代数和,且电位移矢量 $\boldsymbol{D}$ 对闭合曲面 $\boldsymbol{S}$ 的通量仅与闭合曲面 $\boldsymbol{S}$ 内的自由电荷有关。需要说明的是,电位移矢量并不仅由空间自由电荷分布决定,它还与外加电场 $\boldsymbol{E}_0$ 和电介质的极化电荷有关。另外,电位移矢量仅是描述电介质中电场性质的一个辅助量,其本身并没有物理意义。对于各向同性的均匀电介质,当外电场不太强时,将极化强度与电场强度的关系式(5-2)代入电位移矢量的定义式,得

$$\boldsymbol{D}=\varepsilon_0\boldsymbol{E}+\boldsymbol{P}=\varepsilon_0\boldsymbol{E}+\chi_e\varepsilon_0\boldsymbol{E}=(1+\chi_e)\varepsilon_0\boldsymbol{E} \tag{5-16}$$

若用 $\varepsilon_r=(1+\chi_e)$ 表示介质的相对介电常数,式(5-16)变为

$$\boldsymbol{D}=\varepsilon_r\varepsilon_0\boldsymbol{E}=\varepsilon\boldsymbol{E} \tag{5-17}$$

式(5-17)中 $\varepsilon=\varepsilon_0\varepsilon_r$ 称为电介质的绝对介电常数。

三、电介质与电场相互作用的研究意义

电介质的极化是电场和电介质分子之间相互作用的过程。外电场引起电介质的极化,而电介质极化后出现的极化电荷也要激发电场并改变电场的分布,重新分布后的电场反过来再影响电介质的极化。如此这样循环下去,达到最终的稳定极化状态。这个极化理论是理解电介质行为的基础。

另外,在建立电介质极化理论及电介质中静电场的高斯定理时,我们获得了一个新的辅助量——电位移矢量 $\boldsymbol{D}$。虽然电位移矢量本身没有物理意义,但是它却使得电介质中静电场高斯定理与真空中高斯定理统一起来,不仅便于记忆,也进一步证明物理规律之间有着潜在的统一性,而这统一性需要我们在充分掌握物理规律后去细心寻找。

有了电介质中的高斯定理后,研究电容器,特别是高度对称的球形电容器或者柱形电容器的一些性质例如极化现象、电场强度、击穿强度等就有了理论基础。也正是因为有了对电介质在电场中的极化现象的理解,我们日常生活中的许多电容器才得以制造出来,目前电容器已经出现在我们生活中的各种用电器中,其作用不言而喻。有了电容器,才有 LC 振荡电路,而 LC 电路是现代信息产生、传输和接收电路的基石。有了 LC 振荡电路,远处发电站的电才能通过高压电线输送到每家每户;有了 LC 振荡电路,雷达、电视、电脑才有制造出来的可能。而电介质极化原理也应用到我们生活中的许多方面。例如,大家常用的液晶显示屏,没有通电时,液晶中的高分子无序排列,对外不显电性,光线不能透过,但当通电(外加电场)时,液晶内部分子就会有序排列,使得光线可以通过液晶介质。因此,可以通过改变电压来调节光通量,达到显示需要显示的,隐去不需要显示的显像目的。

四、应用举例

例 1 如图 5-4 所示,一无限大均匀带电的正负极板间充满各向同性均匀电

介质，求电介质内部的电场场强(σ_0 为极板自由电荷面密度，σ'为电介质表面极化电荷面密度，ε_0 为真空介电常数)。

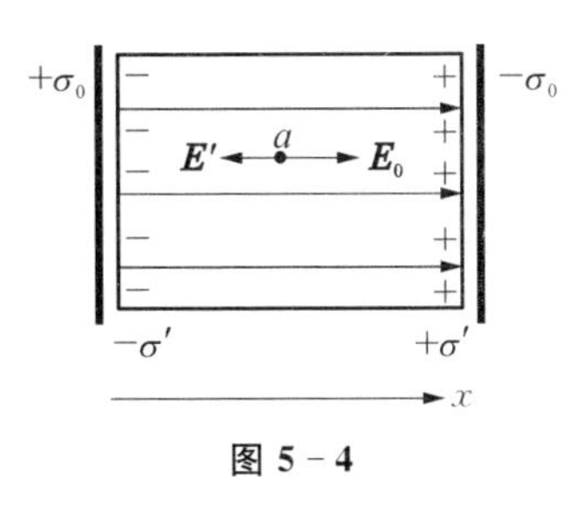

图 5-4

解　根据题目假设，在电介质内自由电荷产生的电场和束缚电荷产生的电场的强度分别为

$$E_0=\frac{\sigma_0}{\varepsilon_0} \quad ①$$

和

$$E'=-\frac{\sigma'}{\varepsilon_0} \quad ②$$

根据电场叠加原理可知电介质内的总电场强度为

$$E=E_0+E'=\frac{1}{\varepsilon_0}(\sigma_0-\sigma') \quad ③$$

将束缚电荷与极化强度关系式(5-5)和极化强度与总电场强度的关系式(5-2)(即 $\sigma'=\boldsymbol{P}\cdot\boldsymbol{e}_{\mathrm{n}}=P_{\mathrm{n}}=\varepsilon_0\chi_{\mathrm{e}}E$) 代入式③，可得

$$E=E_0/(1+\chi_{\mathrm{e}})=E_0/\varepsilon_{\mathrm{r}} \quad ④$$

一般地，电介质的相对电介常数大于 1，即 $\varepsilon_{\mathrm{r}}>1$，所以，当极板上的自由电荷的面电荷密度不变时，电介质中的总电场强度小于不加电介质时两极板间的电场强度。因此，电介质有减小两极板间电场强度的作用，所以，电介质被大量应用到各种电容器极板中，以提高电容器的防击穿能力，增加电容器的电容。

例 2　半径分别为 R_1，R_3 的同心球形电极分别带等量异号自由电荷 Q，$-Q$。在两电极间填充两层同心均匀电介质球壳，两电介质的分界面是半径为 R_2 的球面。假设两电介质的相对介电常数分别为 $\varepsilon_{\mathrm{r}1}$ 与 $\varepsilon_{\mathrm{r}2}$，求空间各点的电场强度和极化电荷的分布情况。

解　电介质分布具有球对称性，且与球形电极的中心重合，因此自由电荷的分布以及电场分布、电位移矢量分布都应具有球对称性。选取中心位于系统对称中心，半径为 r 的球面为高斯面 S。根据电介质中的高斯定理可计算如下。

(1) 当 $R_1<r<R_3$ 时，有

$$\oiint_S \boldsymbol{D}\cdot\mathrm{d}\boldsymbol{S}=4\pi r^2 D=Q \quad ①$$

则两种介质中电场的电位移矢量大小为

$$D=\frac{Q}{4\pi r^2} \quad ②$$

电位移矢量方向为球面法线方向,即

$$\boldsymbol{D}=D\boldsymbol{e}_r=\frac{Q}{4\pi r^2}\boldsymbol{e}_r \quad ③$$

又由于两种介质都是各向同性的均匀电介质,根据电场强度与电位移矢量的关系式(5-17)可得两电介质中的电场强度分别为

$$\boldsymbol{E}_1(r)=\frac{\boldsymbol{D}}{\varepsilon_1}=\frac{Q}{4\pi\varepsilon_{r1}\varepsilon_0 r^2}\boldsymbol{e}_r \quad (R_1<r<R_2) \quad ④$$

和

$$\boldsymbol{E}_2(r)=\frac{\boldsymbol{D}}{\varepsilon_2}=\frac{Q}{4\pi\varepsilon_{r2}\varepsilon_0 r^2}\boldsymbol{e}_r \quad (R_2<r<R_3) \quad ⑤$$

(2) 当 $r>R_3$ 时,由于高斯面内总的自由电荷为零,即

$$D=\frac{Q+(-Q)}{4\pi r^2}=0 \quad ⑥$$

因此

$$E_3(r)=0 \quad (r>R_3) \quad ⑦$$

五、练习与思考

5-1 试解释带电的玻璃棒为什么能吸引轻小物体。

5-2 沿 x 轴放置的圆柱形电介质的底面积为 S,左底位于 x_1,右底位于 x_2 处,电介质周围是真空。假设电介质内各点的极化强度满足 $\boldsymbol{P}=kx\boldsymbol{i}$(其中 k 为常数),求:

(1) 圆柱两底面上的极化电荷面密度 σ';

(2) 圆柱内的极化电荷体密度 ρ'。

5-3 设半径为 R 的均匀电介质球在外电场中发生均匀感应极化。已知单位体积中电介质分子数为 n,每个分子的感应电矩为 $q_0\boldsymbol{l}$,$\boldsymbol{l}$ 沿 x 轴正方向。求电介质球内的极化强度矢量、电介质球面上的极化电荷面密度以及极化电荷在球心处的电场强度。

5-4 为了测量电介质材料的相对介电常数,将一块厚为 1.5 cm 的平板材料慢慢地插入一电容器的两平行板之间,已知两平行板之间的距离为 2.0 cm。在插入过程中,电容器的电荷保持不变,插入之后,两板之间的电势差减小为原来的 60%。求电介质的相对介电常数。

第六章　电容器与静电场能

能储存电荷和电能的装置称为电容器。电容器一般由导体或者导体组构成。度量电容器储电能力的物理量称为电容器的电容。对于孤立导体电容器，其电容定义为导体带的电量与其电势的比值；对于两个带等量异号电荷的导体组成的电容器，其电容定义为其中一个导体板带的电量除以两个导体间的电势差。如果给电容器充电，电容器两极板就带上等量异号的电荷，极板间就有了电场，电场中储存的能量就称为静电场能，因此，静电场能的大小等于充电时电源对电容器所做的功。

一、电容器、电容器的电容以及静电场能的研究背景

最初的电容器称为“莱顿瓶”。莱顿瓶是在玻璃瓶内的两侧贴上金属箔，从而形成两个电极，起到储存电荷的功能。德国物理学家克莱斯特和荷兰物理学家慕欣布罗克先后在1745年和1746年发明了莱顿瓶。据说荷兰莱顿大学的教授慕欣布罗克在做电学实验时，无意中把一个带了电的钉子掉进玻璃瓶里，他以为要不了多久，铁钉上所带的电就会很容易跑掉的。过了一会，他想把钉子取出来，可当他一只手拿起桌上的瓶子，另一只手刚碰到钉子时，突然感到有一种电击式的振动。这到底是铁钉上的电没有跑掉呢，还是自己的神经太过敏呢？于是，他又照着刚才的样子重复了好几次，而每次的实验结果都和第一次一样。于是他非常高兴地得到一个结论：把带电的物体放在玻璃瓶子里，电就不会跑掉，这样就可以把电储存起来。这是关于发明莱顿瓶的故事之一。

当然，早期的莱顿瓶并没有真正地用来储存电荷，而仅仅作为一种娱乐和研究电性能的工具。1746年，美国科学家、政治家富兰克林从他英国朋友那里得到了莱顿瓶等电学仪器，莱顿瓶作为电学研究的重要仪器才登上历史舞台。从此，富兰克林利用莱顿瓶进行了长达10年的电学研究，发现了电荷守恒定律，发明了避雷针。但随着研究的深入，莱顿瓶能够储存的电量太少的缺陷暴露出来了，如何提高莱顿瓶储存电量的能力成为科学家们思考的首要问题。

人们首先想到的是在两个金属片中间加上绝缘的介质，而天然云母是极好的绝缘体，因此就形成了以天然云母做电介质的电容器——云母电容器。这种电容器是在1874年由德国的M.鲍尔发明的。另一个方法则是增大电极的面积，最初是通过

将电极的表面粗糙化,这样便可以得到几倍大的面积,但如何将介质紧贴在粗糙的电极表面呢,一个简单而有效的方法是将介质换为液体,由此电解电容器诞生了。最早的电解电容器是在1921年发明的电解铝电容器,在1938年前后改进为由多孔纸浸渍电糊的干式铝电解电容器。1949年出现液体烧结钽电解电容器,1956年制成了固体烧结钽电解电容器。

在20世纪60年代中期,在晶体管电子线路小体积要求的驱动下,电阻很容易地实现了小体积化,于是电容器的小体积化成了一个亟需解决的问题。在那时,石油化工产业得到长足的发展,人们已经可以通过石油来炼制许多有机材料。这些材料中的聚酯材料可以拉成薄膜,甚至可以拉到几微米薄,于是聚酯薄膜电容器首先问世。该电容器在晶体管电子线路中应用,在那个年代晶体管收音机可以做到烟盒大小(包括两节5号电池),用的就是有机薄膜电容器。当人们得到了极薄的介质后,便开始研究如何得到极薄的电极,采用附在薄膜上的金属化膜电极就可以使薄膜电容器的体积减小一半。现在所用的薄膜电容器大多是金属化膜电容器。

度量电容器储电能力的物理量称为电容器的电容。对任意形状的孤立导体,实验发现当其带电量增加时,它的电势会同比例变化,说明孤立导体的电势与其带电量成正比,因此对于任意一个带电的导体,它的电量与其电势的比值是一个常数。这个常数能表征电容器的储电能力,所以定义为孤立电容器的电容。对于两个带等量异号电荷的导体组成的电容器,定义任一导体板带的电量除以两个导体间的电势差为导体组电容器的电容。

随着材料技术的革命,新型超级电容器开始孕育。如钛电解电容器,由于五氧化二钛的介电系数可以达到140,远远高于氧化铝的介电系数8和五氧化二钽的介电系数(30左右)。如果再结合陶瓷电容器的某些材料,可以使钛电解电容器在5 mm直径、35 mm长度的尺寸条件下,达到100 V/10 000 μF的规格,其能量密度接近蓄电池。国内也有人提出了利用薄膜电容器制造技术制造出100 Wh/kg的薄膜超级电容器。

带电系统具有静电能量,那么这个能量是以何种形式存在的?现代物理学认为带电系统的静电能量是以带电系统电场的能量形式存在的,静电能实际上是一种电场的能量。试想如果把一个电荷放入静电场中,那么静电场就会对这个电荷做功,由能量守恒定律可知静电场在这个过程中向外释放了能量,因此静电场是具有能量的,再由爱因斯坦的质能方程 $E=mc^2$ 可知静电场也是一种具有质量的物质,且具有动量等物质的属性。

二、电容器电容和静电场能的数学表达及物理解析

1. 孤立导体电容器的电容

实验结果表明:当导体带电量相同时,不同形状的孤立导体的电势不同。反过来看,把导体看成是储存电荷的容器的话,当不同导体的电势 V 相同时,其带电量 Q 是

不相同的。这说明,不同形状和大小的导体的容电本领是不同的。如图 6-1所示,孤立导体的电容 C 定义为导体所带电量与其电势的比值,即

$$C=\frac{Q}{V} \tag{6-1}$$

图 6-1

在国际制单位中,电容的单位是库仑/伏特(C/V),称为法拉,用 F 表示。

为了对孤立导体电容性有一个定量的认识,我们来计算一个真空球形导体的电容。设导体半径为 R,当导体球带电量为 Q 时,其电势为

$$V=\frac{Q}{4\pi\varepsilon_0 R} \tag{6-2}$$

按照定义,导体球的电容为

$$C=\frac{Q}{V}=4\pi\varepsilon_0 R \tag{6-3}$$

式(6-3)说明球形导体的电容仅与其半径有关,与它带的电量多少无关。再举例看看它的数值。假如导体有地球这么大,即 $R=6.4\times10^6$ m,根据式(6-3)可计算得其电容为 7.0×10^{-4} F。这说明:① 法拉(F)是一个很大的单位,实际中通常用更小的单位来度量电容,如微法 ($1\ \mu\text{F}=10^{-6}$ F) 或者皮法 ($1\ \text{pF}=10^{-12}$ F);② 孤立导体的电容是很小的。想要增大导体的电容,通常采用导体组合的方式来做电容器。

2. 组合导体电容器的电容

最简单的电容器是由两个导体组成的导体组。若电容器中 A,B 两导体带等量异号电荷 q,定义电容器的电容为

$$C=\frac{q}{V_A-V_B} \tag{6-4}$$

式(6-4)中 V_A-V_B 为两个导体间的电势差的大小,由此定义的电容器的电容总是正值。电容器的电容反映电容器储存电荷的能力,对于确定的电势差,电容大的电容器可以储存更多的电荷,电容器还可以储存更多的电能。

3. 电容器极板间的静电场能

1) 点电荷系的静电能量

两个点电荷q_1和q_2的静电相互作用能量定义为把q_2从当前位置移动到无穷远的过程中,q_1作用在q_2上的静电场力做的功,即

$$W_e=q_2\frac{q_1}{4\pi\varepsilon_0 r}=q_2V_2 \tag{6-5}$$

也等于把q_1从当前位置移动到无穷远的过程中,q_2作用在q_1上的静电场力做的功,即

$$W_e=q_1\frac{q_2}{4\pi\varepsilon_0 r}=q_1V_1 \tag{6-6}$$

因此,q_1和q_2构成的系统的静电能也可写成

$$W_e = \frac{1}{2}(q_1 V_1 + q_2 V_2) \tag{6-7}$$

式(6-7)可以推广到N个点电荷组成的系统,它的静电能可以看成是系统内任意两个点电荷组成的各个子系统静电相互作用能的和,即

$$W_e = \frac{1}{2}\sum_{i=1}^{N} q_i V_i \tag{6-8}$$

式(6-8)中的V_i为点电荷系中除了q_i外其他$N-1$个点电荷的总静电场在q_i处的电势。如果电荷分布是连续的,则带电体的静电相互作用能为

$$W_e = \frac{1}{2}\int V \mathrm{d}q \tag{6-9}$$

因此,半径为R、总电量为Q的均匀带电导体球面的静电能为

$$W_e = \frac{1}{2}\int V \mathrm{d}q = \frac{1}{2}\int_0^Q \frac{Q}{4\pi\varepsilon_0 R}\mathrm{d}q = \frac{Q^2}{8\pi\varepsilon_0 R} \tag{6-10}$$

2) 电容器的静电能

电容器带电时,可以看作连续带电系统。设电容器的A和B两个极板(无论电容器的具体形状如何,两个导体都可以称为电容器的极板)分别带电Q和$-Q$,两极板的电势分别为V_+和V_-,两极板的电势差为$\Delta V = V_+ - V_-$。根据静电能的定义式(6-9)可得两极板组成的电容器的静电能为

$$\begin{aligned} W_e &= \frac{1}{2}\int V \mathrm{d}q = \frac{1}{2}\int V_+ \mathrm{d}q + \frac{1}{2}\int V_- \mathrm{d}q \\ &= \frac{1}{2}V_+ Q + \frac{1}{2}V_-(-Q) = \frac{1}{2}Q(V_+ - V_-) \\ &= \frac{1}{2}Q\Delta V \end{aligned} \tag{6-11}$$

式(6-11)是平行板电容器对应的匀强电场的静电场能量。对于一般非匀强电场的能量却不一定成立。如果式(6-11)中的Q用$C\Delta V$表示,式(6-11)可改写为

$$W_e = \frac{1}{2}C(\Delta V)^2 = \frac{1}{2}\frac{\varepsilon_0 S}{d}(Ed)^2 = \frac{1}{2}\varepsilon_0 E^2 (Sd) = \frac{1}{2}\varepsilon_0 E^2 \Omega \tag{6-12}$$

式(6-12)中,C为电容器的电容;E为电容器极板间静电场的电场强度;S为电容器极板的面积;d为电容器两板间的距离,$Sd=\Omega$为电容器的体积。将Sd移至式(6-12)的左边便得出电场单位体积的能量,即能量密度为

$$w_e = \frac{W_e}{Sd} = \frac{1}{2}\varepsilon_0 E^2 \tag{6-13}$$

如果电容器中有各向同性的均匀介质，利用电位移矢量与电场强度的关系 $\boldsymbol{D} = \varepsilon_r \varepsilon_0 \boldsymbol{E} = \varepsilon \boldsymbol{E}$，式(6－13)可以变为

$$w_e = \frac{1}{2}\boldsymbol{D} \cdot \boldsymbol{E} \tag{6-14}$$

式(6－13)和式(6－14)虽然从均匀电场强度情形获得，但它同样适合用来定义非均匀电场的能量密度，因此，计算非匀强电场的能量只需对电场存在区域进行积分即可，即

$$W_e = \iiint_\Omega w_e \mathrm{d}\tau = \iiint_\Omega \frac{1}{2}\varepsilon_0 E^2 \mathrm{d}\tau \tag{6-15}$$

式(6－15)为静电场能量表达式。在电动力学中该表达式可由洛伦兹力的公式出发，按照电荷和场整个系统的能量守恒推出。

三、电容器在电路中的应用

由于电容器的充放电特性，直流电流不能“通过”电容器，而交流电流可以“通过”电容器。而且电容器充电和放电的过程是一个电荷积累或者释放的过程，所以电容器两端的电压不会突变。由此，我们知道在直流电路中，有电容器的那一条支路相当于断路。而在交流电路中，因为电流的方向是随时间成一定函数关系变化的，在极板间形成变化的电场，所以，电流是通过电场的形式在电容器间通过的。

根据电容器以上特性，电容器在隔直、耦合、旁路、滤波、调谐、控制以及储能等方面都得到广泛的应用。

1. 耦合

电容器的第一个重要作用是耦合作用。就是将交流信号从前一级传到下一级。耦合的方法有直接耦合和变压器耦合。直接耦合效率高，信号又不失真，但是，前后两级的工作点的调整复杂，相互牵连。为了使后一级的工作点不受前一级的影响，就必须在直流方面把前一级和后一级分开。同时，又能使交流信号顺利地从前一级传给后一级，而完成这一任务就要使用电容传输或者变压器传输，它们都有传递交流信号而隔绝直流信号的作用，使前后级的工作点互不牵连。但不同的是，用电容传输时，信号的相位要延迟一些，用变压器传输时，信号的高频成分要损失一些。一般情况下，小信号传输时，常用电容作为耦合元件；大信号或强信号的传输常用变压器作为耦合元件。

与耦合相对应的功能是去耦，也称为解耦。从电路来说，总是可以区分电源和负载的。如果负载电容比较大，电源要给电容充电、放电，才能完成信号的跳变，在上升比较陡峭的一段，电流比较大，这样驱动的电流就会吸收很大的电源电流，这种电流

相对于正常情况来说实际上就是一种噪声,会影响前级的正常工作,这就是所谓的"耦合"。去耦电容就是起到一个"电池"的作用,满足电源的变化,避免相互间的耦合干扰,在电路中进一步减小电源与参考地之间的高频干扰阻抗。

2. 滤波

电容器的另一个重要作用是滤波作用。由理论可知,对于高频电信号,电容的阻抗较小,所以电容器有通高频阻低频的作用,也称为滤波作用。曾有人将滤波电容器比作"水塘"。由于电容的两端电压不会突变,信号频率越高则衰减越大,可以很形象地说电容像个水塘,不会因几滴水的加入或蒸发而引起水量的变化。它把电压的变化转化为电流的变化,频率越高,峰值电流就越大,从而缓冲了电压。滤波就是充电、放电的过程。超过 1 μF 的电容大多为电解电容,有很大的电感成分,所以频率高后阻抗反而会增大。有时会看到一个电容量较大的电解电容器并联了一个小电容器,这时大电容器通低频,小电容器通高频。

3. 储能

电容器还是一个很好的储能元件。储能型电容器通过整流器收集电荷,并将存储的能量通过变换器引线传送至电源的输出端。电压额定值为 40～450 V(直流)、电容值为 220～150 000 μF 的铝电解电容器是较为常用的储能电容器。根据不同的电源要求,器件有时会采用串联、并联或其组合的形式,对于功率超过 10 kW 的电源,通常采用体积较大的罐形螺旋端子电容器。

四、应用举例

1. 平行板电容器

两块面积均为 S 且互相平行的导体板 A 和 B,两极板的间距为 d,组成平行板电容器,如图 6-2 所示。为了忽略边缘效应,假设极板线度远大于两极板间的距离。设两极板带电量分别为 $+q$ 和 $-q$,两极板间的场强为

$$E=\frac{q/S}{\varepsilon_0}=\frac{q}{\varepsilon_0 S} \tag{6-16}$$

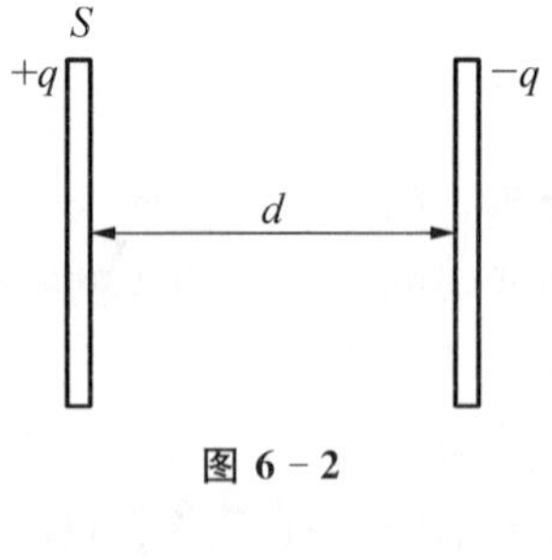

S
+q
−q
d

图 6-2

因此,两极板间的电势差为 $V_A-V_B=Ed=\dfrac{qd}{\varepsilon_0 S}$,则平行板电容器的电容为

$$C=\frac{q}{V_A-V_B}=\frac{\varepsilon_0 S}{d} \tag{6-17}$$

容易看出,平行板电容器的电容正比于极板面积,反比于极板间距,与极板间的介质性质有关。

2. 球形电容器

由半径分别为 R_A 和 R_B 的两个同心球壳组成的球形电容器，如图 6-3 所示。内球壳带电 $+q$，外球壳带电 $-q$，求球壳间为真空时该电容器的电容。

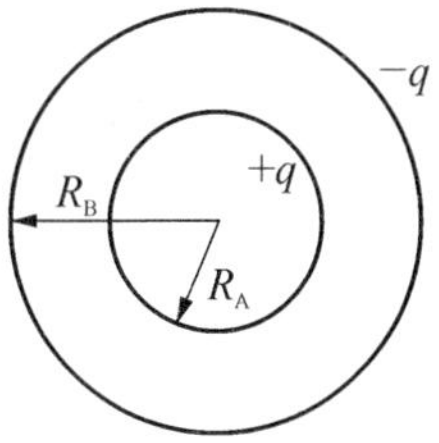

由电荷分布的球对称性可知，两球壳间的电场强度为

$$\boldsymbol{E}=\frac{q}{4\pi\varepsilon_0 r^2}\boldsymbol{e}_r \tag{6-18}$$

图 6-3

式(6-18)中，$\boldsymbol{e}_r$ 为场点相对于球心的单位矢量。根据电势差的定义，两球壳之间的电势差为

$$\Delta V=\int_A^B \boldsymbol{E}\cdot \mathrm{d}\boldsymbol{l}=\int_{R_A}^{R_B}\frac{q\mathrm{d}r}{4\pi\varepsilon_0 r^2}=\frac{q}{4\pi\varepsilon_0}\left(\frac{1}{R_A}-\frac{1}{R_B}\right) \tag{6-19}$$

根据导体组电容器电容的定义式(6-4)，有

$$C=\frac{q}{\Delta V}=4\pi\varepsilon_0\frac{R_A R_B}{R_B-R_A} \tag{6-20}$$

所以，球形电容器的电容与两球壳的半径、间距以及球壳间介质性质都有关。

3. 柱形电容器

由两个长为 l，半径分别为 R_1 和 R_2 的长直同轴导体圆柱组成的圆柱形电容器，如图 6-4 所示，两导体筒间为真空。设内、外筒带电量分别为 $+q$ 和 $-q$，两导体筒间的场强为

$$\boldsymbol{E}=\frac{\lambda}{2\pi\varepsilon_0 r}\boldsymbol{e}_r \tag{6-21}$$

式(6-21)中 $\lambda=\dfrac{q}{l}$ 为电荷的线密度。两圆柱间的电势差为

$$\Delta V=\int_{R_1}^{R_2}\frac{\lambda}{2\pi\varepsilon_0 r}\mathrm{d}r=\frac{q}{2\pi l\varepsilon_0}\ln\frac{R_2}{R_1} \tag{6-22}$$

所以，圆柱形电容器的电容

$$C=\frac{q}{\Delta V}=\frac{2\pi l\varepsilon_0}{\ln\dfrac{R_2}{R_1}} \tag{6-23}$$

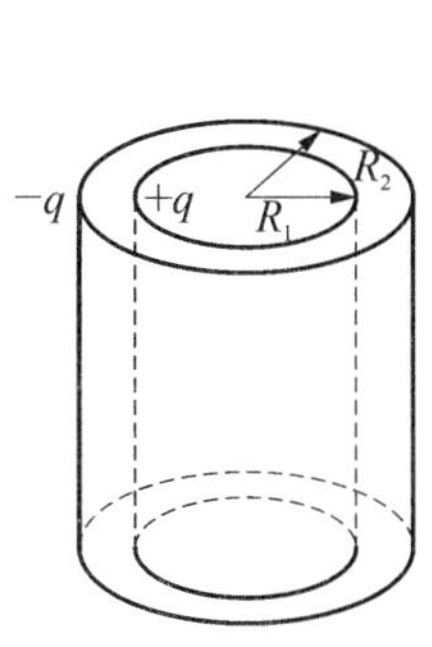

图 6-4

实际的柱形电容器并不一定是圆柱形的。为了增大柱形电容器的储电能力，通常采用在两个长的金属薄膜间夹上一层绝缘介质，再在上层金属薄膜上覆盖一层绝缘介质，然后卷起来组成电容器的办法。这样可以大大增加电容器中导体的面积，从而增

大电容器储存电荷的能力。

4. 电容器的串联和并联

与电阻类似,电容器也有两种基本连接方式:串联和并联。当多个电容器串联时,各电容器极板上的带电量相同,串联电容器上的总电势差等于各个电容器上的电势差之和(见图 6-5),因此串联电容器的有效电容(总电容)为

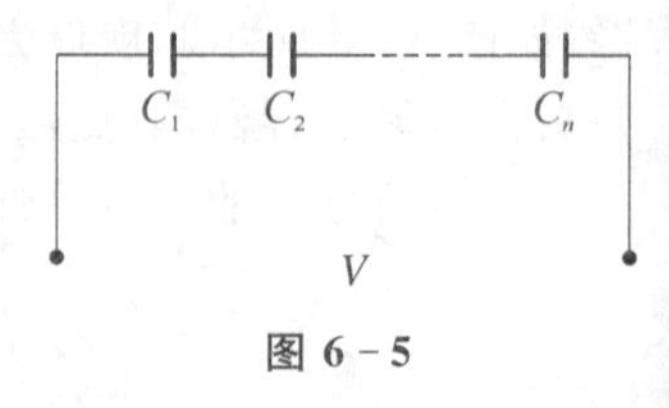

图 6-5

$$C=\frac{q}{\sum_i \Delta V_i} \tag{6-24}$$

将式(6-24)两边取倒数可得

$$\frac{1}{C}=\sum_i \frac{\Delta V_i}{q}=\sum_i \frac{1}{C_i} \tag{6-25}$$

式(6-25)说明串联电容器有效电容(总电容)的倒数等于各个电容器电容的倒数之和。

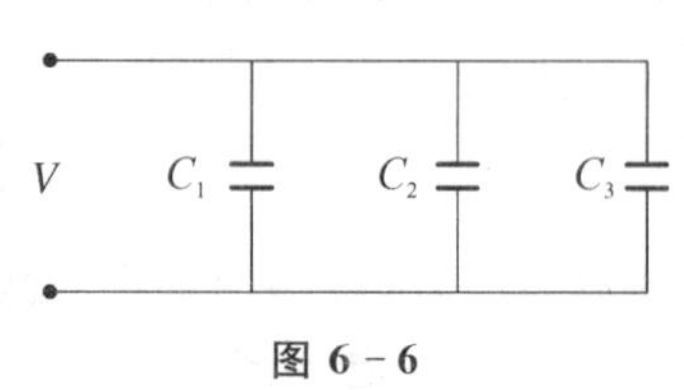

图 6-6

当多个电容器并联时,各个电容器上的电势差相同(见图 6-6),并联电容器上的带电量等于各个电容器上的带电量之和,因此并联电容器的总电容

$$C=\frac{q}{\Delta V}=\sum_i \frac{q_i}{\Delta V}=\sum_i C_i \tag{6-26}$$

式(6-26)说明并联电容器总电容等于各个电容器电容之和。因此,想要增加电容器的储电能力,可以采用把多个电容器并联的方式。

5. 带电量为 *Q*、半径为 *R* 的均匀带电球体的静电场能

由于电荷均匀分布在球体内,产生的电场强度具有球对称性,可以球心为中心作一个半径为 r 的高斯球面,如图6-7所示。利用高斯定理,有

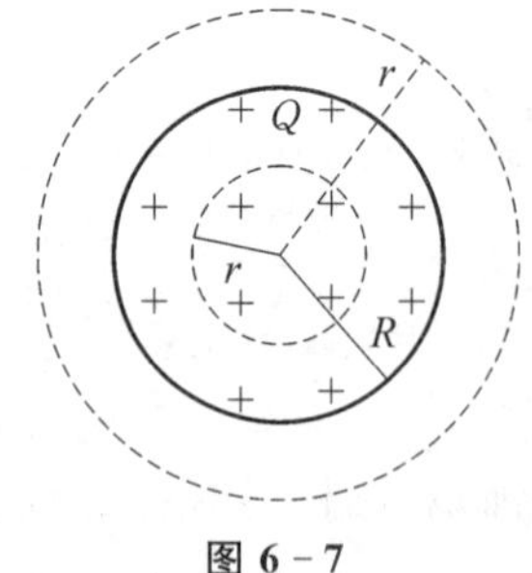

图 6-7

$$E_1 \cdot 4\pi r^2=\frac{Q}{4\pi R^3/3}\frac{4\pi r^3/3}{\varepsilon_0}\quad (r\leqslant R) \tag{6-27}$$

整理式(6-27)可得

$$E_1=\frac{Qr}{4\pi\varepsilon_0 R^3}\quad (r\leqslant R) \tag{6-28}$$

同理可得球外电场强度

$$E_2=\frac{Q}{4\pi\varepsilon_0 r^2}\quad (r>R) \tag{6-29}$$

这样球内任一点的电势为

$$V=\int_r^R E_1\mathrm{d}r+\int_R^\infty E_2\mathrm{d}r=\int_r^R \frac{Qr\mathrm{d}r}{4\pi\varepsilon_0 R^3}+\int_R^\infty \frac{Q\mathrm{d}r}{4\pi\varepsilon_0 r^2}$$

$$=\frac{Q}{8\pi\varepsilon_0}\left(\frac{3}{R}-\frac{r^2}{R^3}\right) \tag{6-30}$$

根据静电能的定义,有

$$W_\mathrm{e}=\frac{1}{2}\int_\tau V\mathrm{d}q=\frac{1}{2}\int_\tau V(\rho\mathrm{d}\tau)=\frac{1}{2}\int_\tau V\left(\frac{Q}{4\pi R^3/3}\mathrm{d}\tau\right) \tag{6-31}$$

将式(6-30)代入(6-31)并考虑到电势的球对称性,可将积分体积元表示为 $\mathrm{d}\tau=4\pi r^2\mathrm{d}r$,有

$$W_\mathrm{e}=\frac{1}{2}\int_0^R \frac{Q}{8\pi\varepsilon_0}\left(\frac{3}{R}-\frac{r^2}{R^3}\right)\frac{Q}{4\pi R^3/3}4\pi r^2\mathrm{d}r$$

$$=\frac{3Q^2}{16\pi\varepsilon_0 R^3}\int_0^R r^2\left(\frac{3}{R}-\frac{r^2}{R^3}\right)\mathrm{d}r \tag{6-32}$$

积分式(6-32)得

$$W_\mathrm{e}=\frac{3Q^2}{20\pi\varepsilon_0 R} \tag{6-33}$$

式(6-33)就是所求的静电场能表达式。当然,也可以从能量密度的表达式出发计算带电球体的静电场能,即

$$W_\mathrm{e}=\int w_\mathrm{e}\mathrm{d}\tau=\int_{\text{球内}}\frac{1}{2}\varepsilon_0 E_1^2\mathrm{d}\tau+\int_{\text{球外}}\frac{1}{2}\varepsilon_0 E_2^2\mathrm{d}\tau$$

$$=\int_0^R \frac{1}{2}\varepsilon_0\left(\frac{Qr}{4\pi\varepsilon_0 R^3}\right)^2 4\pi r^2\mathrm{d}r+\int_R^\infty \frac{1}{2}\varepsilon_0\left(\frac{Q}{4\pi\varepsilon_0 r^2}\right)^2 4\pi r^2\mathrm{d}r$$

$$=\frac{Q^2}{40\pi\varepsilon_0 R}+\frac{Q^2}{8\pi\varepsilon_0 R}=\frac{3Q^2}{20\pi\varepsilon_0 R} \tag{6-34}$$

式(6-34)说明带电系统的静电能就是该带电系统在空间产生的电场的能量。它总是正的(相当于带电体系的自能)。

五、练习与思考

6-1 有一面积为 S 的平行板电容器,两板间距为 d,求:

(1) 插入厚度为 $d/3$、相对介电常数为 ε_r 的电介质,其电容变为原电容的多少倍?

(2) 插入厚度为 $d/3$ 的导体板,其电容变为原电容的多少倍?

6-2 在真空中,两个静电场单独存在时,它们的电场能量密度相等,即 $w_{e1}=w_{e2}$。若将它们叠加在一起,求下列两种情形下的合电场能量密度。

(1) 两电场强度相互垂直;

(2) 两电场强度反平行。

6-3 如图 6-8 所示,一个长为 L 的圆桶形电容器由一半径为 a 的芯线和一半径为 b 的外部薄导体壳构成($L\gg a$, $L\gg b$),内外层之间充满介电常数为 ε 的绝缘材料。若电容器两端加上恒定电压 V,同时将电介质无限缓慢地抽出,忽略摩擦力和边缘效应,则此过程中需要加多大的力?

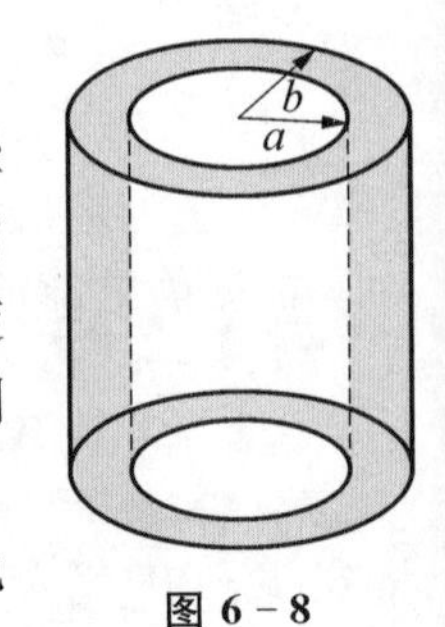

图 6-8

6-4 一次闪电的放电电压大约是 1.0×10^{9} V,而被中和的电量约是 30 C。求:

(1) 一次放电所释放的能量;

(2) 一所小学每天消耗电量为 20 kW·h,上述一次放电所释放的电能能够让该小学用多长时间(假如闪电所放电能全部被吸收利用)?

6-5 计算可知地球的电容约为 700 μF,而实验室有的电容器的电容可达 1 000 μF,为什么比地球的电容还大?试阐明其中的道理。

6-6 为了消除电容器的边缘效应,常用两个保护环(电介质材料)分别紧靠,但不接触地包围着电容器的两个电极,给电容器带电的同时使两保护环分别与电容器两极板的电势相等。试说明为什么这样就可以消除电容器的边缘效应。

第七章　电源、稳恒电流

导体中的自由电荷在电场力的作用下做有规则的定向运动就形成了电流。物理学中把单位时间里通过导体横截面的电量定义为电流强度，简称电流。而把通过垂直于电流流向的单位面积的电流强度定义为电流密度的大小。由于电流密度是描述电路中某点电流的强弱和流动方向的物理量，因此电流密度是矢量，其方向定义为正电荷运动的方向。

一、电源与电流的研究背景

意大利的解剖学教授伽伐尼是最早开始研究电流的人。1780 年的一次极为普通的闪电现象引起了他的思考。这次闪电使伽伐尼解剖室内桌子上与钳子和镊子接触的一只青蛙腿发生了痉挛现象。他花了很多时间研究青蛙腿肌肉运动中的电气作用，最后他发现只要青蛙腿和导体构成了一个回路，青蛙腿就会发生痉挛。但是他对这种现象产生的原因未能回答，他认为青蛙腿的痉挛是生物电的表现。

另一位意大利科学家伏打不同意伽伐尼的看法，他认为电存在于金属之中，而不是存在于肌肉中。两种明显不同的意见引起了科学界的争论，并使科学界分成两大派。

1800 年春季，伏打根据自己的理论发明了著名的“伏打电池”。伏打电池能够提供莱顿瓶无法给出的持续而强大的电流，把电学的研究引入“动电”的领域。有关电流起因的争论也有了进一步的突破。后来，法拉第电磁理论的提出让我们明白在静电场的作用下正电荷会沿着电场方向移动，如图 7 - 1 所示，正电荷会从 A 端运动到 B 端，负电荷逆着电场方向运动。然而，在极短的时间内，导线上的电荷在电场力作用下重新分布后产生一个抵抗原电场的电场，使导线内的电场为零，电流也就停止了。为了维持导线上恒久的电流，就必须使导线 A 端失去的正电荷得到不断补充，同时使 B 端正电荷得到及时释放。要做到这点，最好的办法是把 B 端的正电荷送回 A 端，使电荷沿闭合回路循环流动。由于静电场回路积分为零，静电场力是做不到的，所以需要电源中的机械

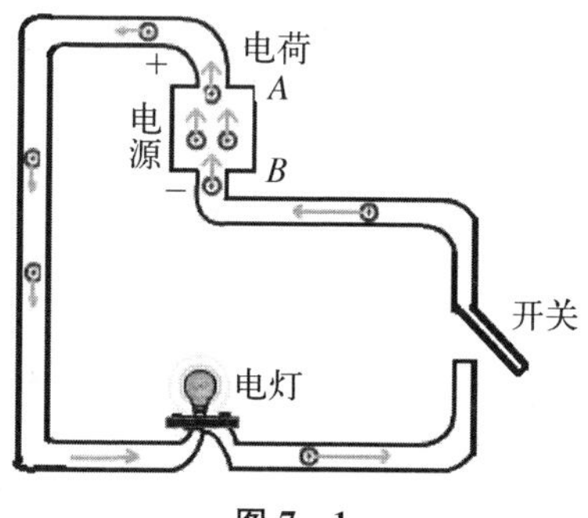

图 7 - 1

能、化学能、热能、光能等形式能量的作用将 B 端的正电荷送回到 A 端(或者负电荷从 A 端回流到 B 端),形成稳恒持久的电流。为此,科学技术研究者发明了锌锰电池、碱性电池、镍镉电池、镍氢电池、锂离子电池、太阳能电池等利用化学能和太阳能的电源设备,建立了将机械能转变为电能的发电厂。

二、电流、电流密度的数学表述及物理解析

1. 电流强度和电流密度

描述电流大小的物理量称为电流强度。电流强度 I 定义为单位时间内通过导体横截面电量的大小,即

$$I=\frac{\mathrm{d}q}{\mathrm{d}t} \tag{7-1}$$

设每个载流子带电量为 q,单位体积内自由电荷数(数密度)为 n,电子定向漂移速率为 v,则在 $\mathrm{d}t$ 时间内流过导线内横截面积为 $\mathrm{d}S$ 面元的电流强度为

$$\mathrm{d}I=\frac{\mathrm{d}q}{\mathrm{d}t}=\frac{qn\mathrm{d}S(v\mathrm{d}t)}{\mathrm{d}t}=nqv\mathrm{d}S \tag{7-2}$$

为了更精确表征电流的大小和方向,定义了电流密度 $\boldsymbol{j}$。电流密度的大小指单位时间内通过单位面积的电量,即

$$j=\frac{\mathrm{d}I}{\mathrm{d}S}=nqv \tag{7-3}$$

如果把正电荷的漂移方向定义为电流密度的方向,则电流密度可改写成矢量表达式

$$\boldsymbol{j}=qn\boldsymbol{v} \tag{7-4}$$

反过来,电流强度可以表示为电流密度的通量,即

$$I=\iint_S \boldsymbol{j}\cdot\mathrm{d}\boldsymbol{S} \tag{7-5}$$

2. 电流密度与电场强度的关系

外电路中推动电荷(载流子)定向漂移的力是电场力。若在电场 $\boldsymbol{E}$ 的作用下,载流子平均漂移时间(弛豫时间)为 τ,则载流子所能达到的沿电场方向的平均漂移速度为

$$\boldsymbol{v}=\frac{q\boldsymbol{E}}{m}\tau \tag{7-6}$$

式(7-6)中 m 为单个载流子的质量。将式(7-6)代入式(7-4)可得

$$\boldsymbol{j}=qn\boldsymbol{v}=qn\frac{q\boldsymbol{E}\tau}{m}=\frac{nq^2\tau}{m}\boldsymbol{E}=\gamma\boldsymbol{E} \tag{7-7}$$

由式(7－7)可知，电流密度与电场强度成正比，比例系数 $\gamma=\dfrac{nq^2\tau}{m}$ 称为导体材料的电导率，它的倒数 $\rho\left(\rho=\dfrac{1}{\gamma}\right)$ 称为导体材料的电阻率。式(7－7)是欧姆定律的微分形式。

3. 电流与电源的关系

外电路与电源一起构成回路时，导线中才有稳恒电流，因此电流离不开电源。电源中把正电荷从电势低的位置移动到电势高的位置的力(化学力、机械力等)，统称为非静电场力。移动单位电荷的非静电场力称为非静电场 $\boldsymbol{E}_{\mathrm{k}}$。非静电场力把单位正电荷从负极移到正极做的功定义为电源的电动势 ε，即

$$\varepsilon=\int_{-}^{+}\boldsymbol{E}_{\mathrm{k}}\cdot\mathrm{d}\boldsymbol{l} \tag{7-8}$$

因此，在外电路和电源构成的闭合回路中，电流密度应该由静电场和非静电场共同决定，即

$$\boldsymbol{j}=\gamma(\boldsymbol{E}+\boldsymbol{E}_{\mathrm{k}}) \tag{7-9}$$

式(7－9)即可表示外电路 ($E_{\mathrm{k}}=0$) 的电流密度，又可以表示电源中的电流密度。式(7－8)结合静电场环路定理，有

$$\varepsilon=\oint(\boldsymbol{E}+\boldsymbol{E}_{\mathrm{k}})\cdot\mathrm{d}\boldsymbol{l} \tag{7-10}$$

式(7－10)称为闭合回路的环路定理。

4. 含源电路的欧姆定律

如图 7－2 所示，从 a、b 到 c 是一段含有电源的电路，这段电路包含电阻 R、电源电动势 ε、电源内阻 R_{i}。假设电路中电流强度为 I，按照电势差的定义，有

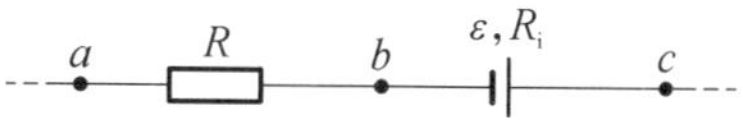

a　R　b　ε, R_{i}　c

图 7－2

$$V_c-V_a=-\int_a^c\boldsymbol{E}\cdot\mathrm{d}\boldsymbol{l}=-\left(\int_a^b\boldsymbol{E}\cdot\mathrm{d}\boldsymbol{l}+\int_b^c\boldsymbol{E}\cdot\mathrm{d}\boldsymbol{l}\right) \tag{7-11}$$

考虑到式(7－7)，有

$$\int_a^b\boldsymbol{E}\cdot\mathrm{d}\boldsymbol{l}=\int_a^b\frac{\boldsymbol{j}}{\gamma}\cdot\mathrm{d}\boldsymbol{l}=\int_a^b\frac{\boldsymbol{j}S}{\gamma S}\cdot\mathrm{d}\boldsymbol{l}=\int_a^b I\mathrm{d}R=IR \tag{7-12}$$

考虑到式(7－9)，有

$$\begin{aligned}\int_b^c\boldsymbol{E}\cdot\mathrm{d}\boldsymbol{l}&=\int_b^c\left(\frac{\boldsymbol{j}}{\gamma'}-\boldsymbol{E}_{\mathrm{k}}\right)\cdot\mathrm{d}\boldsymbol{l}=\int_b^c\frac{\boldsymbol{j}S}{\gamma'S}\cdot\mathrm{d}\boldsymbol{l}-\int_b^c\boldsymbol{E}_{\mathrm{k}}\cdot\mathrm{d}\boldsymbol{l}\\&=\int_b^c I\mathrm{d}R_{\mathrm{i}}-\varepsilon=IR_{\mathrm{i}}-\varepsilon\end{aligned} \tag{7-13}$$

将式(7-12)和式(7-13)代入式(7-11)可得

$$V_c - V_a = -IR - IR_i + \varepsilon \tag{7-14}$$

式(7-14)就是含源电路的欧姆定律表达式。

讨论 (1) 如果电路中不含电源,即 $\varepsilon = 0$, $R_i = 0$, 则式(7-14)变为

$$V_c - V_a = -IR \tag{7-15}$$

或者写为

$$V_a - V_c = IR \tag{7-16}$$

式(7-15)或者式(7-16)是简单电路的欧姆定律表达式。

(2) 如果电路闭合,即 a 点与 c 点连在一起,$V_c - V_a = 0$, 则有

$$\varepsilon = IR + IR_i \tag{7-17}$$

式(7-17)就是含电源的闭合回路欧姆定律。

三、电源的应用

电源根据其功能分为一次电源和二次电源。一次电源指的是电厂、电池等直接把机械能、核能、化学能转化为电能的装置。一次电源经过降压或者升压处理直接可用到电动设备和照明设备中,现代工程中把这类电源称为强电。

二次电源是指一种电能转换装置,如图 7-3 所示。电池和市电一般不能直接给电子系统供电,使用时需要先将电能转换到功率 Power 1 的线路中,以提供给其他模块使用。其中电池可以通过升压或者降压的 DC-DC 电源来实现电能转换,市电则可通过 AC-DC 电源进行电能转换。在对电源要求不高的场合,如充电器、LED 驱动和电机驱动等应用中,Power 1 可以直接提供电能。

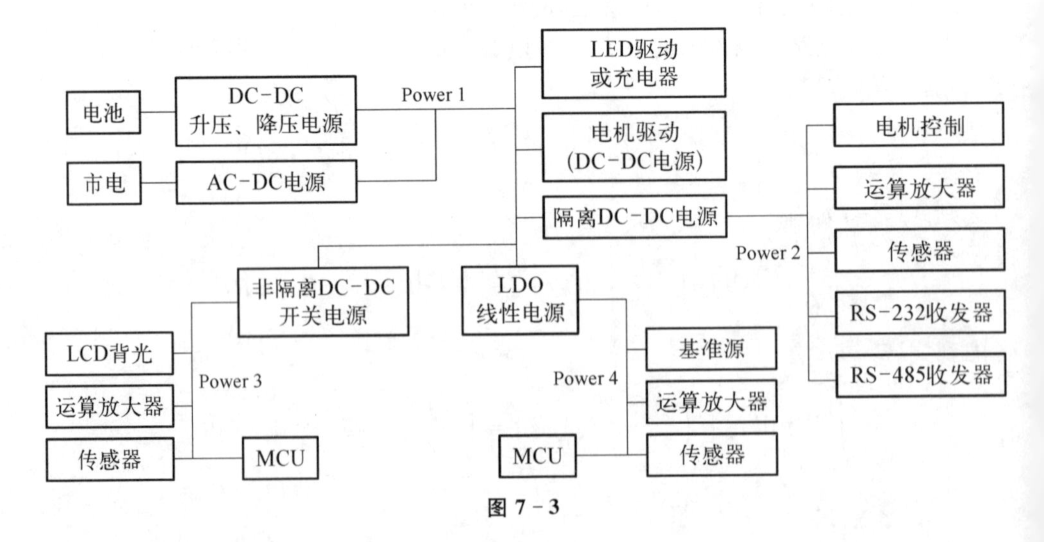

图 7-3

在过去，AC－DC 电源经常使用一个工频变压器降压，然后通过整流滤波电路的线性电源获得 Power 1，这样的电源体积大，而且效率不高，随着开关电源技术的发展和推广，这种线性电源逐渐被开关电源代替，并得到广泛应用。许多公司陆续推出高性能的 AC－DC 电源芯片，如安森美公司推出的 NCP1075，不仅效率高、静态功耗小，而且外围器件非常少、电路简单，即使是新手也能很快上手，大大减小了电源开发难度和缩短了开发周期，非常有利于开关电源的推广。高效率准谐振（QR）和高功率因数单级 PFC 反激电源也得到了快速发展，可能很快成为 AC－DC 电源主流，如安森美推出的 NCP1380 和 NCP1247。

在运算放大器、传感器、MCU 和基准源等应用中，它们对电源的纹波噪声和电压精度要求比较高，那么 Power 1 还需要经过线性电源转换到 Power 4 线路中，才能给其系统供电。传统的线性电源一般采用 NPN 机构作为功率管，或者用达林顿结构功率管 LM7805 和 LM317 等。这类电源的特点是要求输入电压比输出电压高 1.5V 以上，如果输入输出压差比较小，这种稳压方式就不能满足要求了。

线性电源已经得到广泛应用。然而，随着电子技术的发展，电子产品对电源功率要求越来越大，那么线性电源就有些力不从心了。原因在于线性电源效率一般在 60％以下，比较低，如果耗散功率大，还需要加散热片，致使它远远不能满足电子产品高集成化和高能效要求。就在这个时候，高性能的 DC－DC 开关电源便逐渐受到广大工程师的青睐。

早期的 DC－DC 开关电源因其存在固有的开关噪声给许多工程师留下了不好的影响，正因如此，在选择电源的时候，很多人会首先考虑线性电源。然而，现代电子技术发展突飞猛进，DC－DC 开关电源在性能上也取得了惊人的发展。尤其是美国的 MPS 公司，通过改进生产工艺和技术创新，推出各种应用场合的高品质电源 IC，已经广泛用到智能手机、笔记本电脑、汽车和工业控制等行业。MPS 公司最近推出的 MP2161GJ 电源方案，不仅电路简单，而且性能优越，纹波噪声可以小到 20 mV 以下，频率可以达到 1.5 MHz，输出电流达到 2 A，体积非常小，可以完美取代线性电源，成为高集成电源的理想方案。这正是将 Power 1 电能转换成 Power 3 电能的装置——高性能 DC－DC 开关电源。

电给人类生活带来很多方便的同时，也同样威胁着人类的安全。根据电击事故分析得出：当工频电流为 0.5～1 mA 时，人就有手指、手腕麻或痛的感觉；当电流增至 8～10 mA 时，针刺感、疼痛感增强，发生痉挛而抓紧带电体，但终能摆脱带电体；当接触电流达到 20～30 mA 时，会使人迅速麻痹不能摆脱带电体，而且血压升高，呼吸困难；电流为 50 mA 时，就会使人呼吸麻痹，心脏开始颤动，数秒钟后就可致命。通过人体电流越大，人体生理反应越强烈，病理状态越严重，致命的时间就越短。

所以要认识电现象，了解电的性质和规律，利用它为人类服务，同时规避电带来的伤害。

四、练习与思考

7-1 电动势与电势差有什么区别？电场强度 $\boldsymbol{E}$ 与非静电场 $\boldsymbol{E}_k$ 有什么不同？

7-2 如图 7-4 所示，恒定电流场电流密度 $\boldsymbol{j}=j\boldsymbol{i}$（其中 j 为常数，$\boldsymbol{i}$ 为 x 轴正方向的单位矢量）中有一半径为 R 的球面，求：

(1) 用球坐标表示的球面上任一面元的 $\boldsymbol{j}$ 通量 $\mathrm{d}I$；

(2) 由 $x>0$ 确定的半球面上的 $\boldsymbol{j}$ 通量 I(利用积分方法)。

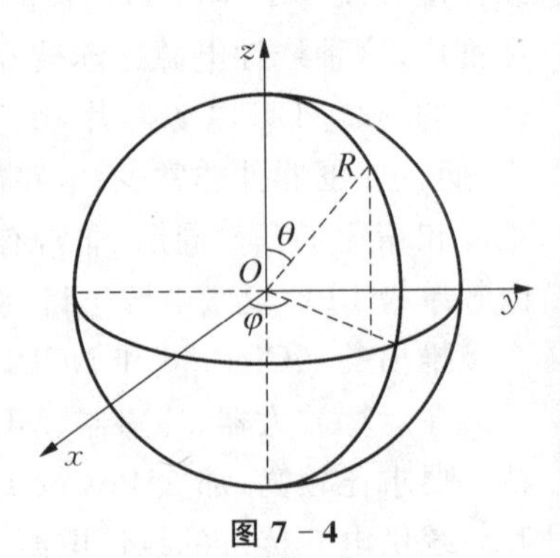

图 7-4

7-3 如图 7-5 所示，其中 $\varepsilon_1=3.0\ \mathrm{V}$，$\varepsilon_2=1.0\ \mathrm{V}$，$r_1=0.5\ \Omega$，$r_2=1.0\ \Omega$，$R_1=4.5\ \Omega$，$R_2=19.0\ \Omega$，$R_3=10.0\ \Omega$，$R_4=5.0\ \Omega$。求电路中的电流分布。

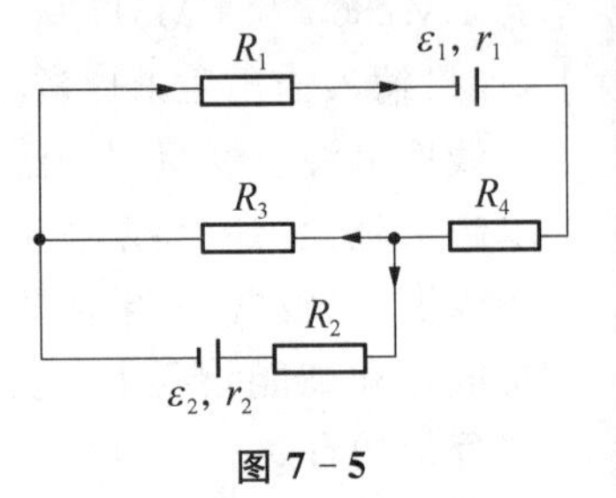

图 7-5

7-4 人体从手到脚的电阻约为 10 kΩ，大约 0.002 A的电流从手流到脚时会引起胸肌收缩而使人窒息，试分析人手可以接触的最大电压是多少？如果某电工不得不进行带电操作，他应怎样保护自己？

第八章　磁感应强度与电流的磁效应

磁感应强度是用来描述磁场强弱和方向的物理量，是矢量，常用符号 $\boldsymbol{B}$ 表示，国际单位制(SI)中 $\boldsymbol{B}$ 的单位为特斯拉(T)。磁感应强度大小的一个形象化定义是通过垂直于磁力线方向的单位面积的磁感线的条数，因此它又称为磁通量密度或磁通密度。

一、磁感应强度及电流的磁效应研究背景

中国对磁现象的研究在冶铁业早期就开始了，并发明了至今仍然影响全人类社会生活、旅行的指南针。但遗憾的是，中国对它的研究仅止于表象，没有深入其本质。在西欧，古希腊哲学家苏格拉底无意中发现有一种石头不仅吸引铁环，而且还能使铁环具有吸引其他铁环的能力，能让一些铁片和铁环彼此钩挂以至于形成一个长链，他把这种石头称为磁原石。但是，由于希腊的衰落和古罗马的崛起，他并未对此进行更深入的研究。直到 12 世纪，欧洲才学会使用指南针。在欧洲，最早对磁现象进行系统观察的是 13 世纪的数学家、磁学家、医生和炼金术师派勒格令尼，他在 1269 年 8 月 8 日给他朋友的信——《论磁体的信》中描绘了磁石的大概轮廓和性质：① 磁石的颜色类似于铁，它能被擦亮并且在空气中放置一段时间后颜色改变；② 磁石均匀程度越高，磁性就越强；③ 具有吸引铁的能力。此外，派勒格令尼还提出磁极的概念。他用“Polus”一词表示“极”，并认为任何磁石都有两个磁极：南极和北极。他告诉人们用磁针来寻找磁石球的磁极，并提出子午线的概念。这些子午线汇聚于球面上的两点，就是磁石球的南极和北极。派勒格令尼还提出了磁偏角的概念。他指出磁针一般不是指向正(南)北方向，而是略向东(西)偏移。但他的理论未引起人们的注意，以至于许多人认为磁偏角是 1492 年由哥伦布在航海中发现的。派勒格令尼提出的关于磁极“同性相斥，异性相吸”的原理，比迪菲在 1733 年发现电的“同性相斥，异性相吸”的原理早 400 多年。1600 年，吉尔伯特的巨著《论磁石》开创了磁学研究的新纪元。由于条形磁铁有南(S)、北(N)两极，且同性磁极相斥，异性磁极相吸，这一点与正、负电荷之间的相互作用很相似。1824 年，西莫恩・泊松发展了一种物理模型。该模型认为磁性是由磁荷产生的，同类磁荷相排斥，异类磁荷相吸引。泊松磁荷模型完全类比现代静电模型，磁荷产生磁场，就如同电荷产生电场一样。该理论能够正确地预测储存于磁场的能量。同时，磁场强度这一术语也类比电场强度被提了出来，还

有类似点电荷相互作用的磁库仑定律。即把永磁体与带电体相比较,假设磁极是由磁荷分布形成的。N 极上的磁荷称为正磁荷,S 极上的磁荷称为负磁荷。同性磁荷相斥,异性磁荷相吸。当磁极本身的线度比正、负磁极间的距离小很多时,磁极上的磁荷称为点磁荷。库仑通过实验得到两个点磁荷之间相互作用力的规律,称为磁库仑定律。并根据磁荷观点,仿照电场强度的定义,规定了磁场强度 $\boldsymbol{H}$,其大小等于单位点磁荷在磁场中某点所受的力,其方向为正磁荷在该点所受磁场力的方向。从磁荷观点把 $\boldsymbol{H}$ 称为磁场强度是合理的,它与电场强度 $\boldsymbol{E}$ 相对应。尽管泊松模型有其成功之处,但这模型有两个严重的瑕疵。第一,磁荷并不存在。将磁铁切为两半,所得到的两个分离的磁铁,每一个都有自己的磁南极和磁北极。或者说将磁铁分成两半,并不会造成两个分离的磁极。第二,这模型不能解释电场与磁场之间的奇异关系。

1820 年 4 月,奥斯特在课堂上讲解电性和磁性时,尝试将小磁针放在导线的侧面,当他接通电流时,发现小磁针轻微地晃动了一下,这太重要了。因为当时的理论认为电和磁是两个完全不同的现象。以后奥斯特经过反复多次实验,终于查明了电流对小磁针的偏转作用,提出了电流的磁效应。奥斯特的发现与牛顿力学的基本原理是尖锐矛盾的。因为在牛顿力学里,自然界的力只能是作用在物体连心线上的吸引或者排斥力,而奥斯特发现的是一种“旋转力”。奥斯特电流磁效应的发现打破了物质电效应和磁效应无关的传统信条,打开了电磁联系这个长期被闭锁着的黑暗领域的大门,为物理学一个新的重大综合发现开辟了一条广阔的道路。1820 年 9 月,安培在奥斯特效应的基础上接连做了四个有代表性的“示零实验”,并在这些实验的基础上提出了磁现象的分子电流观点。该观点认为物质的一切磁现象都由物质内的分子电流产生。1820 年 10 月,法国物理学家巴蒂斯特·毕奥和菲利克斯·萨伐尔共同发表了电流元与它产生的磁感应强度 $\boldsymbol{B}$ 之间关系的毕奥-萨伐尔定律。从此,磁感应强度 $\boldsymbol{B}$ 作为一个更普遍的量代替磁场强度 $\boldsymbol{H}$ 被正式提出了,磁现象与电现象分离研究的时代结束了,一个电磁联系起来研究的新时代到来了。本章主要阐述从电流角度定义磁感应强度的方法及相关规律。

二、磁感应强度的数学描述及物理解析

1. 磁感应强度的定义

首先需要定义电流产生的磁感应强度的方向。当然,实验上我们可以用小磁针受力的方向来定义电流产生的磁感应强度的方向,但这个定义显然不能满足进一步理论研究电流磁效应的需要。由于安培的第一个“示零实验”发现电流元受力的方向垂直于电流元中电荷的运动方向,这样就不能用电荷运动的方向来定义磁感应强度的方向。那么能否用运动电荷受到的力的方向来定义磁感应强度的方向呢?看看安培的第二个“示零实验”。安培的第二个“示零实验”发现随着电荷运动速度方向的改变,运动电荷受到的磁场力也随之发生改变,所以这是一个方向不断变化的力。因此用运动电荷受力的方向来定义磁感应强度的方向也是不行的。这样唯一可行的是定

义**运动电荷不受力或者说运动电荷受力为零的方向为磁感应强度的方向**。其次，我们来定义电流产生的磁感应强度的大小。按照安培的分子电流观点，磁场是电流（运动电荷）产生的，并给其他电流（运动电荷）以作用力。因此我们可以仿照检验电荷受到静止电荷的电场力来定义电场一样，用运动电荷受到的力来定义电流产生的磁感应强度大小。考虑到运动电荷除了电量以外还有速度，所以磁感应强度的大小定义为运动电荷受到的力除以运动电荷的电量与运动速度以及夹角的正弦的乘积，如图 8－1 所示，即

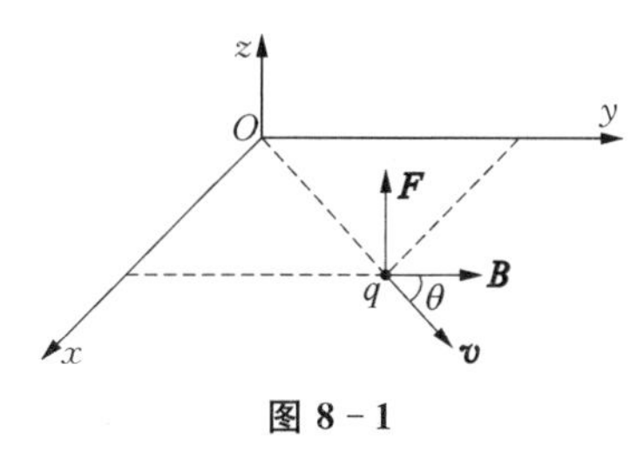

图 8－1

$$B=\frac{F}{qv\sin\theta} \tag{8-1}$$

显然，此时 $\boldsymbol{B}$ 是与电场强度 $\boldsymbol{E}$ 对应的，本应称为磁场强度，但是，由于磁场强度一词历史上已被 $\boldsymbol{H}$ 占用了，所以将 $\boldsymbol{B}$ 称为磁感应强度。

2. 电流元产生的磁感应强度——毕奥-萨伐尔定律

安培类比质点的定义将电流视为由无限多个电流元组成，并就两电流元之间的相互作用提出了安培定律（右手螺旋定则）。安培定律是电流磁（效应）作用的基本实验定律，它决定了磁场的性质，提供了计算电流相互作用方向的判断法则。1820 年 10 月，法国物理学家毕奥和萨伐尔，通过实验测量了长直电流线附近小磁针的受力规律，发表了题为《运动中的电传递给金属的磁化力》的论文，获得了计算电流元相互作用力大小的相关法则。后来，在数学家拉普拉斯的帮助下，安培定律和毕奥-萨伐尔的法则得以用数学公式统一表示出来，称为毕奥-萨伐尔定律，即

$$\mathrm{d}\boldsymbol{B}=\frac{\mu_0}{4\pi}\frac{I\mathrm{d}\boldsymbol{l}\times\boldsymbol{e}_r}{r^2} \tag{8-2}$$

式(8－2)中，I 是导线中的电流，$\mathrm{d}\boldsymbol{l}$ 是导线中沿电流方向的线段元，$I\mathrm{d}\boldsymbol{l}$ 一起称为电流元，$\boldsymbol{e}_r$ 为电流元指向待测场点的单位矢量；$\mu_0=4\pi\times10^{-7}$ T/mA 为真空磁导率。$\mathrm{d}\boldsymbol{B}$ 的方向垂直于 $I\mathrm{d}\boldsymbol{l}$ 和 $\boldsymbol{e}_r$ 所确定的平面，可以用右手螺旋法则来表示，即伸出右手，四个指头指向电流元 $I\mathrm{d}\boldsymbol{l}$ 方向，然后四个指头向 $\boldsymbol{e}_r$ 绕行，与四个指头方向垂直的大拇指所指的方向为 $\mathrm{d}\boldsymbol{B}$ 的方向，如图 8－2 所示。

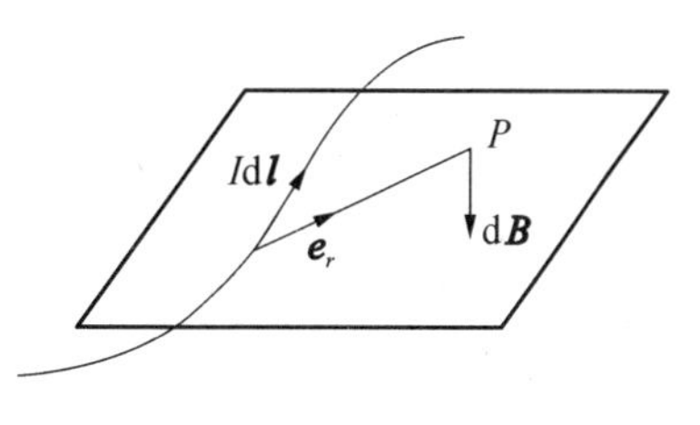

图 8－2

3. 运动电荷产生的磁感应强度

运动电荷产生的磁场是指导线外电子束的运动产生的磁场。按照第七讲电流密度的定义，我们有

$$I\mathrm{d}\boldsymbol{l}=jS\mathrm{d}\boldsymbol{l}=nqvS\mathrm{d}\boldsymbol{l}=q\boldsymbol{v}\,\mathrm{d}N \tag{8-3}$$

将式(8-3)代入式(8-2)并将等式两边同除以 dN 可得单个运动电荷产生的磁场为

$$\frac{\mathrm{d}\boldsymbol{B}}{\mathrm{d}N}=\frac{\mu_0}{4\pi}\frac{q\boldsymbol{v}\times\boldsymbol{e}_r}{r^2} \tag{8-4}$$

三、磁感应强度以及毕奥-萨伐尔定律的意义及影响

磁感应强度的提出改变了人们对磁场的认识,磁场的起因从最初的磁荷到现在的安培分子电流模型反映了人们对未知世界的认识取得了一个大的飞跃。安培提出载流导线之间相互作用力的定律——安培定律,以精确的数学公式表示电流与电流之间的相互作用,成为电动力学的基础。随后实验物理学家毕奥和萨伐尔根据奥斯特的发现提出了他们自己的想法,并通过两个相关的实验验证了他们有关电流磁效应的假设,提出了毕奥-萨伐尔定律。拉普拉斯通过毕奥和萨伐尔的结论,将电流载体转换为电流元的情况,得出了毕奥-萨伐尔定律的数学表达式。毕奥-萨伐尔定律的建立为以后电磁学的发展起到了开创性的作用,它不仅让人们能够计算任意形状的稳定电流产生的磁场的磁感应强度 $\boldsymbol{B}$,而且还揭示了电与磁的定量关系,为物质电性和磁性的统一起了奠基性的作用,对后来法拉第电磁感应现象的发现、电磁感应定律的诞生,甚至麦克斯韦方程组的建立都有深远的影响。

从方法论上来说,对比已有的知识来探索未知知识是一种可取的方法。虽然人们对物质磁性的认识很早,但对物质磁性的深入认识却晚于对物体电性的认识。磁场和电场有相似的地方,比如都具有"同性相斥、异性相吸"的特征,但也有区别,最典型的区别在于电荷与电荷之间的相互作用力是中心力场,方向在双方的连心线上,而磁场力是横向、螺旋力场,因此我们可以参照电场的研究方法研究磁场,但也不能完全类比。对电场,我们用静止的检验电荷来研究,而对磁场则需要用运动的电荷做检验体来进行研究,得到磁场性质的一般结论,然后与实验对比,修改或者完善理论。

四、应用举例

1. 载流无限长直导线周围的磁感应强度

为了考察载流直线周围任一点 P 的磁感应强度,我们过 P 点作一载流直线的垂线,垂足设为坐标原点 O,OP 为 x 轴,载流直线为 y 轴,垂直纸面向外为 z 轴建立如图 8-3 所示的坐标,则

$$I\mathrm{d}\boldsymbol{l}=(I\mathrm{d}y)\boldsymbol{j},\ \boldsymbol{e}_r=\frac{1}{(x^2+y^2)^{1/2}}(x\boldsymbol{i}-y\boldsymbol{j}),$$

$$r=(x^2+y^2)^{1/2} \tag{8-5}$$

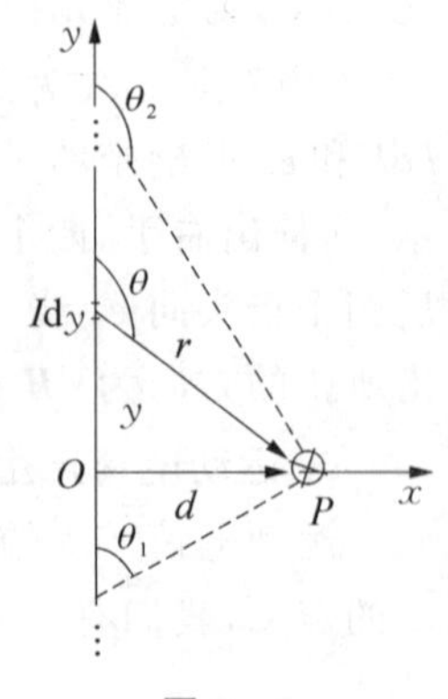

图 8-3

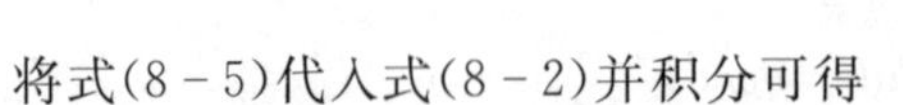
将式(8-5)代入式(8-2)并积分可得

$$\boldsymbol{B}=\int \mathrm{d}\boldsymbol{B}=\int \frac{\mu_0}{4\pi}\frac{I\mathrm{d}\boldsymbol{l}\times \boldsymbol{e}_r}{r^2}=\frac{\mu_0}{4\pi}\int_{-\infty}^{+\infty}\frac{(I\mathrm{d}y)\boldsymbol{j}\times(x\boldsymbol{i}-y\boldsymbol{j})}{(x^2+y^2)^{3/2}}$$

$$=\int_{-\infty}^{+\infty}\frac{x(-\boldsymbol{k})I}{(x^2+y^2)^{3/2}}\mathrm{d}y=\frac{\mu_0 I}{2\pi x}(-\boldsymbol{k}) \tag{8-6}$$

式(8-6)就是载流无限长直线周围的磁感应强度分布，其大小与到载流直线的垂直距离成反比，方向垂直纸面向里。

讨论　式(8-6)中的 x 是场点到载流直线的垂直距离，所以由式(8-6)可知，只要是与载流直线垂直距离相同的点，其磁感应强度大小相等，而这些点在长直线周围构成一个柱面，所以我们说载流无限长导线周围的磁感应强度具有柱对称性。如果采用柱坐标表示式(8-6)，则可得

$$\boldsymbol{B}=\frac{\mu_0 I}{2\pi r}\boldsymbol{e}_\varphi \tag{8-7}$$

式(8-7)中，$\boldsymbol{e}_\varphi$ 为圆柱的切向单位矢量。

2. 载流圆环形轴线上的磁感应强度

作坐标系如图 8-4 所示。环上任一电流元在其轴线上产生的磁感应强度大小为

$$\mathrm{d}B=\frac{\mu_0}{4\pi}\frac{I\mathrm{d}l}{r^2}\sin 90^\circ=\frac{\mu_0}{4\pi}\frac{I\mathrm{d}l}{r^2} \tag{8-8}$$

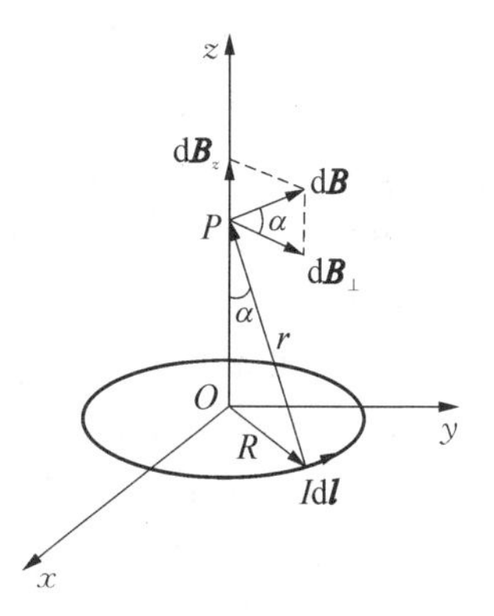

图 8-4

其方向随电流元方向变化而变，但它与 z 轴的夹角 α 保持不变，因此可以将它沿 z 轴和垂直于 z 轴方向分解。由于圆电流的轴对称性，其垂直于轴的分量互相抵消，故 $\boldsymbol{B}$ 的大小为 z 方向分量之和，即

$$B=\int \mathrm{d}B_z=\frac{\mu_0 I}{4\pi}\int\frac{\mathrm{d}l\sin\alpha}{r^2}=\frac{\mu_0 I}{4\pi r^2}\sin\alpha\int_0^{2\pi R}\mathrm{d}l=\frac{\mu_0 I R^2}{2(R^2+z^2)^{\frac{3}{2}}} \tag{8-9}$$

讨论　(1) 如果轴线上点离圆环平面垂直距离较远，即 $z\gg R$，则有

$$B\approx\frac{\mu_0 I R^2}{2z^3} \tag{8-10}$$

即此种情形下轴线上的磁感应强度大小与距离的三次方成反比，方向沿轴线。

(2) 如果场点在圆环中心，即 $z=0$，则有

$$B=\frac{\mu_0 I}{2R} \tag{8-11}$$

3. 磁偶极子磁矩

通过将载流圆环产生的磁场和条形永磁体(磁北极 N 和磁南极 S)产生的磁场对

比，发现它们形状相似，圆环的一面相当于磁南极，另一面与磁北极相对应，如图 8-5 所示。这样，我们可以把载流圆环线圈看作磁偶极子，并定义磁矩 $\boldsymbol{m}$ 为

$$\boldsymbol{m}=IS\boldsymbol{e}_{\mathrm{n}} \tag{8-12}$$

式(8-12)中 I 为载流线圈的电流强度；S 为载流线圈包围的面积；$\boldsymbol{e}_{\mathrm{n}}$ 为载流线圈所在平面的法线方向。

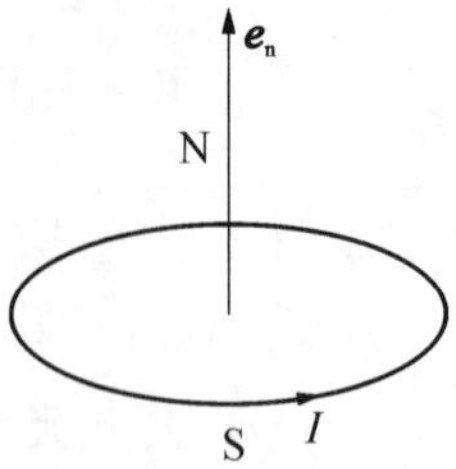

图 8-5

五、练习与思考

8-1　如图 8-6 所示，两根长直导线沿半径方向引到导体环上 A，B 两点，并与很远的电源相连，求环中心 O 的磁感应强度 $\boldsymbol{B}$。

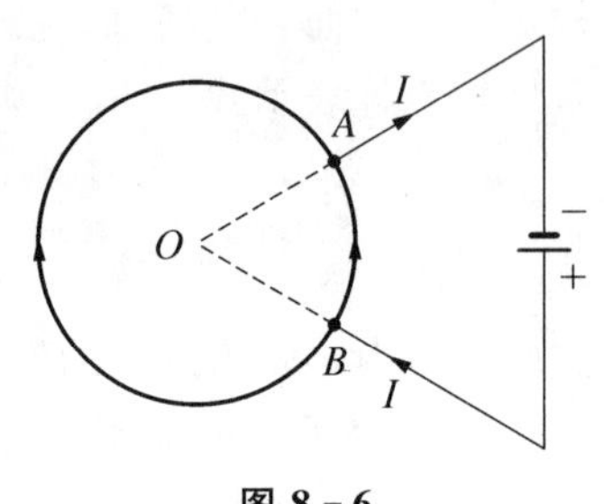

图 8-6

8-2　半径为 R 的圆片上均匀带电，电荷密度为 σ。如果让该圆片以匀角速度 ω 绕它的中心轴旋转，求轴线上距圆片中心为 x 处的磁感应强度。

8-3　半径为 R，表面均匀带电 Q 的球体以角速度 ω 旋转，求：

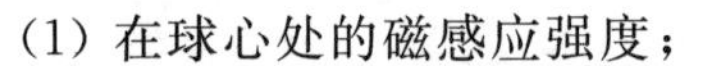

(1) 在球心处的磁感应强度；

(2) 旋转球体的磁矩。

8-4　如图 8-7 所示，在半径为 R 的木球表面上用绝缘细导线密绕，并以单层盖住半个球面，相邻线圈可视为相互平行。假设导线中的电流为 I，线圈总匝数为 N，试求球心处的磁感应强度 $\boldsymbol{B}$ 的大小。

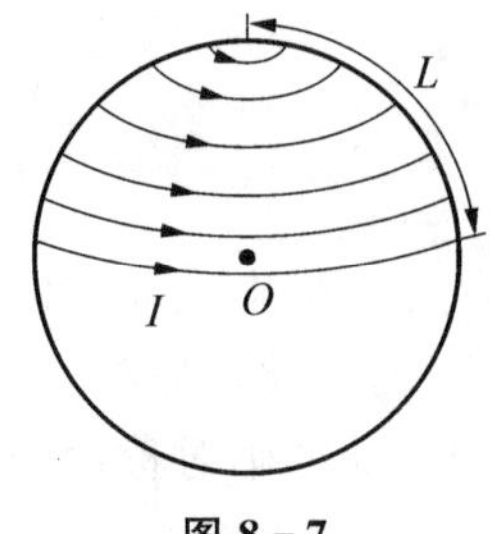

图 8-7

8-5　计算长度为 l，载流为 I 的螺线管轴线上的磁感应强度。

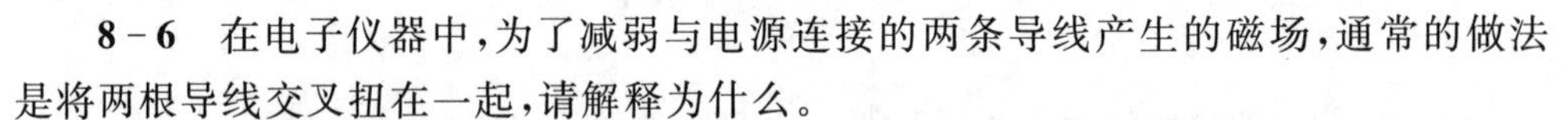

8-6　在电子仪器中，为了减弱与电源连接的两条导线产生的磁场，通常的做法是将两根导线交叉扭在一起，请解释为什么。

第九章　磁场的高斯定理和安培环路定理

磁场高斯定理指出磁感应强度的通量为零，说明磁场是无源场。磁场的安培环路定理指出磁感应强度的环流与该环路包围的电流强度代数和成正比，说明磁场是有旋场。

一、磁场中的高斯定理和安培环路定理建立背景

长期以来，磁现象和电现象是分别研究的。著名物理学家库仑断言物体的电性与磁性是两种完全不同的特性，它们不可能相互作用或转化。这给理解物质的磁性带来一定困难。直到 1820 年，奥斯特发现了电流的磁效应，第一次将电与磁联系起来，揭开了用类比电学来研究磁学的序幕。但是，由于磁体磁场不呈球形分布状态，无法套用电场高斯定理。然而，在 1831 年，法拉第用铁粉做实验，形象地证明了磁力线的存在。这个实验说明，电荷或者磁极周围空间并不是以前认为的那样一无所有的、空虚的真空，而是充满了向各个方向散发的力线。他把这种力线存在的空间称为场，各种力就是通过这种场进行传递的。1845 年，他明确提出了“场”的概念，而这种看不见的“场”可用“力线”来形象地描绘。高斯根据法拉第关于磁力线以及磁通量的定义给出了磁场高斯定理。安培通过重复奥斯特的实验提出了关于电流产生磁场的磁感应强度方向的右手定则，进一步阐述了电与磁之间的关联。在静电场中，由于静电场为保守立场，静电场力所做的功与路径无关，因此存在着环路定理。在稳恒磁场中，应该有一个类似的结论。但因为磁力线是无头无尾的闭合曲线，若取任意一条磁力线作为闭合回路 l，对磁场求环流有 $\oint_l \boldsymbol{B} \cdot \mathrm{d}\boldsymbol{l} = \oint_l B\mathrm{d}l \neq 0$，即闭合回路的环流不一定为零。磁场的环路定理与电场的环路定理明显有区别。安培根据毕奥-萨伐尔定律导出了磁场的安培环路定理，反映了稳恒磁场的磁感应线和载流导线相互套连的性质。

二、磁场高斯定理和安培环路定理的数学描述及物理解析

1. 磁通量的定义

1831 年，法拉第在解释他发现的电磁感应现象论文中提出了磁力线的概念。在多次关于“伏打磁效应”和“磁电效应”试验的基础上，1851 年，法拉第在《论磁力线》一文中正式提出磁场由许多力线组成，如图 9 - 1 所示。力线上任一点的切线方向就

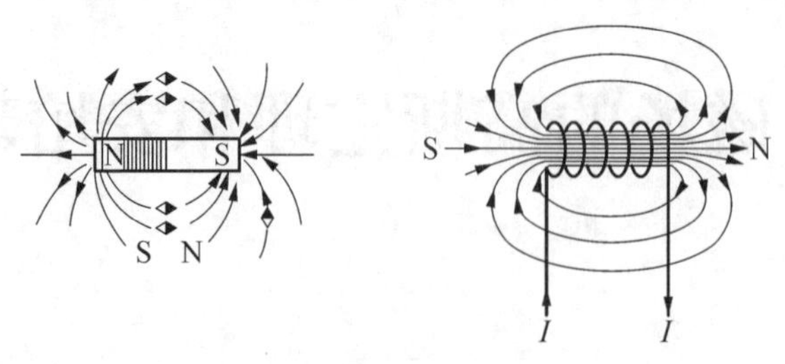

图 9-1

是该点的磁感应强度方向,力线的疏密程度则表示磁感应强度的大小,即

$$B=\frac{\mathrm{d}N}{\mathrm{d}S_{\perp}} \tag{9-1}$$

为了类比流体运动,法拉第定义了磁通量的概念,即穿过垂直于磁感应强度的任意曲面 S 的磁力线的条数为通过该曲面的磁通量 Φ_{m}。根据该定义并参考式(9-1)可得

$$\mathrm{d}\Phi_{\mathrm{m}}=\mathrm{d}N=B\mathrm{d}S_{\perp}=\boldsymbol{B}\cdot\mathrm{d}\boldsymbol{S} \tag{9-2}$$

这样,通过任意曲面 S 的磁通量为

$$\Phi_{\mathrm{m}}=\iint_{S}\boldsymbol{B}\cdot\mathrm{d}\boldsymbol{S} \tag{9-3}$$

在国际单位制中,磁通量的单位为导出单位,称为韦伯,用 Wb 表示,$1\ \mathrm{Wb}=1\ \mathrm{T}\cdot\mathrm{m}^2$。如果 S 是闭合曲面,则通过的磁通量为

$$\Phi_{\mathrm{m}}=\oiint_{S}\boldsymbol{B}\cdot\mathrm{d}\boldsymbol{S} \tag{9-4}$$

2. 磁场的高斯定理

磁感应强度的高斯定理:磁感应强度对任意闭合曲面 S 的通量恒等于零,即

$$\Phi_{\mathrm{m}}=\oiint_{S}\boldsymbol{B}\cdot\mathrm{d}\boldsymbol{S}=0 \tag{9-5}$$

证明 (1) 电流元 $I\mathrm{d}\boldsymbol{l}$ 在球面中心。

由磁通量的定义式(9-4)和毕奥-萨伐尔定律可得电流元的磁感应强度对闭合球面的磁通量为

$$\begin{aligned}\Phi_{\mathrm{m}}&=\oiint_{S}\mathrm{d}\boldsymbol{B}\cdot\mathrm{d}\boldsymbol{S}=\oiint_{S}\frac{\mu_0}{4\pi}\frac{I\mathrm{d}\boldsymbol{l}\times\boldsymbol{e}_r}{r^2}\cdot\mathrm{d}\boldsymbol{S}\\&=\frac{\mu_0 I}{4\pi}\oiint_{S}\frac{\boldsymbol{e}_r\times\mathrm{d}\boldsymbol{S}}{r^2}\cdot\mathrm{d}\boldsymbol{l}\end{aligned} \tag{9-6}$$

由于 $I\mathrm{d}\boldsymbol{l}$ 在球面中心,式(9-6)中 $\boldsymbol{e}_r\parallel\mathrm{d}\boldsymbol{S}$,$\boldsymbol{e}_r\times\mathrm{d}\boldsymbol{S}\equiv0$,所以有

$$\oiint_S \mathrm{d}\boldsymbol{B} \cdot \mathrm{d}\boldsymbol{S} = 0 \tag{9-7}$$

(2) 电流元 $I\mathrm{d}\boldsymbol{l}$ 在任意闭合曲面内。

在闭合曲面 S 内，以电流元 $I\mathrm{d}\boldsymbol{l}$ 为球心作一个辅助球面 S_1，由于磁力线不中断，所以

$$\oiint_S \mathrm{d}\boldsymbol{B} \cdot \mathrm{d}\boldsymbol{S} = \oiint_{S_1} \mathrm{d}\boldsymbol{B} \cdot \mathrm{d}\boldsymbol{S} = 0$$

(3) 电流元 $I\mathrm{d}\boldsymbol{l}$ 在任意闭合曲面外。

式(9－6)中的 $\boldsymbol{e}_r$ 在以 $I\mathrm{d}\boldsymbol{l}$ 为坐标原点的直角坐标中可表示为

$$\boldsymbol{e}_r = \frac{x}{r}\boldsymbol{i} + \frac{y}{r}\boldsymbol{j} + \frac{z}{r}\boldsymbol{k} \tag{9-8}$$

并设 $I\mathrm{d}\boldsymbol{l}$ 沿 z 方向，即

$$I\mathrm{d}\boldsymbol{l} = I\mathrm{d}l\boldsymbol{k} \tag{9-9}$$

将式(9－8)和式(9－9)代入式(9－6)中可得

$$\begin{aligned}\Phi_{\mathrm{m}} &= \oiint_S \frac{\mu_0}{4\pi} \frac{I\mathrm{d}\boldsymbol{l} \times \boldsymbol{e}_r}{r^2} \cdot \mathrm{d}\boldsymbol{S} \\ &= \frac{\mu_0 I\mathrm{d}l}{4\pi} \oiint_S \left(\frac{-y}{r^3}\mathrm{d}y\mathrm{d}z + \frac{x}{r^3}\mathrm{d}z\mathrm{d}x\right)\end{aligned} \tag{9-10}$$

根据高斯公式的一般表达式

$$\iiint_V \left(\frac{\partial P}{\partial x} + \frac{\partial Q}{\partial y} + \frac{\partial R}{\partial z}\right)\mathrm{d}x\mathrm{d}y\mathrm{d}z = \oiint_S P\mathrm{d}y\mathrm{d}z + Q\mathrm{d}z\mathrm{d}x + R\mathrm{d}x\mathrm{d}y \tag{9-11}$$

式(9－10)可计算得

$$\begin{aligned}\Phi_{\mathrm{m}} &= \frac{\mu_0 I\mathrm{d}l}{4\pi} \oiint_S \left(\frac{-y}{r^3}\mathrm{d}y\mathrm{d}z + \frac{x}{r^3}\mathrm{d}z\mathrm{d}x\right) \\ &= \frac{\mu_0 I\mathrm{d}l}{4\pi} \iiint_\tau \left[\frac{\partial}{\partial x}\left(\frac{-y}{r^3}\right) + \frac{\partial}{\partial y}\left(\frac{x}{r^3}\right)\right]\mathrm{d}x\mathrm{d}y\mathrm{d}z = 0\end{aligned} \tag{9-12}$$

综合以上(1)、(2)和(3)证明可得

$$\oiint_S \boldsymbol{B} \cdot \mathrm{d}\boldsymbol{S} = 0 \tag{9-13}$$

即任意电流元产生的磁场在闭合曲面上的磁通量为零，这正是磁场的高斯定理。

3. 磁感应强度的安培环路定理

1) 闭合回路 l 包围单个无限长直电流 I

设任意形状的闭合回路 l 包围无限长直电流 I，且在垂直于直电流的平面内，回

路的方向与电流满足右手螺旋关系,如图 9－2 所示。因无限长直电流磁场的磁力线是一组以电流为中心的圆形曲线,磁感应强度为

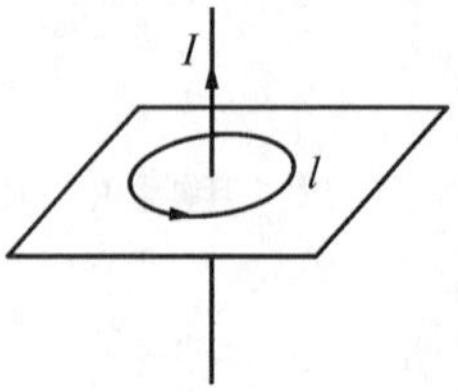

$$\boldsymbol{B}=\frac{\mu_0 I}{2\pi r}\boldsymbol{e}_{\varphi} \tag{9-14}$$

图 9－2

式(9－14)中,r 为场点离开电流的距离;$\boldsymbol{e}_{\varphi}$ 表示圆形曲线的切线方向单位矢量。对于闭合回路的路径元 $\mathrm{d}\boldsymbol{l}$,有

$$\boldsymbol{B}\cdot\mathrm{d}\boldsymbol{l}=Br\mathrm{d}\varphi \tag{9-15}$$

则无限长直电流对闭合回路的环流为

$$\oint\boldsymbol{B}\cdot\mathrm{d}\boldsymbol{l}=\oint Br\mathrm{d}\varphi=\oint\frac{\mu_0 I}{2\pi r}r\mathrm{d}\varphi=\mu_0 I \tag{9-16}$$

如果回路 l 绕行方向或电流流向相反,回路的方向与电流不再满足右手螺旋关系。可以证明,此时无限长直电流对闭合回路 l 的环流为

$$\oint\boldsymbol{B}\cdot\mathrm{d}\boldsymbol{l}=-\mu_0 I \tag{9-17}$$

上述结果表明:在垂直于直电流的平面内的闭合回路 l 包围无限长直电流 I 时,磁感应强度对回路的环流不等于零,其取值与回路包围的电流有关。

2) 闭合回路 l 不包围单个无限长直电流 I

设任意形状的闭合回路 l 不包围无限长直电流 I,但在垂直于直电流的平面内,这种情况下,可以从电流与回路平面相交的 O 点处作闭合回路 l 的切线。这样的切线有两条,两个切点把闭合曲线 l 分割成 l_1 和 l_2 两部分。再从 O 点处引出两条夹角为 $\mathrm{d}\varphi$ 的直线,把 l_1 和 l_2 分别切出两个路径元 $\mathrm{d}\boldsymbol{l}_1$ 和 $\mathrm{d}\boldsymbol{l}_2$,$\mathrm{d}\boldsymbol{l}_1$ 和 $\mathrm{d}\boldsymbol{l}_2$ 相对于 O 点的张角均为 $\mathrm{d}\varphi$,如图 9－3 所示。因此有

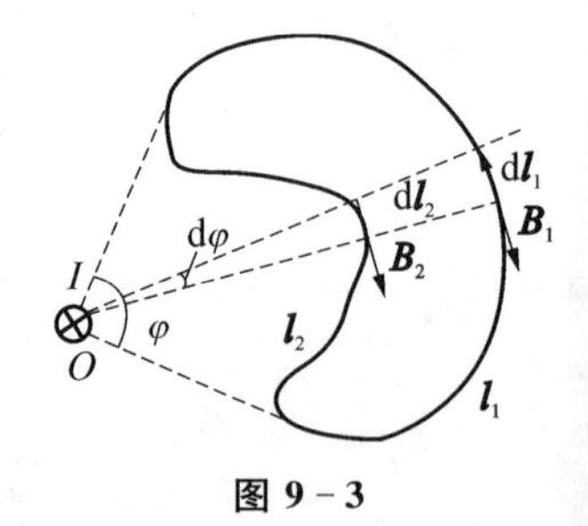

图 9－3

$$\boldsymbol{B}_1\cdot\mathrm{d}\boldsymbol{l}_1+\boldsymbol{B}_2\cdot\mathrm{d}\boldsymbol{l}_2=\frac{\mu_0 I}{2\pi r_1}(r_1\mathrm{d}\varphi)+\frac{\mu_0 I}{2\pi r_2}(-r_2\mathrm{d}\varphi)=0 \tag{9-18}$$

因为总可以把 $\boldsymbol{l}_1$ 和 $\boldsymbol{l}_2$ 按上述办法切割成成对的路径元 $\mathrm{d}\boldsymbol{l}_1$ 和 $\mathrm{d}\boldsymbol{l}_2$,因此无限长直电流的磁场对于任意形状的闭合回路 l 的环流为

$$\oint_l\boldsymbol{B}\cdot\mathrm{d}\boldsymbol{l}=\int\boldsymbol{B}_1\cdot\mathrm{d}\boldsymbol{l}_1+\int\boldsymbol{B}_2\cdot\mathrm{d}\boldsymbol{l}_2=\frac{\mu_0 I}{2\pi}\left(-\int\mathrm{d}\varphi+\int\mathrm{d}\varphi\right)=0 \tag{9-19}$$

即无限长直电流的磁场磁感应强度对不包围直电流的闭合回路的环流总为零,且与回路的绕向无关。

对于上述两种情况，如果回路 l 不在垂直于无限长直电流的平面内，这种情况下，每个路径元 $\mathrm{d}\boldsymbol{l}$ 都可以分解为平行于电流方向的分量和垂直于电流方向的分量。而磁感应强度 $\boldsymbol{B}$ 的方向总是在垂直于电流的平面内，因此 $\boldsymbol{B}$ 和 $\mathrm{d}\boldsymbol{l}_{\parallel}$ 的点积总为零，

$$\oint_l \boldsymbol{B} \cdot \mathrm{d}\boldsymbol{l} = \int \boldsymbol{B} \cdot \mathrm{d}\boldsymbol{l}_{\parallel} + \int \boldsymbol{B} \cdot \mathrm{d}\boldsymbol{l}_{\perp} = \int \boldsymbol{B} \cdot \mathrm{d}\boldsymbol{l}_{\perp} = 0 \tag{9-20}$$

如果空间有多个无限长直电流存在，根据磁感应强度叠加原理，空间总磁场分布为单个电流磁场的叠加，即 $\boldsymbol{B} = \sum_i \boldsymbol{B}_i$ 则

$$\oint_l \boldsymbol{B} \cdot \mathrm{d}\boldsymbol{l} = \oint_l \sum_i \boldsymbol{B}_i \cdot \mathrm{d}\boldsymbol{l} = \sum_i \int \boldsymbol{B}_i \cdot \mathrm{d}\boldsymbol{l} = \mu_0 \sum_i I_i \tag{9-21}$$

式(9－21)中，$\sum_i I_i$ 表示对穿过回路 l 的电流求代数和。理论可以证明，虽然该式是对无限长直电流的情况而推导的结果，但对于任意电流分布产生的磁场照样适用。式(9－21)为空间磁场对闭合回路的环流与激发磁场的电流间存在的普遍规律，称为安培环路定理。

讨论　(1) 安培环路定理中，环路上的 $\boldsymbol{B}$ 是环路内、外电流共同产生的，所以 $\boldsymbol{B}$ 的环流为零，并不表示环路上的 $\boldsymbol{B}$ 处处为零。

(2) 磁场的环流可以不等于零，说明磁场不是保守力场，或者说 $\boldsymbol{B}$ 矢量的环流不具有功的意义。因此，磁场中不能引入标量势的概念来描述磁场。安培环路定理反映了磁场的基本规律，与静电场的环路定理相比较，稳恒磁场中 $\boldsymbol{B}$ 的环流不为零，说明稳恒磁场的性质与静电场不同，静电场是保守力场，稳恒磁场是非保守力场，其原因是磁力线为无头无尾的闭合曲线。

(3) 磁感应强度对任意闭合回路的环流只与穿过该闭合回路的电流有关。在稳恒磁场中，磁感应强度沿着任意闭合的路径积分，等于这闭合路径所包围的各个电流的代数和乘以磁导率，这个结论称为安培环路定理。

三、磁场的高斯定理及安培环路定理的意义与影响

高斯定理解决了电磁学中关于场的数学描述的问题。磁场的高斯定理从数学上说明了稳恒磁场是无源场，这是磁场区别于电场的根本特性。同时，高斯定理为后来麦克斯韦的电磁波理论提供了理论基础。安培环路定理是除毕奥-萨伐尔定律外的另一个磁场和电流关系的表达形式，它与电流的闭合条件相联系，并且反映了涡旋场与源电流的普遍关系。安培环路定理的提出为后来麦克斯韦方程组的建立提供了另一个理论基础，对电磁学的发展有着巨大的贡献。麦克斯韦拓展安培环路定理获得的麦克斯韦-安培定律 $\oint_l \boldsymbol{H} \cdot \mathrm{d}\boldsymbol{l} = I_0 + \iint_S \frac{\partial \boldsymbol{D}}{\partial t} \cdot \mathrm{d}\boldsymbol{S}$ 是麦克斯韦电磁理论方程组四个方程中的一个。该定律阐明了磁场可以用两种方法激发。一种是由传导电流 I_0(安培

定律)激发,另一种是靠时变电场或称位移电流(麦克斯韦修正项)激发。麦克斯韦在他拓展的环路定理中引进了位移电流的概念,将安培环路定理成立的条件从稳恒磁场拓展到非稳恒磁场,从而得到全电流的安培环路定理,拓宽了安培环路定理的适用范围。麦克斯韦-安培定律的微分形式 $\left(\nabla\times \boldsymbol{H}=\boldsymbol{j}_0+\dfrac{\partial \boldsymbol{D}}{\partial t}\right)$ 表明,任何随时间而变化的电场都是和磁场联系在一起的,磁场强度的旋度等于该点处传导电流密度与位移电流密度的矢量和。

四、应用举例

例 1　求无限长直载流螺线管内的磁感应强度。

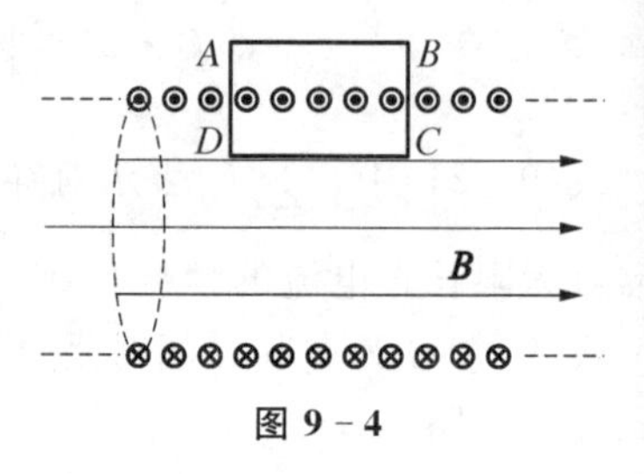

图 9-4

解　设无限长直载流螺线管均匀密绕,单位长度上导线的匝数为 n,导线内通有恒定的电流 I。螺线管密绕时,磁感应线全部穿过螺线管内,无限长螺线管外磁感应强度为零。取如图 9-4 所示的矩形安培环路 $ABCDA$,因为螺线管外磁场为零,且 BC 段和 DA 段在螺线管内与磁场方向垂直,所以磁场对 AB、BC 及 DA 段的积分皆为零,即

$$\oint_l \boldsymbol{B}\cdot \mathrm{d}\boldsymbol{l}=0\times l_{AB}+Bl_{BC}\cos 90^\circ+Bl_{CD}+Bl_{DA}\cos 90^\circ=Bl_{CD} \qquad ①$$

另一方面根据安培环路定理

$$\oint_l \boldsymbol{B}\cdot \mathrm{d}\boldsymbol{l}=\mu_0 n l_{CD} I \qquad ②$$

联合式①和式②可得

$$B=\mu_0 n I \qquad ③$$

式③为长直螺线管内磁感应强度,它是一个与螺线管中位置无关的常数,因此螺线管内的磁场是均匀磁场。

例 2　求无限大载流薄平板的磁感应强度。

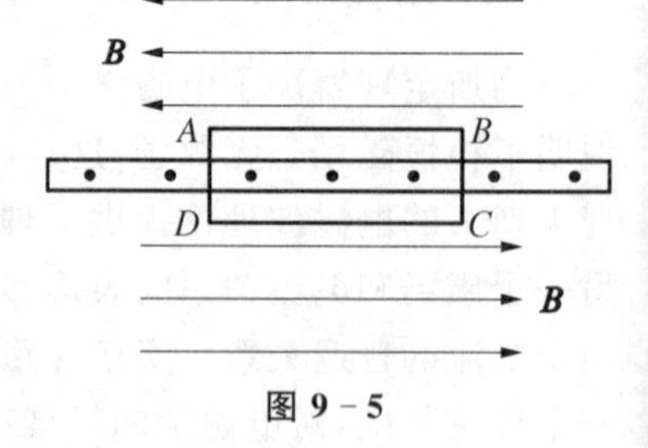

图 9-5

解　设无限大薄板在单位宽度上的电流强度为 α。根据对称性,该载流平板产生的磁感应强度方向必平行于平板面,并与电流方向垂直。取如图 9-5 所示的矩形安培回路 $ABCDA$,计算磁感应强度的回路积分,有

$$\oint_l \boldsymbol{B}\cdot \mathrm{d}\boldsymbol{l}=Bl_{AB}+Bl_{BC}\cos 90^\circ+Bl_{CD}+Bl_{DA}\cos 90^\circ=2Bl_{AB} \qquad ①$$

另一方面,根据安培回路定理,有

$$\oint_l \boldsymbol{B} \cdot \mathrm{d}\boldsymbol{l} = \mu_0 \alpha l_{AB} \qquad ②$$

联合式①和式②，有

$$B = \frac{1}{2}\mu_0 \alpha \qquad ③$$

式③就是无限大薄平板周围磁感应强度大小的表达式。

五、练习与思考

9-1　在地球南半球某地，地磁场的磁感应强度为 42 μT，方向斜向上，与竖直线的夹角为 60°，试计算通过水平面上面积为 2.5 m^2 的磁通量。

9-2　无限大均匀载流平板水平置于外磁场中，实验测得该板上面的磁感应强度大小是下面的磁感应强度的 3 倍，且方向相同，如图 9-6 所示。试计算：

(1) 外加磁感应强度；

(2) 该板的线电流密度；

(3) 该载流板受到的磁压。

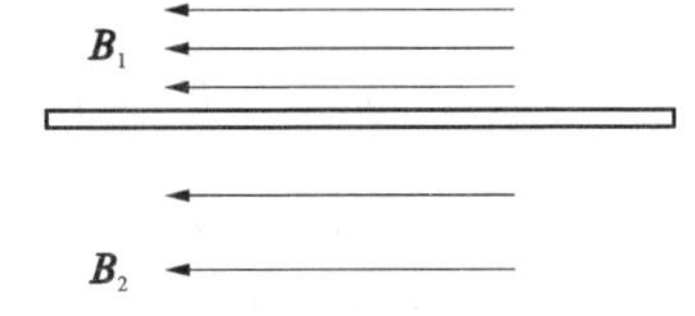

图 9-6

9-3　在无电流的空间，如果磁感应线是平行直线，那么磁场一定是匀强磁场，试证明之。

9-4　如图 9-7 所示，一无限长圆柱形导体内有一无限长圆柱形空腔，空腔的轴平行于导体的轴，两轴之间的间距为 a。若导体内通有平行于轴方向的均匀电流，且电流密度为 $\boldsymbol{j}$，求空腔内任一点的磁感应强度 $\boldsymbol{B}$。

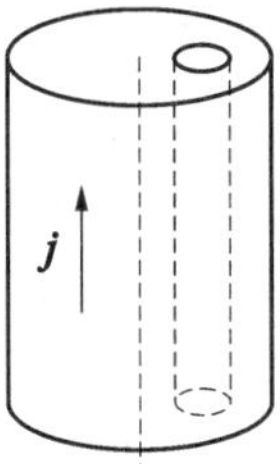

图 9-7

9-5　研究受控热核反应的托卡马克装置中，用螺绕环产生的磁场来约束其中的等离子体。设某一托卡马克装置中环管轴线的半径为 2.0 m，管截面半径为 1.0 m，环上均匀绕有 10 cm 长的水冷铜线。求铜线内通入峰值为 7.3×10^4 A 的脉冲电流时，管内中心的磁场峰值为多大（近似地按恒定电流计算）。

9-6　在如图 9-8 所示的受控热核反应的托卡马克装置中，等离子体除了受到螺绕环电流的磁约束外，还会受到自身的感应电流产生的磁场的约束。试分析这两种磁场的合磁场的磁力线形貌，并说明自身磁场对等离子体的约束的利弊。

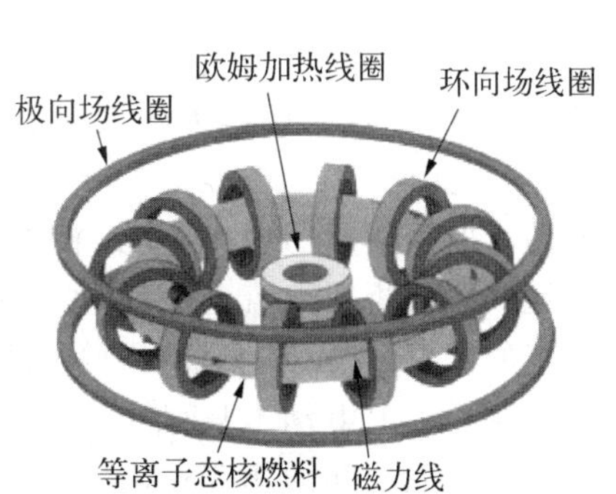

图 9-8

第十章　磁场对载流导线的作用

电流可以激发磁场，说明电流有磁的特性。反过来，磁场对载流导线有力或者力矩的作用。磁场对载流导线的作用力称为安培力，安培力的方向由安培右手法则确定，大小由安培定律确定。

一、磁场对电流作用的研究背景

安培为了解释奥斯特发现的电流磁效应，提出了分子电流的观点。他认为所有电磁作用都是电流与电流的作用，并把这种作用力称为“电动力”。安培类比牛顿质点模型，把电流设想为无数电流元的集合，认为只要找到电流元之间的相互作用力的关系式，就可以通过数学的方法推导出所有电磁现象的定量结果。1820 年 10 月初，安培开始致力于寻找电流元之间的相互作用力表达式。他遇到的第一个难题是电流不像物体的质量一样可以一粒一粒地分解，实际的电流元是不存在的，因而也不可能对这种设想的电流元之间的作用力进行直接的测量。他只能在“电流元”这个假想的实体基础上，通过一些理论分析得出一些可供实际检测的结论。这样，安培以他高超的数学才能和实验技巧设计了四个“示零实验”。在第一个“示零实验”中，安培用了一个“无定向秤”检验一个通电对折导线对另一个通电导线的作用力，得到了零结果。这说明反向的电流产生的作用力也反向，并且说明电流产生的吸引力和排斥力本质上是相同的，是可以用一个表达式表达的。在此基础上，安培提出了两电流元之间相互作用力的表达式 $\rho\dfrac{(i\mathrm{d}\boldsymbol{l})\times(i'\mathrm{d}\boldsymbol{l}')}{r^n}$。这就是现代物理学中电流元之间安培力表达式的雏形。安培的第二个“示零实验”同样是将一导线折成两段通以电流，考察这对流向相反的电流对“无定向秤”的作用力。与第一个“示零实验”不同的是这次导线不是对折，而是一段保持直线，而弯折的另一段弄成曲折的折线，且让它们线长相等。实验仍然得到零结果。这就证明了直导线的电流和弯曲折线电流产生的电动力是相等的，说明电流元之间的作用具有矢量性。安培的第三个“示零实验”检验了两个互相垂直的电流元之间的相互作用。实验发现电流元上的电动力只存在于垂直于电流元的方向上，因而可以不必考虑相互垂直的电流元之间的相互作用。最后一个“示零实验”是为了确定安培力表达式中的 n 值。安培把三个单匝圆形线圈按圆心在同一直线上摆放着，其中两端线圈固定，中间线圈可在垂直于它们连线的方向运动。实验发现，当三个线圈通以大小相等、方向相同的电流时，中间线圈并不运动，表明两端的线圈对中间线圈的作用力大小相等，方向相反。或者说此种情形下，中间线圈受到的电动力的合力为零。改变一端线圈与中间线圈的距离，再次观察中间线圈的运动。用中间线圈的摆动加速度反推中间线圈受到的作用力，得到$n=2$。由此，建立在超距作用基础上电流元之间相互作用力的安培力表达式就总结出来了。这就是著名的安培定律$\rho\dfrac{(i\mathrm{d}\boldsymbol{l})\times(i'\mathrm{d}\boldsymbol{l}')}{r^2}$。安培把一切磁的现象归结于电流间的相互作用，提出了分子电流的假设。在1820年10月底的一次研讨会上，与安培同时代的毕奥和萨伐尔报告了他们发现的直线电流对小磁针的作用定律，这个作用正比于电流强度，反比于它们之间的距离，作用力的方向则垂直于磁针与导线的连线。拉普拉斯假设电流的作用可看成各个电流元作用的总和，把这个定律的微分形式表达出来，并定义了电流元产生的磁感应强度微元：$\mathrm{d}\boldsymbol{B}\propto\dfrac{i\mathrm{d}\boldsymbol{l}\times\boldsymbol{e}_r}{r^2}$。这样，在考虑电流元之间的相互作用时，将其中一个电流元看成产生磁场的元，另一个电流元视为受到磁场作用的元，安培定律结合毕奥-萨伐尔定律就得到了电流元在磁场中受到的作用力表达式。

二、磁场对电流作用力的数学表述及物理解析

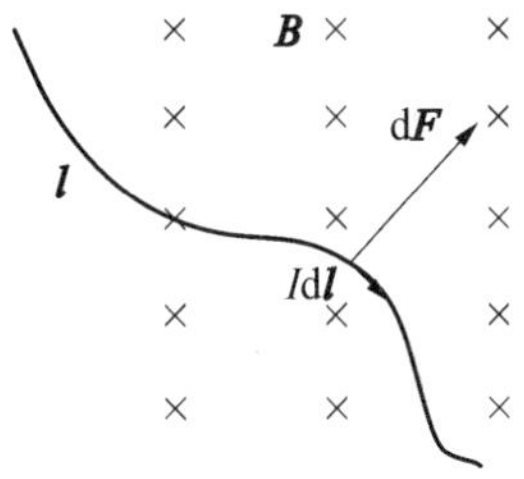

图 10-1 中曲线 l 表示一段载流导线，$I\mathrm{d}\boldsymbol{l}$ 表示在该导线上选取的一个电流元，根据安培定律，这个电流元在磁场中受到的安培力为

$$\mathrm{d}\boldsymbol{F}=I\mathrm{d}\boldsymbol{l}\times\boldsymbol{B} \tag{10-1}$$

图 10-1

一段载流导线 l 在磁场中受到的作用力为

$$\boldsymbol{F}=\int_l \mathrm{d}\boldsymbol{F}=\int_l (I\mathrm{d}\boldsymbol{l}\times\boldsymbol{B}) \tag{10-2}$$

式(10-1)和式(10-2)分别是安培力的微分和积分表达式。特别地，如果磁场为匀强磁场，而且线圈是闭合线圈，则

$$\boldsymbol{F}=\int_l \mathrm{d}\boldsymbol{F}=\left(\oint_l I\mathrm{d}\boldsymbol{l}\right)\times\boldsymbol{B}=0 \tag{10-3}$$

式(10-3)说明闭合载流线圈在均匀磁场中受力恒为零。由于从式(10-2)到式(10-3)仅仅用到电流元的矢量性和磁感应强度的均匀性条件，所以它具有普适性。或者说载流线圈受力与它的形状无关，任何形状的闭合载流线圈在均匀磁场中受到的磁场合力皆为零。

三、磁场安培力(力矩)做功原理分析及其应用

单个运动的带电粒子受到磁场洛伦兹力作用,这个力始终与速度方向垂直,我们说洛伦兹力做功为零。然而,对于一个载有电流的导线,每个电子受到的洛伦兹力仍是与速度方向垂直的,但是由于电子不能脱离导线自由运动,所以实际情况是:电子受到洛伦兹力后,获得沿着受力方向的加速度,而电子由于受到金属导体表面的束缚,无法脱离导体自由移动,因此无法改变速度方向,而是将所受到的洛伦兹力通过与导体间的作用转嫁给导体,好像导体受到和电流方向垂直的力的作用,无数的电子所给导体的力叠加起来,就形成了安培力,而导体也就整体沿着安培力方向做加速运动。也就是说,洛伦兹力对单个的带电粒子是不做功的,因为单个带电粒子的运动方向可以随意改变,所以洛伦兹力的方向始终与速度方向垂直。安培力做功是因为导体中带电粒子速度方向不能随意改变,安培力方向始终与导体速度方向平行。也可以理解为安培力做功正是因为洛伦兹力对无法随意改变速度方向的粒子做了功。

安培力做功在工业、国防方面有很多应用,如电磁炮、电动机、磁电式电表等。

1. 电磁炮

冷兵器时代,利用原始机械抛射物体,速度只有每秒几十米;热兵器时代,利用化学能的火炮可以使弹丸的初速度达到 1.8 km/s;而利用安培力的电磁炮可将弹丸加速到 2.5 km/s。这个速度还可以通过提高电流、磁场等因素得以加大。

2. 电动机

电动机(motors)是一种通过磁场这种媒介将电能转变为机械能的设备。无论是交流电动机还是直流电动机,其工作原理都是磁场对载流导线的安培力或力矩做功的结果。电动机主要由定子与转子组成,定子中通的电流可以用来产生磁场,磁场作用到载流的转子上使转子受到磁力矩作用而发生转动。

3. 磁电式电表

磁电式电表是安培力应用到电流测量中的一个特例。它的结构为在一个蹄形磁铁的两级间有一个固定的圆柱形铁芯,铁芯外面套有一个可以转动的铝框,在铝框上绕有线圈,铝框的转轴上装有两个螺旋弹簧和一个指针。线头的两端分别接在两个螺旋的弹簧上,被测电流经过这两个弹簧流入线圈。由于磁场对电流的作用力与电流大小成正比,因而安培力的力矩也与电流成正比,而螺旋弹簧的扭矩与指针转动的角度成正比,所以磁电式电表的表盘刻度是均匀的,这是安培力测电流的优势。

四、应用举例

1. 计算两平行载流导线之间的相互作用力

图 10-2 所示是两平行放置的载流直线,如果将 I_1 视为产生磁场的载流导线,它在 I_2 中电流元 $I_2\mathrm{d}\boldsymbol{l}_2$ 位置产生的磁感应强度为 $\boldsymbol{B}_1$,则根据安培力表达式(10-1),$I_2\mathrm{d}\boldsymbol{l}_2$ 受到 I_1 产生的磁场的作用力为

$$\mathrm{d}\boldsymbol{F}_{21}=I_2\mathrm{d}\boldsymbol{l}_2\times\boldsymbol{B}_1 \tag{10-4}$$

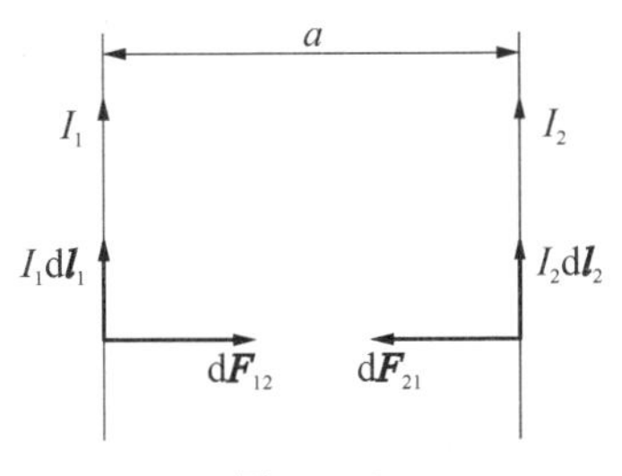

图 10-2

根据毕奥-萨伐尔定律可知 I_1 产生的磁感应强度的方向垂直于电流元 $I_2\mathrm{d}\boldsymbol{l}_2$，所以电流元受到的力大小可改写为

$$\mathrm{d}F_{21}=B_1I_2\mathrm{d}l_2 \tag{10-5}$$

方向垂直于导线。如果把式中的 $\mathrm{d}l_2$ 置于该式左边可得 I_2导线单位长度受到的作用力大小为

$$\frac{\mathrm{d}F_{21}}{\mathrm{d}l_2}=B_1I_2=\frac{\mu_0I_1I_2}{2\pi a} \tag{10-6}$$

同理，如果将 I_2视为产生磁场的载流导线，它在 I_1中电流元 $I_1\mathrm{d}\boldsymbol{l}_1$ 位置产生的磁感应强度为 $\boldsymbol{B}_2$，则 I_1导线单位长度受到的作用力大小为

$$\frac{\mathrm{d}F_{12}}{\mathrm{d}l_1}=B_2I_1=\frac{\mu_0I_1I_2}{2\pi a} \tag{10-7}$$

根据电流的国际制单位安培的定义：在真空中相距为 1 m 的两根无限长平行直导线，通以相等的恒定电流，当每米导线上所受作用力为 2×10^{-7} N 时，各导线上的电流强度为 1 安培，即

$$2\times10^{-7}\ \mathrm{N/m}=\frac{\mu_0\times1\times1}{2\pi\times1}\ \mathrm{A^2/m} \tag{10-8}$$

我们可以解得真空磁导率

$$\mu_0=4\pi\times10^{-7}\ \mathrm{N/A^2} \tag{10-9}$$

2. 载流导线在磁场中运动时安培力做的功

式(10-1)说明载流导线在磁场中会受到安培力的作用。如果这个安培力还推动导线沿一定方向运动，则这个安培力对导线做了功。如图10-3所示，假设在磁感应强度大小为 B、方向垂直纸面向外的匀强磁场中带有一段可滑动导线的载流闭合回路。如果该回路通有恒定电流，那么长为 l 的可滑动导线 ab 受到的安培力大小为

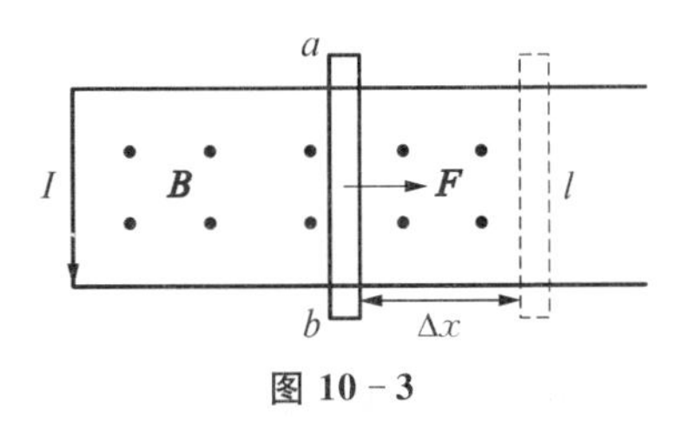

图 10-3

$$F=BIl \tag{10-10}$$

方向向右。在该力作用下可滑动导线向右运动 $\mathrm{d}x$ 时，安培力做的功为

$$\mathrm{d}A=F\mathrm{d}x=BIl\mathrm{d}x \tag{10-11}$$

如果在一段时间内，可滑动导线从 x_1位置运动到 x_2位置，则安培力做的功为

$$A=\int \mathrm{d}A=\int_{x_1}^{x_2} F\mathrm{d}x=BIl(x_2-x_1)=BIl\Delta x \tag{10-12}$$

考虑到 $Bl\Delta x=\Delta\Phi_m$ 可以视为通过闭合线圈磁通量的增加量,式(10-12)可改写为

$$A=BIl\Delta x=I\Delta\Phi_m \tag{10-13}$$

式(10-13)说明如果电流保持不变,安培力做的功等于电流乘以通过回路所包围面积内磁通量的增量。

3. 矩形线圈在均匀磁场中受到的力矩及该磁力矩做的功

式(10-3)说明在匀强磁场中,任意闭合线圈受到的合力为零。但实验观察到载流线圈在磁场中发生转动,这说明载流线圈在匀强磁场中受到的力矩不为零。下面我们分析几种情形下载流线圈在磁场中受到的力和力矩。

(1) 载流线圈平面平行于磁场,如图 10-4(a)所示。

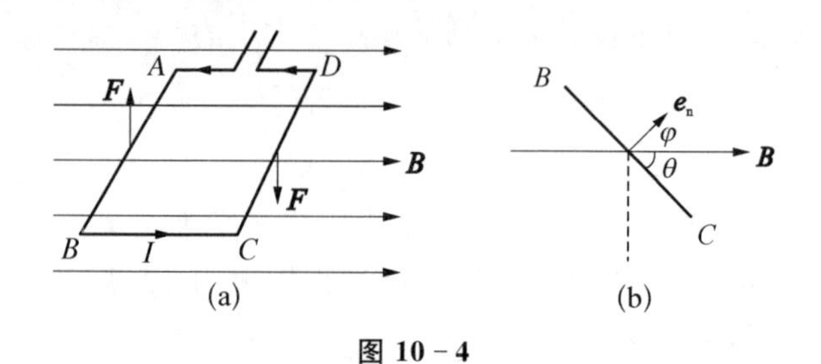

图 10-4

在这种情形下,AD 和 BC 由于电流流向平行于磁感应强度方向,有

$$\boldsymbol{F}_{AD}=\boldsymbol{F}_{BC}=0 \tag{10-14}$$

又因 AB 和 CD 两边受到的磁场力大小相等,方向相反,有

$$\boldsymbol{F}_{AB}+\boldsymbol{F}_{CD}=0 \tag{10-15}$$

所以整个线圈受到的合力

$$\sum \boldsymbol{F}=\boldsymbol{F}_{AB}+\boldsymbol{F}_{BC}+\boldsymbol{F}_{CD}+\boldsymbol{F}_{DA}=0 \tag{10-16}$$

此外,由于力 $\boldsymbol{F}_{AB}$, $\boldsymbol{F}_{CD}$ 的作用线不在一条直线上,所以它们构成一对力偶,其力偶矩大小为

$$M=F_{CD}l_{BC}=BIl_{CD}l_{BC} \tag{10-17}$$

方向由 $\boldsymbol{l}_{BC}\times\boldsymbol{F}_{CD}$ 决定,即垂直于纸面向内。这样该线圈在力偶矩 $\boldsymbol{M}$ 作用下发生转动。

(2) 任意时刻,载流线圈平面转动到与磁场成 θ 角位置时力矩做的功。

如图 10-4(b)所示,由于此时线圈平面与磁感应强度方向有一夹角 θ,线圈受到的力矩大小改写为

$$\begin{aligned}M&=F_{CD}l_{BC}\cos\theta=BIl_{CD}l_{BC}\cos\theta\\&=BIS\cos\theta=BIS\sin\varphi\end{aligned} \tag{10-18}$$

式(10－18)中的 φ 是平面法线与磁场方向之间的夹角。如果我们用磁矩 m 表示式中的 IS,则有

$$M = mB\sin\varphi \tag{10-19}$$

将式(10－19)改写成矢量式可得

$$\boldsymbol{M} = m\boldsymbol{e}_{\mathrm{n}} \times \boldsymbol{B} = \boldsymbol{m} \times \boldsymbol{B} \tag{10-20}$$

式(10－20)说明载流线圈在磁场中受到的力矩等于线圈的磁偶极矩叉乘磁感应强度。进一步,假设线圈在该力矩作用下转动 $\mathrm{d}\varphi$,则磁场力矩对线圈做功为

$$\mathrm{d}A = -BIS\sin\varphi\mathrm{d}\varphi \tag{10-21}$$

式(10－21)中的负号表示磁力矩做正功时,线圈平面的法线方向与磁感应强度方向之间的夹角变小,即在磁力矩作用下,载流线圈的磁偶矩向着磁场方向偏转。将式(10－21)变形可得

$$\mathrm{d}A = IBS\mathrm{d}(\cos\varphi) = I\mathrm{d}(BS\cos\varphi) = I\mathrm{d}\Phi_{\mathrm{m}} \tag{10-22}$$

积分式(10－22)可得

$$A = \int_{\Phi_{\mathrm{m1}}}^{\Phi_{\mathrm{m2}}} I\mathrm{d}\Phi_{\mathrm{m}} = I(\Phi_{\mathrm{m_2}} - \Phi_{\mathrm{m_1}}) = I\Delta\Phi_{\mathrm{m}} \tag{10-23}$$

电流与外磁场呈右手螺旋关系时磁通量取正,反之取负。式(10－23)说明如果电流保持不变,磁场对线圈力矩做的功等于电流乘以通过回路所包围面积内磁通量的增量。

五、练习与思考

10－1　如图 10－5 所示,一段质量为 m,长度为 l 的导线横跨在一断路的电路两端,其周围有垂直于导线所在平面的磁场,其磁感应强度大小为 B。当电路开关接通时,导线跳起的高度为 h,试求通过导体横截面积的电量。

10－2　如图 10－6 所示,电磁推进器由两个半径为 R 的平行导轨和在两导轨间垂直放置的可自由滑动的导线 AB 构成。假设两导轨构成闭合回路,其电流强度为 I,导线 AB 中的电流强度为 I',且满足 $I' \ll I$,求导线 AB 受到的电磁力。

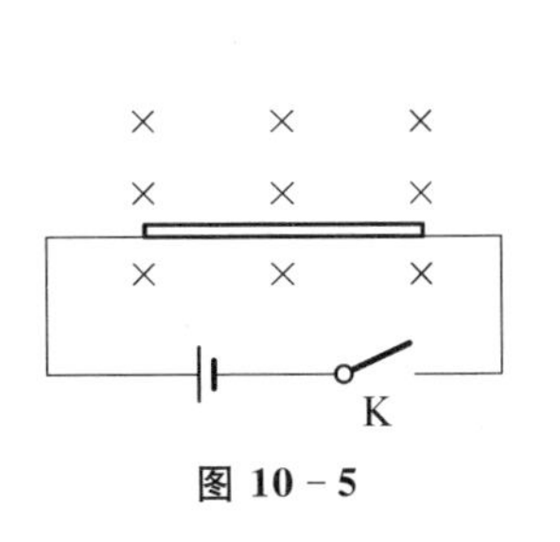

图 10－5

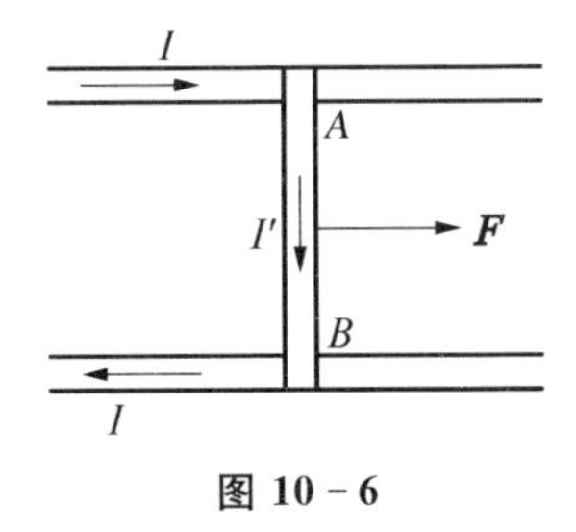

图 10－6

10－3 如图 10－7 所示,在一个磁感应强度为 $\boldsymbol{B}$ 的均匀磁场中,放置一个面积为 S,载流为 I 的平面线圈。开始时,线圈平面与磁感应强度方向平行,试求:

(1) 线圈平面在磁力矩作用下转到与磁感应强度方向成 α 角时,线圈所受的磁力矩 $\boldsymbol{M}$ 的大小;

(2) 线圈平面从起始位置转到 α 角过程中磁力矩做的功。

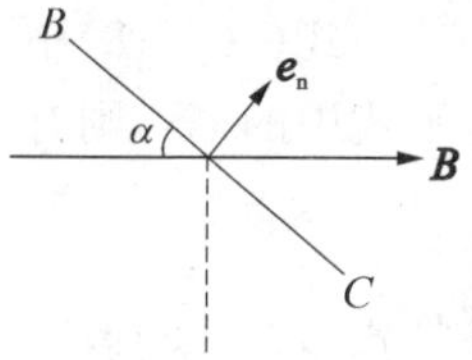

图 10－7

10－4 一无限长直载流导线通有电流 50 A,在离它 0.05 m 处一电子以速率 $v=1.0\times10^{7}$ m/s 运动。已知电子电荷的数值为 1.6×10^{-19} C,求:

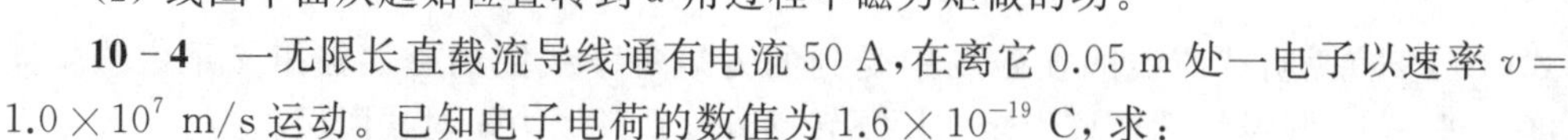

(1) $\boldsymbol{v}$ 平行于导线电流时,作用在电子上的洛伦兹力;

(2) $\boldsymbol{v}$ 垂直于导线并向着导线时,作用在电子上的洛伦兹力;

(3) $\boldsymbol{v}$ 垂直于导线和电子所构成的平面时,作用在电子上的洛伦兹力。

10－5 图 10－8 显示的是气泡室中一对正、负电子运动轨迹图。已知该气泡室外加磁场垂直于图面向里。试分析哪一支是正电子的轨迹,哪一支是负电子的轨迹,并说明它们的轨迹为何是螺旋形。

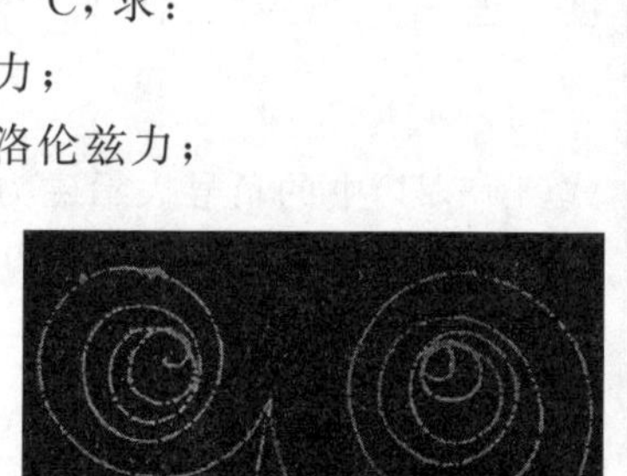

图 10－8

第十一章　霍尔效应

霍尔效应是电磁效应的一种。它是指放在磁场中的载流导体中，在磁场方向与电流方向垂直的情况下，出现与磁场和电流两者垂直的横向电势差的现象。这个电势差称为霍尔电势差。实验表明，霍尔电势差（$\Delta U_H = U_2 - U_1$）的大小与导体中的电流强度 I 及磁场的磁感应强度 B 成正比，而与导体沿磁感应强度方向上的线度 d 成反比，即 $\Delta U_H = R_H \dfrac{BI}{d}$。式中 R_H 称为霍尔系数，与导体材料有关。

一、霍尔效应的发现

1879 年，霍尔在霍普金斯大学的研究生院跟随罗兰教授学习物理学。他在阅读麦克斯韦《电和磁》一书的有关部分时，注意到其中有这样一段话："必须小心地记住，作用在穿过磁力线的有电流流过的导体上的机械力，不是作用在电流上的，而是作用在流过电流的导体上的。"霍尔认为麦克斯韦这一论断与人们考虑这一情形时的直观推想是矛盾的。不带电流的导线不会受到磁力的作用，而通有电流的导线所受的作用力与电流大小成正比，与金属丝的尺寸和材料是没有关系的。恰好在不久之前他又读到了一篇名为《单极感应》的论文，文中作者明确指出，磁场作用在固定导体中电流上的力，与它作用在自由移动导体上的力是完全相同的。这两位物理学家的见解截然相反，霍尔决定用实验来找出答案。

霍尔初步考虑："如果在固定导体中的电流本身会受到磁场的作用，电流会被吸引到导体的一侧，因此所产生的电阻应当增加。"于是霍尔沿着这一思路设计实验，用惠斯通电桥测出导体的电阻发生了百万分之一的变化。但是，霍尔随即发现，电阻的变化可能是由电磁铁的磁极将热量传给了电阻而引起的。于是霍尔小心地排除了所有热效应的影响，结果发现磁场所引起的平均电阻变化约为五百万分之一，因而可以认为磁场没有引起电阻发生变化。之后，他又设想磁场有迫使电流偏向导体一侧的趋势，但实际上又没有真正地发生偏转，由此他想到应当测量导体两侧对应点的电势差。于是他将一个金属圆盘放在电磁铁的两极之间，使圆盘平面垂直于磁场方向，使电流沿着圆盘的一条直径流过。用灵敏电流计的两输入端与圆盘的不同部分相连通，通过它测量电流的大小，在电磁铁未通电时找到两个几乎等电位的点，此时检流计几乎无电流通过。接通励磁电流后，重新观察电流计，以便检出这两个输入端的电势变化。但遗憾的是,这次实验仍然没有给出正确的结果。

两次实验失败后,霍尔并没有灰心。相反,他主动地与导师讨论,认真地总结实验失败的原因。当时经典的电子论还没有建立,他就将电流类比为水流,假定某种东西使水靠近管子的一侧,这种东西具有吸引水流的作用。水会明显地压向这一侧的管壁,但是不会被压缩,也不能沿着压力的方向运动,结果只是简单的压力变化。如果在管子的侧壁相对位置各打一个小孔,且把这两个小孔用另一根管子连起来,将有水从一孔流入,在另一孔流出。那么,垂直于电流方向的两侧对应点上是否会有电流流过呢?按照这一思路,霍尔重新进行试验,终于在检流计上观察到电流的明显偏转,证明了横向电流的存在。后人为了纪念霍尔的这一伟大发现,将这种现象命名为霍尔效应。

二、霍尔效应的数学描述及物理解析

霍尔效应是指在磁场中的载流导线出现横向电势差的现象,这一现象是美国物理学家霍尔于 1897 年发现的。如图 11-1 所示,一通有电流的金属导体板放在磁感应强度为 $\boldsymbol{B}$ 的匀强磁场中,当磁场方向与电流方向垂直时,则在导体板 AA' 两个侧面出现微弱的电势差 $U_{AA'}$,我们称 $U_{AA'}$ 为霍尔电势,记为 ΔU_{H},即

$$\Delta U_{\mathrm{H}}=U_{AA'}=U_{A}-U_{A'} \tag{11-1}$$

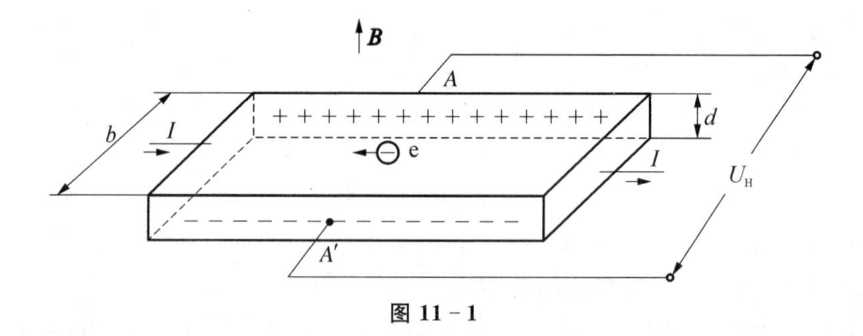

图 11-1

实验表明,霍尔电势差 $\Delta U_{\mathrm{H}}=U_{A}-U_{A'}$ 大小与导体中的电流强度 I 及磁场的磁感应强度 B 成正比,而与导体沿磁感应强度方向上的线度 d 成反比,即

$$\Delta U_{\mathrm{H}}=R_{\mathrm{H}}\frac{BI}{d} \tag{11-2}$$

式(11-2)中,R_{H} 称为霍尔系数,与导体材料有关。下面以一般载流导体为例,从载流子在磁场中运动时受磁场作用的角度来理解霍尔效应。

假设导体内单个载流子的电量为 q,导体中的电流强度为 I,载流子的漂移速度为 v(方向与电流方向相反),载流子的数密度为 n,则载流子所受的洛伦兹力为

$$\boldsymbol{F}_{\mathrm{m}}=q\boldsymbol{v}\times\boldsymbol{B} \tag{11-3}$$

如图 11-1 所示。在洛伦兹力的作用下，载流子有向前侧运动的趋势，受导体的限制，在导体前侧面有电子的积累，同时在导体的后侧面由于电子的缺乏，会表现出正电荷的积累。电荷积累的效果是在导体内部形成由后至前的附加电场 $\boldsymbol{E}$，该电场给载流子的作用力为

$$\boldsymbol{F}_e = q\boldsymbol{E} \tag{11-4}$$

显然该静电场力与载流子受到的洛伦兹力方向相反。当电荷积累到一定程度时，这两个力将达到平衡，载流子不再有纵向运动，此时有

$$qvB = qE \tag{11-5}$$

从式(11-5)可解出导体内的电场强度大小为

$$E = vB \tag{11-6}$$

设导体的截面面积为 $b \times d$ (见图 11-1)，则导体前、后侧面由于电荷积累而产生的电势差，即霍尔电势差为

$$\Delta U_H = Eb = Bvb \tag{11-7}$$

利用导体中电流强度大小的表达式

$$I = nqvbd \tag{11-8}$$

可得

$$vb = \frac{I}{nqd} \tag{11-9}$$

将式(11-9)代入式(11-7)得

$$\Delta U_H = Bvb = \frac{1}{nq}\,\frac{BI}{d} \tag{11-10}$$

式(11-10)就是霍尔电势差与导体中电流、磁感应强度以及导体板厚度之间的关系式。将式(11-10)与试验所得关系式(11-2)比较可得霍尔系数为

$$R_H = \frac{1}{nq} \tag{11-11}$$

式(11-11)是霍尔系数的微观表达式，其中 n 为载流子浓度，q 为单个载流子电量。在金属导体中载流子浓度高达 $1\times10^{23}/\text{cm}^3$。电量 $q=-e$，对应 1 T 的磁场，1 A 的电流情形下，利用式(11-10)，可以估算 0.5 cm 粗的导线产生的霍尔电势差约为 10^{-8} V。而半导体中载流子浓度仅为$10^{10}\sim10^{16}/\text{cm}^3$，因此上述磁场中的半导体沿电

流垂直方向产生的霍尔电势差可达10^2 V的数量级。这可能是霍尔当时用金属导线几乎测不到霍尔电势差的原因。由以上讨论可知霍尔效应主要表现在半导体元器件中。另外，霍尔系数的正负由载流子电性决定，如果半导体是电子导电，霍尔系数为负；反之对于空穴导电的半导体，霍尔系数为正。如果将式(11－10)两边除以电流强度，可得 $r_{\mathrm{H}}=\dfrac{\Delta U_{\mathrm{H}}}{I}=\dfrac{1}{nqd}\cdot B$，这里的 r_{H} 可称为霍尔电阻。

三、霍尔效应的应用

用半导体材料制成的霍尔元件具有对磁场敏感、结构简单、体积小、频率响应范围广、输出电压变化大和使用寿命长等优点，因此，以霍尔元件为基础制成的传感器在精细测量、自动控制和信息技术等领域得到了广泛的应用。

迄今为止，仅在现代汽车上广泛应用的霍尔器件如下：分电器上的信号传感器、ABS系统中的速度传感器、速度表和里程表、液体物理量检测器、各种用电负载的电流检测及工作状态诊断器、发动机转速及曲轴角度传感器、各种开关等。以汽车点火系统为例，设计者将霍尔传感器放在分电器内取代机械断电器，用作点火脉冲发生器。这种霍尔式点火脉冲发生器内随着转速变化的磁场在带电的半导体层内产生脉冲电压，控制电控单元的初级电流。相对于机械断电器而言，霍尔式点火脉冲发生器无磨损，免维护，能够适应恶劣的工作环境，还能精确地控制点火时刻，能够较大幅度提高发动机的性能。再比如用作汽车开关电路上的功率霍尔电路，具有抑制电磁干扰的作用。我们知道，轿车的自动化程度越高，微电子电路越多，就越怕电磁干扰。而在汽车上有许多灯具和电器件，尤其是功率较大的前照灯、空调电机和雨刮器电机在开关时会产生浪涌电流，使机械式开关触点产生电弧，产生较大的电磁干扰信号。采用功率霍尔开关电路可以减少这些现象的发生。工业上应用的高精度电压和电流型传感器有很多就是根据霍尔效应制成的，误差可控制在0.1%以下。按被检测对象的性质可将霍尔传感器的应用分为直接应用和间接应用两种。前者是利用霍尔传感器直接检测受检对象本身的磁场或磁特性；后者则是检测受检对象上人为设置的磁场(如在受检对象上安装磁片等)。这个磁场作为被检测对象相关信息的载体，通过检测磁场的变化，霍尔传感器可以将许多非电磁学的物理量，例如速度、加速度、角位置、角速度、转速以及工作状态发生变化的时间等转变为电磁学量来进行测量，再通过中央处理器(CPU)来实现对被测对象的自动控制。

新近发现的量子反常霍尔效应也具有极高的应用前景。量子霍尔效应的产生需要用到非常强的磁场，因此至今没有广泛应用于个人电脑和便携式计算机上——因为要产生所需的磁场不但价格昂贵，而且体积大概要有衣柜那么大。而反常霍尔效应与普通霍尔效应在本质上完全不同，因为这里不存在外磁场对电子的洛伦兹力而产生运动轨道偏转，反常霍尔电导是由材料本身的自发磁化而产生的。这意味着我们有可能利用其无耗散的边缘态发展新一代的低能耗晶体管和电子学器件，从而解决电脑发热问题和摩尔定律的瓶颈问题。这些效应可能在未来电子器件中发挥特殊作用：无须高强磁场就可以制备低能耗的高速电子器件，例如极低能耗的芯片，进而可能促成高容错的全拓扑量子计算机的诞生——这意味着个人电脑未来可能得以彻底更新换代。

四、霍尔效应研究的发展

在霍尔效应发现约 100 年后，德国物理学家克劳斯·冯·克利青（Klaus von Klitzing，1943—　）等在研究极低温度和强磁场中的半导体时发现了量子霍尔效应，这是当代凝聚态物理学中令人惊异的进展之一，他为此获得了 1985 年的诺贝尔物理学奖。之后，美籍华裔物理学家崔琦和美国物理学家罗伯特·B.劳克林（Robert B. Laughlin，1950—　）、霍斯特·L.施特默（Horst L. Stoermer，1949—　）在更强磁场下研究量子霍尔效应时发现了分数量子霍尔效应，这个发现使人们对量子现象的认识更进一步，他们为此获得了 1998 年的诺贝尔物理学奖。2007 年复旦大学校友、斯坦福教授张首晟与复旦大学合作开展了“量子自旋霍尔效应”的研究。量子自旋霍尔效应最先由张首晟教授预言，之后被实验证实。这一成果是美国《科学》杂志评出的 2007 年十大科学进展之一。如果这一效应在室温下工作，它可能导致新的低功率的“自旋电子学”计算设备的产生。

1）整数量子霍尔效应

经典霍尔效应表明，霍尔电阻 r_H 随所加磁场的磁感应强度 B 增加而增加，呈线性关系。1980 年克劳斯·冯·克利青在极低温度和强磁场作用下，在二维体系的霍尔效应实验中发现了一个与经典霍尔效应完全不同的现象：霍尔电阻 r_H 随 B 的变化出现了一系列量子化电阻平台，如图 11-2 所示。平台出现于 $r_H=\frac{h}{ie^2}$（i 是正整数，h 为普朗克常数，e 为电子电荷）处，与样品的材料性质无关。该现象称为整数量子霍尔效应。

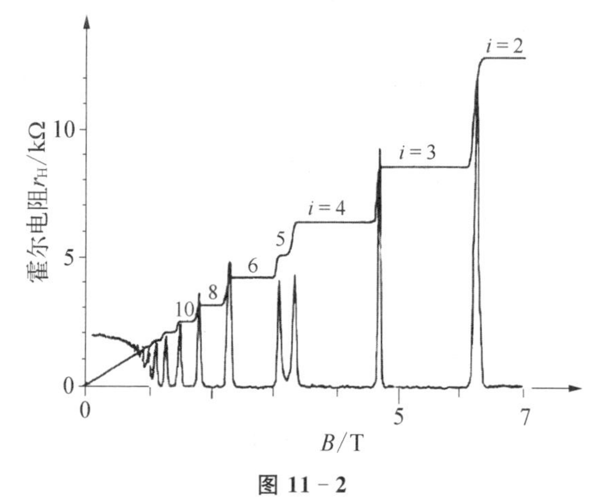

图 11-2

当 $i=1$ 时，量子霍尔电阻值为 $\frac{h}{e^2}=2.5813\times10^4\ \Omega$，该值称为克劳斯·冯·克利青常量。实验上，霍尔电阻的各个量子化值都极为精确。1990 年起，国际计量组织选用量子霍尔电阻作为电阻计量标准。量子霍尔效应提供了一种独立于量子电动力学的凝聚态物理实验方法来测量自然界的基本常量精细结构常量 $\alpha = \dfrac{e^2}{2hc\varepsilon_0}$($e$ 是电子的电荷,ε_0 是真空介电常数,h 是普朗克常数,c 是真空中的光速)。

2) 分数量子霍尔效应

在克劳斯·冯·克利青发现整数量子霍尔效应后不久,崔琦、劳克林、施特默在更低温度和更强磁场作用下,对具有高迁移率的更纯净的二维电子气系统样品的测量中,观测到霍尔电阻的平台具有更精细的台阶结构,在填充因子为 $\nu = \dfrac{1}{3}$ 和 $\nu = \dfrac{2}{3}$ 时,出现分数霍尔电阻平台 $r_H = \dfrac{h}{\nu e^2}$,该现象称为分数量子霍尔效应。

后来更多实验证明,当填充因子取某些特殊分数值 $\dfrac{p}{g}$(p、g 都是整数,g 是奇数)时,同样观察到一系列分数霍尔电阻平台 $r_H = \dfrac{ph}{ge^2}$,如图 11-3所示。

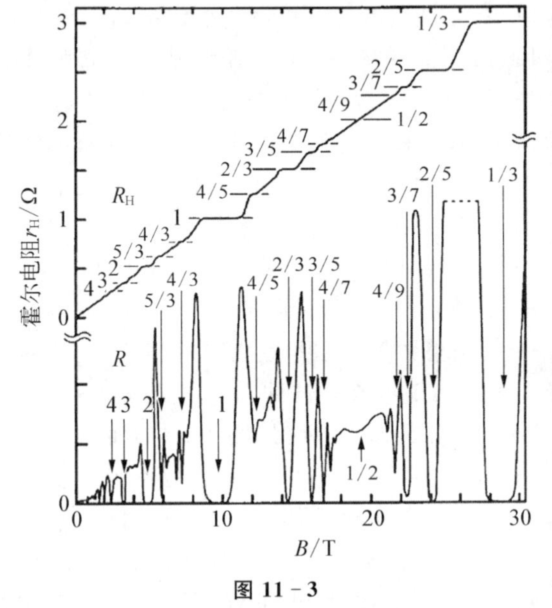

图 11-3

3) 量子反常霍尔效应

量子反常霍尔效应是多年来该领域的一个非常困难的重大挑战,它与已知的量子霍尔效应具有完全不同的物理本质,是一种全新的量子效应;同时它的实现也更加困难,需要精准的材料设计、制备与调控。

1988 年,美国物理学家霍尔丹提出可能存在不需要外磁场的量子霍尔效应,但是多年来一直未能找到能实现这一特殊量子效应的材料体系和具体物理途径。

2010 年,中科院物理所方忠、戴希带领的团队与张首晟教授等合作,从理论与材料设计上取得了突破,他们提出铬或铁磁性离子掺杂Bi_2Fe_3,Bi_2Se_3,Sb_2Te_3族拓扑绝缘体中存在着特殊的铁磁交换机制,能形成稳定的拓扑绝缘体,是实现量子反常霍尔效应的最佳体系。他们的计算表明,这种磁性拓扑绝缘体多层膜在一定的厚度和磁交换强度下处在量子反常霍尔效应态。该理论与材料设计的突破引起了国际上的广泛兴趣,许多世界顶级实验室都争相投入到这场竞争中来,沿着这个思路寻找量子反常霍尔效应。

2013 年,由清华大学教授、中国科学院院士薛其坤领衔,清华大学物理系和中科院物理研究所联合组成的实验团队取得重大科研突破,在磁性掺杂的拓扑绝缘体薄膜中,从实验上首次观测到量子反常霍尔效应。

量子霍尔效应的产生需要非常强的磁场,形象地说需要相当于外加 10 个计算机大的磁铁产生的磁场。这不但体积庞大,而且价格昂贵,不适合个人电脑和便携式计算机。而量子反常霍尔效应的美妙之处是不需要任何外加磁场,在零磁场中就可以实现量子霍尔态,更容易应用到人们日常所需的电子器件中。

五、应用举例

例　图 11－4 为一电磁流量计的示意图,其截面为正方形的非磁性管,边长为 d,导电液体向左流动,在垂直液体流动方向上加一指向纸内的匀强磁场,磁感应强度大小为 B。现测得液体在上下表面 a、b 两点间的电势差为 U,求管内导电液体的流量 Q。

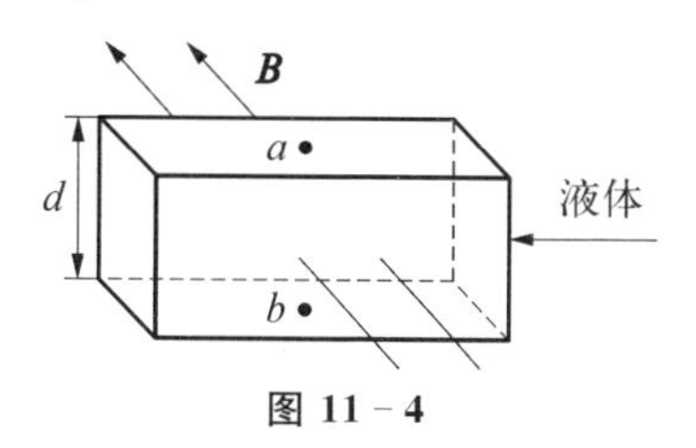

图 11－4

解　导电液体经磁场时,在洛伦兹力的作用下,正离子向下偏转,负离子向上偏转。这样,在管内液体的上表面累积负电荷,下表面累积正电荷,使液体上下表面产生一个方向竖直向上的电场,整个液体中形成一个相互垂直的电场和磁场的复合场。进入这个复合场的正、负离子不仅受洛伦兹力,同时还受与洛伦兹力相反方向的电场力作用,当两者平衡时,进入的离子匀速通过管子,不再发生偏转,此时 a、b 两点间的电势差 U 保持恒定。由以上分析可知,a、b 间保持恒定电势差 U 时,有

$$q\frac{U}{d}=qvB \quad ①$$

解式①可得导电液体的流速为

$$v=\frac{U}{Bd} \quad ②$$

所以导电液体的流量为

$$Q=vd^2=\frac{Ud}{B} \quad ③$$

这个例子告诉我们,霍尔元件可用来精确测量带电流体的流速和流量。

六、练习与思考

11－1　在霍尔效应试验中,一块宽 1.0 cm,长 4.0 cm,厚 1.0×10^{-3} cm 的导体置于大小为 1.5 T、方向沿导体厚度方向的均匀磁场中。当在导体长度方向通以 3.0 A 的电流时,导体中产生 1.0×10^{-5} V 的横向电势差,试由这些数据求:

(1) 载流子的漂移速度;

(2) 载流子的数密度。

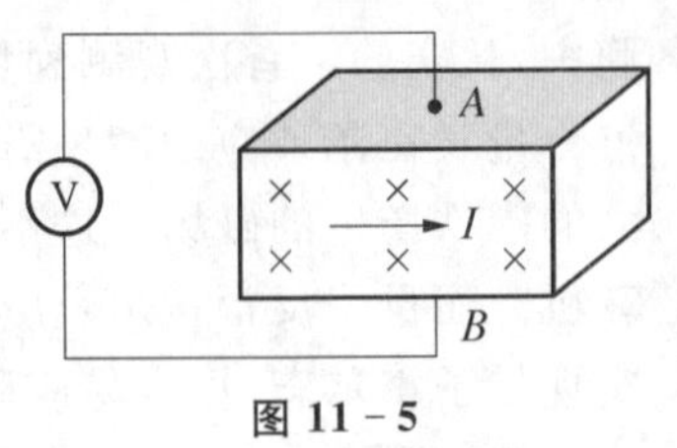

图 11-5

11-2 一块半导体样品通过的电流为 I,放在磁场 $\boldsymbol{B}$ 中,如图 11-5 所示。实验测得的霍尔电压 $U_{AB}<0$,试判断该半导体是 N 型还是 P 型。

11-3 掺砷的硅片是 N 型半导体,这种半导体中的电子浓度是 2×10^{21} 个/立方米,电阻率是 $1.6\times10^{-2}\ \Omega\cdot\text{m}$。用这种硅做成霍尔探头测量磁场,硅片的尺寸为 0.5 cm×0.2 cm×0.005 cm。将此片长度的两端接入电压为 1 V 的电路中,当探头放在磁场某处并使其最大表面与磁场某轴向垂直时,测得 0.2 cm 宽度两侧的霍尔电压是 1.05 mV。求磁场中该处的磁感应强度。

11-4 霍尔效应可用来测量血液的速度,其原理如图 11-6 所示。在动脉血管两侧分别安装电极并加一磁场。设血管直径是 2.0 mm,磁场为 0.080 T,毫伏表测出的电压为 0.10 mV,问血流的速度是多大?

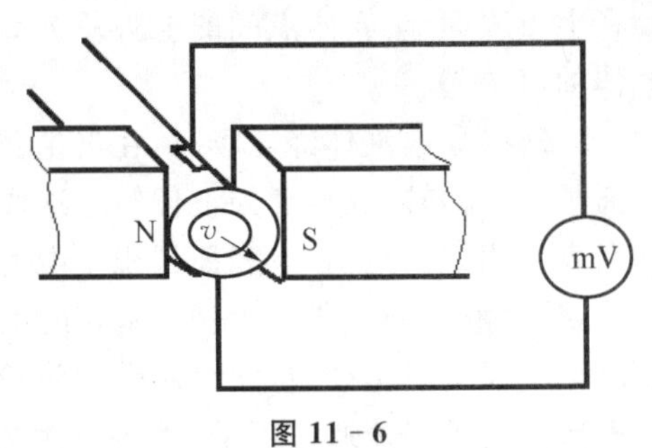

图 11-6

第十二章　磁介质及其与磁场的相互作用

凡是处于磁场中与磁场发生相互作用的物质均可称为磁介质。实验发现在密度均匀、各向同性的磁介质内的磁感应强度为其在真空时的 μ_r 倍，其中 μ_r 为纯数，称为磁介质的相对磁导率。人们按 μ_r 的数值大小将磁介质分为顺磁质、抗磁质和铁磁质。本讲将探讨决定 μ_r 值的机制以及磁介质对磁场的影响。

一、磁介质及其与磁场相互作用研究背景

大概在冶铁业发展初期，人们就认识到铁矿石中存在一种天然的磁性物质。而在约公元前 280 年，人们就开始利用磁石作为指向器（司南）。北宋时期，人们为改造司南的指向精度而创制了新的指南仪器——指南鱼，后来发展成为指南针。但是人们真正认识磁体的特性是在近代发现了磁与电有关以后。1820 年，奥斯特发现了电流的磁效应，人们认识到电学发展绕不开对物质磁性的研究，因此人们开始投入精力和财力对物质磁效应进行探究。人们首先要做的是检验各种物质的磁性强弱及置于磁场中的反应。实验发现不同的物质与磁场的相互作用有很大差别。比如，让永久磁铁从木屑和铁屑的混合物上方掠过，磁铁会把铁屑带走而木屑会留下来。这是因为铁屑与磁场间的相互作用明显大于铁屑受到的重力，而木屑与磁场间的相互作用则明显小于木屑所受到的重力。说明不同物质与磁场间的相互作用有很大的不同。人们把这种与磁场有很强的相互作用的物质称为铁磁质。除铁磁质外，实验还发现，有些材料会被引向磁场，例如铝；而另一些材料则被排斥，例如铋。试验中把小铋柱置于强磁场区域，会观察到它被排斥而离开磁场区域。人们把被磁场排斥的物质称为抗磁性物质。铋就是一种最强的抗磁性物质。而铝的现象就相反，会被吸引进入磁场中，这类磁介质称为顺磁质。铝就是一种典型的顺磁材料。

有关物质磁性的严格微观理论是以近代量子理论为基础的。量子理论认为在现有材料中，有一类材料，其组成原子并不带有永久磁矩，即原子内所有磁矩相互抵消，使得该原子的净磁矩为零。对于这样的材料，当外加磁场出现时，原子内会引发感应电流，根据楞次定律，此感应电流产生的磁场与原磁场反向。也就是说，原子会因感应而产生与原磁场方向相反的磁矩，这就是抗磁性的物理机制。另外，还有一些物质，其中原子确实具有永久磁矩——各电子的自旋和轨道运动具有不

等于零的净环流。所以除了抗磁性(这始终会存在)之外,还存在把各个原子的磁矩向着外磁场方向排列的可能性。在这种情况下,磁矩向着磁场方向排列产生感生磁场,且这感生磁场有加强原磁场的倾向,这一类物质就是顺磁质。顺磁性一般都相当弱,因为使它们排列整齐的力比起热运动之力来说相对较小,所以,顺磁性通常对温度较敏感。对于普通顺磁质,温度越低,效应就越强,而抗磁性几乎与温度无关。

由于微观粒子例如电子的绕核转动和自转与宏观意义上的公转和自转有着本质上的差别,没法直接类比,所以根据单个微观粒子在外加磁场的影响下产生的磁矩导出宏观磁效应的思路进展得并不顺利。顺磁性和抗磁性在微观物理原理上的差别并不只如字面上方向相反这么简单,可以说导致两种现象产生的本质是有很大不同的。在顺磁性物质上并不是没有抗磁性的出现,而是转向效应产生的感生磁矩远远大于分子的感应磁矩,所以抗磁性不明显罢了。

铁磁质磁性的微观机理与顺磁质和抗磁质有显著的不同,所以关于它的特性将在第十三章专门讨论。

二、顺磁质、抗磁质磁性的数学描述及物理解析

1. 磁介质的分类

为了研究物质的磁性,我们可以将待测的物质制成一个圆环,在圆环上密绕线圈,做成一个以磁介质为芯的螺绕环,并将其连接到线路中。通过另一与冲击电流计连接的绕在该圆环上的探测线圈测量环内的磁感应强度,如图 12-1 所示。将线圈接通电流,在环内含磁介质情形下测一次环内的磁感应强度,记为 B;在环内未含磁介质情形下再测环内磁感应强度,记为 B_0。定义

$$\mu_r = \frac{B}{B_0} \tag{12-1}$$

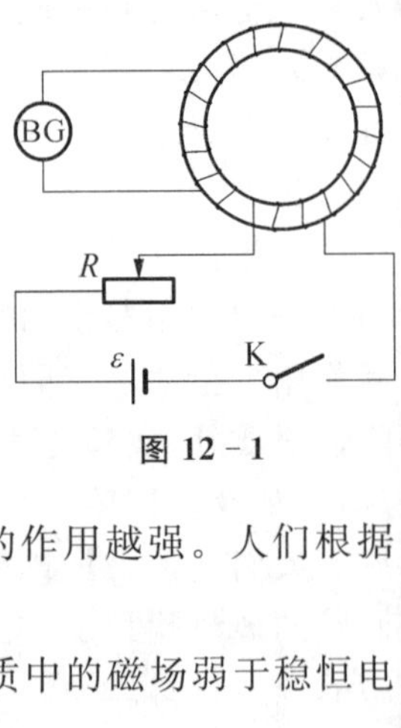

图 12-1

为磁介质的相对磁导率。μ_r 的值越大,说明磁介质与磁场间的作用越强。人们根据 μ_r 值的大小把磁介质分为如下四类:

(1) $\mu_r < 1$ 的磁介质称为抗磁质。稳恒电流在这类磁介质中的磁场弱于稳恒电流在真空中产生的磁场。如汞、铜、氢、金、银、硫、铅等物质。

(2) $\mu_r > 1$ 的磁介质称为顺磁质。稳恒电流在这类磁介质中的磁场强于稳恒电流在真空中产生的磁场。如锰、铬、氮、铂等物质。

(3) $\mu_r \gg 1$ 的磁介质称为铁磁质。稳恒电流在这类磁介质中的磁场比稳恒电流在真空中的磁场强得多。如铁、镍、钴等金属及其合金,铁氧体等。

(4) $\mu_r = 0$ 的磁介质是超导体。超导体又大致可以分为两类:第一类超导体和第

二类超导体。第一类超导体在外加磁场不太强时，磁场被完全排除在超导体外，这种磁介质具有完全抗磁性，则第一类超导体内满足 $\mu_r=0$。第二类超导体则不同，它只有部分区域具有完全抗磁性，满足 $\mu_r=0$。

在宏观上，不同种类的磁介质在外加磁场中有不同表现，产生不同的附加磁场。在微观上，不同种类的磁介质与磁场间的相互作用机制有很大的不同。下面分析顺磁质和抗磁质的微观机理。

2. 顺磁性和抗磁性的微观解释

根据安培分子电流的假设，每个分子都有一个等效的小分子环形电流。分子环形电流的磁矩称为分子磁矩。一个由大量原子或分子组成的体系，每个分子或原子的磁矩都是它内部所有电子磁矩的叠加，即 $m=\sum_i m_{ei}$。原子或分子的磁矩取决于各电子磁矩的大小与方向。当磁介质放在外磁场中时，磁介质将产生两种磁化效应。

1）转向磁化和顺磁质

如图 12-2(a)所示，当物质中原子或分子的固有磁矩不等于零，即 $m\neq0$ 时，分子的固有磁矩将受到外磁场 $\boldsymbol{B}_0$ 的力矩作用。在该力矩作用下，分子磁矩克服热运动的影响转向磁场方向，这样沿磁场方向产生一个附加磁场 $\boldsymbol{B}'$，即 $\boldsymbol{B}'\parallel\boldsymbol{B}_0$，如图 12-2(b)所示。磁介质分子的这类磁化称为转向磁化。在这类磁介质中磁场表现为增强，这种磁介质称为顺磁质。

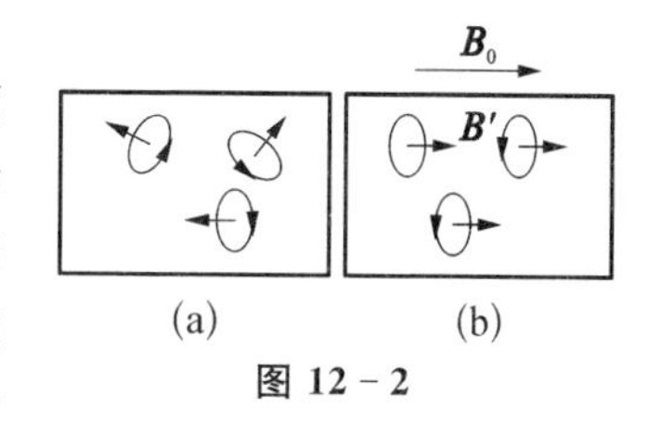

图 12-2

2）感应磁化和抗磁质

如图 12-3(a)所示，当物质中的原子或者分子无磁矩即 $m=0$ 时，原子或分子内单个电子仍然有轨道磁矩和自旋磁矩，由于介质的电子磁矩在外加磁场 $\boldsymbol{B}_0$ 中的进动效应会产生相反的附加磁矩，磁介质的这类磁化称为感应磁化。这个感应的附加磁矩的宏观效应是产生一个与外加磁场方向相反的附加磁场 $\boldsymbol{B}'$，即 $\boldsymbol{B}'\parallel(-\boldsymbol{B}_0)$，所以这种磁介质表现出抗磁性。因此，原子或分子磁矩 $m=0$ 的磁介质称为抗磁质。

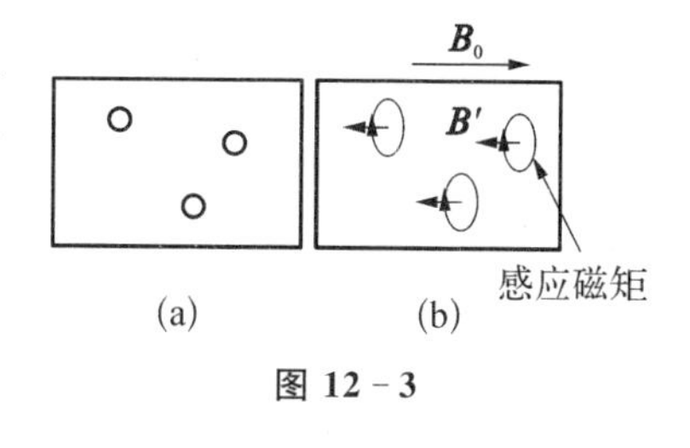

图 12-3

3. 磁化强度及其与磁化电流的关系

1）磁化强度

为了定量描述磁介质在磁场中的磁化现象，引入磁化强度的概念，即在磁介质中取一个宏观小微观大的体积元 ΔV，该体积内所有原子或分子的磁矩之和除以该体积并取极限定义为磁介质的磁化强度 $\boldsymbol{M}$。数学表达式为

$$\boldsymbol{M}=\lim_{\Delta V\to0}\frac{\sum_i \boldsymbol{m}_i}{\Delta V}\tag{12-2}$$

由于取极限的需要,体积元 ΔV 在宏观上要足够小,但在微观上要足够大,使其包括足够多的分子。

2) 磁化电流

对于均匀的磁介质来说,无论是抗磁质还是顺磁质,当磁介质发生磁化时,在磁介质内部分子电流相互抵消,而在其表面附近分子电流不会完全抵消,在磁介质表面会出现与磁化效应相关的电流,这个电流称为磁化电流。

3) 磁化强度与磁化电流的关系

在图 12-1 中的螺绕环内选取一段长度为 $\mathrm{d}l$,横截面积为 S 的圆柱体磁介质,如图 12-4 所示。设该圆柱体表面的磁化电流为 I',α'为沿 $\mathrm{d}l$ 方向单位长度上的电流强度,则该圆柱体中的总磁矩的大小为

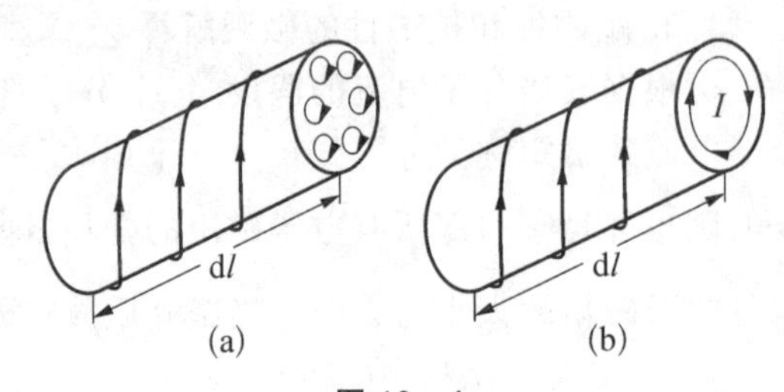

图 12-4

$$\sum_i m_i = I'S = \alpha' S\mathrm{d}l \tag{12-3}$$

而该圆柱体的体积元为

$$\Delta V = S\mathrm{d}l\cos\theta \tag{12-4}$$

式(12-4)中,θ 为 $\mathrm{d}\boldsymbol{l}$ 与磁化强度 $\boldsymbol{M}$ 之间的夹角。由磁化强度的定义式(12-2)可得

$$M = \lim_{\Delta V\to 0}\frac{\sum_i m_i}{\Delta V} = \frac{\alpha' S\mathrm{d}l}{S\mathrm{d}l\cos\theta} = \frac{\alpha'}{\cos\theta} \tag{12-5}$$

式(12-5)又可以表示为

$$\alpha' = M\cos\theta \tag{12-6}$$

如果用圆柱体侧面的法线方向 $\boldsymbol{e}_n$ 与磁化强度之间的夹角 φ 来表示式(12-6),可得

$$\alpha' = M\sin\varphi \tag{12-7}$$

如果把电流密度的方向也考虑进来可得

$$\boldsymbol{\alpha}' = \boldsymbol{M}\times\boldsymbol{e}_n \tag{12-8}$$

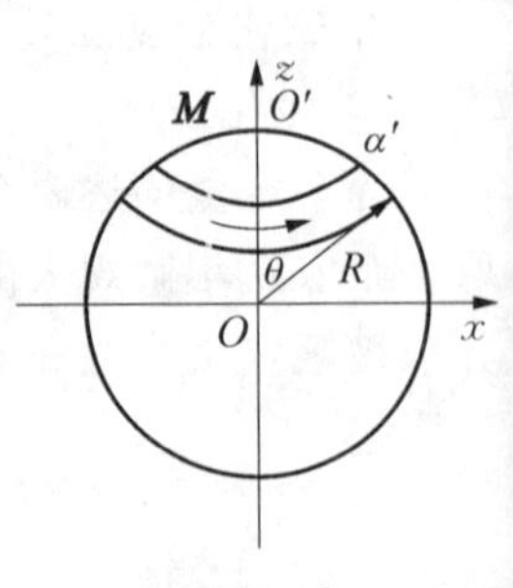

图 12-5

式(12-5)、式(12-6)和式(12-8)都是电流密度与磁化强度关系的表达式。从电流强度与电流密度的关系可得

$$\mathrm{d}I' = \alpha'\mathrm{d}l = M\cos\theta\,\mathrm{d}l \tag{12-9}$$

例 如图 12-5 所示,求均匀磁化介质球的磁化电流及磁化电流在球心处产生的磁场。

解 设介质球半径为 R,磁化强度大小为 M,方向沿 z

轴，即

$$\boldsymbol{M}=M\boldsymbol{k} \tag{12-10}$$

在介质球上垂直于 z 轴方向选取一环带，环带的宽度为 $\mathrm{d}l$。根据电流密度与磁化强度关系式(12-8)，环带上的磁化电流密度可表示为

$$\alpha'=M\sin\theta \tag{12-11}$$

所以

$$\mathrm{d}I'=\alpha' R\,\mathrm{d}\theta=MR\sin\theta\,\mathrm{d}\theta \tag{12-12}$$

整个球面上的磁化电流为

$$I'=\int\mathrm{d}I'=\int_0^{\pi}MR\sin\theta\,\mathrm{d}\theta=2MR \tag{12-13}$$

式(12-13)就是介质球表面磁化电流表达式，显然，磁化电流与磁化强度以及球的半径成正比。

再来考察该磁化电流在球心处产生的磁场。由于介质球表面磁化电流分布并不均匀，而是与表面法线方向与磁化强度的夹角 θ 有关，因此需要先计算环带上 $\mathrm{d}l$ 的电流在球中心产生的磁场。根据环形电流在其通过中心的轴上产生的磁感应强度的表达式，有

$$\mathrm{d}B'=\frac{\mu_0\,\mathrm{d}I'(R\sin\theta)^2}{2R^3} \tag{12-14}$$

将式(12-12)代入式(12-14)可得

$$\mathrm{d}B'=\frac{\mu_0 MR\sin\theta}{2R^3}R^2\sin^2\theta\,\mathrm{d}\theta=\frac{\mu_0 M}{2}\sin^3\theta\,\mathrm{d}\theta \tag{12-15}$$

积分式(12-15)可得

$$B'=\int\mathrm{d}B'=\frac{\mu_0 M}{2}\int_0^{\pi}\sin^3\theta\,\mathrm{d}\theta=\frac{2}{3}\mu_0 M \tag{12-16}$$

4. 磁介质对磁场的影响——磁介质中的高斯定理和安培环路定理

由于磁介质在磁场中会被磁化而产生磁化电流 I'。但磁化电流产生的磁场的磁力线仍然是闭合曲线，也就是说该磁场对闭合曲面的磁通量仍然为零，所以磁介质中的高斯定理形式不变，即

$$\oiint_S\boldsymbol{B}\cdot\mathrm{d}\boldsymbol{S}=\oiint_S(\boldsymbol{B}_0+\boldsymbol{B}')\cdot\mathrm{d}\boldsymbol{S}=0 \tag{12-17}$$

式(12-17)中，$\boldsymbol{B}$ 是闭合曲面内总磁感应强度；$\boldsymbol{B}_0$ 是传导电流产生的磁感应强度；$\boldsymbol{B}'$ 是磁化电流产生的磁感应强度。

对于有磁介质区域的安培环路定理,由于闭合回路中还可能包含磁化电流 I',原来的安培环路定理需要拓展。磁化电流产生的磁场与传导电流产生的磁场性质相同,所以可以将磁介质区域的安培环路定理表示为

$$\oint_l \boldsymbol{B} \cdot \mathrm{d}\boldsymbol{l} = \mu_0 \sum_i I_i + \mu_0 \sum I'_i \tag{12-18}$$

根据磁化电流与磁化强度的关系式(12-9),有

$$I' = \oint \boldsymbol{M} \cdot \mathrm{d}\boldsymbol{l} \tag{12-19}$$

将式(12-19)代入式(12-18)中可得

$$\oint_l \boldsymbol{B} \cdot \mathrm{d}\boldsymbol{l} = \mu_0 \sum_i I_i + \mu_0 \oint_l \boldsymbol{M} \cdot \mathrm{d}\boldsymbol{l} \tag{12-20}$$

将式(12-20)右边的第二项移到等式的左边可得

$$\oint_l \left(\frac{\boldsymbol{B}}{\mu_0} - \boldsymbol{M}\right) \cdot \mathrm{d}\boldsymbol{l} = \sum_i I_i \tag{12-21}$$

如果定义

$$\frac{\boldsymbol{B}}{\mu_0} - \boldsymbol{M} = \boldsymbol{H} \tag{12-22}$$

式(12-21)可以改写成

$$\oint_l \boldsymbol{H} \cdot \mathrm{d}\boldsymbol{l} = \sum_i I_i = I \tag{12-23}$$

式(12-23)称为磁介质中磁场的安培环路定理,其中 $\boldsymbol{H}$ 称为磁场强度矢量。在国际单位制中,磁场强度 $\boldsymbol{H}$ 的单位为 A/m。各向同性均匀媒质中,在基本量 $\boldsymbol{B}$ 的基础上,通过 $\boldsymbol{H}$ 这个辅助量,由传导电流直接就可以求解出 $\boldsymbol{B}$,避开了磁化电流的影响,同时也使麦克斯韦方程微分形式更加精炼直观,这给电磁场的计算带来了很大方便。所以引入 $\boldsymbol{H}$ 这个具有辅助性的物理量非常有必要。

另外,以下 3 点值得注意。

(1) 磁场强度矢量 $\boldsymbol{H}$ 是为了磁场的安培环路定理得到形式上简化而引入的辅助物理量,它自身的物理意义还不清楚。但在磁荷理论中,磁场强度与电场强度对应,有明确的物理意义。

(2) 利用安培环路定理求磁场的前提条件:如果在某个载流导体的稳恒磁场中,可以找到一条闭合环路 l,该环路上的磁场强度 $\boldsymbol{H}$ 的大小处处相等,$\boldsymbol{H}$ 的方向和环路的绕行方向也处处同向(或相反),这样利用安培环路定理求磁场强度 $\boldsymbol{H}$ 的问题,就转化为求环路长度和求环路所包围的电流代数和的问题。

(3) 能否利用安培环路定理求磁场的关键环节是在磁场中能否找到上述的环

路。而找到上述的环路与否取决于该磁场分布的对称性，磁场分布的对称性又来源于电流分布的对称性。因此，在利用安培环路定理计算磁场强度时，我们需要首先分析传导电流分布的对称性，然后考察传导电流产生的磁场的对称性，最后根据磁场的对称性选取恰当的积分回路。

5. 磁介质的磁化率和磁导率

实验证明，对于各向同性的磁介质，当外磁场不太强的时候，磁介质内任意点的磁化强度与磁场强度成正比，即

$$M=\chi_m H \tag{12-24}$$

式(12-24)中 χ_m 为介质的磁化率，当介质为各向同性时，这是一个无量纲的常量。在顺磁质中 $\chi_m>0$，抗磁质中 $\chi_m<0$。将式(12-24)代入磁场强度的定义式(12-22)中，得

$$B=\mu_0(H+\chi_m H)=\mu_0(1+\chi_m)H=\mu_0\mu_r H \tag{12-25}$$

式(12-25)中的 $\mu_r=1+\chi_m$ 称为介质的相对磁导率。如果用 $\mu=\mu_0\mu_r$ 表示磁介质绝对的磁导率，那么式(12-25)变为

$$B=\mu H \tag{12-26}$$

需要注意的是，式(12-26)并不适用于所有磁介质，需要磁介质满足均匀、各向同性，且磁场不太强的条件。在各向异性磁介质中，$\boldsymbol{B}$ 和 $\boldsymbol{H}$ 的方向不同，绝对磁导率是一个张量，表示为 $\boldsymbol{\mu}$。这时，$\boldsymbol{B}$ 和 $\boldsymbol{H}$ 的关系式可写为

$$\boldsymbol{B}=\boldsymbol{\mu}\boldsymbol{H} \tag{12-27}$$

式(12-27)可用矩阵形式表示为

$$\begin{bmatrix} B_x \\ B_y \\ B_z \end{bmatrix}=\begin{bmatrix} \mu_{xx} & \mu_{xy} & \mu_{xz} \\ \mu_{yx} & \mu_{yy} & \mu_{yz} \\ \mu_{zx} & \mu_{zy} & \mu_{zz} \end{bmatrix}\begin{bmatrix} H_x \\ H_y \\ H_z \end{bmatrix} \tag{12-28}$$

三、顺磁质、抗磁质理论的科学意义及对人类生活的影响

磁化电流和磁化强度的提出揭示了磁介质在磁场中磁化现象的本质，为后来电磁波理论的产生打下了理论基础。由于生活中的很多物质都是磁介质，而地球本身就是一个大磁场，因此可以说磁化电流在我们身边，时时处处都可以接触到，但是由于大多数时候该电流都很小，因此对我们的生活几乎没有影响。在日常生活中，人们常用的钳形电流表就是以磁化电流为理论基础制作的，可以通过测其周围的磁通量测导线电流。

顺磁质还有一个很有趣的特殊应用，就是用于绝热退磁冷却。绝热退磁冷却是

利用顺磁性物质降温到接近绝对零度的一种冷却技术。在极低温度和极强磁场的作用下,顺磁物质原子或原子核的磁矩将沿磁场的方向整齐地排列起来。若再对处于这种状态的顺磁质使用绝热去磁技术,就可使它们降到接近绝对零度的极低温度。绝热去磁是产生 1 K 以下低温的有效方法,1926 年由德拜提出。另外,我们所熟悉的核磁共振装置的核心部件也是需要用顺磁质的。

四、应用举例

例 如图 12-6 所示,一根圆柱形的同轴电缆通有电流强度为 I 的稳恒电流,电缆芯半径为 R_1,外壳半径为 R_2。电缆芯与外壳之间充满各向同性的均匀顺磁材料。设顺磁质的相对磁导率为 μ_r,试计算磁介质中的磁化强度、磁感应强度及其表面磁化电流线密度。

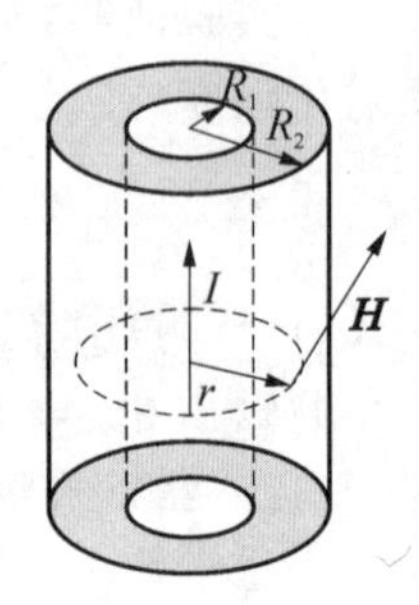

图 12-6

解 由于载流导线是柱形,它产生的磁场具有柱对称性,可以电缆芯的轴心上一点为圆心,以 r 为半径作一个垂直于电缆轴的圆形回路。

(1) 对 $r < R_1$ 的情形,应用有磁介质情形下的安培环路定理,可得

$$\oint_l \boldsymbol{H} \cdot \mathrm{d}\boldsymbol{l} = \frac{I}{\pi R_1^2}\pi r^2 \quad ①$$

由于 $\boldsymbol{H}$ 的方向始终沿回路 $\mathrm{d}\boldsymbol{l}$ 方向,且其大小在回路上任一点相同,所以式①可改写为

$$2\pi r H = \frac{I r^2}{R_1^2} \quad ②$$

因此

$$H = \frac{I r}{2\pi R_1^2} \quad ③$$

(2) 对 $R_1 \leqslant r < R_2$ 的情形,应用有磁介质情形下的安培环路定理,可得

$$2\pi r H = I \quad ④$$

解式④可得

$$H = \frac{I}{2\pi r} \quad ⑤$$

综合(1)和(2),可得

$$H=\begin{cases}\dfrac{Ir}{2\pi R_1^2} & (r<R_1)\\[2ex] \dfrac{I}{2\pi r} & (R_1\leqslant r<R_2)\end{cases} \tag{⑥}$$

由于电缆芯与壳间填充的是均匀各向同性的顺磁质，根据磁化强度与磁场强度的关系式(12－24)可得

$$M=\chi_m H=(\mu_r-1)H \tag{⑦}$$

将式⑥中的第二式代入式⑦，有

$$M=\frac{(\mu_r-1)I}{2\pi r}\quad(R_1\leqslant r<R_2) \tag{⑧}$$

式⑧就是磁介质中的磁化强度大小，方向与 $\boldsymbol{H}$ 同向。

根据磁感应强度与磁场强度的关系式(12－25)，磁介质中的磁感应强度为

$$B=\mu_0\mu_r H=\mu_0\mu_r\frac{I}{2\pi r}\quad(R_1\leqslant r<R_2) \tag{⑨}$$

式⑨就是磁介质中的磁感应强度大小，方向与 $\boldsymbol{H}$ 同向。

下面计算磁化电流密度。根据磁化电流密度与磁化强度的关系式 $\boldsymbol{\alpha}'=\boldsymbol{M}\times\boldsymbol{e}_n$，由于磁化电流密度的方向始终沿圆柱侧面的切向方向，与法线方向垂直，故磁介质内、外表面磁化电流密度的大小分别为

$$\alpha_1'=\frac{(\mu_r-1)I}{2\pi R_1} \tag{⑩}$$

和

$$\alpha_2'=\frac{(\mu_r-1)I}{2\pi R_2} \tag{⑪}$$

内表面磁化电流密度 α_1' 的方向与传导电流方向相同，外表面磁化电流密度 α_2' 方向向下，与传导电流方向相反。

五、练习与思考

12－1　一个直径为 25 mm，长为 75 mm 的均匀磁介质棒，沿长度方向磁化，磁化后的总磁矩为 12 000 A · m^2，求磁化棒侧表面的磁化电流密度和磁化棒内中点的磁感应强度大小。

12－2　如图 12－7 所示，一细长磁棒沿轴向磁化强度为 $\boldsymbol{M}$，求图中所标点的磁场强度 $\boldsymbol{H}$ 和磁感应强度 $\boldsymbol{B}$。

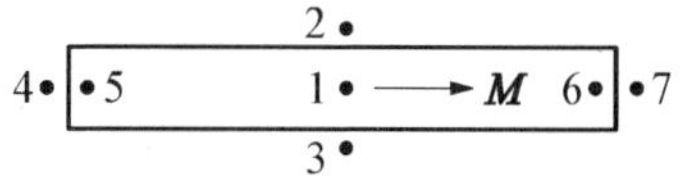

图 12－7

12-3 无限大平面导体中通有均匀面电流,其左右两侧充满相对磁导率分别为 μ_{r_1} 和 μ_{r_2} 的两种均匀磁介质。实验测得两侧磁介质中的磁感应强度大小均为 B,方向垂直纸面,如图 12-8所示。试求:

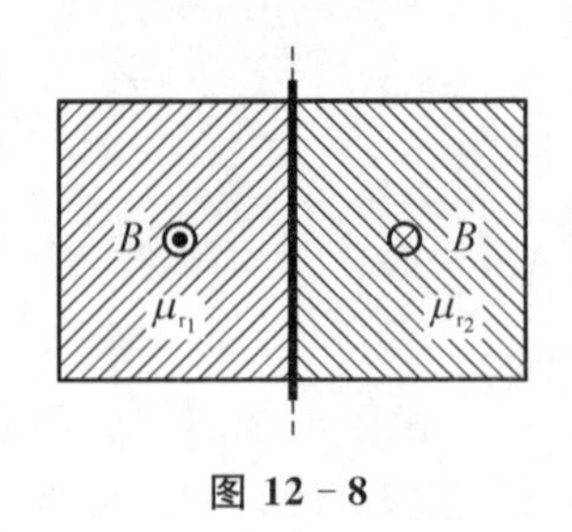

图 12-8

(1) 两磁介质表面上的磁化电流密度 α';

(2) 导体平面上的传导电流面密度 α。

12-4 氢原子中,按玻尔模型,常态下电子的轨道半径为 $r=0.53\times10^{-10}$ m,速度为 $v=2.2\times10^{6}$ m/s。求:

(1) 沿此轨道运动的电子在圆心处产生的磁场强度的大小;

(2) 如果在圆心处的质子的自旋角动量为 $S'=\dfrac{h}{2}=0.53\times10^{-34}$ J·s,磁矩为 $m=1.41\times10^{-26}$ A·m^2,求当磁矩方向与电子轨道运动在圆心处的磁场方向的夹角为 $\dfrac{\pi}{6}$ 时,质子的进动角速度的大小。

12-5 图 12-9 是一种区分样品是顺磁质还是抗磁质的实验装置图。图中一只弹簧秤吊起一个装有样品的试管,试管的下端是一上端开口的竖直螺线管。当螺线管通有电流后,则可发现随样品的不同,弹簧首先向上或者向下开始振动,试从振动的初相位分析样品是顺磁质还是抗磁质,为什么?

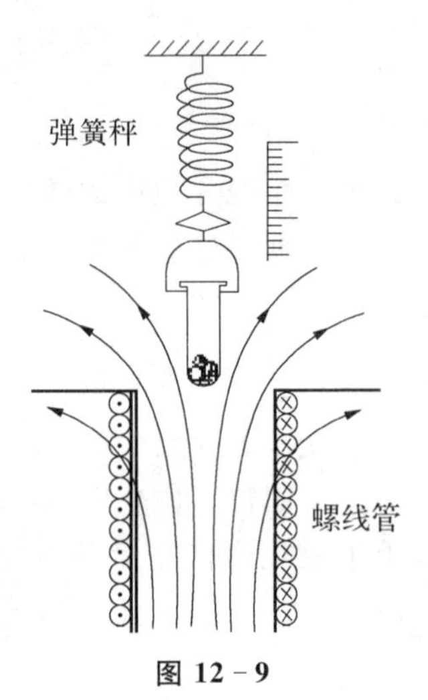

图 12-9

第十三章　铁磁质

相对磁导率 $\mu_r \gg 1$（μ_r 的取值范围为$10^2 \sim 10^6$）的磁介质称为铁磁质。典型的铁磁质有铁、镍、钴等金属及其合金、铁氧体。铁磁质中磁化电流产生的磁场远远大于传导电流在真空中产生的磁场，且磁化电流并不一定随传导电流消失而完全消失，而是呈现用磁滞回线描述的磁滞现象，因此，铁磁质磁化后可作为永磁体材料。

一、铁磁质的研究背景

铁磁质的磁滞现象最早是由德国物理学家瓦尔堡（Warburg E. G.，1846—1931）于 1880 年发现的。他利用类似磁强计的方法研究铁丝受外加磁场作用时的磁性变化，发现磁场增加和减小经过相同磁场值时，铁丝的磁矩并不一样。当磁场从 $+H$ 减小到 $-H$，再从 $-H$ 增加到 $+H$ 时，磁矩与磁场的关系表现为一封闭曲线，他做出了封闭曲线图，即磁滞回线。实验结果发表在 1881 年德国《物理和化学记事》（*Annalen der Physik und Chemie*）上。

1885 年，英国物理学家攸因（Ewing J. A.，1855—1935）进一步研究了铁和钢的磁滞现象，用冲击法和磁强计测量了主回线和支回线及其磁滞损失，并观测了振动、应力和温度的影响。1887 年，另一位英国物理学家瑞利（Rayleigh L.，1842—1919）研究了铁在弱磁场下的磁滞现象，测出了铁在不同弱磁场下的磁滞回线，并拟合出两个公式。瑞利的研究成果用于电话器件的制造上，后来把具有这种磁滞回线的弱磁场区称为瑞利区。1891 年，美国电机工程师斯泰因梅茨（Steinmetz C.P.，1865—1923）在分析磁滞损失与磁感应强度的实验结果时，发现磁滞损失与磁感应强度的 1.6 次方成比例。这条经验性关系称为斯泰因梅茨定律。

二、铁磁质性质的数学描述及物理解析

1. 磁滞回线

磁滞回线是铁磁质特有的现象，因此，研究铁磁质的首要任务就是通过实验描绘该材料的磁滞回线。实验示意图如图 12-1（见第十二章）所示，图中螺绕环的芯用铁磁材料代替，其他元件不变。当螺绕环通过传导电流 I 时，根据磁介质中的高斯定理可知螺绕环内的磁场强度 H 为

$$H = nI \tag{13-1}$$

式中,n 为通电导线在螺绕环单位长度上绕行的匝数。因此通过测量传导电流就可计算螺绕环内的磁场强度 H。而磁感应强度 B 则通过线路中的冲击电流计BG测量。

通过减小滑动电阻的电阻值来增加电路中的传导电流,依次测量铁磁性材料中的磁感应强度 B 和磁场强度 H,用所得数据描绘出 $B-H$ 曲线,如图 13-1 所示。从图中可以看出,在磁场强度较小时,铁磁质中的 B 随 H 线性变化(Oa 段)。但是,当磁场强度再增大时,B 不再随 H 线性变化,而是快速增加(ab 段)。b 点以后 B 随 H 变化非常缓慢(bc 段),直至 B 不再随 H 变化,此时铁磁质达到了饱和磁化状态,c 点为饱和磁化点。

如果我们仍然用式 $B=\mu H$ 来定义铁磁质的磁导率 μ,由于上述原因,磁导率不再是一个常数,而是随磁场强度 H 变化的变量(见图 13-2)。如同铁磁质中磁感应强度有最大值一样,磁导率也有最大值。

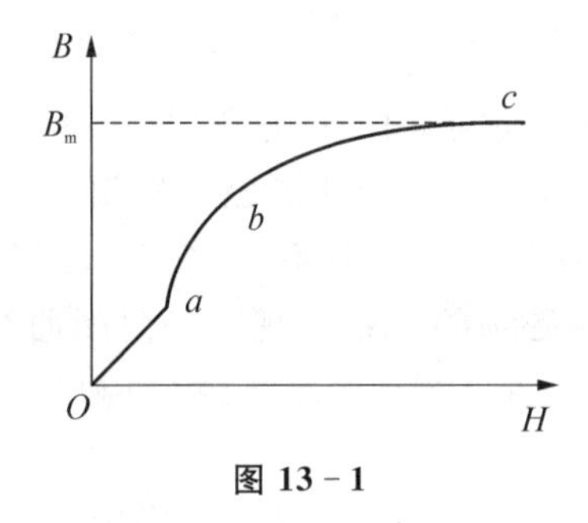

图 13-1

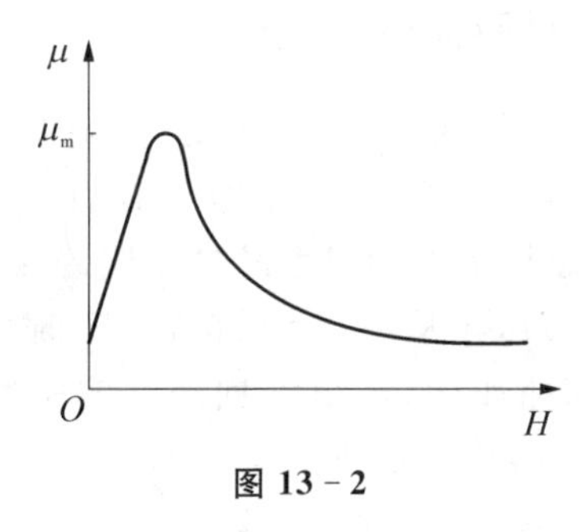

图 13-2

进一步,如果在试验中通过增大滑动电阻的阻值来减小传导电流,H 随之减小,但 B 保持不变直到 c 点。H 值过 c 点以后再减小时,B 值也随之减小,但它们之间不是线性变化关系。当 H 减小到零时,B 值并不为零,而是 $+B_r$,称 B_r 为剩磁(见图 13-3)。将电路中电流反向并缓慢增加,这时 H 反向增加,但 B 从 B_r 继续减小。当 $H=-H_c$ 时,B 减小到零。此时铁磁质完全退磁,而 H_c 被形象地称为矫顽力。继续反方向增大 H,这时铁磁质发生反向磁化,直到饱和磁化点 c',B 不再增加,c' 为反向饱和磁化点。从反向饱和点 c' 减小反向电流到零,H 的绝对值随之从反向最大值 $-H_m$ 减小到零,B 从 $-B_m$ 变到 $-B_r$(注意此时 B 并不为零,而是 $-B_r$),我们称 $-B_r$ 为反向剩磁。接着增加正向电流,H 从零增加到正向矫顽力 H_c 的过程中,B 沿曲线从 $-B_r$ 变为零。继续增大 H 到 H_m,B 沿曲线增加到 B_m,到达饱和磁化点 c,完成一个完整的闭合曲线,这条闭合曲线称为磁滞回线,如图 13-3 所示。

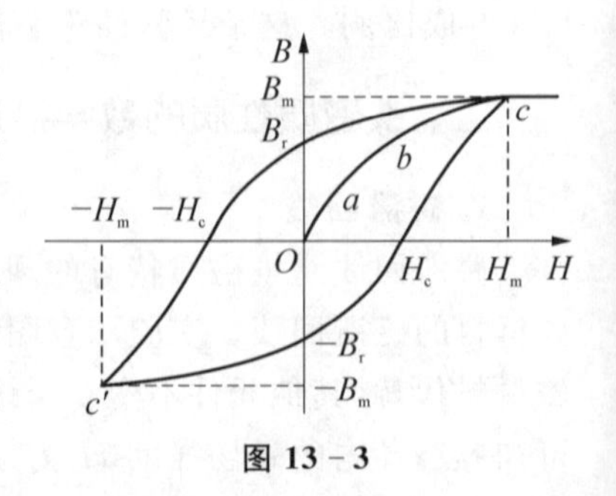

图 13-3

2. 铁磁质磁性与温度的关系

实验电路如图 13-4 所示。电桥 CD 原本平衡，在电感线圈 L_1 中插入一块铁氧体后，改变了 L_1 的电感，使电桥失衡。把两个线圈放在同一个加热管中进行加热，可以改变铁氧体的温度。显然，CD 之间电势差的变化可以反映铁氧体磁性的变化。因此记录下电压 $U=U_{CD}$ 随着铁氧体温度 t 的变化，即可研究铁磁材料磁性和温度的关系。实验结果作 $U-t$ 图，如图 13-5 所示。

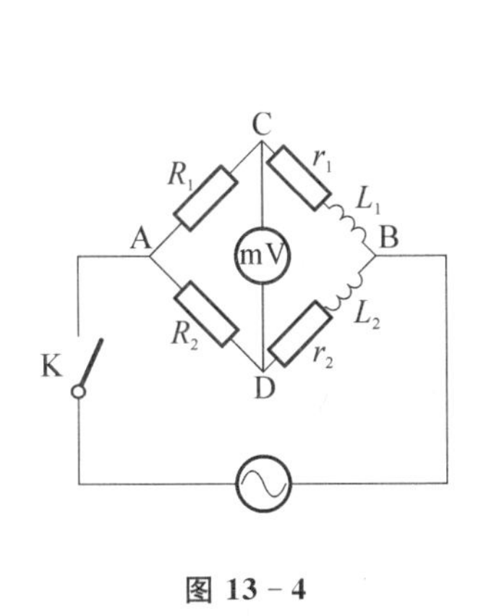

图 13-4

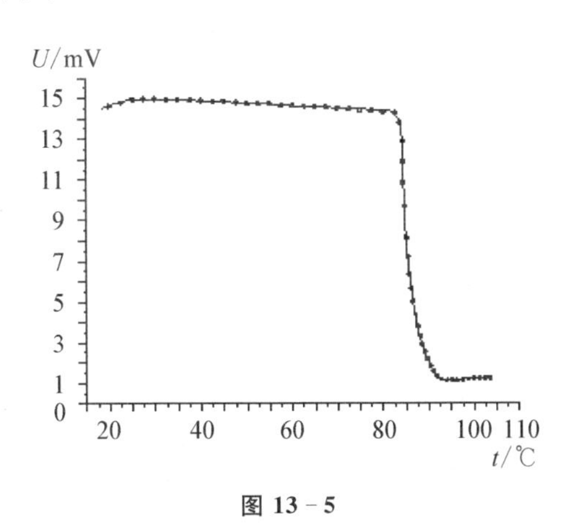

图 13-5

在图 13-5 中，开始 U 随 t 变化比较平稳，随着 t 的再增大，U 缓慢减小。在约 80℃时，U 开始大幅下降。在约 83℃时下降速率达到最大，直到约 92℃时停止下降。然后出现缓慢的回升现象。对应快速下降的中值温度定义为该材料的居里温度。因此该实验所用铁磁材料的居里温度约为 83℃。

3. 铁磁质性质的微观理论

上述关于铁磁质的实验现象的理论解释首先是由外斯(Wiss)给出的。外斯理论不涉及铁磁质的微观本质，所以又称为铁磁质的唯象理论。该理论指出：在铁磁物质内部存在很强的分子电流产生的磁场，所以即使没有外加磁场，在分子磁场的影响下，磁体内部的各个小区域也会发生自发磁化。那些饱和磁化的小区域称为磁畴，如图 13-6 所示。磁畴的大小和形状在不同铁磁质中有很大的不同，它的几何线度可以从微米量级到毫米量级。没有外加磁场时，每个磁畴的磁矩方向随机分布，互相抵消，因而整个磁体对外不显示磁性。在外加磁场的作用下，这些磁畴的磁矩沿磁场方向转动，使得各个磁畴的磁矩趋向于外磁场方向排列。当磁体内部各个磁畴的磁矩都沿外磁场方向排列时，铁磁材料磁化达到饱和状态，如图 13-7 所示。外斯理论还可以解释铁磁质的居里相变现象。当温度升高时，

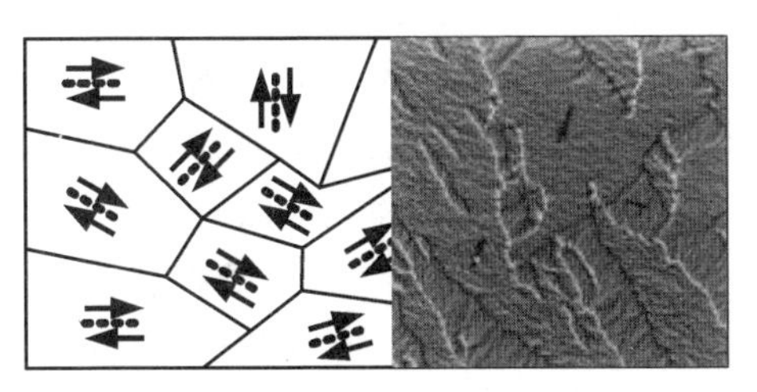

图 13-6

铁磁材料中各个磁畴的磁矩有序度被打乱。当温度升高到某一临界温度,铁磁材料中各个磁畴的磁矩方向完全随机分布时,铁磁材料不再对外显示磁性,这个临界温度就是铁磁材料的居里温度。

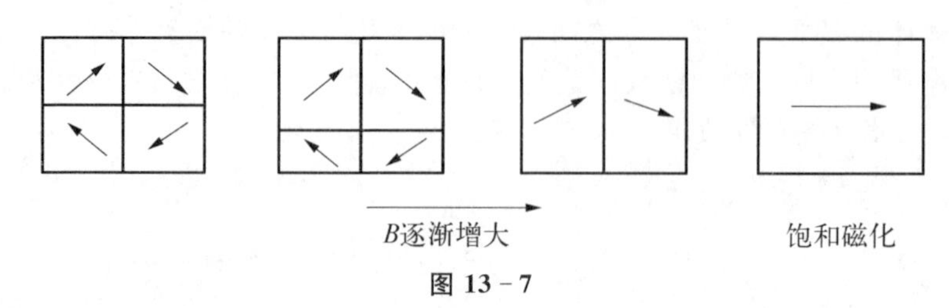

图 13-7

4. 铁磁质理论的拓展——自发磁化的量子理论

铁磁质的微观理论真正建立起来是在量子理论建立以后,分为交换模型理论和自旋波理论。

1) 交换模型

1928 年海森堡把量子力学中电子之间的交换相互作用与电子自旋的相对取向联系起来,提出了铁磁质理论的直接交换相互作用模型,从微观本质上正确解释了铁磁性的起源。该理论假设:① 在 N 个原子组成的体系中,每个原子只有一个对铁磁性有贡献的电子,并且该电子被局域在这个原子的周围;② 不考虑原子的极化状态,即不存在两个或者两个以上电子对磁性有贡献的情况,只需要考虑不同原子间的电子交换相互作用。在交换作用模型看来,所谓分子电流产生的磁场(分子场)不过是各原子中电子自旋相互作用的平均效果,因此,分子场理论忽略了交换作用的细节,在讨论低温和临界点附近的磁行为时便出现了较大的偏差。

2) 自旋波理论

自旋波的概念是 1930 年布洛赫基于海森伯模型首先提出的。自旋波又称为磁激子,它是固体中一种重要的元激发,是由局域自旋之间存在交换作用而引起的。自旋波理论从体系整体激发的概念出发,很好地解释了自发磁化在低温下的行为,并由此得到了 $T^{3/2}$ 定律。

三、铁磁材料在工业和日常生活中的应用

根据矫顽力的大小,可以把铁磁材料分为软磁材料和硬磁材料。矫顽力小的称为软磁材料,大的称为硬磁材料。由于软磁材料容易磁化和退磁,并且磁滞损耗较小,因此经常应用在交变电流电路中。软磁材料常用于变压器、继电器、电动机、发电机、电磁铁及各种高频电磁元件中。

对于矫顽力较大的硬磁材料,由于其剩磁不易被消除,可以用它制作永久磁铁,常应用于磁电式电表、收音机、录音机、电话机、扬声器、耳机及直流电机等器件中。

此外,现代工程中已经开发出了可以应用于某些特殊场合的磁性材料。如用于

超声波技术的磁致伸缩材料，用于卫星通信和导航的旋磁材料，用于信息存储的巨磁阻材料。巨磁阻材料的 B_r 与 B_m 接近，且矫顽力较小，材料几乎总是处于 B_r 和 $-B_r$ 两种状态，这与计算机技术中的 0 和 1 对应，因此这种巨磁阻材料具有很好的储存信息的特性，是现代磁存储技术中的关键元素。

四、练习与思考

13-1　螺绕环平均周长为 0.1 m，环上均匀绕导线 200 匝，导线中的电流为 200 mA，试求：

(1) 环内 $\boldsymbol{B}$ 和 $\boldsymbol{H}$ 的大小；

(2) 环内充满相对磁导率为 4 200 的磁介质时的 $\boldsymbol{B}$ 和 $\boldsymbol{H}$ 的大小。

13-2　在平均半径为 0.1 m、横截面积为 $6.0\times10^{-4}\ \mathrm{m^2}$ 的铸钢圆环上均匀密绕 200 匝线圈。当线圈内通有 0.63 A 电流时，钢环内的磁通量为 3.24×10^{-4} Wb，当电流增至 4.7 A 时，磁通量为 6.18×10^{-4} Wb，试求两种情况下钢环的磁导率。

13-3　一铁氧体的磁化曲线如图 13-8(a)所示，图 13-8(b)是该铁氧体材料制成的计算机存储设备的环形磁芯。磁芯的内外半径分别为 0.5 mm 和 0.8 mm，矫顽力为 $H=\dfrac{500}{\pi}$ A/m。设磁芯的磁化电流方向如图 13-8(b)所示。如果将磁芯的磁化方向翻转，问：

(1) 该轴向电流应该如何加？至少加至多少时，磁芯中的磁化方向开始翻转？

(2) 若加脉冲电流，则脉冲电流的峰值为多大时，磁芯中的磁化方向全部翻转？

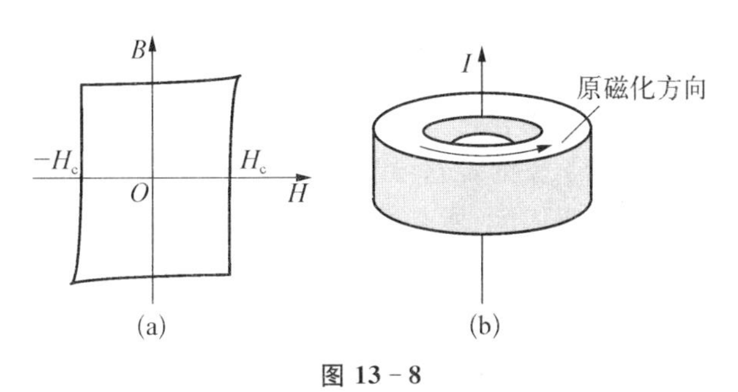

图 13-8

13-4　实验员清理实验仪器时，对条形磁铁，通常把磁铁按照成对而 N、S 极方向相反地靠在一起的方式放置，但对马蹄形磁铁，却是用一铁片吸在两极上放置。试分析他们这么做的原因。

第十四章　电磁感应现象及电磁感应定律

导体与磁场有相对运动时，在导体两端呈现电势差。如果此时将导体组成闭合回路，导体中会出现电流，法拉第把这种现象称为电磁感应现象。法拉第通过大量的实验进一步总结出电磁感应现象遵循的规律，称为电磁感应定律。本章将讨论电磁感应现象和电磁感应定律。

一、电磁感应现象及电磁感应定律建立背景

1820 年奥斯特发现电流磁效应后，许多物理学家便试图寻找它的逆效应，即电流具有磁效应，那么磁场也应该有电效应才对。因此，科学家提出了磁能否产生电，磁能否对电有作用的问题。

1822 年阿拉果和洪堡在测量地磁强度时，偶然发现金属对附近磁针的振荡有阻尼作用。1824 年，阿拉果根据这个现象做了铜盘实验，发现转动的铜盘会带动上方自由悬挂的磁针旋转，但磁针的旋转与铜盘不同步，稍稍滞后。电磁阻尼和电磁驱动是最早发现的电磁感应现象，但由于没有直接表现为感应电流，也未能说明产生这种现象的原因，所以阿拉果的发现未能引起大的反响。

自阿拉果实验以后，科学家们关于磁场的电效应的实验规律又摸索了 10 年之久。困惑科学家的难题可能是因为电流磁效应是静止的，只要有电流就有磁场，这导致当时的所有实验、所有科学家都试图通过一个稳定的磁场来得到电效应，为了避免干扰还将产生磁场的开关等放在另外的地方，因此在无形中走入了歧途。

奥斯特发现电流的磁效应，打开了从电场通往磁场的大门后，许多科学家开始寻找从磁场通往电场的大门，法拉第就是其中的一员。法拉第的导师戴维和沃拉斯顿对奥斯特的新发现很感兴趣，并想根据奥斯特的发现设计电动机，但是没有成功，法拉第做成功了。在没有告知戴维和沃拉斯顿的情况下，法拉第接受朋友的建议发表了自己的研究成果，但此举引来非议，招到导师的嫉妒，说他剽窃成果。因此法拉第被迫离开了电磁学的研究，被戴维派去进行光学玻璃实验。直到 1829 年沃拉斯顿和戴维相继去世，法拉第才向他所在的研究机构负责人请求暂停光学玻璃的研究而研究电磁学。1831 年，他终于回到电磁学研究领域。

1831 年 8 月 29 日，法拉第通过著名的“圆环实验”，终于发现了电磁感应现象。法拉第在软铁环两侧分别绕两个线圈，其一为无电池电源的闭合回路，在该回路的下

端附近平行放置一磁针；另一与电池组相连，接通开关，形成有电源的闭合回路。实验发现，合上开关，磁针偏转；打开开关，磁针反向偏转，这表明在无电池组的线圈中出现了感应电流。法拉第立即意识到，**这是一种非恒定的暂态效应！** 这与电流产生稳恒磁场的磁效应完全不同。1831 年 11 月 24 日，法拉第在向英国皇家学会提交的报告中，正式定名这种现象为“电磁感应”现象，并把产生感应电流的情形概括为五类：变化的电流、变化的磁场、运动的恒定电流、运动的磁铁、在磁场中运动的导体。法拉第还发现在相同条件下不同金属导体回路中产生的感应电流与导体的导电能力成正比，并由此认识到，感应电流是由与导体性质无关的感应电动势产生的，即使没有回路、没有感应电流，感应电动势依然存在。关于感应电流的大小和方向，俄罗斯物理学家 H.F.E.楞次（H.F.E. Lenz）在获悉法拉第的发现以后，考察了电磁感应现象的全过程。1832 年 11 月，楞次得出了感应电动势与绕组导线的材料和直径以及线圈的直径无关的结论，同时提出了著名的楞次定律，确定了感应电流方向的基本法则。后来，法拉第根据他发现的“伏打电感应”的“磁电感应”现象，提出了“电紧张状态”和“磁力线”两个概念。法拉第认为只要磁力线被切割就会产生感应电流，并在 1851 年发表的《论磁力线》一文中系统地阐述了他所用到的概念，总结了电磁感应定律。

但法拉第的电磁感应定律终究只是实验得出的结论，不是一种严密的数学定量表达形式。1845 年，德国物理学家诺依曼根据该定律的描述，推出了其数学表达式。1846 年，德国物理学家韦伯根据电流元切割磁力线作用理论得出了电磁感应定律的另一数学表达式，与诺依曼得出的结果相同。但韦伯的讨论只限于感生电动势，这为后来动生电动势和感生电动势的区分，为揭示电磁感应现象的本质创造了条件。1851 年，法拉第以实验方式验证了上述从理论上推导出的数学表达式，证明了运动导线产生的感应电力只与导线横切的磁力线数目有关，为电磁感应定律的最终完成画上了圆满的句号。

二、电磁感应定律的数学描述及物理解析

1. 电磁感应现象

不论用什么方法，只要使穿过闭合回路的磁通量发生变化，该闭合回路中就有电流产生的现象称为电磁感应现象。回路中的电流称为感应电流，而驱动感应电流的电动势称为感应电动势。

需要说明的是感应电流需要闭合回路，但感应电动势与电路闭合与否无关，只要导线所处区域磁通量有变化，导线中就有感应电动势产生，导体两端就会出现电势差。

2. 电磁感应定律

法拉第电磁感应定律的数学表达式为

$$\varepsilon=-\frac{\mathrm{d}\Phi_{\mathrm{m}}}{\mathrm{d}t} \tag{14-1}$$

式中,Φ_{m} 表示通过线圈回路的磁通量,ε 表示感应电动势。式(14-1)的物理意义是导体回路中感应电动势的大小与穿过回路的磁通量变化率成正比,电动势的方向由式中的负号确定。该负号确定的感应电动势方向与楞次定律确定的感应电动势的方向一致。楞次定律指出,感应电流产生的磁场总是阻碍原磁通量的变化,而式(14-1)中的“负号”恰恰可以完美表达这层含义。

法拉第电磁感应定律式(14-1)指出只要穿过回路的磁通量发生了变化,在回路中就会有感应电动势产生。而实际上,引起磁通量变化的原因不外乎两条:① 回路相对于磁场有运动;② 磁场在空间的分布随时间变化。人们将前一原因产生的感应电动势称为动生电动势,而由后一原因产生的感应电动势称为感生电动势。

由法拉第电磁感应定律判断感应电动势的具体方法:规定线圈回路的绕行方向,如图14-1(a)中线圈上的箭头所示,再按右手螺旋规则确定回路所包围面积的法线方向 $\boldsymbol{e}_{\mathrm{n}}$。当磁感应强度方向与 $\boldsymbol{e}_{\mathrm{n}}$ 的夹角小于90°时,穿过该回路的磁通量取正值,反之则为负值。

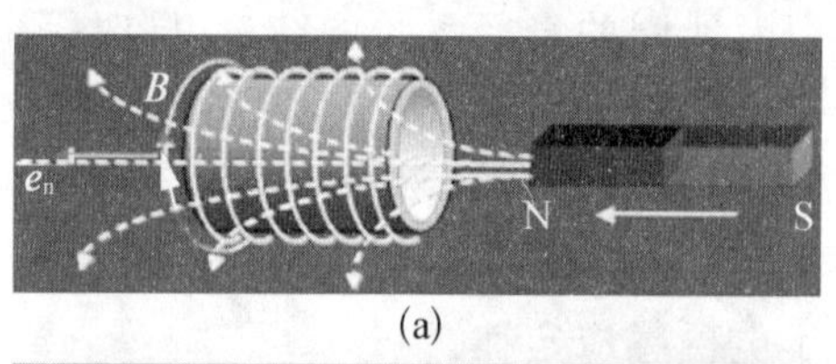

(a)

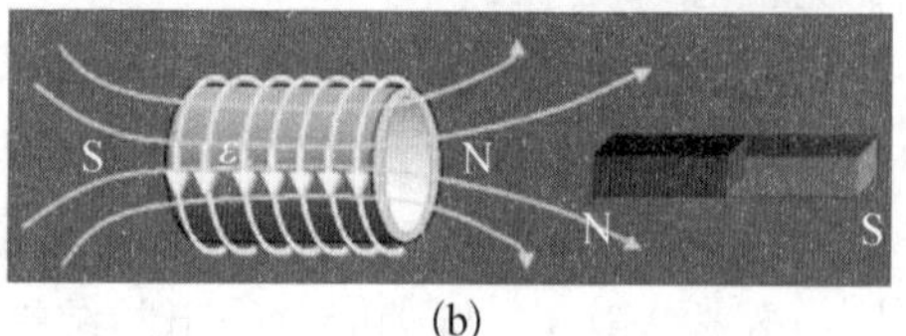

(b)

图 14-1

(1) 当永久磁铁北极移近线圈时,磁感应强度增大,因此通过线圈回路的磁通量增加,即 $\frac{\mathrm{d}\Phi_{\mathrm{m}}}{\mathrm{d}t}>0$。根据法拉第电磁感应定律 $\varepsilon=-\frac{\mathrm{d}\Phi_{\mathrm{m}}}{\mathrm{d}t}$,因此 $\varepsilon<0$。$\varepsilon<0$ 的意义是感应电动势的方向与回路选定的方向相反,如图14-1(b)中的线圈上的箭头所示。比较图14-1(b)与图14-1(a),我们发现感应电流产生的磁场方向与原磁场方向相反,体现了感应磁场阻碍原磁场增加。

(2) 当永久磁铁北极远离线圈时,磁感应强度变小,因此通过线圈回路的磁通量减小,即 $\frac{\mathrm{d}\Phi_{\mathrm{m}}}{\mathrm{d}t}<0$。根据法拉第电磁感应定律 $\varepsilon=-\frac{\mathrm{d}\Phi_{\mathrm{m}}}{\mathrm{d}t}$,因此 $\varepsilon>0$。$\varepsilon>0$ 的意义是感应电动势的方向与回路选定的方向相同,如图14-2(b)中的线圈上的箭头所示。比较图14-2(b)与图14-2(a),我们发现感应电流产生的磁场方向与原磁场方向相同,体

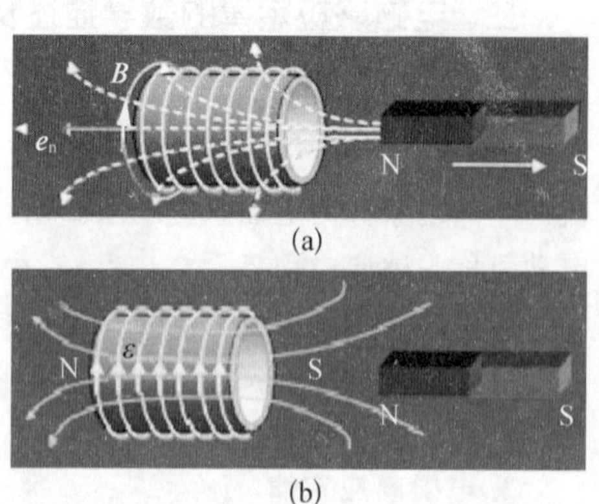

图 14-2

现了感应磁场阻碍原磁场减小。

总之，原磁场增加时，感应电流产生的磁场就阻碍它增加；原磁场减小时，感应电流产生的磁场就阻碍它减小，所以感应电流产生的磁场总是阻碍原磁场的变化，体现了楞次定律的精髓。1847 年，亥姆霍兹(Helmholtz)指出楞次定律正是能量转化和守恒定律在电磁现象中的具体表现。

3. 动生电动势

如图 14－3 所示，当导体棒在恒定磁场 $\boldsymbol{B}$ 中以速度 $\boldsymbol{v}$ 运动时，导体中的电子受到磁场的洛伦兹力为

$$\boldsymbol{F}_v=-e\,\boldsymbol{v}\times\boldsymbol{B} \tag{14-2}$$

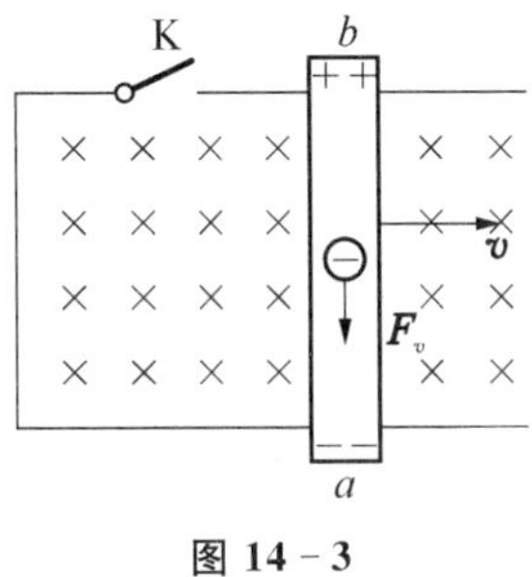

图 14－3

在该洛伦兹力作用下，电子沿着棒长度方向向下运动，最后堆积到导体棒的下端，而导体棒上端因失去电子呈现正电性。因此，洛伦兹力充当了非静电力的角色，对电子做了功，使电负性的电子运动到低电位，产生动生电动势。根据非静电场场强的定义，动生电动势对应的非静电场强 $\boldsymbol{E}_\mathrm{k}$ 为

$$\boldsymbol{E}_\mathrm{k}=\frac{\boldsymbol{F}_v}{-e}=\boldsymbol{v}\times\boldsymbol{B} \tag{14-3}$$

运动导体棒上的动生电动势为

$$\varepsilon=\int_a^b\boldsymbol{E}_\mathrm{k}\cdot\mathrm{d}\boldsymbol{l}=\int_a^b(\boldsymbol{v}\times\boldsymbol{B})\cdot\mathrm{d}\boldsymbol{l} \tag{14-4}$$

从式(14－4)可以看出以导体棒为例而得到的动生电动势公式本身并没有包含导体棒的特征信息，这个结论与法拉第实验观察到的电动势与导体本身形状、尺寸无关的结论相符。可以证明，这个公式可以推广到任意形状的导体棒上。如果导体构成闭合回路，则

$$\varepsilon=\oint\boldsymbol{E}_\mathrm{k}\cdot\mathrm{d}\boldsymbol{l}=\oint(\boldsymbol{v}\times\boldsymbol{B})\cdot\mathrm{d}\boldsymbol{l} \tag{14-5}$$

讨论　我们研究带电粒子在磁场中运动时，曾经这样描述洛伦兹力：洛伦兹力方向始终垂直于带电粒子的运动方向，所以洛伦兹力不对带电粒子做功。但式(14－4)或者式(14－5)皆是洛伦兹力做功的结果。这两种论述明显是相矛盾的，怎么解释呢？我们来仔细分析图 14－3 中电子的运动情况。电子首先是在外界机械动力的作用下与导体一起以速度 $\boldsymbol{v}$ 向右运动，而这个运动引起磁场对电子的洛伦兹力 $\boldsymbol{F}_v=-e\boldsymbol{v}\times\boldsymbol{B}$ 确实与电子原运动速度 $\boldsymbol{v}$ 方向垂直。在 $\boldsymbol{F}_v$ 的作用下电子获得沿导体长度方向运动的速度 $\boldsymbol{u}$，如图 14－4 所示。以速度 $\boldsymbol{u}$ 运动的电子除了受到

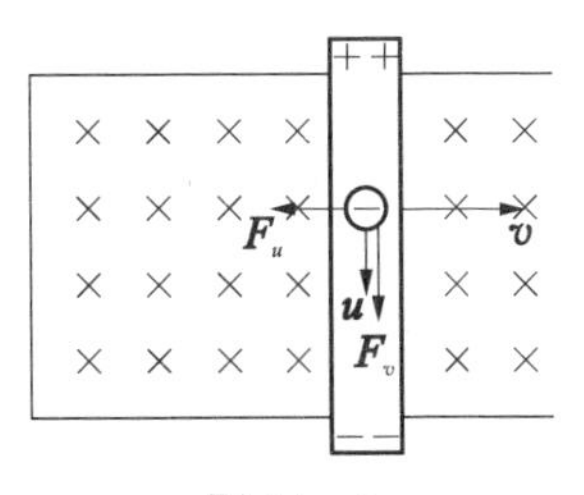

图 14－4

上述洛伦兹力外,还会受到安培力 $\boldsymbol{F}_u = -e(\boldsymbol{u}\times\boldsymbol{B})$ 的作用。这个 $\boldsymbol{F}_u$ 的方向与速度 $\boldsymbol{v}$ 的方向相反,将阻碍导体继续向右运动。所以要保持导体继续向右匀速运动,必须有外力克服安培力做功。所以说,导线中的电动势本质上来自外力做功(机械能、核能、太阳能等),洛伦兹力只是起到媒介的作用。假设导体的载流子为电子,则在运动导体中的自由电子不但具有与导体一起运动的速度 $\boldsymbol{v}$,而且还在磁场洛伦兹力作用下获得相对于导体的定向运动速度 $\boldsymbol{u}$,因此自由电子所受到的总的洛伦兹力为

$$\boldsymbol{F} = -e(\boldsymbol{u}+\boldsymbol{v})\times\boldsymbol{B} \tag{14-6}$$

力 $\boldsymbol{F}$ 与电子的合成速度 $\boldsymbol{u}+\boldsymbol{v}$ 垂直,总的洛伦兹力对电子做功仍然为零。

例 1　一个在磁场中转动的金属圆盘是一台简单的发电机。假设该金属圆盘半径为 $r=0.20\ \mathrm{m}$,均匀磁场的大小为 $B=0.35\ \mathrm{T}$,方向垂直于圆盘平面,圆盘的转动角速度为 $\omega = 2\pi\times 50\ \mathrm{s^{-1}}$,如图 14-5 所示。求圆盘中心与盘边沿的感应电动势。

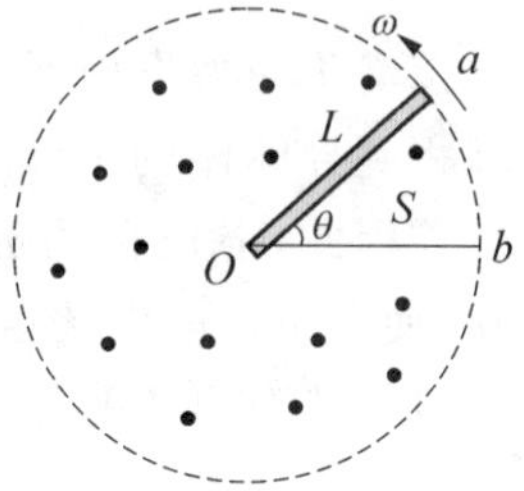

图 14-5

解　圆盘可以视为由许多过圆心沿圆盘半径方向的细棒组成,这些细棒彼此并联。圆盘在垂直于磁场方向运动相当于细棒切割磁力线运动,因此产生的电动势为动生电动势。

方法 1　利用法拉第电磁感应定律来计算

在时间 $\mathrm{d}t$ 内,细棒扫过的面积为

$$\mathrm{d}S = \frac{1}{2}r^2\mathrm{d}\theta \tag{14-7}$$

规定该面元的绕行方向从盘心出发沿半径到边沿然后顺着转动方向移动 $\mathrm{d}l$,再沿半径回到盘心($ObaO$)。由于这样规定的绕行面积的法线方向与磁感应强度方向相同,所以对应 $\mathrm{d}S$ 的磁通量以及磁通量的变化量为正,即

$$\mathrm{d}\Phi_\mathrm{m} = B\,\mathrm{d}S = \frac{1}{2}r^2B\,\mathrm{d}\theta \tag{14-8}$$

根据法拉第电磁感应定律,感应电动势为

$$\varepsilon = -\frac{\mathrm{d}\Phi_\mathrm{m}}{\mathrm{d}t} = -\frac{1}{2}r^2B\,\frac{\mathrm{d}\theta}{\mathrm{d}t} = -\frac{1}{2}r^2B\omega = -2.2\ \mathrm{V} \tag{14-9}$$

式(14-9)中的"−"表示实际电动势方向与规定方向相反,即任意时刻的电动势方向为从盘心指向盘边。

方法 2　根据动生电动势的定义来计算

在细棒上取一线元 $\mathrm{d}\boldsymbol{r}$,方向沿半径向外。根据式(14-4)有

$$\varepsilon = \int_a^b (\boldsymbol{v}\times\boldsymbol{B})\cdot\mathrm{d}\boldsymbol{l} = \int_0^r \omega rB\,\mathrm{d}r = \frac{1}{2}\omega r^2B = 2.2\ \mathrm{V} \tag{14-10}$$

式(14－9)与式(14－10)好像代表的电动势方向不同,实际是相同的,只是因为初始规定的正方向不同而已。

4. 感生电动势

为了解释导线不运动,磁场变化引起的感生电动势问题,麦克斯韦开创性地提出了感应电场的概念:无论导体存在与否,变化的磁场都将在其周围空间激发一种区别于静电场的新电场,该电场具有闭合的电力线,麦克斯韦将它称为感生电场或涡旋电场,用 $\boldsymbol{E}_i$ 表示。

感生电场与静电场都是一种客观存在的物质,它们对电荷都有作用力。与静电场不同的是,感生电场不是由电荷激发的,而是由变化的磁场激发的,且感生电场的电场线是闭合的,即其回路积分 $\oint \boldsymbol{E}_i \cdot \mathrm{d}\boldsymbol{l} \neq 0$,因此感生电场不是保守力场。实际上,产生感生电动势的非静电力场 $\boldsymbol{E}_k$ 正是这一感生电场 $\boldsymbol{E}_i$,即感生电动势为

$$\varepsilon = \oint_L \boldsymbol{E}_k \cdot \mathrm{d}\boldsymbol{l} = \oint_L \boldsymbol{E}_i \cdot \mathrm{d}\boldsymbol{l} \tag{14-11}$$

此外,根据法拉第电磁感应定律,在导线回路面积不随时间变化的情况下,有

$$\varepsilon = -\frac{\mathrm{d}\Phi_m}{\mathrm{d}t} = -\frac{\mathrm{d}}{\mathrm{d}t}\iint_S \boldsymbol{B} \cdot \mathrm{d}\boldsymbol{S} = -\iint_S \frac{\partial \boldsymbol{B}}{\partial t} \cdot \mathrm{d}\boldsymbol{S} \tag{14-12}$$

式(14－12)中 S 是以环路 L 为周界的曲面。对比式(14－11)和式(14－12)可得

$$\oint_L \boldsymbol{E}_i \cdot \mathrm{d}\boldsymbol{l} = -\iint_S \frac{\partial \boldsymbol{B}}{\partial t} \cdot \mathrm{d}\boldsymbol{S} \tag{14-13}$$

式(14－13)说明感生电场来自磁场随时间的变化,它们之间方向的关系满足左手螺旋定则。

例 2　一根半径为 R 的无限长直螺线管的导线中载有变化的电流,该变化的电流产生变化的磁场,且 $\dfrac{\mathrm{d}B}{\mathrm{d}t} = k$($k$ 为常数),求:

(1) 管内外感应电场 $\boldsymbol{E}_i$;

(2) 如果将长度为 l($l < 2R$)的导体棒垂直于磁场放置在螺线管内,试求导体棒两端 ab 的感生电动势。

解　图 14－6 是螺线管内磁场区域以及感应电场的示意图。

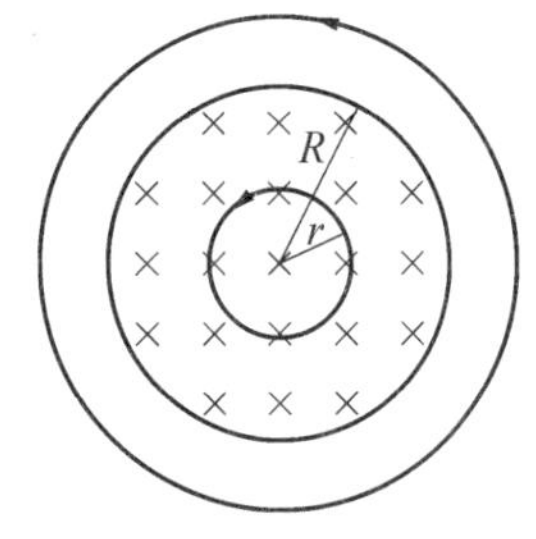

图 14－6

(1) 可以根据式(14－13)来计算感应电场的大小和方向。要积分式(14－13),必须先考察磁场分布和感应电场分布的对称性。由于均匀磁场仅限螺线管内,磁场分布具有轴对称性,它激发的感应电场也有相应的对称性,即在以螺线管轴为中心的任一圆柱上的感应电场大小相同,方向与磁场的变化

率的方向成左手螺旋。这样,可以螺线管轴线上任一点为圆心,以 r 为半径作一垂直于螺线管轴的圆,该圆上感应电场的方向就在该圆的切线方向上,大小处处相等。

① 当 $r<R$ 时,有

$$\oint_L \boldsymbol{E}_i \cdot \mathrm{d}\boldsymbol{l}=2\pi r E_i \tag{14-14}$$

而

$$\iint_S \frac{\partial \boldsymbol{B}}{\partial t} \cdot \mathrm{d}\boldsymbol{S}=\frac{\mathrm{d}B}{\mathrm{d}t}S=k\pi r^2 \tag{14-15}$$

联合式(14-14)、式(14-15)和式(14-13)可得

$$2\pi r E_i=-k\pi r^2 \tag{14-16}$$

解式(14-16)可得

$$E_i=-\frac{kr}{2} \tag{14-17}$$

② 当 $r\geqslant R$ 时,式(14-13)的左边仍然可以表示为式(14-14),但其右边会发生变化,因为积分曲线所绕行包围的面积大于磁场所在区域,也就是说部分绕行区域的磁场为零,所以

$$\iint_S \frac{\partial \boldsymbol{B}}{\partial t} \cdot \mathrm{d}\boldsymbol{S}=\iint_{S'} \frac{\partial \boldsymbol{B}}{\partial t} \cdot \mathrm{d}\boldsymbol{S}+\iint_{S-S'} 0 \cdot \mathrm{d}\boldsymbol{S}=\frac{\mathrm{d}B}{\mathrm{d}t}S'=k\pi R^2 \tag{14-18}$$

式(14-18)中 S' 是螺线管的横截面积。联合式(14-18)、式(14-14)和式(14-13)可得

$$E_i=-k\frac{R^2}{2r} \tag{14-19}$$

式(14-17)和式(14-19)分别是螺线管内、外感应电场大小的表达式。

(2) 根据感生电动势的定义式(14-11),有

$$\varepsilon=\oint_L \boldsymbol{E}_i \cdot \mathrm{d}\boldsymbol{l}=\int_0^l \boldsymbol{E}_i \cdot \mathrm{d}\boldsymbol{l}=\int_0^l E_i \cos\alpha\, \mathrm{d}l \tag{14-20}$$

式(14-20)中 $E_i=\frac{kr}{2}$, $\cos\alpha=\frac{\sqrt{R^2-\left(\frac{l}{2}\right)^2}}{r}$,将这些值代入式(14-20)可得

$$\varepsilon=\int_0^l \frac{kr}{2} \frac{\sqrt{R^2-\left(\frac{l}{2}\right)^2}}{r}\mathrm{d}l=\frac{kl}{2}\sqrt{R^2-\left(\frac{l}{2}\right)^2} \tag{14-21}$$

式(14－21)就是导体棒 ab 两端的电动势。$\varepsilon>0$ 是因为我们选取了与 $\boldsymbol{E}_{\mathrm{i}}$ 在导体棒上的投影一致的积分方向，即从 a 到 b，如图 14－7 所示。

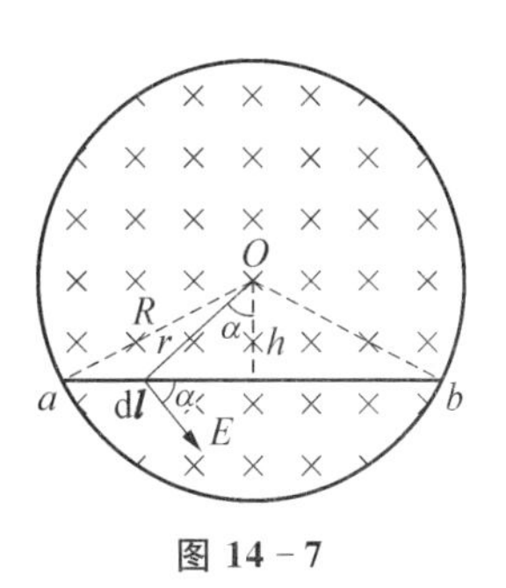

图 14－7

三、电子感应加速器

电子感应加速器是利用涡旋电场加速电子的装置，在 1940 年建成了第一台电子感应加速器。电子加速器的用途主要有以下几个方面：电子与物质的相互作用研究；电子辐照加工；用电子打靶韧致辐射产生较高能量、较高强度的光子等。电子感应加速器装置如图 14－8 所示，在电磁铁的两极间有一环形真空室，电磁铁受交变电流激发，在两极间产生一个由中心向外逐渐减弱、并具有对称分布的交变磁场。这个交变磁场又在真空室内激发感生电场，其电场线是一系列绕磁感应线的同心圆。若用电子枪把电子沿感生电场切线方向射入环形真空室，电子将受到环形真空室中的感生电场 $\boldsymbol{E}_{感}$ 的作用而加速，同时，电子还受到真空室所在处磁场的洛伦兹力的作用，使电子在半径为 r 的圆形轨道上运动。这就是电子感应加速器的工作原理。

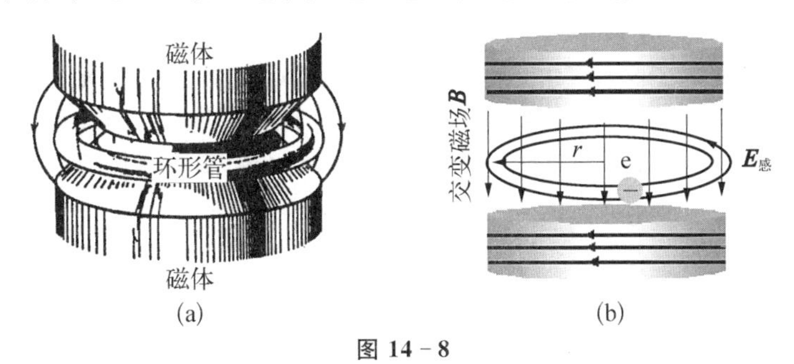

图 14－8

应用电子感应加速器有一个基本的问题需要解决：如何才能使电子在确定的圆轨道上运动并被涡旋电场加速？设电子在半径为 r 的轨道上运动，t 时刻的电子速率为 v，轨道上的磁感应强度大小为 B。根据牛顿第二定律，电子在轨道法线方向上的动力学方程为

$$evB=m\frac{v^2}{r} \tag{14-22}$$

这样

$$mv=erB \tag{14-23}$$

由式(14－23)可知，为了使电子在确定的轨道上运动，即 r 保持不变，在加速电子的过程中电子的动量 mv 的大小与轨道上磁场的磁感应强度 B 成比例增加。此外，根据牛顿第二定律，电子在轨道切线方向的动力学方程为

$$eE_{\mathrm{i}}=\frac{\mathrm{d}(mv)}{\mathrm{d}t} \tag{14-24}$$

其中 E_i 的大小为 $\frac{r}{2}\frac{d\overline{B}}{dt}$ 已由式(14-17)给出(E_i 的表达式中,$\overline{B}$ 表示轨道内磁感应强度的平均值),将它代入式(14-24)并结合式(14-23)可得

$$\frac{d(erB)}{dt}=\frac{er}{2}\frac{d\overline{B}}{dt} \tag{14-25}$$

因为 r 为常数,解式(14-25)得

$$B=\frac{\overline{B}}{2} \tag{14-26}$$

式(14-26)表明在任意时刻,当电子轨道上的磁感应强度保持与轨道内磁感应强度的平均值的一半相等时,电子可以在确定的轨道上被加速。

另外,如果使用交流电激发磁场,由于交流电方向的改变,则磁场的方向亦随之发生改变,因此,实际上只有电流的上半周(或者下半周)产生的磁场能使电子沿轨道做圆周运动。如果电流上升过程的磁场变化产生的感应电场使电子加速,那么电流下降过程产生的磁场的变化所激发的感应电场就使电子减速,所以电流的上半周(或者下半周)中又只有一半区域可以加速电子。或者说交流电的一个周期内只有1/4周期可以用来加速电子又保持电子在圆轨道上运动,如图14-9所示。然而,在1/4周期内电子已经转了几十万周,只要设法在每个周期的前1/4周期之末将电子从环形管引出进入靶室,就可以使电子加速到足够高的能量。一台100 MeV的大型电子感应加速器可将电子加速到0.999 986c。

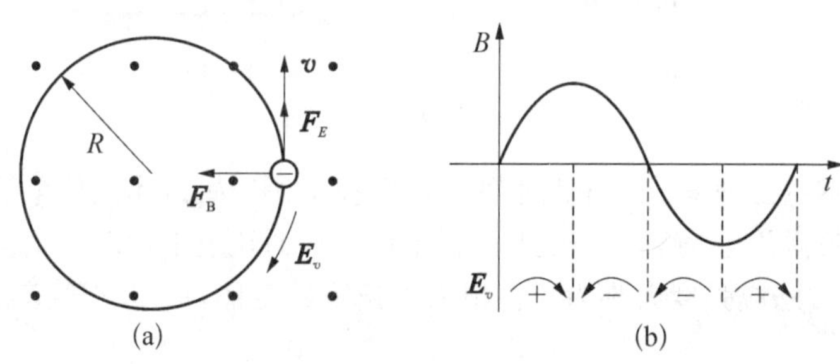

图 14-9

四、电磁感应定律的意义和影响

在科学研究方面,法拉第电磁感应定律开创了电和磁统一研究的先河。法拉第在1831年发现电磁感应定律后,于1837年率先提出了场的概念。法拉第指出电荷与电荷、磁极与磁极之间的相互作用是通过带电体或磁性物质周围的场而发生的,并且他用电力线和磁力线表示电场和磁场的空间分布。法拉第关于“场”的理论带动了电磁理论和实践的进一步发展。后来,麦克斯韦在法拉第工作的基础上创造性地建

立了完整的电磁学理论——麦克斯韦方程组。

在实践应用方面，法拉第电磁感应定律的发现吹响了人类社会进入电气化时代的号角。首先，由于电磁感应的发现，人类有了认识电能的新途径，电磁感应的应用迅速发展起来，交流发电成为可能。这种交流发电机所提供的电能是伏打电池产生的电能所无法比拟的，它的发现开创了人类利用电力的新时代。后来，发电机、电动机、变压器等陆续制造出来，大大减轻了人类的体力劳动。其次，在电磁感应定律基础上建立起来的麦克斯韦电磁场理论拓展了以前关于电和磁的理论，实现了电和磁的统一，发现了电磁波。电磁波的发展极大地促进人类社会的发展，给人类的生活和生产带来极大的便利。可以说没有电磁感应定律就没有我们人类伟大的现代文明。今天，电和电磁波已经成为人类必不可少的生存条件，没有任何一项技术如此广泛地影响到人们的生活。

五、电磁感应之美

电磁感应规律有两大美，对称美和简单美，这也是大多数科学规律拥有的美。

1. 对称美

对称美可以说是启迪思想的重要源泉，从奥斯特发现电流磁效应到法拉第发现电磁感应现象的历史过程展现了对称理论在人类认知自然规律中的重要作用。受德国古典哲学中辩证思想的影响，法拉第认为各自不同的自然现象之间相互联系并能相互转化。当读到奥斯特电流的磁效应论文后，他坚信电与磁是一对“和谐对称”的现象，并在 1822 年的一篇日记中留下了“磁生电”的闪光思想，开始了长达 10 年的艰苦探索。历经多次失败后，他于 1831 年 8 月 26 日实现了“磁生电”的夙愿，他在给伏打电池线圈通电（或断电）的瞬间，另一组线圈中感应出了电流，法拉第称之为“伏打电感应”。同年 10 月 17 日，他发现磁体与闭合线圈相对运动时，在闭合线圈中也感应到了电流，法拉第称之为“磁电效应”。又经过大量实验，他将产生感应电流的条件总结为五点，并向英国皇家学会报告，即变化的电流、变化的磁场、运动的恒定电流、运动的磁铁、在磁场中运动的导线。

这一过程似乎在告诉我们客观世界中的真和美是统一的，是同一事物的两面，对真理的探索必然伴随着对美的追求。法拉第正是为了克服美学上的不自洽，发现了电磁感应规律。

2. 简单美

简单就是美，大自然中的简单无处不在，正如牛顿所说：“自然界喜欢简单，而不爱用什么多余的原因来夸耀自己。”物理学家们总是力求用最简单的语言来描述丰富多彩的物理现象和千差万别的物理过程，最终归结到若干基本规律中，使物理学成为一门既变化无穷又简单统一的学科。

导线与磁体的相对运动、变化的磁场、变化的电流等不同条件下感应出的电流方向在楞次定律中仅仅用一句“感应电流产生的磁场总是阻碍引起感应电流的磁通量变化”就简练地概括了这一奥妙无穷的物理规律。其所体现的简单美令人叹为观止，正如物理学大师费曼所说:“真理总是比你想象到的要更为简单。”

六、练习与思考

14-1 如图 14-10 所示，一个冲击电流计放入磁场中测量该磁场的磁感应强度。已知冲击电流计线圈面积为 A，匝数为 N，电阻为 R，其法线方向与磁场方向相同。将线圈迅速取出时，冲击电流计测得的电量是 q，试求小线圈所在位置的磁感应强度。

14-2 半径为 R 的圆形均匀刚性线圈在均匀磁场 $\boldsymbol{B}$ 中以角速度 ω 做匀速圆周运动，转轴垂直于 $\boldsymbol{B}$，如图 14-11 所示。轴与线圈交于 A 点，弧 AC 占 1/4 周长，M 点为弧 AC 的中点。设线圈自感可忽略。当线圈平面转至与 $\boldsymbol{B}$ 平行时，求：

(1) 动生电动势 ε_{AM}，ε_{AC}；

(2) A 与 C 哪点对应电势高？A 与 M 哪点对应电势高？

14-3 如图 14-12 所示，在水平光滑的桌面上，有一根长为 l，质量为 m 的匀质金属细棒，可以以 O 点为中心旋转，棒的另一端在半径为 l 的金属圆环上滑动。将该棒两端接入一回路中，回路电阻为 R，电源电动势为 ε。在垂直于桌面方向加一匀强磁场 $\boldsymbol{B}$。开始时金属棒处于静止状态，试计算：

(1) 当回路开关合上瞬间，金属棒的角加速度 β 的大小；

(2) 经长时间后，金属棒能达到的最大角速度 ω_{m} 的大小；

(3) 任意时刻 t 时，金属棒的角速度大小。

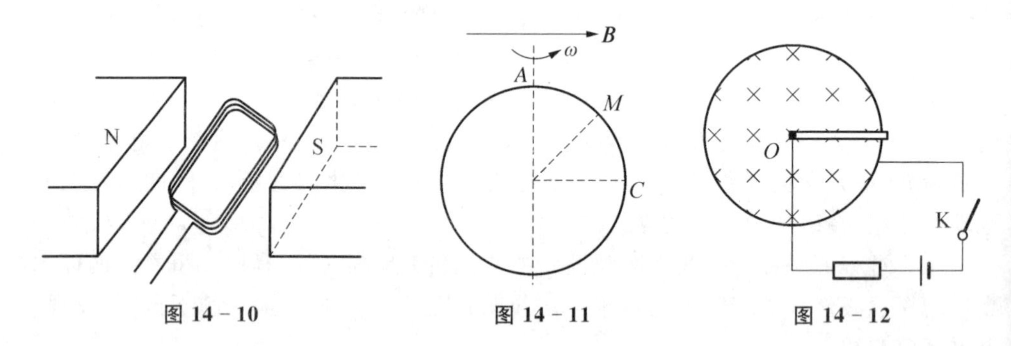

图 14-10　　图 14-11　　图 14-12

14-4 如图 14-13 所示，AB 和 CD 为两根金属棒，各长 1 m，电阻都是 4 Ω，放置在匀强磁场 $\boldsymbol{B}$ 中，已知 $\boldsymbol{B}$ 的大小为 2 T，方向垂直纸面向里。当两根金属棒在导轨上分别以大小为 $v_1=4$ cm/s 和 $v_2=2$ cm/s 的速度向左运动时，忽略导轨的电阻。试求：

(1) 两棒中动生电动势的大小和方向，并在图中标出；

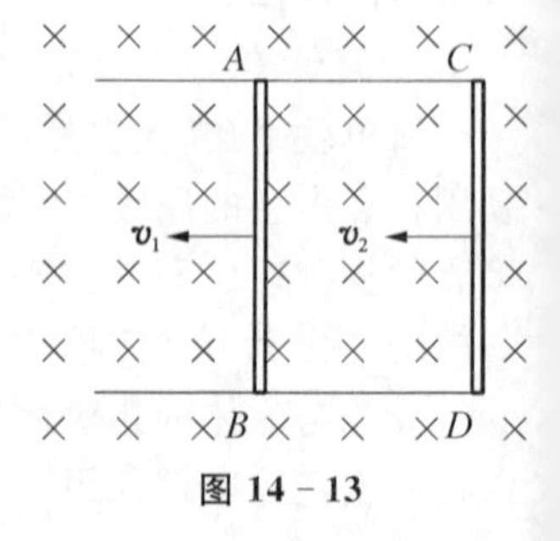

图 14-13

（2）金属棒中两端的电势差 U_{AB} 和 U_{CD}；

（3）两金属棒中点 O_1 和 O_2 之间的电势差。

14-5　如图 14-14 所示，在半径为 r、磁感应强度变化率 $\frac{dB}{dt}$ 大于零的长直螺线管中放一根长度为 r 的导线 AB。螺线管外有一同类材料的弯折导线通过螺线管中的小孔与 AB 连接组成梯形回路 $ABCDA$。回路 $ABCDA$ 总电阻为 R。导线 AB 可视为梯形的上底，平行于 AB 的下底 DC 长为 $2r$。试求：

（1）AB 段、DC 段和闭合回路的感生电动势 ε_{AB}，ε_{DC} 和 ε_{ABCD}；

（2）D 和 C 两点间的电势差 U_D-U_C。

14-6　如图 14-15 所示，正电荷 q 均匀分布在半径为 a、长为 $L(L\gg a)$ 的绝缘长圆柱体区域（电荷体分布），该圆柱体在真空中以角速度 ω 绕自身中心轴旋转。一个半径为 $2a$、电阻为 R 的单匝圆形线圈套在圆柱体上。若转动角速度按 $\omega=\omega_0(1-t/t_0)$ 规律（ω_0 和 t_0 为已知常数）随时间变化，求圆形线圈中感应电流的大小和流向（圆柱体材料磁导率近似取真空磁导率 μ_0）。

14-7　如图 14-16 所示，在圆柱形空间的横截面内，匀强磁场的磁感应强度按照 $\frac{dB}{dt}=0.1\ \mathrm{Ts^{-1}}$ 的规律变化，在圆柱空腔内有一边长为 $l=0.2$ m 的正方形回路 $abcda$，正方形中心在圆柱轴线上。试求：

（1）a 和 b 两点的感生电场的电场强度；

（2）$abcd$ 折线上的感生电动势。

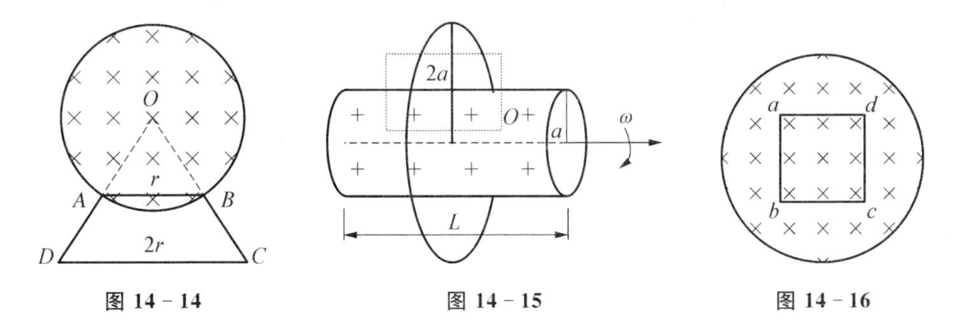

图 14-14　　图 14-15　　图 14-16

14-8　如图 14-17 所示，边长为 a 的等边三角形区域内有匀强磁场，磁感应强度 $\boldsymbol{B}$ 的方向垂直图平面朝外。边长为 a 的等边三角形导体框架 ABC 在 $t=0$ 时恰好与磁场区边界重合，而后以周期 T 绕其中心沿顺时针方向旋转。设框架 ABC 的总电阻为 R，求：

（1）从 $t=0$ 到 $t_1=T/6$ 时间内电流强度的平均值；

（2）从 $t=0$ 到 $t_2=T/2$ 时间内电流强度的平均值。

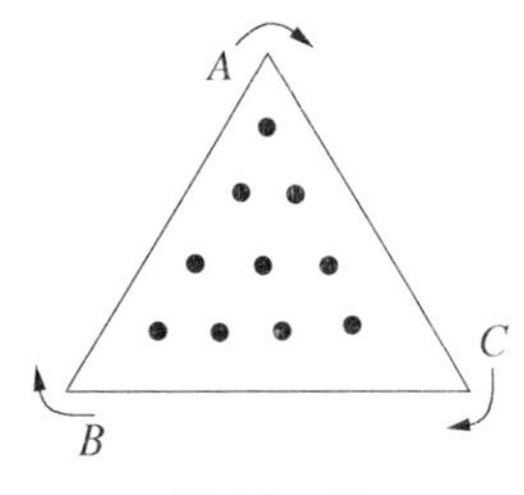

图 14-17

14-9 在金属探测器的探头内通入脉冲电流就能测到埋在地下的金属物品发回的地磁信号,试分析其中的原因。

14-10 高频炉一个重要的功能是用来熔化金属。高频炉的主要部件是一个铜制线圈,线圈中有一坩埚,锅中放入待熔化的金属块。当线圈通有高频交流电时,锅中的金属就可以被熔化,试问这是什么缘故。

第十五章　自感、互感以及磁场的能量

当导体线圈通有变化的电流时，该电流在线圈中及周围产生变化的磁场，这个变化的磁场在线圈中产生阻碍磁场变化的感生电动势，这种现象称为线圈的自感现象，相应的电动势称为自感电动势。当导体线圈 1 通有变化的电流时，该电流在导体线圈 2 中及周围产生变化的磁场，这个变化的磁场在线圈 2 中产生阻碍磁场变化的感生电动势，这种现象称为线圈的互感现象，相应的电动势称为互感电动势。无论线圈中产生了自感电动势还是互感电动势，这时的线圈都相当于一个电源，可以向外输出能量。线圈中对应自感电动势的能量称为自感磁能，对应互感电动势的能量称为互感磁能。

一、自感、互感及磁场能量的研究背景

早在远古时代，人们就发现了磁石对铁等物质的吸引作用，从定性的角度认识了磁现象。直到 19 世纪上半叶，随着奥斯特、安培、毕奥、萨伐尔、法拉第等人相继发现电流与磁场相互作用的各种规律，电磁学才获得了飞速发展。几十年后，麦克斯韦对电磁学的各种发现成果进行了整理总结，提出了著名的“麦克斯韦方程组”，并预言了电磁波的存在。又过了几年，赫兹在实验中发现了电磁波，证实了麦克斯韦的预言。这一系列成就宣告了电磁场统一理论的形成。电磁场理论认为，磁场是一种特殊的物质，电与磁之间的相互作用是通过磁场这种介质来实现的，所以相互作用的两物体不需要发生接触也可以产生作用。有了这样的结论，人们自然会联想到，既然磁场是一种物质，那么它是否像普通的物质一样具有能量，能对外做功？如果有，又是什么形式的能量，怎样计算？

根据人们之前的推论与认识，磁场是一种特殊的物质，可以对处于其中的电流或其他铁磁性物质产生力的作用。而伴随着作用力的，一定有做功的过程，这样的过程必然伴随着能量的传递。如果这样的推断成立，那么问题的关键就转变为怎样测量或计算在这个过程中传递的能量。考虑到之前所提到的，磁场对其中的电流和铁磁性物质均有力的作用，于是人们试图通过这两种过程中的能量变化来推算磁场具有的能量。理论上，可以通过测量在磁场作用下载流导线或给定的具有一定质量的铁磁性物质所获得的动能来研究磁场能量的规律。然而磁场对电流或铁磁性物质的作用过程过于短暂，且对作用的距离有一定要求。因此，很难在磁场的作用时间内准确

地得出测量结果。另外一个更重要的问题是,磁场作用力使受力物体获得速度仅仅是磁场作用在物体上所产生的宏观效果,至于磁场作用是否使物体在原子、分子等微观层次产生变化,是否会使物体产生其他形式能量的改变,利用上述方法难以验证,并且,磁场自身能量的改变量仍然未知。因此通过这种方法不能得出磁场能量的准确规律。磁场能量这个问题成为电磁学中的一个瓶颈。

直到电路中的自感现象发现之后,这个问题的解决才有了实质性的进展。自感现象主要指的是由于电路中电流变化而引起通过导体线圈磁通量变化,从而在导体内产生感应电动势的现象。由电磁感应基本规律可知,这样的感应电动势总是阻止产生感应电动势的电流变化。例如,电路接通的瞬间,感应电动势阻止原电流的突然增大,与原电流方向相反;而电路断开的瞬间,感应电动势阻止原电流的突然减小,与原电流方向相同。从电路接通时的自感过程来分析,我们发现上述阻碍作用可以视为原电动势克服磁场力做功。通过这个功,电源的部分电能转化为磁能,并储存在感应线圈中,这就是自感磁能。一个线圈受到另一个线圈变化的电流产生的变化磁场的作用出现感生电动势的现象,称为互感现象。一个电源的部分电能转化为另一个线圈的磁能,并储存在另一个感应线圈中,这就是互感磁能。

进一步把自感磁能或者互感磁能的表达式进行变换发现这种能量与磁感应强度大小的平方以及感应磁场所在区域体积成正比,其能量密度(单位体积的磁场区域内的能量)仅与磁感应强度相关。这样我们可以把自感磁能或者互感磁能推广到一切具有磁场的区域。也就是说某区域是否具有磁能与线圈存在无关,只要该区域有磁场存在,该区域就具有磁能。

二、自感、互感以及磁场能量的数学描述及物理解析

1. 自感现象、自感系数及自感电动势

1) 自感现象

当导体线圈中的电流发生变化时,线圈中及其周围的磁场就随之发生变化,并由此产生线圈磁通量的变化,因而在导体中就产生感应电动势。这个电动势总是阻碍导体线圈中原来电流的变化,这种现象就称为自感现象。产生的电动势称为自感电动势。

2) 磁通链

通过线圈的磁感应强度乘以线圈绕行面积称为磁通量 Φ。由于大多数情况下线圈由许多匝构成,且通过其中一匝的磁场必通过其他匝。这样,当线圈为多匝时,通过线圈的磁通量是通过各匝磁通量之和,称为磁通链 Ψ。若通过每匝线圈的磁通量都相同,则

$$\Psi = N\Phi \tag{15-1}$$

式(15-1)中，N 为线圈匝数。

3) 自感系数 L

由于磁通链与磁感应强度成正比，而线圈中的磁场由线圈中的电流产生，且与电流强度成正比。以此推理可得磁通链与电流成正比，即由

$$\Psi \propto B \propto I \tag{15-2}$$

可推得

$$\Psi \propto I \tag{15-3}$$

如果用 L 表示式(15-3)中的比例系数，则式(15-3)可改写为

$$\Psi = LI \tag{15-4}$$

这个比例系数 L 称为自感系数，简称自感或电感，其单位是亨利(H)。将式(15-4)两边同除以电流强度可得自感系数的表达式

$$L = \frac{\Psi}{I} \tag{15-5}$$

式(15-5)是自感系数的定义式，也就是说一种线圈的自感系数可以用式(15-5)计算得出。它常被理论研究者用来预测某种形态线圈的自感系数。但我们绝不能说自感系数正比于磁通链，反比于电流强度，因为对于一个确定线圈，自感系数是一个恒定的常量，它不随电流强度的变化而变化。那么，是什么因素决定线圈自感系数的大小呢？我们举一例来说明。

例　一绕线密度为 n、横截面积为 S 的无限长螺线管通上交流电 $I = I_0 \sin \omega t$，图 15-1 为该无限长螺线管中长度为 l 的一段。试求该螺线管的自感系数。

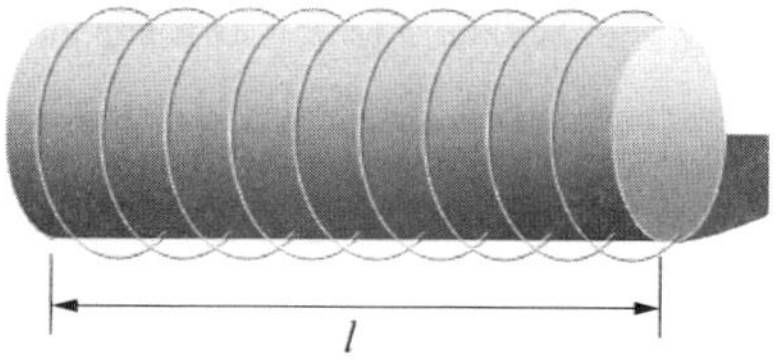

l

图 15-1

解　该电流在螺线管中产生的磁感应强度为

$$B = \mu_0 n I \tag{15-6}$$

设该螺线管 l 长度上有 N 匝线圈，则通过该螺线管的磁通链为

$$\Psi = NBS = N\mu_0 n IS = \frac{N^2 \mu_0 IS}{l} \tag{15-7}$$

根据自感系数的定义式(15-5)，有

$$L = \frac{\Psi}{I} = \mu_0 n^2 V \tag{15-8}$$

式(15-8)说明自感系数取决于线圈本身的性质，其中 V 是 l 长度段螺线管的体

积。长直螺线管的自感系数由线圈的体积、匝密度以及线圈内部磁介质的磁导率决定。

4) 自感电动势

根据法拉第电磁感应定律,载流线圈中的自感电动势可表示为 $\varepsilon=-\dfrac{\mathrm{d}\Psi}{\mathrm{d}t}$,将式(15-4)代入该表达式有

$$\varepsilon=-L\frac{\mathrm{d}I}{\mathrm{d}t} \tag{15-9}$$

明显地,对于相同的电流变化率,L 越大,自感电动势越大,即自感作用越强。根据式(15-9),可将 L 表示为

$$L=-\varepsilon\bigg/\frac{\mathrm{d}I}{\mathrm{d}t} \tag{15-10}$$

即自感系数可以理解为通过线圈的电流变化为一个单位时,线圈产生的感应电动势的大小。1 亨利(H)则表示在 1 秒钟内电流改变 1 安培时,线圈中产生的自感电动势是 1 伏特。除亨利外,自感系数的常用单位还有毫亨(mH)和微亨(μH)。

2. 互感现象、互感电动势及互感系数

一个线圈中的电流发生变化时激发变化的磁场,这个变化的磁场在相邻的线圈中产生感应电动势的现象称为互感现象,产生的电动势为互感电动势。如图 15-2 所示,如果我们将一个线圈标为 1,另一个线圈标为 2,则线圈 2 中的磁通链可表示为

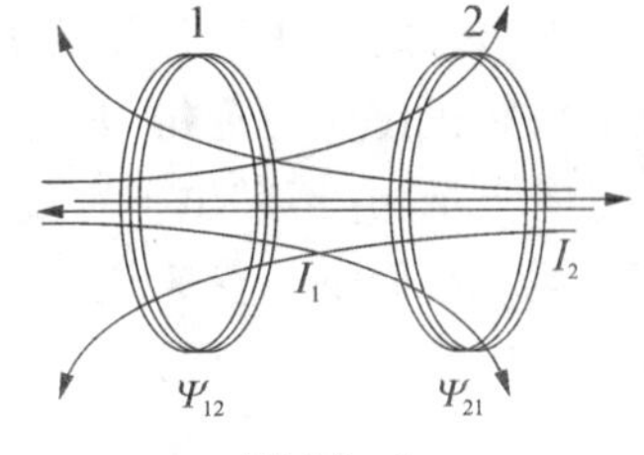

图 15-2

$$\Psi_{21}\propto B_1\propto I_1 \tag{15-11}$$

即

$$\Psi_{21}=MI_1 \tag{15-12}$$

式(15-12)中,M 称为互感系数,其单位与自感系数一样为亨利。根据法拉第电磁感应定律,线圈 2 中产生的感应电动势可表示为

$$\varepsilon_{21}=-\frac{\mathrm{d}\Psi}{\mathrm{d}t}=-M\frac{\mathrm{d}I_1}{\mathrm{d}t} \tag{15-13}$$

同理,如果线圈 2 通有变化的电流,它产生的变化磁场在线圈 1 中的感应电动势可表示为

$$\varepsilon_{12}=-\frac{\mathrm{d}\Psi}{\mathrm{d}t}=-M\frac{\mathrm{d}I_2}{\mathrm{d}t} \tag{15-14}$$

根据式(15-14)可把互感系数表示为 $M=-\varepsilon_{12}\Big/\frac{\mathrm{d}I_2}{\mathrm{d}t}$，即互感系数可理解为通过线圈的电流变化为一个单位时，在另一个线圈产生的感应电动势的大小。

例　如图 15-3 所示，真空中截面为矩形的螺绕环，总匝数为 N，内外半径为 R_1 和 R_2，高为 h，另一半径为 r_0 的长圆柱导体置螺绕环轴线上。(1) 求该系统的互感系数；(2) 设在圆柱导体上通以电流 $I=I_0\sin\omega t$，求螺绕环中的互感电动势。

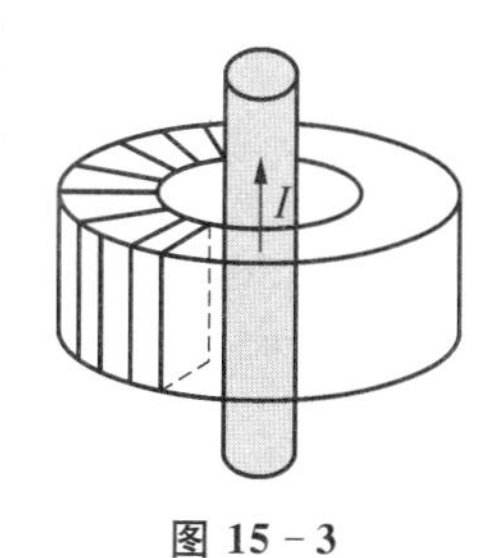

图 15-3

解　(1) 假设在圆柱导体上通以电流 I，根据安培环路定理，该电流在螺绕环内产生的磁感应强度为

$$B=\frac{\mu_0 I}{2\pi r} \tag{15-15}$$

通过螺绕环上每匝线圈的磁通量为

$$\Phi_{\mathrm{m}}=\int Bh\,\mathrm{d}r=\int_{R_1}^{R_2}\frac{\mu_0 I}{2\pi r}h\,\mathrm{d}r=\frac{\mu_0 Ih}{2\pi}\ln\frac{R_2}{R_1} \tag{15-16}$$

根据互感系数 M 定义式(15-12)，有

$$M=\frac{N\Phi_{\mathrm{m}}}{I}=\frac{N\mu_0 h}{2\pi}\ln\frac{R_2}{R_1} \tag{15-17}$$

(2) 根据互感电动势定义式(15-13)，有

$$\varepsilon_M=-M\frac{\mathrm{d}I}{\mathrm{d}t}=-MI_0\omega\cos\omega t=-\frac{N\mu_0 hI_0\omega}{2\pi}\ln\frac{R_2}{R_1}\cos\omega t \tag{15-18}$$

式(15-18)就是螺线环内互感电动势的表达式。明显地，该电动势也是交变的，它的幅值与变化频率 ω 以及线圈匝数 N 有关，因此可以通过改变 N 或者 ω 来降低或增高互感电动势，这就是变压器的原理。

3. 磁场的能量

在电与磁的密切关系被揭示之前，电与磁被认为是不相关的两种现象，因此描述它们的物理量的定义也是独立的。但 1820 年奥斯特发现了电流磁效应，1831 年法拉第发现了电磁感应现象，这两大效应的发现揭示了电现象与磁现象是密切相关的。人们发现电与磁可以相互转换，相互影响，在这种情况下，描述它们互相转化的物理量就是电场能和磁场能。我们以 RL 电路的暂态过程为例来说明磁场能表达式的建立。图 15-4 是一含有电源的 RL 电路，在该电路中取一回路，在开关闭合瞬间有

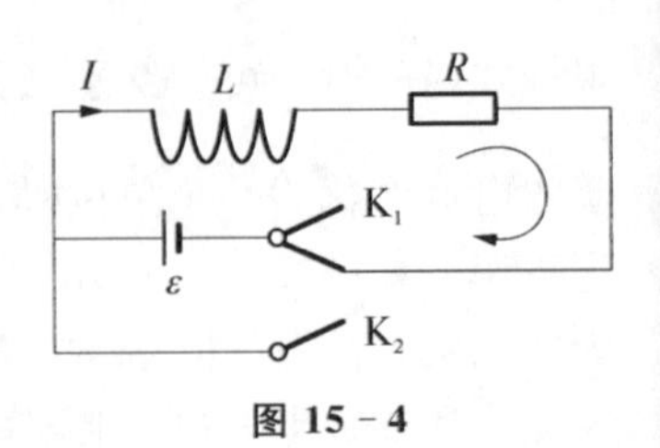

图 15-4

$$\varepsilon + \varepsilon_L - IR = 0 \tag{15-19}$$

式(15-19)中，ε 是电源电动势，ε_L 是自感电动势。将自感电动势的定义式(15-9)代入式(15-19)可得

$$\varepsilon - L\frac{\mathrm{d}I}{\mathrm{d}t} - IR = 0 \tag{15-20}$$

式(15-20)是一简单的电路方程，看不出有什么特别的意义。我们在等式两边同乘以 $I\mathrm{d}t$ 后移项可得

$$\varepsilon I\mathrm{d}t = LI\mathrm{d}I + I^2R\mathrm{d}t \tag{15-21}$$

式(15-21)中，$\varepsilon I\mathrm{d}t$ 表示电源电动势在 $\mathrm{d}t$ 时间内做的功，$I^2R\mathrm{d}t$ 表示 $\mathrm{d}t$ 时间内消耗在电阻 R 上的能量，则 $LI\mathrm{d}I$ 一定具有能量的量纲，它表示 $\mathrm{d}t$ 时间内电源电动势反抗线圈中自感电动势 ε_L 所做的功。由此可知，当开关闭合很长一段时间后，电路中的电流逐渐从零增加到最大值 I_0 的过程中，能量的转化关系为

$$\int_0^\infty \varepsilon I\mathrm{d}t = \int_0^{I_0} LI\mathrm{d}I + \int_0^\infty I^2R\mathrm{d}t \tag{15-22}$$

式(15-22)中，$\int_0^{I_0} LI\mathrm{d}I = \frac{1}{2}LI_0^2$，它代表的能量是电路中电流的建立过程中电源电动势反抗线圈中自感电动势所做的功，定义为自感磁能 W_m，即

$$W_\mathrm{m} = \frac{1}{2}LI_0^2 \tag{15-23}$$

我们可将式(15-22)和式(15-23)理解为电源输出的能量一部分转变为电阻中的焦耳热，另一部分反抗电感线圈做功转变为线圈的自感磁能。

如果回路中有互感线圈，则除了自感磁能外，还有互感磁能，即

$$W_\mathrm{m} = \sum_i \frac{1}{2}LI_i^2 \pm \sum_{i,\,j(j>i)} MI_iI_j \tag{15-24}$$

式(15-24)中的"+"对应两线圈顺接，"−"对应两线圈反接。如果将式(15-8)代入式(15-23)可得

$$W_\mathrm{m} = \frac{1}{2}LI_0^2 = \frac{1}{2}\mu_0 n^2 VI_0^2 = \frac{1}{2\mu_0}B^2V \tag{15-25}$$

由式(15-25)可推出螺线管内的磁能密度

$$w_\mathrm{m} = \frac{W_\mathrm{m}}{V} = \frac{1}{2\mu_0}B^2 \tag{15-26}$$

式(15-26)虽然是从螺线管的磁能推出的磁能密度表达式，但是它可推广应用到计算任意磁场区域的磁能。

三、自感、互感在工业和日常生活中的应用

自感和互感现象在电工和无线电技术中有着广泛的应用，如各种选频回路中的谐振线圈和电路中具有通直隔交作用的扼流圈等，都是利用线圈上的自感电动势来完成某种特定的电路功能。

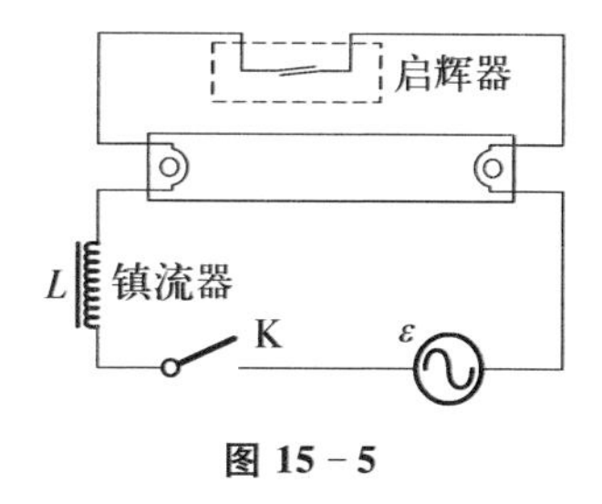

图 15-5

1. 自感现象的典型应用——日光灯的镇流器

如图 15-5 所示，当电源接通后，启辉器内两金属片狭缝间的气体被击穿导通，经过 2～3 s 后，其金属片因受热而自动弹开。此时，镇流器线圈中的电流骤降至 0，电流的变化率很大，因而产生了一个很高的瞬间自感电动势并加在日光灯管的两端，将灯管内的导电气体击穿导电。在灯管导电后，交变电流又使镇流器产生一个反向的自感电动势，起着限制电流的作用，使电流稳定在一个额定值上。

2. 互感现象的典型应用——变压器

互感的发现是对电磁感应体系的一个重要完善，对后续的电子与电子技术的发展产生了深远的影响。通过互感，线圈可以使能量或信号由一个线圈很方便地传递到另外一个线圈。在我们的日常生活中，变压器就是互感现象的一个重要应用。

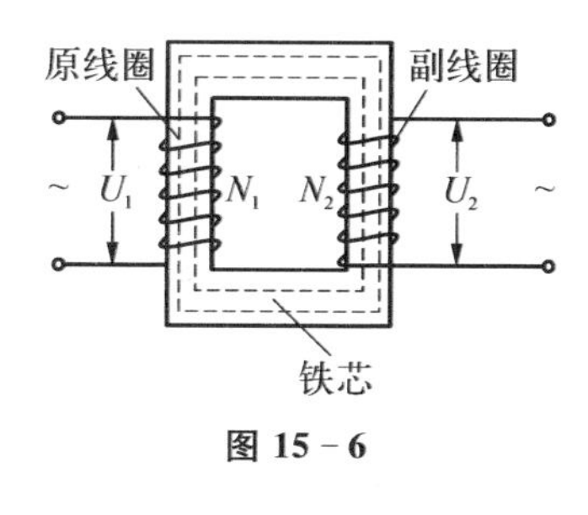

图 15-6

变压器的主要部件是一个铁芯和套在铁芯上的两个绕组，如图 15-6 所示。两绕组只有磁耦合没有电联系。在一次绕组中加上交变电压，产生交链一、二次绕组的交变磁通，在两绕组中分别产生感应电动势 ε_{12}。根据电磁感应定律可写出电动势的表达式 $\varepsilon_{12} = -\dfrac{\mathrm{d}\Psi}{\mathrm{d}t} = -M\dfrac{\mathrm{d}I_2}{\mathrm{d}t}$，其中 $M \propto N_1 N_2$。这样我们只要调节一次和二次绕组的匝数，就可得线圈两端的感应电动势，从而达到改变输出电压的目的。

四、练习与思考

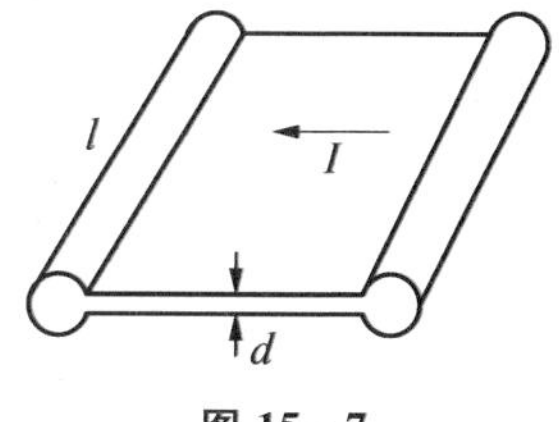

图 15-7

15-1　将金属薄片弯成如图 15-7 所示的回路，两端是半径为 a 的圆柱面，中间是边长为 l，间隔为 d 的两正方形平面，且 $l \gg a$，$a \gg d$。求：

(1) 该回路的自感系数；

(2) 若沿圆柱面的轴向加上变化的磁场 $B = B_0 + kt$，求回路中电流的表达式。

15-2　如何绕制才能使两个线圈之间的互感最大？当有三个线圈的中心在一条直线上时，如何放置可以使两两线圈之间的互感系数为零？

15-3 图15-8中Oxy是位于水平光滑桌面上的直角坐标系,在$x>0$的一侧,存在匀强磁场$\boldsymbol{B}$,磁场方向垂直于Oxy平面向里。在$x<0$的一侧,一个边长分别为l_1和l_2的刚性矩形超导线框位于桌面上,框内无电流,框的l_2边与y轴平行。线框的质量为m,自感系数为L。现让超导线框沿x轴方向以初速度v_0进入磁场区域,试定量地讨论线框以后可能发生的运动情况及与初速度v_0大小的关系(假定线框在运动过程中始终保持超导状态)。

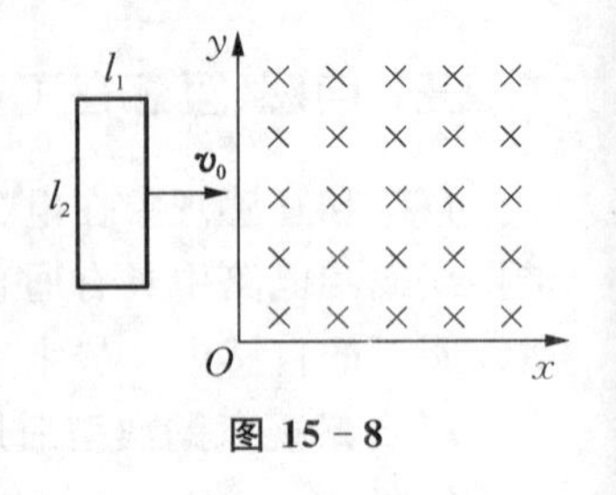

图15-8

15-4 地球磁场的磁感应强度为$B=5.0\times10^{-5}$ T,求:

(1) 地球磁场的磁能密度;

(2) 假设在地球表面附近地球磁能密度是(1)中算出的常量,试计算在地面与离地面10 km间储存的地球磁能。

15-5 一个带有宽度很小的空气隙的永磁体圆环,其截面面积为A,气隙中的磁感应强度为$\boldsymbol{B}$。假定圆环的周长远大于气隙的宽度,并且远大于环的截面半径$\sqrt{A/\pi}$。求气隙两边磁性相反的两个磁极之间的相互吸引力。

15-6 在电子感应加速器中,电子加速所得到的能量来自哪里?请做定性解释。

第十六章　麦克斯韦方程组及电磁波

麦克斯韦方程组是英国物理学家麦克斯韦在19世纪建立的描述电场与磁场的四个基本方程。该方程组系统而完整地概括了电磁场的基本规律，并预言了电磁波的存在，证明了光是一种电磁波。该方程组的出现标志着完整的电磁学理论体系成功建立。该理论体系的核心在于：① 描述了电场的性质，在一般情况下，电场可以是静电场也可以是变化磁场激发的感应电场。静电场是有源无旋场，而感应电场是涡旋场，它的电位移线是闭合的，对闭合曲面的通量无贡献。② 描述了磁场的性质，磁场可以由传导电流激发，也可以由变化电场引起的位移电流激发。磁场都是涡旋场，磁感应线都是闭合线，对闭合曲面的通量无贡献。③ 证明了在静电荷为零时，变化的磁场能够激发电场。④ 证明了在传导电流为零时，变化的电场能够激发磁场。③和④预言了电磁波的存在，奠定了电磁波在真空中传播的理论基础，并且发现描述真空电现象的常数 ε_0 和描述真空磁现象的常数 μ_0 巧妙地联系起来可以得到光速，证明了光波是一种电磁波。

一、麦克斯韦方程及电磁波研究背景

麦克斯韦从小对数学和物理有着浓厚的兴趣，尤其喜欢几何学。但自从他父亲带他到爱丁堡皇家学会科学大厅参观了大科学家法拉第演示的电磁感应现象的一个了不起的发明——一台构型奇特的发电机后，麦克斯韦便被法拉第对电和磁的研究深深吸引。麦克斯韦弄不明白为什么当铜圆片在马蹄形磁铁间转动时会产生电流，他父亲也说不清楚，这激起了麦克斯韦强烈的好奇心。以致后来麦克斯韦在爱丁堡读大学时大部分课余时间都在钻研法拉第的著作，尤其对法拉第提出的力线概念特别感兴趣。1856年，麦克斯韦在法拉第力线的基础上创造性地提出了涡旋电场（又称感应电场）的概念，发表了他的关于电和磁的第一篇论文《论法拉第力线》。论文中通过类比方法，明确了两类不同的概念，一类相当于流体中的力，即电场强度 $\boldsymbol{E}$ 和磁场强度 $\boldsymbol{H}$；另一类相当于流体的流量，电位移矢量 $\boldsymbol{D}$ 和磁感应强度 $\boldsymbol{B}$ 属于这一类。麦克斯韦还进一步讨论了这两类物理量的性质。流量遵从连续性方程，可以沿曲面积分，而力则应按线段积分。

1861—1862年，麦克斯韦发表了他的第二篇论文《论物理力线》。在这篇论文中，麦克斯韦首次提出了“位移电流”的假设，明确指出电位移对时间的微商（位移电流密度)具有与电流相同的作用。这个假设是一个重大的突破,在电磁场理论中具有非常重要的地位。它说明电流和磁力线的关系不仅存在于导体周围也存在于真空和介质材料中。1865 年麦克斯韦发表了关于电磁场理论的第三篇论文:《电磁场的动力学理论》,全面地论述了电磁场理论。在这篇论文研究初期,麦克斯韦利用了 W.汤姆生的热电类比流体方法,用虚拟的不可压缩的匀速流体来类比电力线和磁力线。他用空间区域流体的速度方向和流体的密度来表示(电)磁力线的切线方向和(电)磁力的大小。在此基础上,麦克斯韦证明了静态电力和磁力可以从传统物质之间的作用理论推导出来,这是个了不起的成就。但当时,麦克斯韦不知道如何处理变化的力线。他去干别的工作了,但这些想法一直在他脑中酝酿。6 年后,他有了一个新模型。他想象空间里充满着小球,这些小球可以旋转,它们被更小的粒子在空间上间隔开。那些小粒子就像是钢珠轴承。麦克斯韦假设这些小球质量很小但有限,并有一定的弹性。如此一来,就可以把电力线(磁力线)与机械系统作类比,因为任何一个小球的变化都会引起其他小球的变化。麦克斯韦利用这个模型导出了所有的电磁方程,并通过分析该方程的常数发现电磁波的传播速度只由电磁基本性质决定,且这个速度与实验测到的光速只相差 1.5%,这是个惊人的结果!但是,这个模型在麦克斯韦时代没有获得大多数科学家的认同,因为当时的权威理论认为任何物理分领域都是以认清自然真实规律为目标的,他们认为麦克斯韦的模型没有原创性,用这个模型尝试对电磁和光做解释是有缺陷的。当时,几乎所有人都预计麦克斯韦下一步要完善这个模型。但他没有,他把模型放到一边,只运用动力原理,从头开始搭建这个理论。两年后,他的研究成果发表在《电磁场的动力理论》这篇论文中。在这篇论文中,无处不在的媒介取代了此前模型中的旋转粒子,媒介具有惯性和弹性,但麦克斯韦对媒质的机械特性没有详述,而是像变戏法一样运用约瑟夫·路易斯·拉格朗日(Joseph Louis Lagrange)的方法把动力系统看成一个“黑箱”:只要描述了这个系统的一些通常特征,就可以在不知道具体机理的情况下,通过输入推导出输出。如此,他得到了电磁场方程组,一共有 20 个方程。1864 年 10 月,他在皇家学会讲述他的这篇论文时,听众们简直不知道该拿它如何是好。一个理论建立在奇怪的模型上已经够糟糕了,而一个理论不以任何模型为基础,那就根本无法让人理解。

1873 年,麦克斯韦出版了《电磁通论》这部巨著,彻底地应用拉格朗日方程的动力学理论,对电磁场理论做了全面、系统和严密的论述。以场作为基本概念使接触作用思想在物理中深深扎下了根,引起了物理学理论基础的根本性变革。因此,这部巨著是继牛顿《自然哲学的数学原理》后物理学史上树立的又一座丰碑。

1884 年,赫兹在《论麦克斯韦电磁学基本方程与对应的电磁学基本方程组之间的关系》一文中依照“电流密度”的概念引入“磁流密度”概念,定义了一个形式上与电矢量势相似的磁矢量势,并通过数学推导消除了麦克斯韦方程组中的这两个矢量势,给出了简单、对称形式的四个矢量方程。这组方程就是现代物理中常用的麦克斯韦方程组。

实验上，直到麦克斯韦去世时(1879 年)还没有人做出过可靠的实验证明位移电流、电磁波的存在。直到 1885 年，赫兹利用一个具有初级和次级两个绕组的振荡器进行试验，偶然发现当初级绕组输入一个电脉冲时，次级绕组的两端狭缝中间便会产生火花。调整两个绕组之间的相对位置，火花的大小也随之改变，并且在某些位置次级绕组不产生火花。赫兹意识到这可能是一种电磁振荡现象。1886 年，赫兹设计了一种直线型开放振荡器。在这种振荡器中，赫兹利用了两段共轴的金属导体杆，杆的端点上焊有一对磨光的黄铜球，铜球间留有小间隙，让金属杆和高压感应圈的两极相连。当感应圈的电压升高到一定程度时，铜球间的间隙电场就击穿空气释放电火花，产生了电磁辐射。

1887 年，赫兹又设计了“感应平衡器”，完成了电磁波的产生、传播和接受全过程。他把这个工作发表在《论在绝缘体中电扰动所引起的电磁效应》一文中。1888 年，赫兹利用电磁波形成的巨波测定两相邻波节的距离(半波长)，结合振荡器的频率计算出电磁波的速率，发现该速率在实验误差范围内与当时所测得的光速惊人地相等，这也使得人们不得不相信，他利用振荡偶极子发射的的确是电磁波，也使人们相信了麦克斯韦关于“光也是电磁波”的论断。

二、麦克斯韦电磁理论与麦克斯韦方程组

1. 位移电流

麦克斯韦电磁理论建立之初，存在着这么一个问题，在非稳恒电流的情况下，安培环路定理不再成立，需要找寻新的规律来代替它。下面我们以含电容器电路为例来阐述这个矛盾及麦克斯韦的解决办法。

如图 16－1 所示，按照电荷守恒定律，在任意时刻 t，电容极板上的电荷 q 的时间变化率与导线中的传导电流密度 $\boldsymbol{j}_c$ 之间满足关系

$$\oiint_S \boldsymbol{j}_c \cdot \mathrm{d}\boldsymbol{S} = -\frac{\mathrm{d}q}{\mathrm{d}t} \tag{16-1}$$

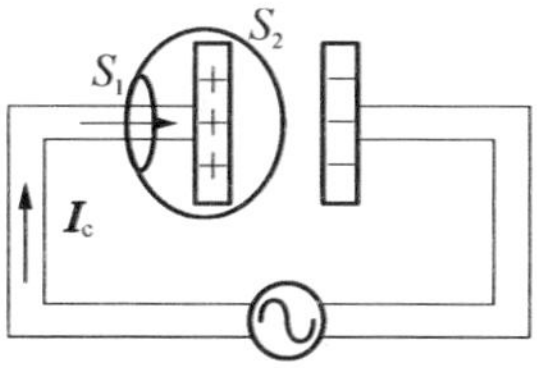

图 16－1

无论在电容器极板充电还是放电过程中，$\frac{\mathrm{d}q}{\mathrm{d}t} \neq 0$，因此式(16－1)中的电流密度是非稳恒电流。对 S_1，S_2 组成的闭合曲面 S 应用高斯定理有

$$q = \oiint_S \boldsymbol{D} \cdot \mathrm{d}\boldsymbol{S} \tag{16-2}$$

式中，$\boldsymbol{D}$ 是电容器极板间的电位移矢量。将式(16－2)代入式(16－1)可得

$$\oiint_S \left(\boldsymbol{j}_c + \frac{\partial \boldsymbol{D}}{\partial t}\right) \cdot \mathrm{d}\boldsymbol{S} = 0 \tag{16-3}$$

式(16-3)表明 $\frac{\partial \boldsymbol{D}}{\partial t}$ 与传导电流 $\boldsymbol{j}_c$ 有相同的量纲,且 $\boldsymbol{j}_c+\frac{\partial \boldsymbol{D}}{\partial t}$ 这个量是连续的。因此,如果把电位移矢量的变化率视为一种电流密度考虑进去,安培环路定理的困难将不再存在。麦克斯韦把 $\frac{\partial \boldsymbol{D}}{\partial t}$ 定义为**位移电流密度**,以 $\boldsymbol{j}_d$ 表示,即

$$\boldsymbol{j}_d=\frac{\partial \boldsymbol{D}}{\partial t} \tag{16-4}$$

把位移电流密度对任意曲面 S 的通量定义为位移电流,这个假设称为位移电流假设。将传导电流与位移电流合称为全电流。麦克斯韦将安培环路定律改写为 $\oint_l \boldsymbol{H}\cdot \mathrm{d}\boldsymbol{l}=\iint_S\left(\boldsymbol{j}_c+\frac{\partial \boldsymbol{D}}{\partial t}\right)\cdot \mathrm{d}\boldsymbol{S}$,称为全电流定律。式中 S 为以 l 为边界的任意曲面,S 的正法线方向与 l 的绕行方向满足右手螺旋关系。

位移电流的真正含义是:变化的电场可以产生磁场,结合法拉第电磁感应定律可以看出,变化的电场可以激发变化的磁场,而变化的磁场又可以激发变化的电场,因此,电场和磁场形成相互激发、相互依赖的不可分割的整体——电磁场。

2. 麦克斯韦方程组

除电荷能产生电场,电流能产生磁场外,磁场变化也可以激发感应电场,电位移矢量的变化(位移电流)可以产生磁场。在此实验现象的基础上,麦克斯韦开创性地提出了感应电场和位移电流的概念,拓展了关于电和磁的高斯定理和安培环路定理,得到了电磁场满足的方程组。经简化为

$$\begin{cases}\oiint_S \boldsymbol{D}\cdot \mathrm{d}\boldsymbol{S}=q\\ \oiint_S \boldsymbol{B}\cdot \mathrm{d}\boldsymbol{S}=0\\ \oint_l \boldsymbol{E}\cdot \mathrm{d}\boldsymbol{l}=-\iint_S \frac{\partial \boldsymbol{B}}{\partial t}\cdot \mathrm{d}\boldsymbol{S}\\ \oint_l \boldsymbol{H}\cdot \mathrm{d}\boldsymbol{l}=\iint_S\left(\boldsymbol{j}_c+\frac{\partial \boldsymbol{D}}{\partial t}\right)\cdot \mathrm{d}\boldsymbol{S}\end{cases} \tag{16-5}$$

式(16-5)称为麦克斯韦方程组,它真正体现了电与磁是相互激发、相互依赖的不可分割的整体。式(16-5)中的第一个式子说明电荷可以产生电场,而第三个式子则阐述了变化的磁场可以激发电场,第四个式子阐述的是除传导电流可以产生磁场外,变化的电场也可以激发磁场。这样,电场和磁场形成相互激发,相互依赖的不可分割的电磁场,这就是麦克斯韦方程的奇妙之处。麦克斯韦方程组揭示了电场与磁场相互转化中产生的对称性美。

在真空中(没有实物粒子的空间),麦克斯韦方程组可改写为

$$\begin{cases} \oiint_S \boldsymbol{D} \cdot \mathrm{d}\boldsymbol{S} = 0 \\ \oiint_S \boldsymbol{B} \cdot \mathrm{d}\boldsymbol{S} = 0 \\ \oint_l \boldsymbol{E} \cdot \mathrm{d}\boldsymbol{l} = -\iint_S \dfrac{\partial \boldsymbol{B}}{\partial t} \cdot \mathrm{d}\boldsymbol{S} \\ \oint_l \boldsymbol{H} \cdot \mathrm{d}\boldsymbol{l} = \iint_S \dfrac{\partial \boldsymbol{D}}{\partial t} \cdot \mathrm{d}\boldsymbol{S} \end{cases} \tag{16-6}$$

式(16-6)即真空中的麦克斯韦方程组,真正体现了电与磁是相互激发、相互依赖、不可分割的关系,它是电磁波不需要实物媒介的理论基础,是把电场和磁场定义为一种物质形态的原因。

3. 电磁波

利用矢量场的高斯定理和斯托克斯定理,自由空间中电磁场的麦克斯韦方程组式(16-6)化为微分形式

$$\nabla \cdot \boldsymbol{D} = 0 \tag{16-7a}$$

$$\nabla \cdot \boldsymbol{B} = 0 \tag{16-7b}$$

$$\nabla \times \boldsymbol{E} = -\frac{\partial \boldsymbol{B}}{\partial t} \tag{16-7c}$$

$$\nabla \times \boldsymbol{H} = \frac{\partial \boldsymbol{D}}{\partial t} \tag{16-7d}$$

式(16-7a)～(16-7d)虽然阐明了变化的电场可以产生磁场,变化的磁场也可以产生电场,电场和磁场可以互相激发,但还没有波的形态,需要我们进一步拓展它。用梯度算符∇叉乘式(16-7c)两边可得

$$\nabla \times (\nabla \times \boldsymbol{E}) = -\nabla \times \frac{\partial \boldsymbol{B}}{\partial t} \tag{16-8}$$

根据叉乘的性质和式(16-7a)以及关系式 $\boldsymbol{D} = \varepsilon \boldsymbol{E}$,式(16-8)左边可以改写为

$$\nabla \times (\nabla \times \boldsymbol{E}) = -\nabla^2 \boldsymbol{E} + \nabla(\nabla \cdot \boldsymbol{E}) = -\nabla^2 \boldsymbol{E} \tag{16-9}$$

根据关系式 $\boldsymbol{B} = \mu \boldsymbol{H}$ 和式(16-7d),式(16-8)右边可表示为

$$\begin{aligned} -\nabla \times \frac{\partial \boldsymbol{B}}{\partial t} &= -\frac{\partial(\nabla \times \boldsymbol{B})}{\partial t} = -\frac{\partial(\nabla \times \mu \boldsymbol{H})}{\partial t} \\ &= -\mu \frac{\partial^2 \boldsymbol{D}}{\partial t^2} = -\mu\varepsilon \frac{\partial^2 \boldsymbol{E}}{\partial t^2} \end{aligned} \tag{16-10}$$

结合式(16－9)和式(16－10)可得电场满足的偏微分方程为

$$\nabla^2 \boldsymbol{E} = \mu\varepsilon \frac{\partial^2 \boldsymbol{E}}{\partial t^2} \tag{16－11}$$

注 $\nabla^2 = \frac{\partial^2}{\partial x^2} + \frac{\partial^2}{\partial y^2} + \frac{\partial^2}{\partial z^2}$ 为拉普拉斯算子。同理,我们用∇去叉乘式(16－7d)两边,并经整理可得

$$\nabla^2 \boldsymbol{H} = \mu\varepsilon \frac{\partial^2 \boldsymbol{H}}{\partial t^2} \tag{16－12}$$

式(16－11)和式(16－12)是典型的波传播的波动方程,因此电磁波的存在从理论上讲是毋庸置疑的了。实验上,1885—1887 年,赫兹做了大量激发和检测电磁波的实验。1887 年 11 月 5 日,赫兹在他提交给柏林科学院的报告《论在绝缘体中电扰动所引起的电磁效应》中宣布他证明了电磁波的存在。1888 年 3 月,赫兹进一步测定了电磁波在真空中的传播速度,证明了电磁波在真空中的速度等于光速,且与理论预言 $c = \frac{1}{\sqrt{\mu_0 \varepsilon_0}}$ 值完全相符!到此,科学家们认识到电、磁、光是统一的,光的本质就是电磁波。

三、电磁波性质

在各向同性的介质中,如果电磁波的传播方向在 x 轴方向,且电场传播方向在 y 方向,则电场波动的运动学方程为

$$E_y = E_{y0} \cos \omega \left(t - \frac{x}{u}\right) \tag{16－13}$$

相应地,磁场波动的运动学方程可表示为

$$H_z = H_{z0} \cos \omega \left(t - \frac{x}{u}\right) \tag{16－14}$$

式(16－13)中的 E_{y0} 和式(16－14)中的 H_{z0} 分别表示电场和磁场的振幅,ω 为电磁波振动的频率,如图 16－2 所示。由麦克斯韦方程中$\nabla \times \boldsymbol{E} = -\frac{\partial \boldsymbol{B}}{\partial t}$,结合式(16－13)和式(16－14)可得电场和磁场振幅之间的关系为

$$\sqrt{\mu} H_{z0} = \sqrt{\varepsilon_0} E_{y0} \tag{16－15}$$

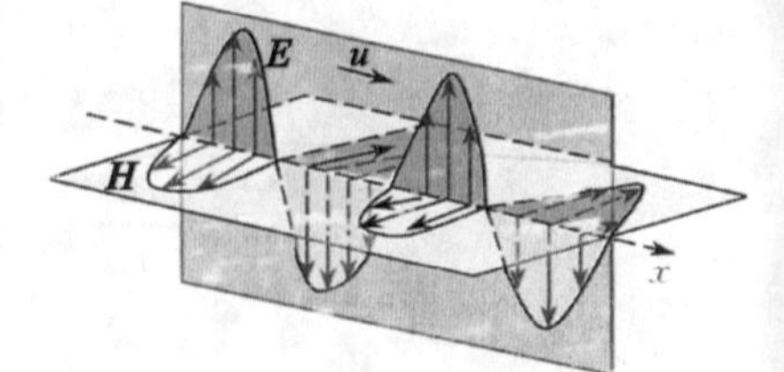

图 16－2

电磁波的性质总结如下。

(1) 电磁波的电场分量和磁场分量总与电磁波传播速度 $\boldsymbol{u}$ 的方向垂直，故电磁波是横波。

(2) 电磁波的电场分量和磁场分量都在各自确定的平面内振动，这称为电磁波的偏振性。电场矢量 $\boldsymbol{E}$、磁场矢量 $\boldsymbol{H}$ 和传播速度矢量 $\boldsymbol{u}$ 的方向满足右手螺旋定则，即 $(\boldsymbol{E}\times\boldsymbol{H})\parallel\boldsymbol{u}$，且定义 $\boldsymbol{S}=\boldsymbol{E}\times\boldsymbol{H}$ 为能流密度矢量，它表示单位时间流过单位面积的能量。矢量 $\boldsymbol{S}$ 也称为坡印廷矢量。

(3) 电磁波的电场分量 $\boldsymbol{E}$ 和磁场分量 $\boldsymbol{H}$ 总是同相位的。

电磁波(又称电磁辐射)是由同相振荡且互相垂直的电场与磁场在空间中以波的形式移动而产生的，其传播方向垂直于电场与磁场构成的平面，有效地传递能量和动量。如图 16－3所示，电磁辐射可以按照频率分类，从低频率到高频率，包括无线电波、微波、红外线、可见光、紫外线、X 射线和伽马射线等。人眼可接收到的电磁辐射的波长为380～780 nm，称为可见光。只要是本身温度大于绝对零度的物体，都可以发射电磁辐射，而世界上并不存在温度等于或低于绝对零度的物体。因此，人们周边所有的物体时刻都在进行电磁辐射。电磁波不需要依靠介质传播，电场和磁场本身就是物质存在的一种形态。各种电磁波在真空中传播的速率为光速。

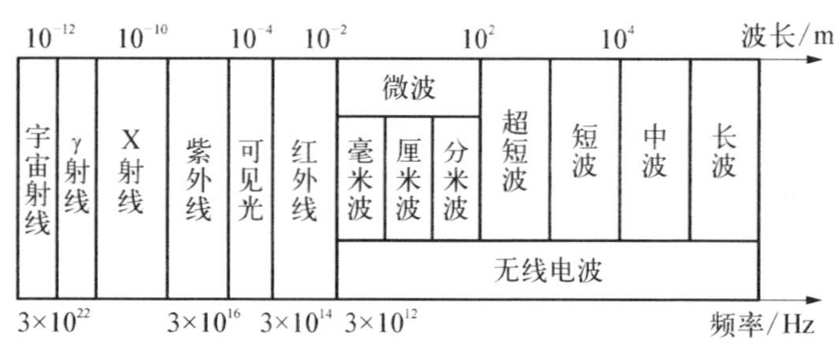

图 16－3

四、电磁理论的发展及其对人类社会的影响

自从 1885 年，赫兹电磁振荡产生并检验到电磁波后，科学家们进行了许多与电磁波相关的实验，除了进一步证明光是电磁波外，还发现了更多形式的电磁波，如 X 射线、γ 射线等。

现在人们的生活离不开电磁波，长波、中波和短波的波长相对较长，衍射现象明显，主要用于无线电通信；米波、分米波比短波更高频，更难绕地面传播，主要用于电视、导航和移动通信；厘米波和毫米波统称为微波，波长更短，在民用和军事两方面都有着日益重要的应用，主要用于电视和无线电定位技术，如雷达、卫星定位等；可见光波长范围很窄，为 400～760 nm，波长介于无线电波和可见光之间的电磁波称为红外线，红外线利用广泛，如红外热视仪、红外摄影机、红外扫描仪和红外辐射计等；另外，红外线热效应显著，人们常利用红外线对物品间接加热或取暖；频率比可见光更高的是紫外线,具有显著的化学效应和荧光效应,人类利用其做出了具有杀菌效果的紫外线灯和用于照明的荧光灯;频率比紫外线更高的是X射线,人们常用X射线对人体进行透视检查;比X射线高频的电磁波统称为γ射线,在肿瘤治疗中常用的γ刀就是γ射线在医学中的应用。

麦克斯韦电磁理论自提出至今已过去了一百多年,理论体系逐渐完善,这不仅是将电、磁、光统一起来的伟大学说,更对人类社会的文明进步有着不可磨灭的历史意义。目前在电磁波谱中,除了波长极短的一端以外,已经不再留有任何空白了。相信在日后,科学技术将会继续发展填满这最后一处空白,构建起完美的知识体系。

五、练习与思考

16-1　证明电位移大小随时间的变化率具有电流密度的量纲。

16-2　平行板电容器正方形极板的边长为1.0 m,如图16-4所示。设2.0 A充电电流在极板间产生的匀强电场垂直于极板,试求:

(1) 极板间的位移电流密度和位移电流;

(2) 极板间虚线区域的位移电流及沿虚线的路径积分$\oint_l \boldsymbol{B}\cdot d\boldsymbol{l}$。

16-3　真空中沿x正方向传播的平面余弦波,其磁场分量的波长为λ,幅值为H_0。在时刻$t=0$的波形如图16-5所示。

(1) 写出磁场分量的波动表达式;

(2) 写出电场分量的波动表达式,并在图中画出$t=0$时刻的电场分量波形图;

(3) 计算$t=0$时,$x=0$处的坡印廷矢量。

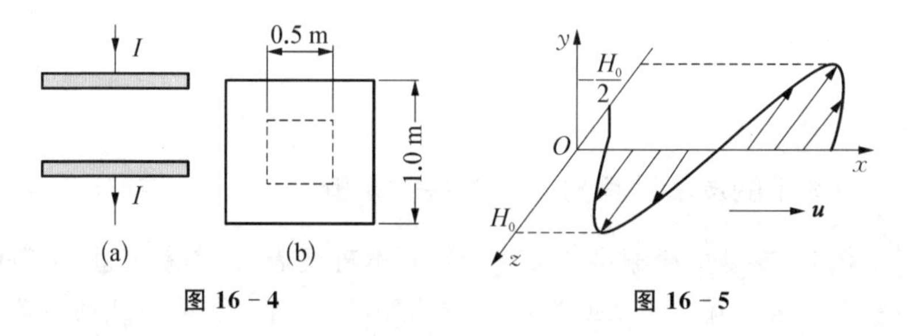

图16-4　　图16-5

16-4　假设电磁波在空气中传播的波速等于真空中的波速,试计算下列各种频率的电磁波在空气中的波长:

(1) 上海人民广播电台使用的一种频率$\nu=990$ kHz;

(2) 我国第一颗人造卫星播放东方红乐曲使用的无线电波的频率$\nu=20.009$ MHz。

16-5　如图16-6所示,已知入射平面电磁波的电场分量为$E_x(z,t)=E_0\cos\omega\left(t-\frac{z}{c}\right)(z<0)$,电磁波垂直入射一波密介质,假设该入射波全部被反射:

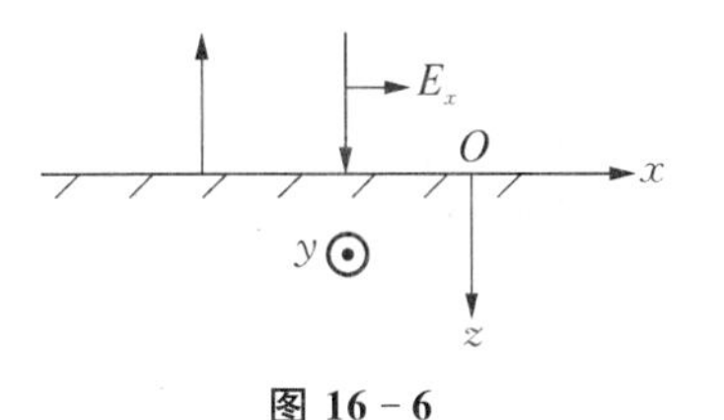

图 16 - 6

（1）写出入射电磁波的磁场分量的波动式；

（2）写出反射电磁波的电场分量和磁场分量的波动式；

（3）若该电磁波的波长为 λ，求入射波的平均强度；

（4）波密介质受到的平均电磁辐射压强。

16 - 6　真空中一半径为 R，长为 L 的长直圆柱面，其表面均匀带电，电荷面密度为 σ。$t=0$ 时刻圆柱面从静止开始绕其轴线以恒定角加速度 α 旋转。试求 t 时刻（$t>0$）的下列各量（$L \gg R$）：

（1）圆柱面内的磁感应强度的大小；

（2）圆柱面距轴线 r 处电场强度的大小；

（3）圆柱面内距轴线 r 处坡印廷矢量的大小；

（4）单位时间从圆柱面内表面流入圆柱面内的能量。

16 - 7　角频率 ω、角波数为 λ 的电磁波入射到电子数密度为 ρ 的等离子体中，讨论等离子体的折射率特征。

第十七章　光的直线传播、光的反射及折射

光的直线传播、反射和折射属于几何光学范畴。光的直线传播原理阐述光在一种媒质中的传播性质，而光的反射和折射描述光在遇到两种媒质交界面时光的传播方向发生的变化，以及总结这种变化得出的反射定律和折射定律。

一、光的直线传播、反射及折射的研究背景

光是一种自然现象。人睁开眼睛在白天就会见到太阳光，在晚上会见到月光，偶尔见到萤火虫发出的荧光。人们把发射辐射光的物体称为一级光源，如太阳、白炽灯、激光光源等；把反射辐射光的物体称为次级光源，如月亮、反射镜等。辐射光发出后在真空中直线传播，但光在传播过程中遇到物质（媒质）时会发生反射和折射现象。例如，湖水倒映出蓝天，这是光的反射；镜子中显出自己的身影，这是光的反射；透过眼睛看到世界万物，这是因为光有反射现象。人们把一根筷子一段放进盛有水的容器，一段留在空气中，会发现筷子发生弯折现象，这种现象是光的折射。

关于光的传播、反射和折射的研究有悠久的历史。从春秋战国时代开始，我国对小孔成像、平面镜、凸面镜和凹面镜就进行了深入的研究。《墨经》中记载了世界上最早的小孔成像。该书中写到“景到（倒），在午有端”。意思是光线通过小孔时相互交叉形成倒像，投射到屏上的一切光线均相交于小孔处。《经说下》中进一步解释说光照射如同射出去的箭一样直进。通过小孔时，下面部分的光射到了上边，上面部分的光射到了下边，所以足部挡住了下面的光成景（影）在上，头部挡住了上面的光成景在下。可见，墨家利用了光的直线传播原理，给出了小孔成像的正确解释。

在西欧，对光的研究可追溯到 2 000 多年前，但光学真正成为一门科学是从建立反射定律和折射定律的时代算起的，这两个定律奠定了几何光学的基础。后来，光的本性也就是物理光学成为光学研究的重要课题。17 世纪时逐渐形成了关于光本性的两种学说——微粒说与波动说。荷兰物理学家惠更斯是波动说的开山鼻祖，而牛顿则是微粒说的创始人。两种学说都能很好地解释光的反射与折射现象。但是两者对光在媒介中的传播速度意见相左。

牛顿曾致力于颜色的现象和光的本性的研究。他创立了光的“微粒说”，从一个侧面反映了光的运动性质。牛顿在研究颜色现象时发现了很多重要现象。他根据光的直线传播特性，认为光是一种微粒流。牛顿是这样认为的：光是由一颗颗像小弹

丸一样的机械微粒所组成的粒子流，发光物体接连不断地向周围空间发射高速直线飞行的光粒子流，一旦这些光粒子进入人的眼睛，冲击视网膜，就引起了视觉，这就是光的微粒说。牛顿用微粒说轻而易举地解释了光的直进、反射和折射现象。由于微粒说通俗易懂，又能解释常见的一些光学现象，所以很快获得了人们的承认和支持。

但是，微粒说并不是"万能"的，比如，它无法解释为什么几束在空间交叉的光线能彼此互不干扰地独立前行，为什么光线并不是永远走直线，而是可以绕过障碍物的边缘拐弯传播等现象。为了解释这些现象，和牛顿同时代的荷兰物理学家惠更斯提出了与微粒说相对立的波动说。惠更斯认为光是一种机械波，由发光物体振动引起，依靠一种特殊的称为"以太"的弹性媒质来传播的现象，波面上的各点本身就是引起媒质振动的波源。根据这一理论，惠更斯证明了光的反射定律和折射定律，也比较好地解释了光的衍射、双折射现象和著名的"牛顿环"实验。如果说这些理论不易理解，惠更斯又举出了一个生活中的例子来反驳微粒说。如果光是由粒子组成的，那么在光的传播过程中各粒子必然互相碰撞，这样一定会导致光的传播方向的改变，而事实并非如此。不过在解释折射现象时，惠更斯假设光在水中的速度小于在空气中的速度，这与牛顿的解释正好相反。谁是谁非，拉开了近代科学史上关于光究竟是粒子还是波动的激烈论争的序幕。尽管波动说可以解释不少光学现象，但由于它很不完善，解释不了人们最熟悉的光的直进和颜色的起源等问题，所以没有得到广泛的支持。

光的微粒说和波动说的争论一直持续了200多年。直到爱因斯坦把微粒说和波动说完美地结合。爱因斯坦运用光量子说——全新意义上的微粒说，把光电效应解释得一清二楚。但是，爱因斯坦并没有抛弃波动说，而是把两者巧妙地结合在一起，并辩证地指出：光是波，同时又是粒子，是连续的，又是不连续的，自然界喜欢矛盾。这一思想充分体现在他的光量子理论的两个基本方程 $E=h\nu$ 和 $p=\frac{h}{\lambda}$ 中，把粒子和波紧密地联系在一起。光的微粒说与波动说的争论至此告一段落。

二、光的直线传播、反射和折射的数学描述及物理解析

1. 光源

自身能够发光的物体称为光源。它分为两种，一种是自然光源，如太阳、萤火虫等；另一种是人造光源，如发光的电灯、点燃的蜡烛（烛焰）。月亮不是自身发光光源，它依靠太阳光反射而发光。如果把反射光的物体称为次级光源，月亮就是次级光源。根据光源的形状，我们可把光源分为点光源、面光源等。

2. 光的直线传播

通过对光的长期观察，人们发现了沿着密林树叶间隙射到地面的光线形成射线状的光束，从小窗中进入屋里的日光也是这样。大量的观察事实使人们认识到光是沿直线传播的。为了证明光的这一性质，大约两千四五百年前我国杰出的科学家墨

翟和他的学生完成了世界上第一个小孔成倒像的实验,发现并解释了小孔成倒像的原理。如图 17-1 所示,在一间黑暗的小屋朝阳的墙上开一个小孔,人对着小孔站在屋外,屋里相对的墙上就出现了一个倒立的人影。为什么会有这奇怪的现象呢?墨家解释说,光穿过小孔如射箭一样,是直线行进的,人的头部遮住了上面的光,成影在下面,人的足部遮住了下面的光,成影在上面,就形成倒立的影。这是对光直线传播的第一次科学解释。

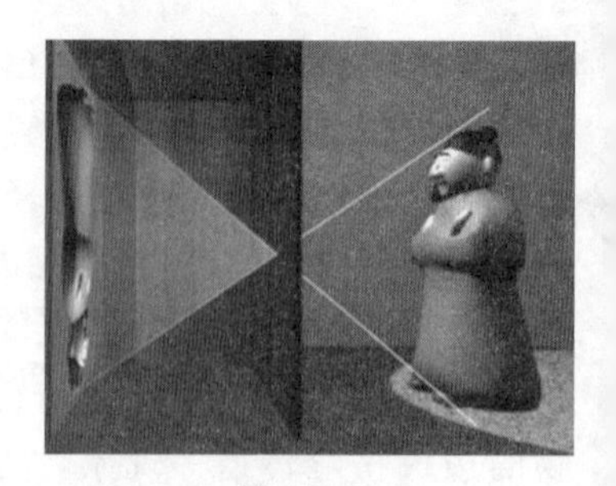

图 17-1

3. 光的反射

光在两种媒质交界面上改变传播方向又返回原来媒质中的现象称为光的反射现象。在光的反射现象中,光的反射线、入射线、交界面法线都在同一平面内,且反射线与入射线分居法线两侧,反射角等于入射角,这个规律称为光的反射定律。根据反射面的不同,反射分为镜面反射与漫反射两种。当反射面是光滑平面时,平行光线经界面反射后沿某一方向平行射出,只能在某一方向接收到反射光线,这就是镜面反射。当反射面是粗糙平面或曲面时,平行光线经界面反射后向各个不同的方向反射出去,即在各个不同的方向都能接收到反射光线,这就是漫反射。但无论是镜面反射还是漫反射,它们都遵循光的反射定律。漫反射只是由于反射面不平,从而形成了不规则的反射。但是漫反射中的每一条光线都遵循反射定律,只是平行光束经漫反射后不再是平行光束了而已。

1) 用惠更斯原理来解释光的反射现象

如图 17-2 所示,A 点与 B' 点为界面上两点,A'点与 B 点分别为反射波与入射波同一波阵面上的点。在 t 时刻,a, b, c 三条光线向媒质交界面入射,此时 a 光线到达 A 点,b 光线到达 B 点。经 Δt 时间后,A 点发射的子波到达 A'点,B 点发射的子波到达界面 B'点。由于光在同种介质中传播,波速不变,有

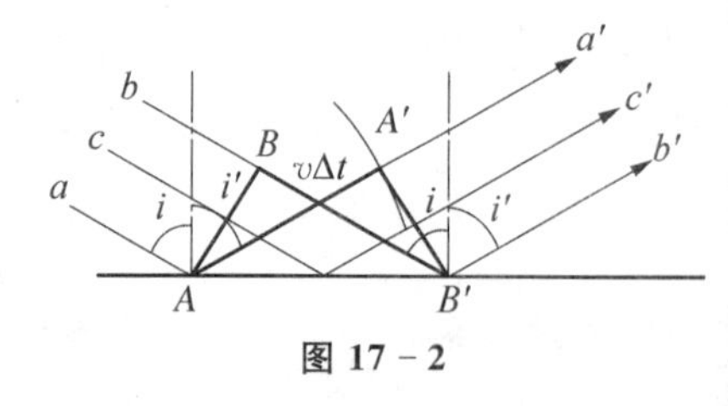

图 17-2

$$AA' = B'B = v\Delta t \tag{17-1}$$

又由于

$$AB' = B'A \tag{17-2}$$

所以

$$\Delta AB'B \cong \Delta B'AA' \tag{17-3}$$

有

$$\angle BAB' = \angle AB'A' \tag{17-4}$$

定义入射线与交界面法线方向的夹角为入射角 i，反射线与交界面法线的夹角为反射角 i'。根据夹两角的两边互相垂直，则这两角相等定理，有

$$\angle BAB' = i,\ \angle AB'A' = i' \tag{17-5}$$

式(17－5)结合式(17－4)可得

$$i' = i \tag{17-6}$$

式(17－6)证明了反射角等于入射角，光的反射定律得证。

2）反射中的半波损失

波从波疏媒质入射波密媒质的反射过程中，反射波在离开反射点时的振动相对于入射波到达入射点时的振动相差半个波长，这种现象称为半波损失。这是由媒质的波阻决定的。媒质密度和波速的乘积称为波阻，波阻大的媒质称为波密媒质，波阻小的媒质称为波疏媒质。光从光疏媒质入射到光密媒质的反射过程中也存在半波损失。

4. 光的折射

如图 17－3 所示，光从一种媒质 1 射入另一种媒质 2 时，传播方向发生改变，光线在不同媒质交界处发生偏折的现象称为光的折射现象。光在真空中的传播速度为 c，实验测得 $c = (299\,793 \pm 0.3)\text{km/s}$，光在不同的媒质中有不同的传播速度。定义光在真空中的传播速度 c 与其在媒质中的传播速度 v 之比为媒质的折射率 n，即

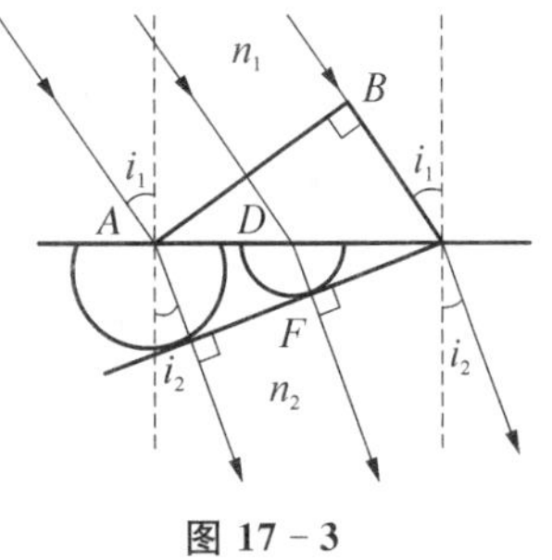

图 17－3

$$n = \frac{c}{v} \tag{17-7}$$

折射定律：光的折射过程中，折射线与入射光线分别位于不同媒质中，但折射线、入射线、法线处在同一平面内，且在两种媒质交界面法线的两侧，入射角的正弦与折射角的正弦之比等于两媒质的折射率比的倒数，即

$$\frac{\sin i_1}{\sin i_2} = \frac{n_2}{n_1} \tag{17-8}$$

利用惠更斯原理可以证明折射定律(留给读者证明)。

5. 全反射

光由光密媒质进入光疏媒质时，要离开法线折射。当入射角增加到一定角度时，折射角为 90°，此时的入射角称为临界角。当入射角大于临界角的时候，全部光线均返回光密介质，此现象称为全反射。根据折射定律，全反射发生的条件为

$$i_1 \geqslant \arcsin\left(\frac{n_2}{n_1}\right),\text{且 } n_1 > n_2 \tag{17-9}$$

6. 光程

由于光在媒质中传播的速度小于在真空中的传播速度,因此经过同样距离在媒质中花费时间就较长。为了能够将光在不同媒质的距离与真空中的距离进行比较,把光在媒质中经过的路程折算为在真空中的路程,并定义光经过的实际距离乘以媒质的折射率为光经过的路程,简称光程,即

$$L = ct = \sum_i n_i l_i \tag{17-10}$$

三、光的折射和反射应用典型实例——光纤通信

科学家们根据光的全反射造出一种透明度很高、粗细像蜘蛛丝一样的玻璃丝——玻璃纤维。当光线以合适的角度射入玻璃纤维时,光就沿着弯弯曲曲的玻璃纤维前进。由于这种纤维能够用来传输光线,故称为光导纤维(光纤),如图17-4所示。

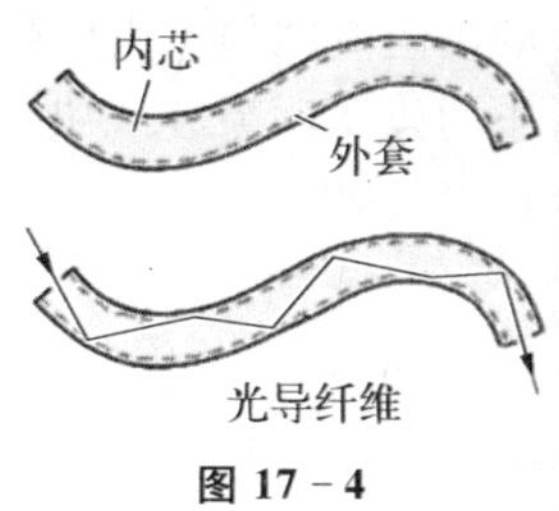

图 17-4

光导纤维的直径为 1～100 μm,材质为石英材料。它由内芯和外套两层组成,内芯的折射率大于外套折射率,光由一端进入,在内芯和外套的界面上经多次全反射,从另一端射出。由于光在光纤中是以全反射的方式传播的,不会在传播过程中丢失,因此光经过多次反射仍能携带信息。

由于保密的需要,重要的电信息通常用电线传播(电话)。但是,到了20世纪末,由于半导体和集成电路的发展,大量的信息产生出来,传统的电线传输方式遇到了瓶颈。首先,它已经不能满足日益剧增的信息传输量以及传输速度。其次,电线传输容易受电磁场和电磁辐射的影响,使信号在传输过程中失真。最后,电信号在电缆中传输,保密性也不高。由于这些原因,需要一种新的传输载体。科学家研究发现,光作为一个传播极为快速的载体,拥有很宽的频带,同时还容易与电信号相互转化,是较为理想的载体,因此,光纤通信技术逐渐发展起来。同时,光纤传输还有以下几个优点。

(1) 相比传统的传输方式,光纤传输损耗低。用铜线作为传播媒介传输时,在同轴电缆组成的系统中,即使是最好的电缆在传输 800 MHz 信号时,每千米的损耗至少为 40 dB;用光和光导纤维传输时,传输 1.31 μm 的光,每千米损耗在 0.35 dB 以下。因此光通过光导纤维传播的损耗小,使得它在传输距离上能达到更远。同时,环境温度的变化对于光在光纤中传播时的损耗影响小,使得光纤传播更加稳定。

(2) 光纤通信具有频带宽的特性。根据香农公式 $C = B\ln\left(1+\dfrac{S}{N}\right)$(其中 B 是信道频带宽度,S 是信号功率谱密度,N 是信道噪声功率谱密度,C 是信道容量),由于光纤具有很大的频带宽度,致使光纤拥有十分优秀的信道容量,因此光纤通信在通信传输领域具有很大优势。表17-1为几种主要传输线路的比较。

表 17－1　主要传输线路的比较

传 输 线 路	传输话路数
平衡电缆	3 000
微波	50 000
同轴电缆	100 000
毫米波导管	300 000
光缆	5 000 000 以上

(3) 光纤通信具有很强的抗干扰性。从光纤的材质来说，光纤材料是非金属的石英介质，是绝缘体，其他的电磁干扰不容易对其造成影响；同时，在光纤中传输的是频率很高的光波，频率较低的干扰对于这种高频的光波很难产生影响。

(4) 光纤的成本低。光纤的主要成分是石英(二氧化硅)，一千克高纯度石英可以制成上万千米的光纤，因此可以说光纤的原材料成本很低。而铜线传输则需要消耗大量的有色金属。而且根据上述两种材料的对比我们可以知道，光纤的质量远远比铜缆小。

四、练习与思考

17－1　17 世纪费马曾提出，光从某一点到达另一点所经过的实际路径是所需时间最短的路径。试根据这一“费马原理”证明光的反射定律 ($i'=i$) 和光的折射定律 $\dfrac{\sin i}{\sin r}=\dfrac{u_1}{u_2}$，其中 i 是入射角，i' 为反射角，r 为折射角，u_1 和 u_2 分别为光在媒质 1 和媒质 2 中传播的速度。

17－2　如图 17－5 所示，单色平行光垂直照射到厚度为 e 的薄膜上，若 $n_1 < n_2 > n_3$，λ_1 为入射波在折射率为 n_1 的媒质中的波长。入射光波经该膜上、下两表面反射。求这两束反射光之间的光程差和相位差。

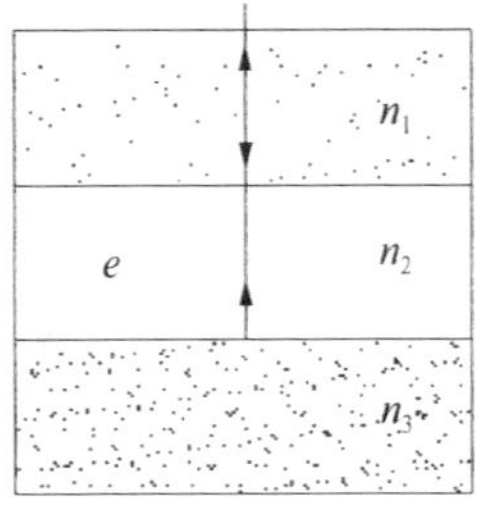

图 17－5

第十八章　光的偏振

现代物理认为，光是以电场矢量和磁场矢量的振动传播的电磁波。光的电场矢量振动方向称为光的偏振方向。光的偏振方向在一条直线上且不随时间变化的光称为线偏振光，光的偏振方向随时间变化且振动矢量末端画出一椭圆的偏振光称为椭圆偏振光。特别地，光矢量在各个方向的振幅都相同的椭圆偏振光称为圆偏振光。自然光是在垂直于传播方向的平面内同时存在各个方向振动的光，它总可以分解为两个互相垂直方向上线偏振光的叠加。

一、偏振光研究背景

远在 1669 年，丹麦科学家巴塞林发现当一束光线沿一定方向穿过透明晶体方解石时，它会分裂成独立的两束光；当绕着入射光的方向转动这块晶体时一束称为寻常光的光(o 光)将保持稳定不变，而另一束称为非寻常光的光(e 光)却随着晶体的转动而转动。荷兰著名物理学家惠更斯给这个现象做了一个解释。他认为，如果光波进入方解石晶体后分裂成两列波，其中一列波在各个方向都以相同的速度在晶体中传播，而另一列波的速度与它相对晶轴的方向有关。至于传播速度这一差别何以能形成，惠更斯认为，一束光的波面是球面，而另一束光的波面则为椭球面。球面子波构成的是一个沿原来入射方向继续前进的波前；而椭球面子波产生的波前要不断地偏向一旁，两束光穿出晶体后，在空气中只形成球面波，所以都变成平面的了。惠更斯关于上述现象的理论虽然是正确的，但却无法解释光波在晶体中有两种不同的传播方式，尤其使他困惑的是，当把两块方解石平行放置或任意放置时，通过第二块方解石晶体都可以看到四束光线，但当把它们垂直放置时，透过第二块方解石晶体看到的不再是四束光线，而仅是经过互换后的两束光线。

牛顿的光微粒学说认为光是很轻的物质流，双折射是因这些物质流中的许多微粒速度大小不同、方向各异引起的，但对为什么一束光通过方解石晶体只有两束光射出来却没有清楚地解释。到 18 世纪英国科学家托马斯・杨研究了光的干涉现象以后，光的波动学说得到复兴。光的波动学说在英国的复兴刺激了法国光的微粒学说学派，从而推动了光学问题在法国的进一步深入扩展。法国科学家马吕斯在 1808 年冬的一个傍晚，用方解石晶体惊奇地看到从玻璃上反射的太阳像并不因为双折射出现双像，而只有一个像。晚上，他带着这一困惑不解的问题，利用蜡烛光进行实验，发现蜡烛光经水面反射且当入射角为36°时，在晶体中也仅只观察到一个像，但当以其他角度入射时，则仍然出现两个像，不过两像的强度因入射角的不同而不同，在晶体转动时，较亮的将会变得较暗，较暗的将会变得较亮。利用其他反射面反射时，也会看到类似的现象，能获得单像的这一特定的入射角，后来称为特性角（也称为起偏角）。为什么当光的入射角等于特性角时，反射光会发生单个像的现象？马吕斯从微粒学说的观点出发，认定光线发生了偏振，偏振这一概念就是马吕斯在这一实验的基础上首先引进的。这就是说，当光线以特性角入射时，反射光是全偏振光，折射光是部分偏振光，并且他发现光的振动方向是相互垂直的。马吕斯的这些观点曾出现在1808年1月法国科学院的报道中，这一现象也曾被阿拉果发现。后来英国的布儒斯特专门对特性角进行了讨论，得到了著名的布儒斯特定律。马吕斯还进一步找到了一条普通的经验定律，即强度为I_0的偏振光透过第二个晶体后，强度变为$I = I_0\cos^2\alpha$，式中α为第一个晶体和第二个晶体主截面（偏振化方向）的夹角。由于对光的偏振的合理解释，微粒学说获得暂时的胜利。

后来，菲涅耳与阿拉果合作研究偏振对于杨氏干涉实验的影响，他们得出光是纵波，呈纵向振荡的结论，但纵波的概念无法合理解释杨氏干涉的实验结果。阿拉果把这个问题告诉了托马斯·杨。托马斯·杨大胆建议，假若光波是横波，呈横向振荡，则光波可以分解为两个相互垂直的分量，或许这样做可以对实验结果给出解释。果然，这建议清除了很多疑点。1817年，菲涅耳与阿拉果将实验结果定性总结为菲涅耳-阿拉果定律。这以后，菲涅耳进一步研究这个实验的定量表述，发展出一套以光波的振幅与相位来分析光性质的波动理论。这套理论能够定量地解释偏振光的物理性质，但非偏振光或部分偏振光由于不具有稳定的振幅与相位，无法用菲涅耳波动理论给予解释。

1852年，乔治·斯托克斯提出一种强度表述，能够描述偏振光、非偏振光与部分偏振光的物理行为。斯托克斯的理论只需要使用4个参数（又称为斯托克斯参数）就可以描述任何光束的偏振态。更重要的是，这4个参数可以直接测量获得。

1865年，詹姆斯·麦克斯韦将关于电和磁的高斯定理、安培环路定理以及法拉第的电磁感应定律加以整合，推导出一组描述电和磁现象的方程，现代物理学将这组方程称为麦克斯韦方程组。亥姆霍兹从这组方程出发推导出电磁波波动方程，得出了光波是一种电磁波的结论。从麦克斯韦方程组出发还可以严格地推导出菲涅耳的波动理论，给予菲涅耳光的波动理论坚实的理论基础。

二、偏振光的数学描述及物理解析

现代物理认为，光是电场矢量和磁场矢量的振动传播。由于磁场矢量的振幅在数值上远远小于电场矢量，我们主要用电场矢量来分析光的性质，因此本书的光矢量就是指光的电矢量。

1. 光按电矢量偏振态的分类

按在垂直于光传播方向的平面内光矢量的振动状态，人们把光矢量的状态分为5种，即线偏振光、圆偏振光、椭圆偏振光、自然光和部分偏振光。下面我们具体介绍一下这5类偏振光。

1) 线偏振光

光矢量沿着一个固定方向振动的光，如图18-1(a)所示，称为线偏振光。如果振动方向在 y 轴，可以用图18-1(b)表示；在 z 轴，用图18-1(c)表示。

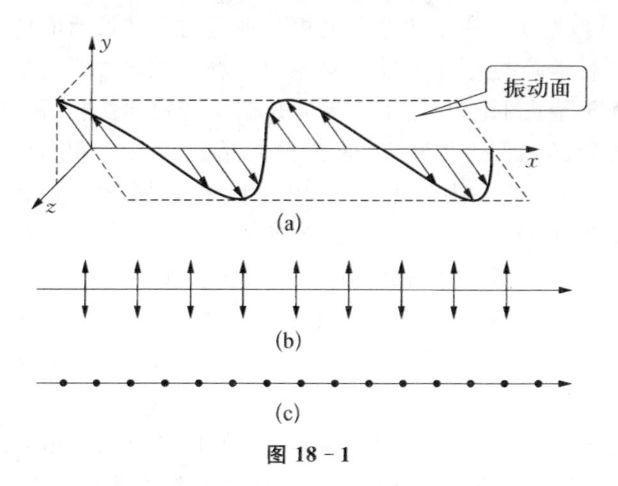

图 18-1

2) 圆偏振光

光矢量的方向随时间做规则的变化，在垂直于光的传播方向的平面内，光矢量的末端运动轨迹是圆，称此种光为圆偏振光。圆偏振光又分为右旋偏振光和左旋偏振光，如图18-2所示。

3) 椭圆偏振光

光矢量的大小和方向都做规则的变化，在垂直于光的传播方向的平面内，光矢量的末端运动轨迹是椭圆，称此种光为椭圆偏振光。椭圆偏振光与圆偏振光相比仅仅光矢量的振幅随时间变化。

4) 自然光

在垂直于光传播方向的平面内，在任一时刻，光矢量的振动方向无规则变化，各个方向的平均振幅相等的光称为自然光，如图18-3(a)所示。

5) 部分偏振光

在垂直于光传播方向的平面内某些方向的光矢量平均振幅较大，某些方向光矢量的平均振幅较小的光称为部分偏振光，如图18-3(b)所示。

2. 线偏振光的获得

1) 偏振片

如图18-4所示，由于自然光总可以在垂直于传播方向的平面内分为互相垂直

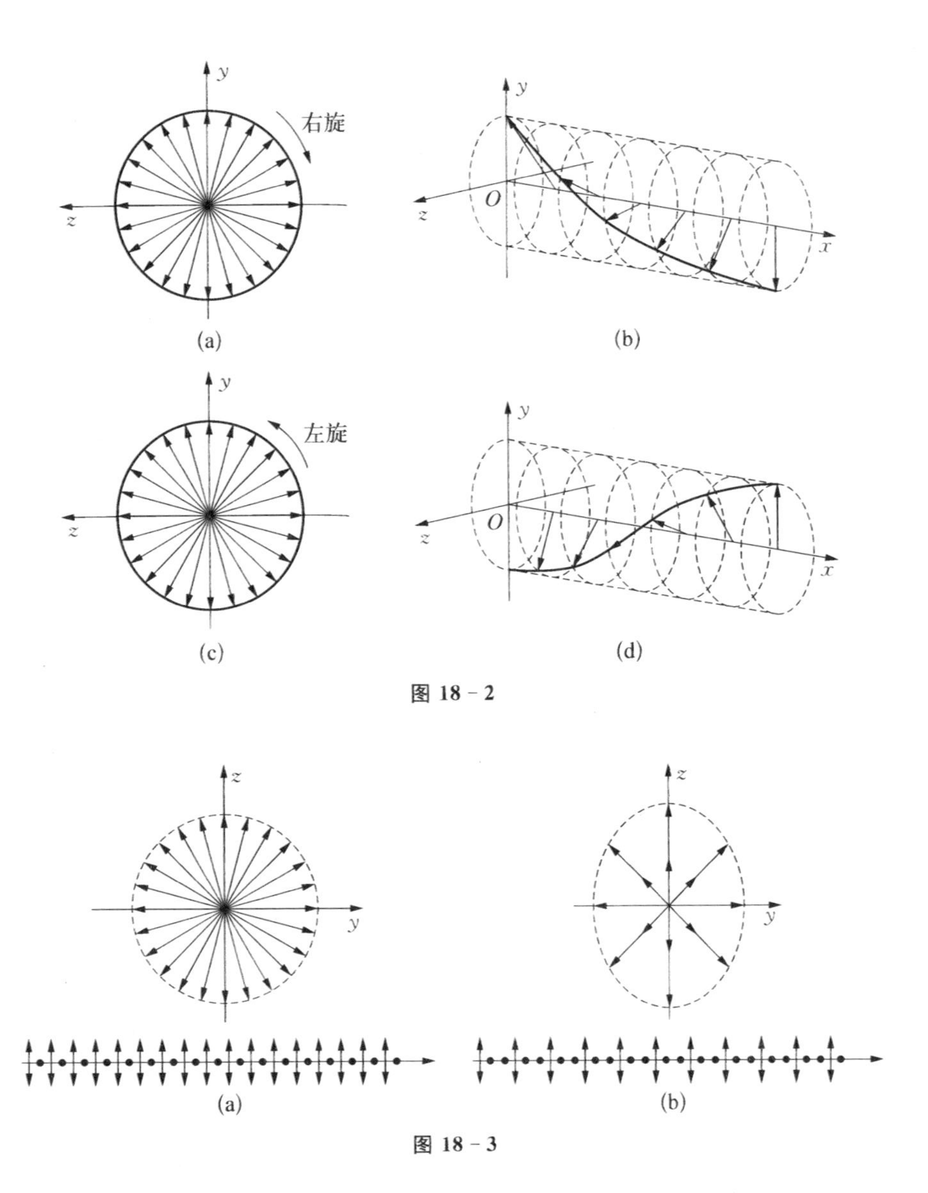

图 18－2

图 18－3

的两种偏振成分，如果有一种仪器能去除某一方向的振动成分，只留下另一特定方向的振动成分，这种仪器称为起偏器。偏振片就是一种起偏器，它一般是在高分子材料基片上浸染具有强烈二向色性的碘，经硼酸水溶液还原稳定后，再将其单向拉伸 4～5 倍制成。这种偏振片偏振度高，可达 99.5%，适用于整个可见光范围。偏振片的透光方向称为偏振化方向或者起偏方向。自然光透过偏振片后，其透射光就变成线偏振光，这块偏振片就是起偏器。如果在偏振片后再放置一块偏振片，这块偏振片称为检偏器。因为，如果以光的传播方向为轴转动第二块偏振片，则可以看到透过第二个偏振片的光强随着偏振片的转动而出现明暗变化。反过来，可以通过偏振

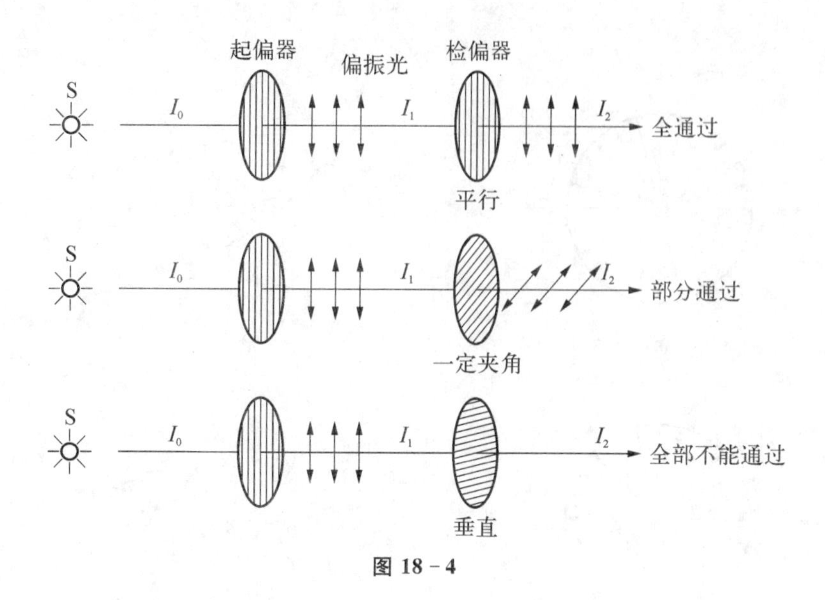

图 18-4

片的光是否有强弱变化来判断该光束是否为线偏振光。可见,第二个偏振片起到了检验入射光是否为偏振光的作用,故称为检偏器。因此,偏振片既可做起偏器,也可做检偏器。

马吕斯定律表述如下:

如果线偏振光的强度为 I_1,通过偏振片后,透射光的光强(不考虑吸收)为 I_2,则

$$I_2 = I_1\cos^2\alpha = \frac{I_0}{2}\cos^2\alpha \tag{18-1}$$

式(18-1)中 α 为线偏振光的光矢量振动方向与偏振片的偏振化方向之间的夹角,如图 18-5 所示。

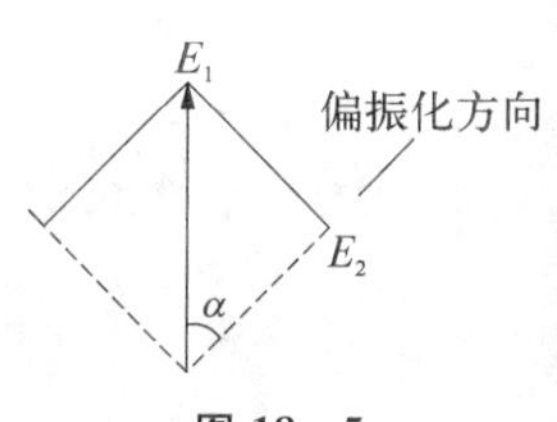

图 18-5

例 两个偏振片紧靠在一起,将它们放在一盏灯的前面以至没有光通过。如果将其中的一片旋转 180°,在旋转的过程中将会产生什么现象呢?

解 透过偏振片的光强先增强,然后又减小为零。

当 $\alpha = 0°$ 或 180°时,根据马吕斯定律,则有

$$I = \frac{I_0}{2}\cos^2\alpha = \frac{I_0}{2}\cos^2 0 = \frac{I_0}{2} \tag{18-2}$$

此时,透射光最强。

当 $\alpha = 90°$ 或 270°时,根据马吕斯定律,则有

$$I = \frac{I_0}{2}\cos^2\alpha = \frac{I_0}{2}\cos^2\frac{\pi}{2} = 0 \tag{18-3}$$

此时，透射光强为零。当两偏振片的偏振化方向之间的夹角 $k\pi<\alpha<(2k+1)\dfrac{\pi}{2}$（$k$ 为整数）时，光强介于 $0\sim\dfrac{I_0}{2}$，如图 18-6 所示。

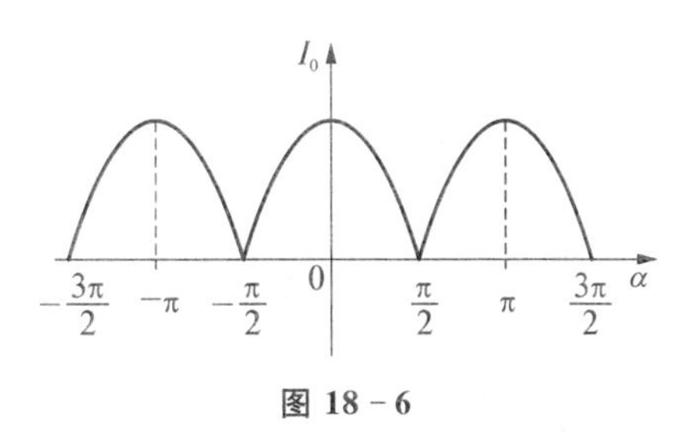

图 18-6

2）界面反射产生线偏振光

布儒斯特于 1812 年发现，当入射角等于某一特定角度时，在反射光中只有垂直于入射面的振动，而平行于入射面的振动变为零，这时的反射光为线偏振光。这个特定的入射角称为起偏振角，又称**布儒斯特角**。如果用 i_b 表示布儒斯特角，i_2 表示折射角，则根据菲涅耳公式可知入射面振动分量为零的条件是

$$i_b+i_2=\frac{\pi}{2} \tag{18-4}$$

根据折射定律，有

$$\frac{\sin i_b}{\sin i_2}=\frac{n_2}{n_1} \tag{18-5}$$

联合式(18-4)和式(18-5)整理可得

$$i_b=\arctan\left(\frac{n_2}{n_1}\right) \tag{18-6}$$

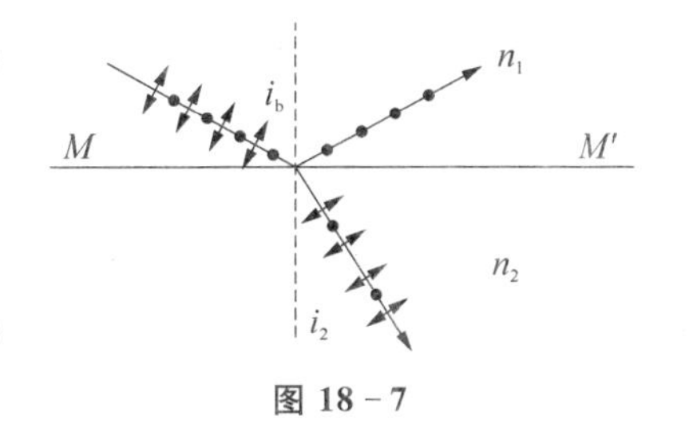

图 18-7

式(18-6)称为布儒斯特定律，如图 18-7 所示。

3）界面折射产生线偏振光

当自然光以布儒斯特角入射时，反射光中只有垂直于入射面的光振动，入射光中平行于入射面的光振动全部被折射，折射光为部分偏振光。如果把许多玻璃片相互平行地叠在一起，构成一玻璃片堆，自然光以布儒斯特角入射玻璃片堆时，光在各层玻璃面上反射和折射，经多次反射除去了垂直于入射面的光振动，可使最后透射出来的几乎完全是平行于入射面的光振动，即线偏振光，如图 18-8 所示。

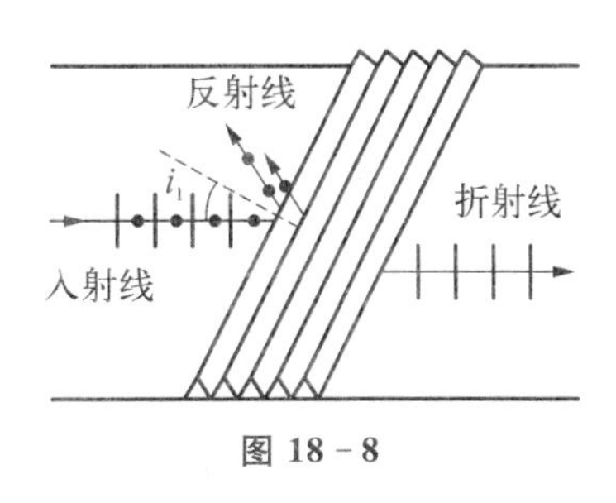

图 18-8

4）双折射晶体产生线偏振光

双折射现象是自然光入射到各向异性的晶体时，除特殊方向以外，折射线分为传播方向不同的两束折射线的现象，如图 18-9 所示。这个特殊的方向称为晶体的光轴。只有一个光轴的晶体称为单轴晶体，有两个光轴的晶体称为双轴晶体。晶体发

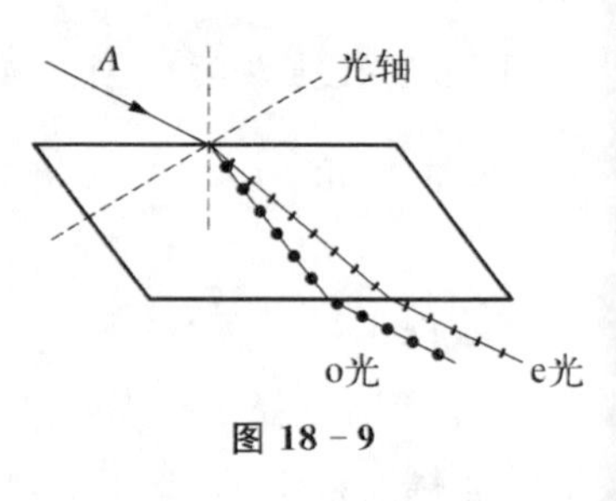

图 18-9

生双折射的原因正是由于光的偏振性质，自然光总可以分解为两个垂直方向振动的分量。在各向同性的媒质中传播时，光的传播速度与振动方向无关，因此这两个互相垂直的分量同进同出，不会分开。但在各向异性晶体中或非均匀媒质中，光的传播速度与振动方向有关，振动方向不同的光线传播速度不同、折射率不同，因此折射线的方向不同，出现双折射现象。

一束入射光通过双折射晶体后出来的两束透射光皆是线偏振光。为了定义这两束光，定义了主平面的概念，即光轴与入射线构成的平面。这样，光矢量的振动方向垂直于主平面的透射光称为 o 光；光矢量的振动方向平行于主平面的光称为 e 光，如图 18-9 所示。o 光的波阵面是球形，e 光的波阵面是椭球形。由于在光轴方向，o 光和 e 光传播速度相同，在垂直于光轴方向它们的传播速度相差最大。因此，我们可以定义两个主折射率：通常把真空中的光速 c 与 o 光在媒质中的传播速度 v_o 之比称为 o 光的折射率 n_o，即

$$n_o = \frac{c}{v_o} \tag{18-7}$$

把真空中的光速 c 与 e 光在媒质中沿垂直于光轴方向的传播速度 v_e 之比，称为 e 光的折射率 n_e，即

$$n_e = \frac{c}{v_e} \tag{18-8}$$

$n_e > n_o$ 的晶体称为正晶体，如石英；$n_e < n_o$ 的晶体称为负晶体，如方解石。读者可以根据惠更斯原理作图画出 o 光和 e 光的方向。

三、光的偏振理论的应用——波片与旋光

1. 波片——圆偏振光的获得

双折射晶体的第一个应用就是制作波片。如果我们沿着晶体光轴方向打磨晶片，使晶片的表面平行于光轴，如图 18-10 所示。当一束光垂直入射该晶片时，晶片中的 o 光和 e 光沿同一方向传播，但传播速度不同(因折射率不同)，穿出晶片后两种光间产生 $(n_o - n_e)d$ 的光程差，d 为晶片厚度。假设入射光的波长为 λ，则这两振动方向垂直的透射光间的相位差为 $\Delta\varphi = \frac{2\pi}{\lambda}(n_o - n_e)d$。一般情况下，两个有初相差的垂直振动合成为椭圆偏振光，下面讲两种特殊情况。

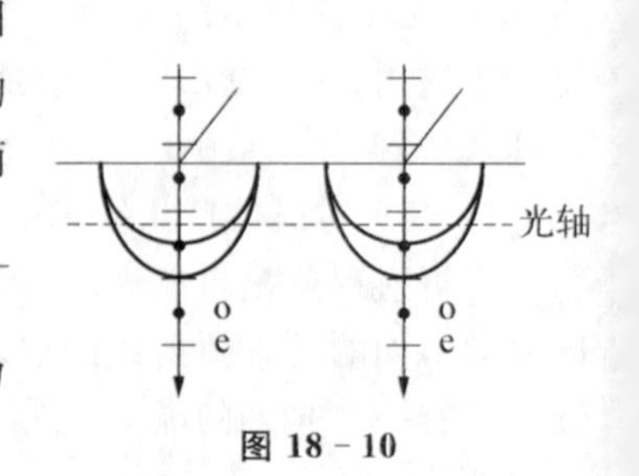

图 18-10

1）二分之一波片

当入射光通过晶片后，o 光和 e 光的光程差为

$$(n_o - n_e)d = \frac{\lambda}{2} \tag{18-9}$$

相位差为

$$\Delta\varphi = k\frac{2\pi}{\lambda}(n_o - n_e)d = k\frac{2\pi}{\lambda}\frac{\lambda}{2} = k\pi \quad (k\text{ 为整数}) \tag{18-10}$$

时，两垂直振动的合成为线偏振光。我们把能使 o 光和 e 光产生 $\lambda/2$ 附加光程差的波片称为二分之一波片。线偏振光穿过二分之一波片后仍为线偏振光，只是一般情况下振动方向要转过 2α 角，α 为入射线偏振方向与晶片光轴之间的夹角；圆偏振光通过 $\lambda/2$ 波片后仍为圆偏振光。

2）四分之一波片

当入射光通过晶片后，o 光和 e 光的光程差为

$$(n_o - n_e)d = \frac{\lambda}{4} \tag{18-11}$$

相位差为

$$\begin{aligned}\Delta\varphi &= (2k+1)\frac{2\pi}{\lambda}(n_o - n_e)d = (2k+1)\frac{2\pi}{\lambda}\frac{\lambda}{4}\\ &= (2k+1)\frac{\pi}{2} \quad (k\text{ 为整数})\end{aligned} \tag{18-12}$$

时，两垂直振动的合成为正椭圆偏振光。如果 o 光和 e 光的振幅相等，合成后变成圆偏振光。我们把能使 o 光和 e 光产生 $\lambda/4$ 附加光程差的波片称为四分之一波片。如果线偏振光入射到四分之一波片，且 $\alpha = \frac{\pi}{4}$，则穿出波片的透射光为圆偏振光；反之，圆偏振光通过四分之一波片后变为线偏振光。光程差可任意调节的波片称为补偿器，补偿器常与起偏器结合使用以检验光的偏振状态。

2. 旋光

双折射晶体与两块偏振片一起应用可做成具有旋光效应的旋光仪。如图 18-11 所示是两块偏振化方向互相垂直放置的偏振片，C 是光轴沿光传播方向的石英晶片（波片）。如果两偏振片之间不加晶片 C，自然光通过第一块偏振片变成线偏振光，且偏振方向与第一块偏振片的偏振化方向相同。由于第二块偏振片的偏振化方向垂

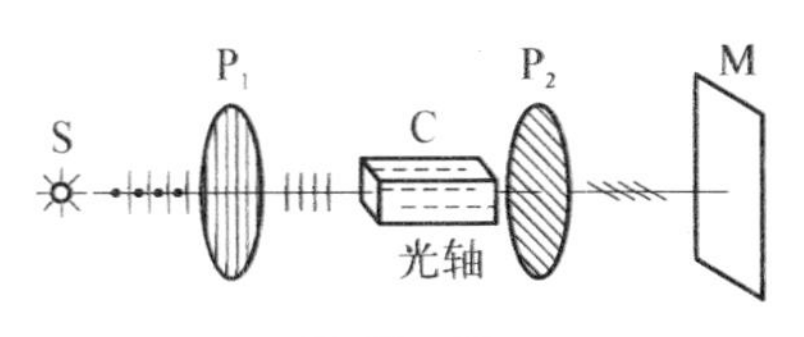

图 18-11

直于第一块偏振片的偏振化方向，从第一块偏振片出来的线偏振光不能透过第二块偏振片，所以在屏幕上显示是暗的。但如果把一块石英晶片光轴沿光的传播方向放在这两个偏振化方向互相垂直的偏振片之间，屏幕立刻变亮了。如果以光传播方向为轴旋转，当旋转到某一位置时，屏幕又变暗了，证明从石英晶片出来的光是线偏振光，但它的偏振方向相对于进入石英片的光偏振方向旋转了一个角度。这与双折射现象不同，因为入射方向是沿晶片的光轴方向，不能分出 o 光和 e 光，而是另一种特殊现象，人们把石英晶体的这一性质称为旋光性。具有旋光性的物质称为旋光物质，如糖、松节油、石油等许多有机液体和溶液都是旋光物质。利用物质的旋光性可以测量晶片的厚度或者溶液的浓度。

四、偏振光知识在生活中的应用

1. 偏振片和旋光物质(液晶)用于电子表的显示

两块偏振方向相互垂直的偏振片当中插进一个液晶盒(旋光物质)，盒内液晶层的上下是透明的电极板，它们刻成了数字笔画的形状。外界的自然光通过第一块偏振片后变成了线偏振光。这束光在通过液晶时，如果上下两极板间没有电压，光的偏振方向会被液晶旋转 90°，于是它能通过第二块偏振片。第二块偏振片的下面是反射镜，光线被反射回来，这时液晶盒看起来是透明的。但如果在上下两个电极间有一定大小的电压时，液晶的性质改变了，旋光性消失，于是光线通不过第二块偏振片，这个电极下的区域变暗。如果电极刻成了数字笔画的形状，用这种方法就可以显示数字。

2. 在摄影镜头前加上偏振镜消除反光

在拍摄表面光滑的物体如玻璃器皿、水面、陈列橱柜、油漆表面、塑料表面等时，常常会出现耀斑或反光，这是由光线的偏振引起的。在拍摄时加用偏振镜，并适当地旋转偏振镜面，就能够阻挡这些偏振光，借以消除或减弱这些光滑物体表面的反光或亮斑。要通过取景器一边观察一边转动镜面，以便观察消除偏振光的效果。当观察到被摄物体的反光消失时，即可以停止转动镜面。

3. 使用偏振镜看立体电影

在观看立体电影时，观众要戴上一副特制的眼镜，这副眼镜就是一对偏振方向互相垂直的偏振片。立体电影是用两个镜头如人眼那样从两个不同方向同时拍摄下景物的像，制成电影胶片。在放映时，通过两个放映机，把用两个摄影机拍下的两组胶片同步放映，使这略有差别的两幅图像重叠在银幕上。这时如果用眼睛直接观看，看到的画面是模糊不清的。要看到立体电影，就要在每架电影机前装一块偏振片，它的作用相当于起偏器。从两架放映机射出的光，通过偏振片后，就成了线偏振光。左右两架放映机前的偏振片的偏振化方向互相垂直，因而产生的两束偏振光的偏振方向也互相垂直。这两束偏振光投射到银幕上再反射到观众处，偏振光方向不改变。观众用上述偏振眼镜观看，每只眼睛只看到相应的线偏振光图像，即左眼只能看到左机映出的画面，右眼只能看到右机映出的画面，这样就会像直接观看那样产生立体感觉。这就是立体电影的原理。

当然，实际放映立体电影是用一个镜头，两套图像交替地印在同一电影胶片上，还需要一套复杂的装置。光在晶体中的传播与偏振现象密切相关，利用偏振现象可了解晶体的光学特性，制造用于测量的光学器件，以及提供诸如岩矿鉴定、光测弹性及激光调制等技术手段。

4. 生物的生理机能与偏振光

人的眼睛对光的偏振状态是不能分辨的，但某些昆虫的眼睛对偏振却很敏感。比如蜜蜂有五只眼：三只单眼、两只复眼，每个复眼包含 6 300 个小眼，这些小眼能根据太阳的偏振光确定太阳的方位，然后以太阳为定向标准来判断方向，所以蜜蜂可以准确无误地把它的同类引到它所找到的花丛。再如在沙漠中，如果不带罗盘，人是会迷路的，但是沙漠中有一种蚂蚁，它能利用天空中的紫外偏振光导航，因而不会迷路。

5. 汽车使用偏振片防止夜晚对面车灯晃眼

对面驶来汽车的灯会使驾驶员感到晃眼，但是利用光的偏振可以解决这个问题。我们可以将汽车灯罩设计成斜方向 45°的偏振镜片，这样射出去的光是有规律的斜向光。汽车驾驶员戴一副夜间眼镜，偏振方向与灯罩偏振方向相同。如此一来，驾驶员只能看到自己汽车射出去的光，而对面汽车射来光的振动方向正好是与本汽车方向成 90°角，那样对面的车灯光线就不会再晃到驾驶员的眼睛。

五、练习与思考

18－1　自然光入射到叠在一起的两块偏振片上，通过旋转第二块偏振片可以获得不同强度的偏振光。问：

(1) 若要获得强度为入射光强度 1/3 的透射光，两偏振片偏振化方向的夹角应是多少？

(2) 若要获得强度为最大透射光强度 1/3 的透射光，两偏振片偏振化方向的夹角应是多少？

18－2　若从湖面反射的日光恰好是线偏振光，求太阳在地平线上的仰角，并说明反射光中光矢量的振动方向(已知水面的折射率为 1.33)。

18－3　强度为 I_0 的线偏振光依次通过 9 块平行放置的理想偏振片。第一块偏振片的偏振化方向与光矢量的振动方向间的夹角为 10°，第二块偏振片再转过 10°，其余以此类推，直到第九块偏振片的偏振化方向正好与初始线偏振光的偏振方向夹角为 90°。

(1) 求出射光的光强。

(2) 若偏振片不是 9 块，而是 90 块，且每块偏振片的偏振化方向依次转过 1°，出射光强又是多少？

18-4 在折射率为 n 的两平板玻璃中放入三层厚度均匀、折射率分别为 n_1，n_2，n_1 的透明薄膜，且已知 $n_1 > n > n_2$，如图 18-12 所示。自然光以 45°角入射到界面 A 上，为使界面 B 和界面 C 反射的光线均为线偏振光，求玻璃折射率与介质折射率之间的关系。

18-5 有一双折射晶体（$n_o > n_e$）切成一个界面为正三角形的棱镜，光轴方向如图 18-13 所示。若自然光以入射角 i 入射并产生了双折射，试定性分别画出 o 光和 e 光在晶体内部的光路及光矢量振动方向。

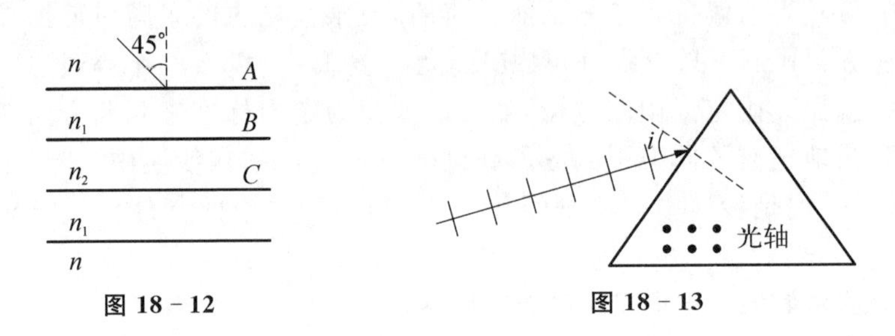

图 18-12　　图 18-13

18-6 一束波长为 $\lambda = 589.3$ nm 的线偏振光垂直入射一块厚度为 $d = 1.62 \times 10^{-2}$ mm 的石英波片，波片的主折射率为 $n_o = 1.544\,2$，$n_e = 1.553\,3$，光轴沿 x 方向。

(1) 当入射线的振动方向与 x 轴成 45°角时，出射光的偏振态怎样？

(2) 若该出射光再垂直入射到一块四分之一波片，波片的光轴方向仍然沿 x 轴，透过该四分之一波片后光的偏振态怎样？

18-7 通常偏振片的偏振化方向是没有表明的，你有简便的方法确定偏振片的偏振化方向吗？如有，请简述你的理由。

第十九章　光的干涉

光的干涉现象是当具有相同频率、相同振动方向、相位差恒定的两列光相遇时，在光波重叠区域，某些点光强增强，某些点光强减弱，呈现出稳定的光强强弱(或明暗)交替分布的现象。

一、光的干涉理论建立背景

历史上，关于光的本性的认识不是一帆风顺的。最初，以牛顿为代表的一些科学家认为光是很小、很轻的粒子，但它的属性与乒乓球、钢球等实物粒子一样。利用这一模型，牛顿很好地解释了光的反射和折射现象。然而，以惠更斯、菲涅耳等为代表的一些科学家则认为光不是粒子而是波。惠更斯根据他的子波原理(波阵面上的每一点都可以看作新的子波源，每个子波源都可以独立发出球面波，新的波前是各子波的包络面)也很好地解释了光的反射和折射现象。因为机械波与实物粒子不同的两个显著特征是机械波具有干涉和衍射现象，而实物粒子则没有这两个现象，所以要人们承认光是波，就需要观测到光的干涉和衍射现象。正是这个对光的本性认识上的矛盾促使了光的干涉现象研究的出现。

干涉现象首先由英国物理学家胡克发现并展开相关研究。他通过实验研究了用肥皂水形成的薄膜和云母薄片上光的干涉。胡克提出光是一种振幅很小的快速振动，还试图分析薄膜干涉时彩色的成因。他提出在薄膜上观察到彩色必须满足三个条件：膜的厚度有一定的限度；膜必须是透明的；在膜的背面必须有好的反射体。他认为，一束最弱的成分领先而最强的成分随后的倾斜而混杂的光脉冲，在网膜上的印象是蓝色；一束最强的成分领先而最弱部分随后的倾斜而混杂的光脉冲，在网膜上的印象是红色。虽然这种解释是不正确的，但其中包含了两束光的位相差等现代干涉理论的某些观点。胡克关于光的这些理论研究对笛卡儿提出的光是以太压力的模型过渡到光的波动说起了重要的作用。

在胡克之后，牛顿设计并进行了“牛顿环”实验，研究了薄膜干涉问题，从而发现了“牛顿环”现象。牛顿亲自制造了仪器进行实验，他把一块平凸透镜放在一块双凸透镜上面，使平凸透镜的平面向下，然后慢慢压紧，围绕中心便陆续冒出各种颜色的圆环；如果使上面的平凸透镜慢慢抬起离开下面的双凸透镜，则带有颜色的圆环又在中心相继消失，这就是著名的“牛顿环”现象。牛顿还发现色环的颜色有一定的排列次序。当压紧两透镜时,色环的直径会不断增大,其周边的宽度则减小;若是抬起上面的透镜,色环的直径就会缩小,其周边的宽度则增大。牛顿还测量了环的半径,发现它与透镜的曲率半径、空气膜的厚度有一定关系。“牛顿环”现象实际上就是两束光发生“干涉”的结果。

胡克、牛顿等人相继发现了光的干涉现象,但是都没有得出正确的解释,也没有建立起关于光的干涉的正确理论,原因可能是牛顿时代的理论局限性,当时社会上普遍认同的是光的微粒学说。牛顿在1665年发现“牛顿环”,但他受制于光的微粒学说的思想,没能对这种光的波动性的表现做进一步的实验探索和理论研究。胡克虽然在1660年代提出了光波动理论,但由于光的微粒学说在当时已深入人心,且胡克提出的理论不完整,存在许多不正确的解释,因此并没有引起社会的注意。

1678年,惠更斯提出了较为系统的光的波动学说,光的波动性引起了少数科学家的注意,光的干涉理论开始得到一定的发展。然而由于光的微粒学说在当时具有的牢固地位,认为光是一种波的思想将极具颠覆性,因此这种思想受到了很多传统科学家的抨击和打压。

1800年,托马斯·杨在《关于光和声的实验和问题》的论文中,根据自己的实验,对当时占统治地位的光的微粒说提出怀疑,为惠更斯的波动理论进行辩护。他通过对声波的研究,提出在声波互相重叠时出现加强和减弱的现象即声波的干涉现象,并摒弃了互相重叠的波只能加强的观念,提出了在某些条件下,重叠的波也可以互相减弱甚至抵消的思想。杨氏在观察了水波的干涉现象后得到了启发,并联想到光的干涉。他运用水波的干涉现象类比提出了光的干涉现象。

托马斯·杨还做了一个著名的杨氏双缝干涉实验,第一个提出干涉现象与衍射现象之间的密切联系。1807年,托马斯·杨出版了他的《自然哲学讲义》。这本讲义综合整理了他在光学方面的工作,并第一次描述了双缝实验:把一支蜡烛放在一张开了一个小孔的纸前面,这样就形成了一个点光源(从一个点发出的光源);然后在纸后面再放一张纸,不同的是第二张纸上开了两道平行的狭缝。从小孔中射出的光穿过两道狭缝投到屏幕上,就会形成一系列明、暗交替的条纹,这就是现在众人皆知的双缝干涉条纹。虽然托马斯·杨对光的波动说作出了杰出的贡献,但他的工作没有受到当时科学界的承认,而且还受到了恶意的攻击,他的论文被斥为“没有任何价值”,他所发现的干涉原理被说成是“荒唐的”和“不合逻辑的”,托马斯·杨的发现被埋没了整整20年。

后来,法国科学家菲涅耳于1815年独立地得到了干涉和衍射方面的规律,同时他称赞了托马斯·杨的杰出工作,使托马斯·杨的干涉理论得到了科学界的承认,并使托马斯·杨恢复了对光学的研究工作。菲涅耳用光的干涉的思想补充了惠更斯原理,提出著名的惠更斯-菲涅耳原理,并进行了有名的双面镜和双棱镜的干涉实验,使光的干涉理论更加完善。菲涅耳在光学研究中更多地应用了数学分析进行定量计算的方法,他把正确的物理思想与高超的实验技巧相结合,使他在光学的研究中得到了许多内容深刻和准确定量的成果。他还与阿拉果共同用实验研究了偏振对干涉现象的影响，于1819年得出了相互垂直的两束偏振光不相干涉的原理，从而进一步丰富与发展了光的干涉理论。

由于干涉理论的逐步建立，人们才逐步意识到薄膜在光照下形成的各式条纹是光的干涉的结果，于是薄膜干涉以及“牛顿环”现象才得到了合理的解释和发展。随着麦克斯韦关于光的电磁波理论的提出，光的干涉现象得到了更深刻的分析和更合理的解释。光的干涉现象在生产和生活中也得到越来越广泛的应用。

二、光的干涉现象的数学描述和物理解析

我们从麦克斯韦关于光的电磁波理论出发来研究光的干涉现象。设 S_1 和 S_2 两光源发出频率为 ω_1，ω_2 的光波在 P 点电场强度矢量的振动表达式分别为

$$\boldsymbol{E}_1=\boldsymbol{E}_{10}\cos(\omega_1 t-k_1 r_1+\varphi_1) \tag{19-1}$$

和

$$\boldsymbol{E}_2=\boldsymbol{E}_{20}\cos(\omega_2 t-k_2 r_2+\varphi_2) \tag{19-2}$$

式中，$k=\dfrac{2\pi}{\lambda}=\dfrac{\omega}{c}$ 是光波的波矢，λ 是光波的波长，r_1，r_2 分别是 P 点离波源 S_1 和 S_2 的距离。两束光在 P 点的合振动为这两个简谐振动电场强度矢量的合成，即

$$\boldsymbol{E}=\boldsymbol{E}_1+\boldsymbol{E}_2 \tag{19-3}$$

并且其振幅为

$$E_0^2=E_{10}^2+E_{20}^2+2\boldsymbol{E}_1\cdot\boldsymbol{E}_2 \tag{19-4}$$

因为光强与电场强度矢量振幅平方成正比，因此 P 点光强为

$$I_0=I_{10}+I_{20}+2\,\overline{\boldsymbol{E}_1\cdot\boldsymbol{E}_2} \tag{19-5}$$

式中，$2\,\overline{\boldsymbol{E}_1\cdot\boldsymbol{E}_2}$ 称为干涉项，它决定光波叠加的性质。

1. 非相干叠加

(1) 如果两列光波偏振方向互相垂直，即 $\boldsymbol{E}_1\perp\boldsymbol{E}_2$，则有

$$\boldsymbol{E}_1\cdot\boldsymbol{E}_2=0 \tag{19-6}$$

显然有

$$\overline{\boldsymbol{E}_1\cdot\boldsymbol{E}_2}=0 \tag{19-7}$$

将式(19-7)代入式(19-5)可得

$$I_0=I_{10}+I_{20} \tag{19-8}$$

式(19-8)说明此种情形下两列光只是简单的强度相加，不会出现强度按位置强弱分

布的现象,或者说无干涉现象出现。

(2) 如果两列光波偏振方向相同,但频率不同,即 $\omega_1 \neq \omega_2$,则有

$$\begin{aligned}\overline{\boldsymbol{E}_1 \cdot \boldsymbol{E}_2} &= \frac{1}{T}\int_0^T \boldsymbol{E}_{10} \cdot \boldsymbol{E}_{20} \cos(\omega_1 t - k_1 r_1 + \varphi_1)\cos(\omega_2 t - k_2 r_2 + \varphi_2)\mathrm{d}t \\ &= \frac{1}{2T}\int_0^T E_{10} E_{20} \{\cos[(\omega_1 + \omega_2)t + \varphi_1 + \varphi_2 - k_1 r_1 - k_2 r_2] + \\ &\quad \cos[(\omega_1 - \omega_2)t + (\varphi_1 - \varphi_2) - (k_1 r_1 - k_2 r_2)]\}\mathrm{d}t = 0 \end{aligned} \tag{19-9}$$

式(19-9)说明此情形下无干涉现象。

(3) 如果两列光波偏振方向相同,频率也相同,但初相差不恒定,即初相差随时间不断改变,则从统计观点来说,$\boldsymbol{E}_1 \cdot \boldsymbol{E}_2$ 在一个周期内的平均值为零,即 $\overline{\boldsymbol{E}_1 \cdot \boldsymbol{E}_2} = 0$。

总结上面三种情形,我们发现振动方向相同、频率相同、相位差恒定是两列光波发生干涉,出现干涉现象的必要条件。因此,我们把满足频率相同、振动方向相同、相位差恒定的两束光称为相干光,而把不满足这三个必要条件的两列光波称为非相干光。

2. 相干叠加

如果两列光波偏振方向相同、频率相同、相位差恒定,则有

$$\begin{aligned}\overline{\boldsymbol{E}_1 \cdot \boldsymbol{E}_2} &= \frac{E_{10}E_{20}}{2T}\int_0^T \{\cos(2\omega t + \varphi_1 + \varphi_2 - k_1 r_1 - k_2 r_2) + \\ &\quad \cos[(\varphi_1 - \varphi_2) - (k_1 r_1 - k_2 r_2)]\}\mathrm{d}t \\ &= \frac{E_{10}E_{20}}{2T}\int_0^T \cos[(\varphi_1 - \varphi_2) - (k_1 r_1 - k_2 r_2)]\mathrm{d}t \\ &= \frac{E_{10}E_{20}}{2}\cos\Delta\varphi \end{aligned} \tag{19-10}$$

式(19-10)中,$\Delta\varphi = \varphi_1 - \varphi_2 - (kr_1 - kr_2)$ 是两列光波在 P 点的相位差。其中 $\omega_1 = \omega_2 = \omega$,$k_1 = k_2 = k$。此种情形下 P 点的总光强为

$$\begin{aligned} I_0 &= I_{10} + I_{20} + 2\overline{\boldsymbol{E}_1 \cdot \boldsymbol{E}_2} = I_{10} + I_{20} + E_{10}E_{20}\cos\Delta\varphi \\ &= I_{10} + I_{20} + 2\sqrt{I_{10}I_{20}}\cos\Delta\varphi \end{aligned} \tag{19-11}$$

式(19-11)表明两个光源发出的光波在 P 点的强弱由两列光波的相位差 $\Delta\varphi$ 确定。再假设两列光波初相位相等,即 $\varphi_1 = \varphi_2$,则两列光波叠加后在 P 点的强弱完全由两列光波到 P 点的距离确定,即由 $\Delta\varphi = kr_2 - kr_1 = \dfrac{2\pi}{\lambda}(r_2 - r_1)$ 确定。

(1) 如果 $\Delta\varphi = 2m\pi$,$m = 0, 1, 2, \cdots$,或者说光程差 $\delta = r_2 - r_1 = m\lambda$,代入

式(19-11)，有

$$I_0=I_{10}+I_{20}+2\sqrt{I_{10}I_{20}} \tag{19-12}$$

即 P 点光强有极大值。

(2) 如果 $\Delta\varphi=(2m+1)\pi$，$m=0,1,2,\cdots$，或者说光程差 $\delta=r_2-r_1=(2m+1)\dfrac{\lambda}{2}$，则有

$$I_0=I_{10}+I_{20}-2\sqrt{I_{10}I_{20}} \tag{19-13}$$

即此时 P 点光强有极小值。

总结上面研究结论发现，当两列波偏振方向相同、频率相同、初相差恒定时，空间点光强的强弱由该点到两光源的距离差确定。如果该距离差为波长的整数倍，则该点光强有极大值；如果某点离两光源的距离差为半波长的奇数倍，则该点光强有极小值；其他情形点的光强将介于这两者之间。我们把相干光在相遇区域光强随位置呈现稳定的强弱分布的现象称为光的干涉现象。

三、光的干涉理论的应用——对杨氏双缝干涉实验的理论解释

在托马斯·杨的时代进行双缝干涉实验是很困难的，原因在于普通光源发光机制的两个随机性：同一时刻不同原子辐射的光是随机的；同一原子不同时刻辐射的光也是随机的。也就是说两列波的频率和相位都有很大的不确定性，这种不确定性导致光强在空间分布的不确定性，难以获得稳定的干涉图像。托马斯·杨巧妙地利用分波阵面法从一束光中分裂出两束同偏振方向、同频率、同相位的光，将它们投影到屏幕上获得明暗相间的干涉条纹，证实了光具有干涉效应，给惠更斯的"光是波"的观念予以实验支持。杨氏双缝干涉实验的装置如图 19-1 所示。图 19-1 中一平行光通过小孔 S，可将 S 看作一个单色光的点光源。从 S 发出的光的波阵面在狭缝 S_1 和 S_2 处分出两个子波源，因此这两个子波源发出的光波具有相同的初相位，即可视为两相干光，分别从 S_1 和 S_2 发出的光在观察屏 AB 上的叠加就形成明暗相间的条纹，即图 19-2 所示的干涉图像。

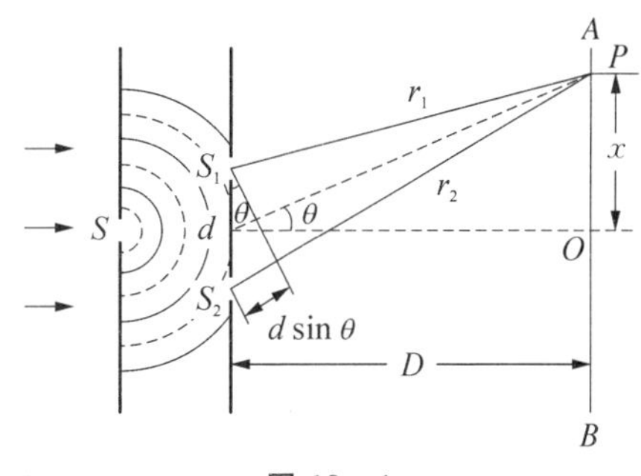

图 19-1

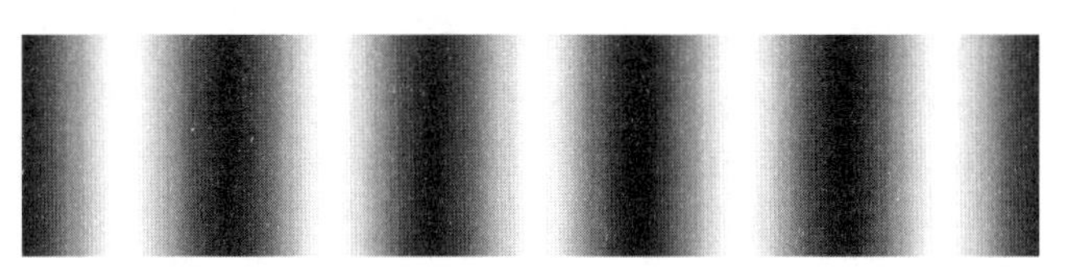
图 19-2

下面我们用光的干涉理论来分析该实验。因 S_1 和 S_2 发出的两束相干光在 P 点的相位差为

$$\Delta\varphi=\frac{2\pi}{\lambda}\Delta r=\frac{2\pi}{\lambda}d\sin\theta \tag{19-14}$$

式(19-14)中,Δr 为点 P 到 S_1 和 S_2 的光程差。在杨氏实验中,d 约为 10^{-4} m 而 L 约为10^{-1} m的量级,因此

$$\sin\theta\approx\tan\theta\approx\frac{x}{L} \tag{19-15}$$

将式(19-15)代入式(19-14),可得

$$\Delta\varphi=\frac{2\pi}{\lambda}\Delta r=\frac{2\pi}{\lambda}\frac{dx}{L} \tag{19-16}$$

当光程差为波长的整数倍,即 $\Delta r=\frac{dx}{L}=m\lambda$($m$ 为整数)时,$\Delta\varphi=m(2\pi)$,根据光强的表达式(19-12)可知屏上光强有极大值。即此时两列波的波峰与波峰叠加,波谷与波谷叠加,合振动加强,形成干涉明条纹。这样,两光波的合振动加强,屏上 P 点处出现干涉明条纹的位置为

$$x_m=m\frac{L}{d}\lambda \quad (m=0,\pm1,\pm2,\cdots) \tag{19-17}$$

式(19-17)中,m 为条纹的级数。$m=0$ 的明条纹称为零级明纹或中央明纹,对应的光程差为零,位于 $x=0$ 处。在其两侧对称地分布着 $m=\pm1,\pm2,\cdots$ 级明条纹。

当光程差为半波长的奇数倍,即 $\Delta r=\frac{dx}{L}=(2m-1)\frac{\lambda}{2}$ 时,两光波的合振动减弱,屏上 P 点处为干涉暗条纹,其位置为

$$x_m=(2m-1)\frac{\lambda}{2}\frac{L}{d} \quad (m=\pm1,\pm2,\cdots) \tag{19-18}$$

根据式(19-17)和式(19-18),屏上相邻两明条纹(或暗条纹)间的距离均为

$$\Delta x=x_{m+1}-x_m=\frac{L}{d}\lambda \tag{19-19}$$

式(19-19)说明屏上两相邻明条纹(或暗条纹)间距离相等,即条纹等间距分布,如图 19-2(明暗条纹)和图 19-3(光强分布)所示。

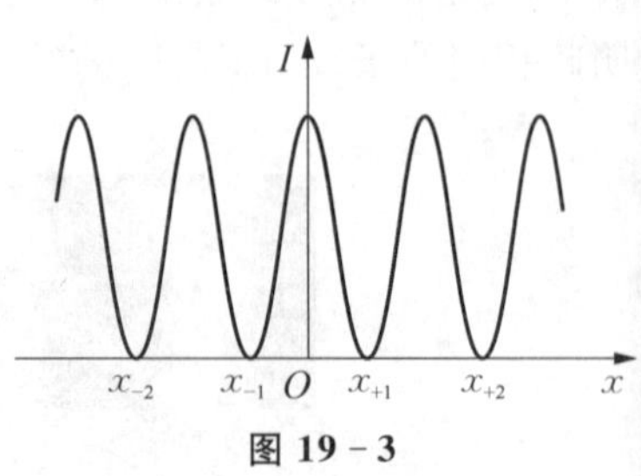

图 19-3

例 杨氏双缝实验中,两条缝相距 1.0 mm,屏离缝 1.0 m。若用含有波长 $\lambda_1=600$ nm 和 $\lambda_2=540$ nm 的光源照射。试求:

(1) 这两束光波分别形成的条纹的间距；

(2) 两组条纹之间的距离与级数之间的关系；

(3) 这两组条纹有可能叠合吗？

解 (1) 波长为λ_1的光经过双缝后相邻明纹或暗纹的间距为

$$\Delta x_1 = \frac{L}{d}\lambda_1 = \frac{1.0}{1.0 \times 10^{-3}} \times 600 \times 10^{-9}$$
$$= 6 \times 10^{-4}\ \text{m} = 0.6\ \text{mm} \tag{19-20}$$

同理，波长为λ_2的光经过双缝后相邻明纹或暗纹的间距为$\Delta x_2 = 0.54$ mm。

(2) λ_1和λ_2代表的光束经双缝后在屏幕上的第m级条纹出现的位置分别为

$$x_{1m} = m\frac{L}{d}\lambda_1 \tag{19-21}$$

和

$$x_{2m} = m\frac{L}{d}\lambda_2 \tag{19-22}$$

所以两组条纹第m级的间距为

$$x_{1m} - x_{2m} = m\frac{L}{d}(\lambda_1 - \lambda_2) = m\frac{1.0}{1.0 \times 10^{-3}}(600 - 540) \times 10^{-9}$$
$$= m \times 60\ \mu\text{m} \tag{19-23}$$

式(19－23)说明随着级数增高，两组条纹的间距增大。

(3) 当λ_1的第m级明纹与λ_2的第$m+1$级明纹重合时，有

$$m\frac{L}{d}\lambda_1 = (m+1)\frac{L}{d}\lambda_2 \tag{19-24}$$

解之得

$$m = \frac{\lambda_2}{\lambda_1 - \lambda_2} = \frac{540}{600 - 540} = 9 \tag{19-25}$$

即λ_1的第九级与λ_2的第十级干涉条纹重合。

当λ_1的第m级明纹与λ_2的第$m+1$级暗纹重合时，有

$$m\frac{L}{d}\lambda_1 = (2m+1)\frac{L}{d}\frac{\lambda_2}{2} \tag{19-26}$$

解得

$$m = \frac{\lambda_2}{2(\lambda_1 - \lambda_2)} = \frac{540}{2 \times (600 - 540)} = 4.5 \tag{19-27}$$

由于 m 值不能取小数,所以两束光不存在暗纹和明纹重合的情形,因此两束光的干涉条纹都是清楚的。

四、光的干涉理论和干涉现象对自然科学发展和人类生活的影响

杨氏巧妙地设计出双缝干涉实验,对研究自然界中重要现象——光的干涉开辟了新的方法(分波阵面法)和工具(双缝干涉仪)。双缝干涉实验的成功有力地支持了惠更斯等人光波动性的观点,对物理学中的光波动学说的发展起到了奠基性的作用。光的干涉现象是光的波动性的最直接、最有力的实验证据。也是牛顿微粒模型根本无法解释而只有用波动说才能圆满地加以解释的现象。牛顿微粒模型指出两束光的微粒数应等于每束光的微粒之和,而光的干涉现象要说明的却是微粒数有所改变,干涉相长处微粒数分布多;干涉相消处,粒子数比单独一束光的还要少,甚至为零。这些问题都是微粒模型难以说明的。再从另一角度看光的干涉现象,它也是对光的微粒模型的有力否定。因为光在真空中总是以 3×10^8 m/s 的速度传播,不能用人为的方法来使光速做任何改变(除非在不同介质中,光速才会不同,对于给定的一种介质,光速是一定的)。干涉相消之点根本无光通过。那么按照牛顿微粒模型,微粒应该总是以 3×10^8 m/s 的速度做直线运动,在干涉相消处,这些光微粒到哪里去了呢?如果说两束微粒流在这些点相遇时,由于碰撞而停止了,那么停止了的(即速度不再是 3×10^8 m/s,而是变为零)光微粒究竟是什么东西呢?如果说是移到干涉相长之处去了,那么又是什么力量使它恰恰移到那里去的呢?所有这些问题都是牛顿微粒模型根本无法回答的。然而波动说却能令人信服地解释它,并可由波在空间按一定的位相关系叠加来定量地导出干涉相长和相消的位置以及干涉图样的光强分布函数解析式。因此干涉现象是波的相干叠加的必然结果,它无可置疑地肯定了光的波动性。我们还可进一步把它推广到其他现象中去,凡有强弱按一定分布的干涉图样出现的现象,都可作为该现象具有波动本性的最可靠、最有力的实验证据。

杨氏双缝干涉试验和理论中蕴含着简洁美、对称美、和谐美、统一美。双缝干涉中的理想化、形象化的概念,比如光线、点光源等,简明而具体,科学而实用。这些理想化的模型让双缝干涉现象变得简洁明了,体现了光的本质特性,因此具有简洁美。双缝与干涉图案完美对称,因此具有对称美。虽然双缝干涉只是光学研究史的一部分,但它与其他研究,例如光电效应、光的折射等相互弥补、相辅相成,共同说明了光的波粒二象性。这将光的波动性和粒子性统一了起来,体现了和谐美。同时,双缝干涉帮助证明了光的本质是波粒二象性,反映了统一美。

在现代技术研究中,人们利用光的干涉原理解决了许多复杂的实际问题。例如在技术中对于光学表面磨光的检验,光学部件质量的精密检定,厚度为微米级的薄膜厚度的精密测定,增透光薄膜的制作,干涉滤光片的制作,轴承滚珠的分类和检测等都是光的干涉现象在技术上的应用。此外,对于光谱谱线精细结构的研究,物质折射率的精密测定等也都逐渐用光的干涉方法来进行。可以说,光的干涉原理已经深入

人类生产活动的许多方面，成为人类生活中不可或缺的重要原则。

五、练习与思考

19-1　在杨氏双缝干涉中，如果入射双缝面的相干平行光不是垂直入射，而是以一定倾角 φ 入射，试写出此种情形下屏上相遇的两束光的波程差和相位差表达式，并讨论屏上干涉条纹的性质。

19-2　一个汞弧灯发出的光通过一张绿色滤光片后，入射到缝距为 0.60 mm 的双缝干涉仪上。干涉仪的屏离双缝的距离为 2.5 m，实验测得两相邻明纹之间的距离为 2.27 mm，试计算入射光的波长，并指出属于什么颜色。

19-3　将两架射电天文望远镜的抛物面接受天线调谐到 1 000 MHz，并同时对准一颗双星。已知该双星离地球 100 光年（1 光年 $=9.46\times10^{12}$ 千米），图19-4是该射电望远镜两天线测得的强度乘积随天线间距的关系曲线，求该双星主、伴星之间的距离。

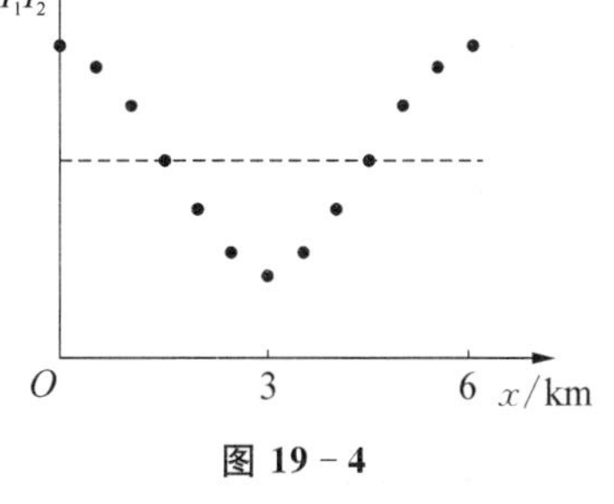

图 19-4

19-4　两个偏振化方向正交的偏振片平行放置，以光强为 I_0 的单色自然光正入射。若在两偏振片之间插入一块 1/4 波片，其光轴与第一块偏振片的偏振化方向成 30°角，则通过第二块偏振片后的透射光强是多少？

19-5　一双缝实验中两缝间距为 0.15 mm，在 1.0 m 远处测量得第 1 级和第 10 级暗纹之间的距离为 36 mm。求所用单色光的波长。

19-6　为了测量一个折射率为 n、极小的直角光楔的顶角 α。人们设计了一双缝干涉实验。已知该干涉仪双缝间距为 d，双缝到观察屏之间的距离为 L，且满足 $L\gg d$。现用一波长为 λ 的单色光进行实验，实验测得加光楔后的干涉条纹较放光楔前移动了 Δx 的距离，如图 19-5 所示。请问该光楔顶角 α 为多少（用已知量表示）？

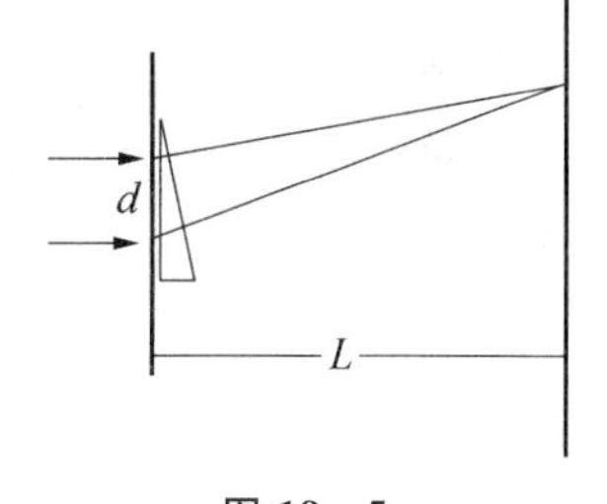

图 19-5

19-7　利用两台相距几千千米、可联合操控的无线电天文望远镜可以精确地测定大陆板块的漂移速度和地球的自转。请说明你将如何利用这两台望远镜监测一个固定星体所得到的数据分析大陆板块漂移和地球自转。

第二十章　薄膜干涉

薄膜干涉是光在薄膜上下表面反射或者透射时出现的干涉现象。它是将一束光按振幅分成两部分，然后这两部分再相遇时叠加产生的干涉现象。薄膜干涉根据膜的厚度状态分为等倾干涉和等厚干涉两大类。牛顿环是等厚干涉中的一个特例，迈克耳孙干涉仪则是集等厚干涉、等倾干涉于一体的干涉装置，体现了科学家的大智慧。

一、日常中的薄膜干涉现象

日常生活中，我们经常能看见各种薄膜干涉现象，比如五颜六色的肥皂膜、水面上的油膜以及许多昆虫（如蜻蜓、蝴蝶等）翅膀上所呈现出来的彩色花纹，如图 20－1 所示。这些美丽的薄膜干涉现象是大自然对人类的馈赠，激发人类的好奇心，也值得人们去进一步研究产生这些现象的本质原因。

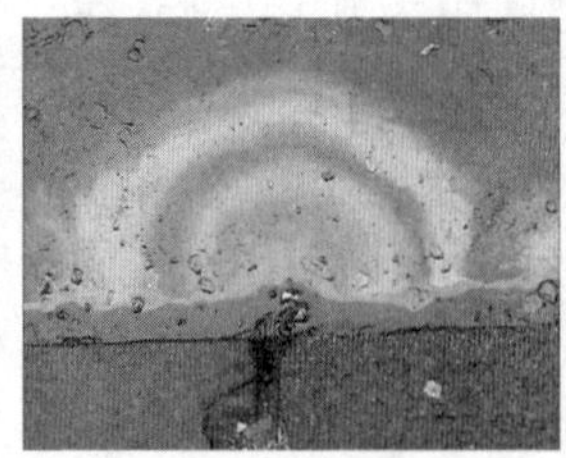

图 20－1

1665 年胡克在他的著作中就描述了薄云母片、肥皂泡、吹制玻璃和两块压在一起的平板玻璃所产生的彩色图像。根据这些图像，胡克提出光是一种振幅很小的快速振动，还试图分析薄膜干涉时彩色的成因，首次提出了光的波动理论。但由于当时光的微粒学说已深入人心，且胡克提出的理论不完整，存在许多不正确的解释，所以没有得到大家的认可。牛顿精细周密地研究了由两玻璃元件间不同厚度的空气层产生的彩色圆环，并进行了精密测量，找出了环的直径与透镜曲率半径间的关系，因而后人将这些彩色圆环称为牛顿环，如图 20－2 所示。在牛顿的著作《光学》的第二篇中，牛顿描述了他的实验装置："我拿两个物镜，一个是 14 英尺①长的望远镜上的平凸透镜，另一个是约

---

① 1英尺＝0.304 8 米。

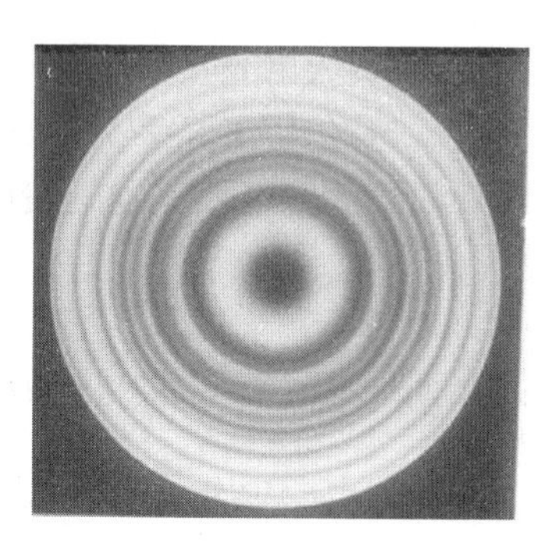
图 20-2

50英尺望远镜用的大双凸透镜，把前一个透镜的平面朝下放在后一透镜上，我慢慢地压拢它们，使得各种颜色相继地从环的中间涌现……然后慢慢地拿起上面的透镜，使得各种颜色相继消失。”牛顿当年用的望远镜都相当长，透镜的曲率半径相当大，观察到的圆环的直径当然也相当大。当时的望远镜为什么做得这样长呢？这是因为单透镜所成的像有明显的色差，使像周围伴随出现彩色花纹，同时球差也很显著，使得光线不能在一个准确位置会聚，当时只能用增大透镜曲率半径的方法加以改善。

虽然牛顿基本上是肯定光的微粒学说的，但在研究薄膜颜色和牛顿环时，他提出了与波动性近似的概念“猝发”理论，以说明光现象中的周期性。他写道：“每条光线在它通过任何折射面时都要进入某种短暂的状态。这种状态在光线行进中按相等的间隔复原，并且在每次复原时倾向于使光线容易穿过下一个折射面，而在两次复原之间则容易被它反射。每一次复原和下一次复原之间光线通过的时间为猝发间隔。”牛顿的“猝发间隔”与波长的定义很相似，可见牛顿对光的周期性是有所认识的。

当然，薄膜干涉和“牛顿环”的完美解释是在菲涅耳建立了波动理论以后才获得的。

二、薄膜干涉的数学描述及物理解析

薄膜干涉是由于光照射到薄膜时，光在薄膜的两个表面上反射后在空间的一些区域内相遇而产生的干涉现象。薄膜干涉现象与薄膜本身有关，如薄膜的表面形状、薄膜的厚度、薄膜表面的平整度、薄膜的折射率等；也与光的照射方式有关，如光源是点光源、面光源还是平行光源等。这些外在因素的不同都会导致薄膜干涉呈现不同的现象。为了研究方便，通常把薄膜干涉分为两大类：等倾干涉和等厚干涉。牛顿环是等厚干涉中的一个特例，而迈克耳孙干涉仪则是等厚干涉和等倾干涉的综合应用。

1. 等倾干涉

等倾干涉条纹是当点光源发出的光照射到表面平整、厚度均匀的薄膜上时，在无穷远处产生的干涉条纹。

如图 20-3 所示，设薄膜的折射率为 n，薄膜的厚度为 d，置于折射率为 n_1 的介质中。一个点光源发出的一条光线以入射角 i_1 入射到薄膜的上表面。一部分被上表面反射，另一部分经折射进入下表面，被下表面反射后又经过折射回到入射空间。当薄膜厚度较小时，由反射和折射定律可知，在入射空间的两条反射光线相互平行，因此只能在无穷远处相交而产生干涉。实际应用时，通常利用透镜将这两条光线聚焦在透镜的焦平面上，以获得干涉条纹。严格

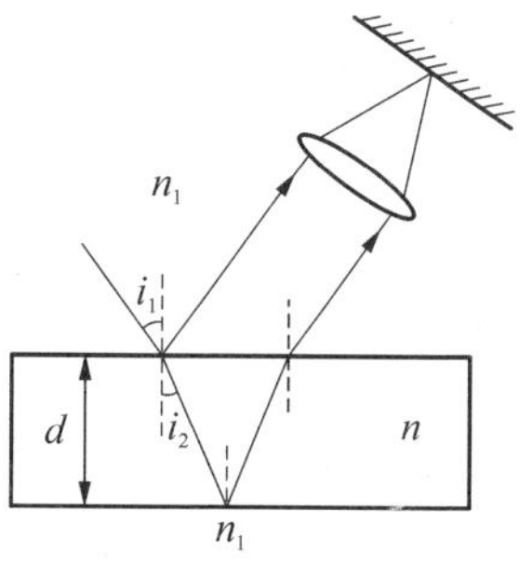

图 20-3

来说,一束入射光在薄膜内可相继发生多次反射和折射,应考虑多束反射光和折射光间的干涉,但由于经多次反射后光的强度将迅速下降,因此可以不予考虑。

如果 $n > n_1$,光在上表面反射的时候发生半波损失,即入射波在界面反射时反射波相位发生 π 突变,反射光光程要加上一个 $\frac{\lambda}{2}$;如果 $n < n_1$,光在下表面反射的时候发生半波损失,即入射波在界面反射时反射波相位发生 π 突变,薄膜内的反射光光程要加上一个 $\frac{\lambda}{2}$。所以无论哪种情形,总的光程差除了距离引起的差以外还要加上 $\frac{\lambda}{2}$。根据两光线如图 20-3 所示的几何关系,可得它们之间的光程差为

$$\delta = \frac{2nd}{\cos i_2} - 2n_1 d \tan i_2 \sin i_1 + \frac{\lambda}{2} \tag{20-1}$$

根据折射定律,有

$$n_1 \sin i_1 = n \sin i_2 \tag{20-2}$$

将式(20-2)代入式(20-1)整理可得

$$\delta = 2d\sqrt{n^2 - n_1^2 \sin^2 i_1} + \frac{\lambda}{2} \tag{20-3}$$

当光程差为波长整数倍,即

$$2d\sqrt{n^2 - n_1^2 \sin^2 i_1} + \frac{\lambda}{2} = m\lambda \tag{20-4}$$

时,两反射光干涉相长,条纹为 m 级明纹;当光程差为半波长的奇数倍,即

$$2d\sqrt{n^2 - n_1^2 \sin^2 i_1} + \frac{\lambda}{2} = (2m+1)\frac{\lambda}{2} \tag{20-5}$$

时,干涉相消,条纹为 m 级暗条纹。

讨论 (1) 分析式(20-3),我们发现当薄膜折射率、厚度一定时,光程差由倾角(入射角)唯一地确定。在薄膜表面某点上以同一个倾角入射的光线有同样的光程差,形成一条干涉明纹(或者暗纹)。而过一点有同样倾角的光线形成一个圆锥,因此,等倾干涉条纹为同心圆,一个圆环对应一个倾角,如图 20-4 所示。

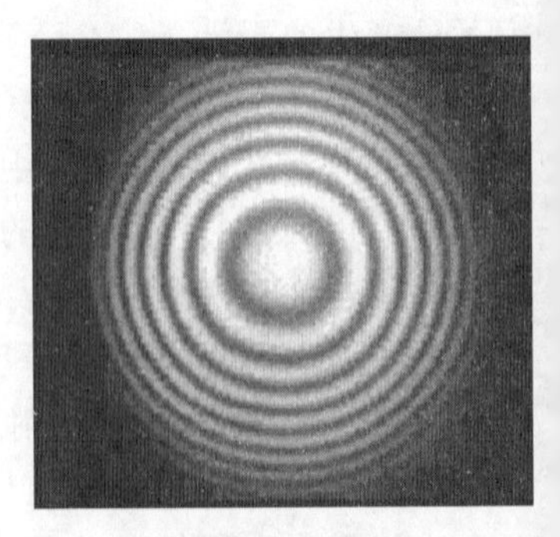

图 20-4

(2) 等倾干涉圆环的圆心($i_1 = 0$)是明纹还是暗纹,由薄膜厚度按式(20-4)或者式(20-5)决定,可以是明纹,也可以是暗纹。

(3) 倾角一定时,薄膜厚度增加,干涉级次增大。

逐渐增加薄膜的厚度，会看见条纹从中央往外“吐”出来的现象；逐渐减小薄膜的厚度，会看见条纹从中央往里“吞”进去的现象。

2. 等厚干涉

光在表面平整但厚度逐渐变化的薄膜上的干涉现象称为等厚干涉。劈形膜干涉就是典型的等厚干涉。当平行光垂直入射时，在膜的上下表面产生的反射光可以视为光线在膜的上表面处相遇而产生干涉，形成明暗相间的条纹，如图 20－5 所示。由于劈的顶角很小，可以近似把在上下表面反射的两束光看作均沿垂直方向向上传播，如图 20－6 所示。因此，两反射光之间的光程差为

$$\delta = 2nd + \frac{\lambda}{2} = \begin{cases} m\lambda \\ (2m+1)\dfrac{\lambda}{2} \end{cases} \tag{20-6}$$

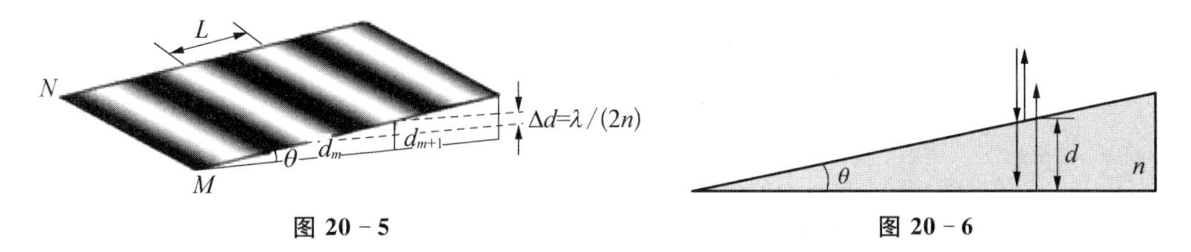

图 20－5　　　　图 20－6

由式(20－6)可以看出，对应一定的级次 m，无论是明条纹还是暗条纹都对应着一定的薄膜厚度 d，即在膜厚相同的地方是同一级条纹，且在劈尖处为零级暗纹。若相邻两干涉条纹所对应的厚度分别为 d_m 和 d_{m+1}，则相邻条纹对应的薄膜厚度差为

$$\Delta d = d_{m+1} - d_m = \frac{\lambda}{2n} \tag{20-7}$$

式(20－7)说明两相邻明纹(或者暗纹)之间对应的薄膜厚度差为该薄膜中半波长的 $1/n$。在斜面上相应的距离为

$$\Delta l = \frac{d_{m+1} - d_m}{\sin\theta} \approx \frac{\lambda}{2n\theta} \tag{20-8}$$

由式(20－8)可以看出干涉条纹间距与厚度无关，是等距离的常数，也就是说等厚干涉条纹是等间距的明暗相间条纹。

3. 牛顿环

如图 20－7 所示，曲率半径为 R 的平凸透镜置于平板玻璃上，两者间形成厚度不均匀的空气膜。当单色平行光垂直入射时，可以产生一组等厚干涉条纹。条纹是以接触点 O 为圆心的一组间距不等的同心圆环，即牛顿环。

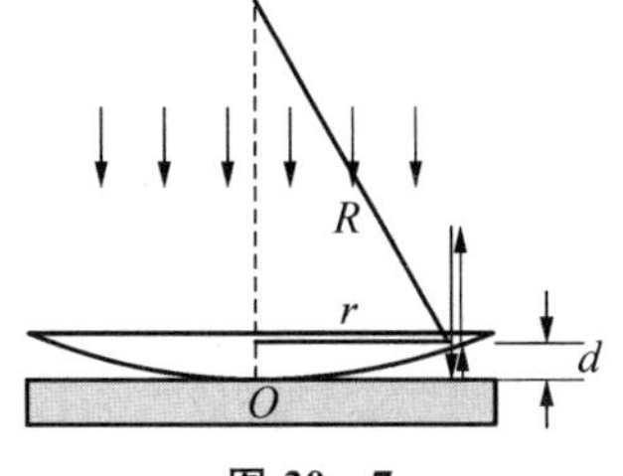

图 20－7

由于透镜的曲率半径很大，因此在空气膜(折射率为

n)上下表面反射的两束光的光程差与劈形膜相似,可表示为

$$\delta = 2nd + \frac{\lambda}{2} = \begin{cases} m\lambda \\ (2m+1)\dfrac{\lambda}{2} \end{cases} \tag{20-9}$$

式(20-9)中,$\delta = m\lambda$ 时为明条纹,$\delta = (2m+1)\dfrac{\lambda}{2}$ 时为暗条纹。

在中心接触点 O,由于膜厚为零,故牛顿环中心是一个暗斑。由中心沿半径向外,由于膜厚的变化是非线性的,因此条纹呈内疏外密分布。由图 20-7,牛顿环半径与厚度关系为

$$r^2 = R^2 - (R-d)^2 \approx 2dR \tag{20-10}$$

将式(20-10)代入式(20-9)得明纹半径为

$$r = \sqrt{\frac{(2m-1)R\lambda}{2n}} \quad (m = 1, 2, \cdots) \tag{20-11}$$

暗纹半径为

$$r = \sqrt{\frac{mR\lambda}{n}} \quad (m = 1, 2, \cdots) \tag{20-12}$$

薄膜干涉形成的干涉条纹由两个相干光的光程差与波长的关系决定。如果光程差是波长的整数倍就干涉相长,为明条纹;如果光程差是半波长的奇数倍就干涉相消,为暗条纹。

4. 迈克耳孙干涉仪

迈克耳孙干涉仪,是 1883 年美国物理学家迈克耳孙和莫雷合作,为研究"以太"漂移而设计制造出来的精密光学仪器。它是利用分振幅法产生双光束以实现干涉的仪器。通过调整两反射平面镜的倾角,该干涉仪可以产生等厚干涉条纹,也可以产生等倾干涉条纹。因此,它是等倾干涉和等厚干涉巧妙结合的产物,主要用于测量薄膜的厚度和折射率、光的波长等。在近代物理和近代计量技术中,如在光谱线精细结构的研究和用光波标定标准米尺等实验中都有着重要的应用。

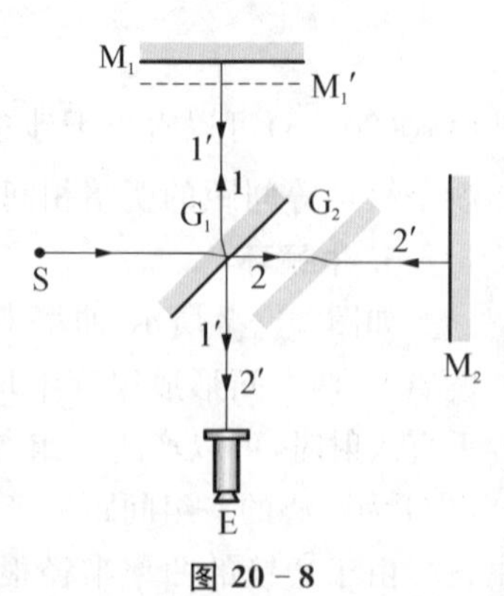

图 20-8

迈克耳孙干涉仪的结构如图 20-8 所示。平面镜 M_1 和 M_2 安置在相互垂直的双臂上,M_2 固定不动,M_1 可沿臂的方向做微小移动。与两臂成 45°放置的 G_1 为半透半反镜,可以将入射光分成强度相等的反射光 1 和透射光 2,因此 G_1 又称为分束器。G_2 是与 G_1 完全相同的平板玻璃,与 G_1 平行放置。G_2 起补偿光程的作用,使分束后的光线 1 和光线 2 均两次通过相同厚度的平板玻璃,从

而保证光线 $1'$ 和 $2'$ 汇聚时的光程差与 G_1 的厚度无关，反射光 1 被 M_1 反射后又被分束器透射，成为光线 $1'$ 进入观察系统 E。M_1' 是 M_2 对 G_1 反射所成的虚像。透射光 2 则被 M_2 反射后又经 G_1 反射，成为光线 $2'$ 进入观察系统 E，光线 $2'$ 可等效地看作反射自 M_1'。光线 $1'$ 和光线 $2'$ 是相干光，它们相遇时可以形成干涉现象。

当 M_1 和 M_2 之间严格垂直时，M_1' 和 M_1 之间形成厚度均匀的空气膜，可以观察到等倾干涉现象。M_1 和 M_2 不严格垂直时，形成劈尖，可以观察到等厚干涉现象。迈克耳孙干涉仪可精确测定微小位移。当 M_1 位置发生微小变化时，M_1' 和 M_1 之间空气劈保持夹角不变，但厚度发生变化，在 E 处可观察到等厚干涉条纹的平移。当 M_1（M_1'）的位置变化半个波长时，视场中某一处将移过一个明（或暗）条纹；当连续移动 N 个干涉条纹时，M_1 移动的距离为 $N\dfrac{\lambda}{2}$。

三、薄膜干涉的科学意义、对人类生活的影响及发展

科学家对薄膜干涉这个现象进行了量化的分析，将直观的现象用抽象的模型和数学计算表示了出来，这有利于人们对薄膜干涉做更进一步的了解。也正是基于这种对问题打破沙锅问到底的科研态度，才创立了光的波动理论，并将其更有效地应用到现实生活和科学研究中。

比如说，我们充分利用 $\Delta l=\dfrac{\lambda}{2n\theta}$ 这个公式。如果劈尖的夹角已知，只要测出了干涉条纹的间距 Δl 就可以计算出单色光的波长 λ。同样地，在知道该公式两个条件的情况下能求解出第三个条件。

此外，还根据这些原理发明并制作了迈克耳孙干涉仪，既可以用来观察各种干涉现象及其条纹变动的情况，也可以用来对长度及光谱线的波长和精细结构等进行精密的测量。这对现在的多个学科都有深远的影响。迈克耳孙干涉仪的最著名应用是它在迈克耳孙-莫雷实验中对“以太”风观测中所得到的零结果，驱散了 19 世纪末经典物理学天空中的一朵乌云，为狭义相对论的基本假设提供了实验依据。除此之外，由于激光干涉仪能够非常精确地测量干涉中的光程差，所以在当今的引力波探测中，迈克耳孙干涉仪以及其他种类的干涉仪都得到了相当广泛的应用。激光干涉引力波天文台（LIGO）等诸多地面激光干涉引力波探测器的基本原理就是通过迈克耳孙干涉仪来测量由引力波引起的激光的光程变化，而在计划中的激光干涉空间天线（LISA）中，应用迈克耳孙干涉仪原理的基本构想也已经被提出。迈克耳孙干涉仪还应用于寻找太阳系外行星的探测中，当然，在这种探测中马赫-曾德干涉仪的应用更加广泛。迈克耳孙干涉仪还在延迟干涉仪，即光学差分相移键控解调器的制造中有所应用。这种解调器可以在波分复用网络中将相位调制转换成振幅调制。

四、应用举例

例 1　有一劈形膜，折射率为 $n=1.3$，夹角为 $\theta=10^{-4}$ rad。在某一单色光的垂直

照射下,可测得两相邻明条纹之间的距离为 0.25 cm。试求:

(1) 此单色光在真空中的波长;

(2) 如果薄膜长为 3.5 cm,总共可以出现的明条纹条数。

解　(1) 由劈尖干涉中两相邻明条纹间距表达式(20-8)可得

$$\lambda = 2n\theta\Delta l \quad ①$$

将题设条件代入式①,可得

$$\lambda = 650\ \text{nm} \quad ②$$

因此,题设条件下光的波长为 650 nm。

(2) 在长为 3.5×10^{-2} m 的劈形膜上,明条纹的总数为

$$m = \frac{l}{\Delta l} = \frac{3.5\times10^{-2}}{2.5\times10^{-3}} = 14 \quad ③$$

式③说明在薄膜上总共能出现 14 条明纹。

例 2　用波长为 589 nm 的钠黄光观察牛顿环,在透镜与平板接触良好、其间空气折射率 n 近似为 1 的情况下,测得第 20 个暗环的直径为 0.687 cm。当透镜向上移动 5.00×10^{-4} cm 时,同一级暗环的直径将变为多少?

解　根据牛顿环暗环半径表达式(20-12),可得牛顿环凸透镜的曲率半径为

$$R = \frac{r_m^2}{m\lambda} = \frac{(0.687/2)^2\times10^{-4}}{20\times589\times10^{-9}} = 1.0\times10^2\ \text{cm} \quad ①$$

当透镜向上移动时,第二十级暗环半径变为

$$\begin{aligned} r' &= \sqrt{(m\lambda - 2\times5.00\times10^{-4})R} \\ &= \sqrt{(20\times589\times10^{-7} - 2\times5.00\times10^{-4})\times1.00\times10^2} \\ &= 0.133\ \text{cm} \end{aligned} \quad ②$$

由式②可知第二十级的直径变为 0.266 cm。

五、练习与思考

20-1　在玻璃板上有一层油膜,已知玻璃板的折射率为 1.50,油膜的折射率为 1.30。用波长为 500 nm 和 700 nm 的两束光垂直入射该油膜,发现反射光相消现象,但这两束光之间的其他波长的光没有反射相消现象,求油膜的厚度。

20-2　氦氖激光器发出波长为 632.8 nm 的单色光,垂直照在两块平面玻璃片上。两玻璃片一端接触,另一端夹一云母片,形成空气 ($n=1$) 劈尖。实验测得 50 条暗纹的间距为 6.351×10^{-3} m,劈尖到云母片的距离为 30.313×10^{-3} m,求云母片的厚度。

20-3　人们一般从牛顿环装置仪反射光来观察牛顿环。如果让你从透射光来

观察，牛顿环还会出现吗？如果你认为会出现，试分析透射光的牛顿环半径与波长、干涉级次、凸透镜曲率半径的关系；如果你认为不会出现，说明理由。

20-4　用光源波长为 λ 的迈克耳孙干涉仪测量空气的折射率时，在干涉仪的一臂放入一长度为 l，气压为一个大气压的空气玻璃管。在将玻璃管内抽到真空状态的过程中，观测到条纹移动了 N 条，求空气的折射率。

20-5　用迈克耳孙干涉仪可以测量光的波长。某次测得可动反射镜移动距离 $\Delta L = 0.322$ mm 时，等倾条纹在中心处缩进 1 204 条条纹。求所用光的波长。

20-6　把一对顶角很小的三棱镜底边粘在一起做成菲涅耳“双棱镜”，如图 20-9 所示。试在图中画出两相干光源的位置并指出它们相交的区域。

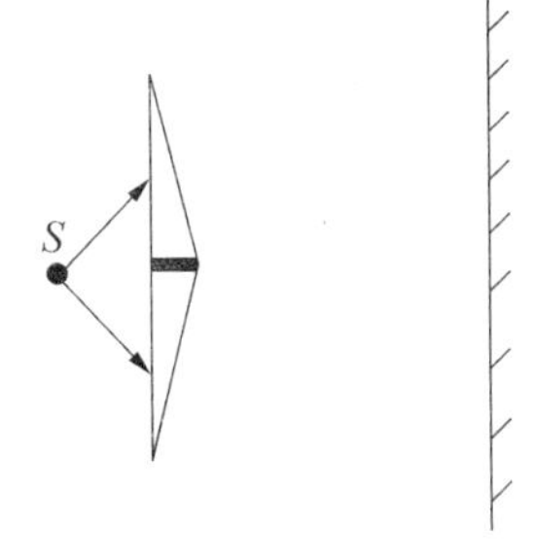

图 20-9

第二十一章　光的衍射

光的衍射现象是指光在传播过程中遇到障碍物而偏离原来的直线传播方向的现象，它是光具有波动性的又一个典型例证。由于光波长较短，光波的衍射现象一般并不明显，只有在障碍物的大小与光的波长接近(同一数量级)时，才能观察到光衍射现象。本章将从惠更斯-菲涅耳原理出发解析光的衍射现象，具体剖析夫琅和费衍射的特征。

一、衍射现象的研究背景

衍射现象的提出最早可追溯到1665年，弗朗西斯科·格里马迪发现一根直杆在点光源的照射下影子的宽度比假设光以直线传播计算所得结果稍大，由此提出"光不仅会沿直线传播、折射和反射，还能够以第四种方式传播，即通过衍射的形式传播"，如图21-1所示。

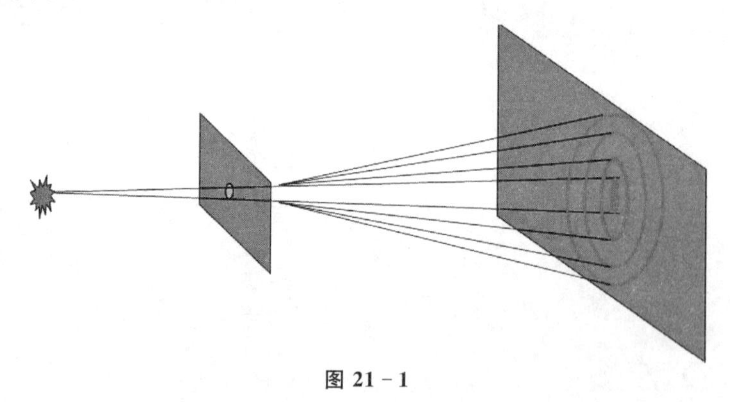

图21-1

格里马迪进一步从拉丁词汇diffringere(成为碎片)中引出diffract即衍射一词，用以表示波原来的传播方向被打碎、弯散。不久后，英国物理学家胡克重复了这个实验，并通过对肥皂泡膜颜色的观察提出了"光是以太的一种纵向波"的假说。从1676年到1677年，荷兰物理学家惠更斯进一步研究了牛顿光学色散实验和格里马迪光的衍射实验。1678年惠更斯在他写的《论光》(*Traité de la lumière*)论文中宣布了光的波动理论假说。该假说认为光是一种机械波，而且是在以太中传播的纵波。1803年，托马斯·杨进行了著名的双缝干涉实验，让一束光照射到具有紧挨的两条狭缝的遮光挡板上，在挡板后的观察屏上产生了明暗相间的条纹，他认为这是光通过狭缝后衍射产生的干涉现象，并推测光具有波动性。1815年，菲涅耳向法国科学院提交了关于光的衍射的第一份研究报告，这时他还不知道托马斯·杨关于衍射的论文。菲涅耳以光波干涉的思想补充了惠更斯原理，认为在各子波的包络面上，由于各子波的互相干涉而使合成波具有显著的强度，这给予惠更斯原理以明确的物理意义。但菲涅耳的解释与托马斯·杨认为衍射是由直射光束与边缘反射光束的干涉形成的看法相反，菲涅耳认为屏的边缘不会发生反射。法国物理学家阿拉果在巴黎法国科学院议会上热情地演讲了菲涅耳的报告，并第一个宣布支持波动说。1818年，法国科学院提出了征文竞赛题目：一是利用精确的实验确定光线的衍射效应；二是根据实验，用数学归纳法推求光线通过物体附近时的运动情况。在阿拉果的鼓励与支持下，菲涅耳向法国科学院提出了应征论文。这次，他从横波观点出发，圆满地解释了光的偏振；用半周带的方法定量地计算了圆孔、圆板等形状的障碍物产生的衍射花纹，而且与实验符合得很好。但是，菲涅耳的波动理论遭到了光的粒子说者的反对，评奖委员会的成员泊松运用菲涅耳的方程推导出关于圆盘衍射的一个奇怪的结论：如果这些方程是正确的，那么当把一个小圆盘放在光束中时，就会在小圆盘后面一定距离处的屏幕上盘影的中心点出现一个亮斑；泊松认为这当然是十分荒谬的，所以他宣称已经驳倒了波动理论。菲涅耳和阿拉果接受了这个挑战，立即用实验检验了这个理论预言，非常精彩地证实了这个理论的结论，影子中心的确出现了一个亮斑。托马斯·杨的光的双缝干涉现象和泊松亮斑的事实宣布了"光的粒子学说"崩溃，同时宣布了"光的波动学说"创立。1882年，德国天文学家夫琅和费利用光栅研究了光的衍射现象，进一步证明了光具有波动性。

惠更斯-菲涅尔原理的建立总共经历了大概150年的时间，惠更斯、菲涅尔、托马斯·杨等科学家与以牛顿为代表的光的微粒说做抗争，经历了被咒骂、嘲笑和攻击，终于建立了光的波动理论，为人类认识光的本质提供了正确的理论指导。

二、光衍射现象的数学描述及物理解析

在惠更斯-菲涅耳原理发现以前，惠更斯为了解释光的衍射现象提出了**惠更斯原理**(Huygens principle)。该原理的主要内容如下：行进中的波阵面上任一点都可看作新的次波源，而从波阵面上各点发出的许多次波所形成的包络面就是原波面在下一时刻的新波阵面。由于惠更斯原理中只保留次波包络中的公有部分，而忽略了次波其他部分，不能解释双缝干涉中出现的明暗相间的条纹的现象。菲涅耳在惠更斯原理的基础上引入相干叠加的概念，补充了惠更斯原理，提出了惠更斯-菲涅耳原理，成功地解释了光的干涉和衍射现象。**惠更斯-菲涅耳原理**指出当光在传播中遇到障碍物时，在任一时刻波阵面上每一未被障碍物阻挡的点均起着次级球面子波波源的作用，障碍物后任一点上光的振幅是所有这些子波源所发出的球面子波的叠加。下面定量地分析光通过障碍物后的叠加情形。

由于波阵面上未被障碍物阻挡部分的每一点都可视为次波的波源,因此波源的数目可视为无穷多,数学上处理这类问题不再能像处理两束光的干涉一样用三角函数和差化积来叠加,需要我们重新审视光矢量振动方程。实际上,单色光的波动表达式除了三角函数 $E(r,\ t)=A(r)\cos(\omega t-kr)$ 外,还可以将它表示为复变函数形式,即

$$E(r,\ t)=A(r)\mathrm{e}^{\mathrm{i}(\omega t-kr)}=A(r)\mathrm{e}^{-\mathrm{i}kr}\mathrm{e}^{\mathrm{i}\omega t} \tag{21-1}$$

式(21-1)中,$A(r)\mathrm{e}^{-\mathrm{i}kr}=\psi(r)$ 定义为光矢量的复振幅,而 $A(r)$ 表示振幅在空间的分布,$kr=\varphi(r)$ 表示相位在空间的分布。因为光的衍射现象中我们关心的是光的强度随空间的变化,因此用 $\psi(r)$ 来分析衍射现象是合理的。如图21-2所示,假设障碍物小孔所在平面为 Σ,并用坐标 $O-XY$ 表示;投影屏所在平面为 Σ',并用 $O-xy$ 表示。面元 $\mathrm{d}X\mathrm{d}Y$ 上 S 点子波源发出的球面波在屏上 P 点引起振动的复振幅为

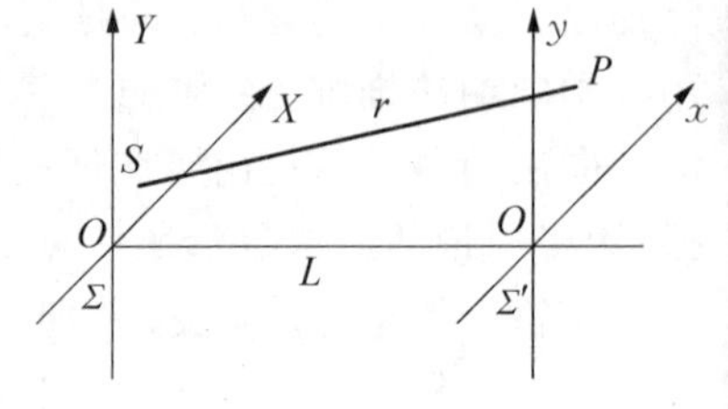

图 21-2

$$\psi(r)_{SP}=A(r)\mathrm{e}^{-\mathrm{i}kr}=\frac{A}{r}\mathrm{e}^{-\mathrm{i}kr} \tag{21-2}$$

式(21-2)中,A 是子波在平面 Σ 上的振幅,r 是该子波从 Σ 传播到 Σ' 上 P 点经历的路程,即 S 到 P 的距离。根据惠更斯-菲涅耳原理,投影屏上 P 点处的复振幅应该是障碍物小孔中所有子波源发出的球面子波在 P 点复振幅的叠加,即

$$\psi(r)=\int_{\Sigma}K(\varphi)\psi(r)_{SP}\mathrm{d}X\mathrm{d}Y=\int_{\Sigma}K(\varphi)\ \frac{A}{r}\mathrm{e}^{-\mathrm{i}kr}\mathrm{d}X\mathrm{d}Y \tag{21-3}$$

式(21-3)中,$K(\varphi)$ 为角倾斜因子,φ 是面元 $\mathrm{d}X\mathrm{d}Y$ 法向与 $\boldsymbol{r}_{SP}$ 之间的夹角。菲涅耳用 $K(\varphi)$ 来说明子波不能向后传播,所以当 $\varphi\geqslant\frac{\pi}{2}$ 时,$K(\varphi)=0$;当 $\varphi<\frac{\pi}{2}$ 时,$K(\varphi)=1$。式(21-3)就是惠更斯-菲涅耳原理的数学表达式。

三、光的衍射理论的应用

由惠更斯-菲涅耳原理的数学表达式可知,要获得投影屏上某点光的复振幅,写出该点到障碍物小孔所在平面上点的距离 r 的表达式是解决该问题的关键环节。一般情况下,实验室的衍射装置由光源、带孔障碍物(衍射屏)、投影屏组成。根据三者之间的距离不同,人们将衍射分为两大类:菲涅耳衍射和夫琅和费衍射。其中菲涅耳衍射指衍射屏与光源、衍射屏与投影屏之间的距离都是有限的,而夫琅和费衍射指衍射屏与光源、衍射屏与投影屏之间的距离为无限远。下面我们以夫琅和费衍射为例来具体分析衍射花纹的位置及特性。

1. 夫琅和费单缝衍射

如图 21-3 所示，由惠更斯原理，未被挡住的波阵面上的所有子波源都向各个方向发射球面子波，由各个子波源发出的所有沿衍射角 θ 方向传播的衍射光线经透镜后将汇聚在观察屏 Σ' 上。按照菲涅耳的思想，A，B 间所有子波源都是相干波源，且初相位相同(不妨设为零)，它们在透镜焦平面上某处 P 点相遇时将发生干涉。由于在夫琅和费衍射时入射到衍射屏上的是一束平行光，其波阵面与衍射屏平行，在衍射屏处未被阻挡的波阵面上发出的子波为相干的子波源，因此可通过惠更斯-菲涅耳原理分析其衍射过程。

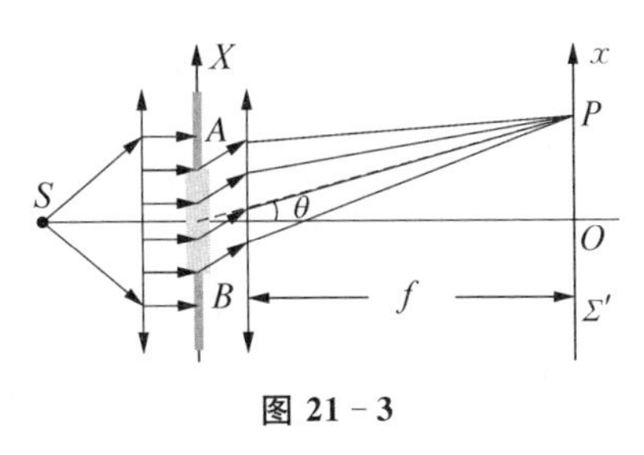

图 21-3

设沿缝宽度的方向为 X 轴，描述衍射屏上障碍物的函数 $A(X)$ 可表示为

$$A(X)=\begin{cases}A, & |X|\leqslant \dfrac{a}{2}\\[2mm] 0, & |X|>\dfrac{a}{2}\end{cases} \tag{21-4}$$

根据惠更斯-菲涅耳原理表达式(21-3)，可得到观察屏上光的复振幅分布为

$$\psi(x)=\int_{-\frac{a}{2}}^{\frac{a}{2}} A\mathrm{e}^{\frac{\mathrm{i}k}{f}xX}\mathrm{d}X=\frac{Af}{\mathrm{i}kx}\left(\mathrm{e}^{\frac{\mathrm{i}kax}{2f}}-\mathrm{e}^{-\frac{\mathrm{i}kax}{2f}}\right)=aA\frac{\sin\dfrac{kax}{2f}}{\dfrac{kax}{2f}} \tag{21-5}$$

式(21-5)中，f 为透镜焦距，$k=\dfrac{2\pi}{\lambda}$ 为波矢。如果令 $\dfrac{kax}{2f}=\beta$，由式(21-5)可得观察屏上光强分布为

$$I=I_0\left(\frac{\sin\beta}{\beta}\right)^2 \tag{21-6}$$

式(21-6)决定了屏上暗纹和明纹的位置。讨论如下：

(1) 如果 $\beta=0$，对应 $x=0$。根据式(21-6)，有 $I=I_0$，即在屏上对应单缝的中间位置为衍射明纹，且强度最大。

(2) 如果 $\beta=m\pi(m=\pm1,\pm2,\cdots)$，对应

$$a\sin\theta=m\lambda \tag{21-7}$$

式(21-7)中 $\sin\theta\approx\tan\theta=\dfrac{x}{f}$。根据式(21-6)，有 $I=0$，即在屏上这些位置为衍射暗纹，强度为零。所以式(21-7)称为单缝衍射暗纹条件。

(3) 由 $\frac{\mathrm{d}I}{\mathrm{d}\beta}=0$,可得

$$\tan\beta=\beta \tag{21-8}$$

解式(21-8)表示的超越方程,有

$$\beta=\pm 1.43\pi,\ \pm 2.46\pi,\ \pm 3.47\pi,\ \cdots \tag{21-9}$$

对应

$$a\sin\theta=\pm 1.43\lambda,\ \pm 2.46\lambda,\ \pm 3.47\lambda,\ \cdots \tag{21-10}$$

式(21-9)或式(21-10)称为单缝衍射的次极大条件,对应的光强按式(21-6)变化,即 $I_1=0.047\,2I_0$,$I_2=0.016\,5I_0$,$I_3=0.008\,3I_0$,…,如图 21-4 所示。

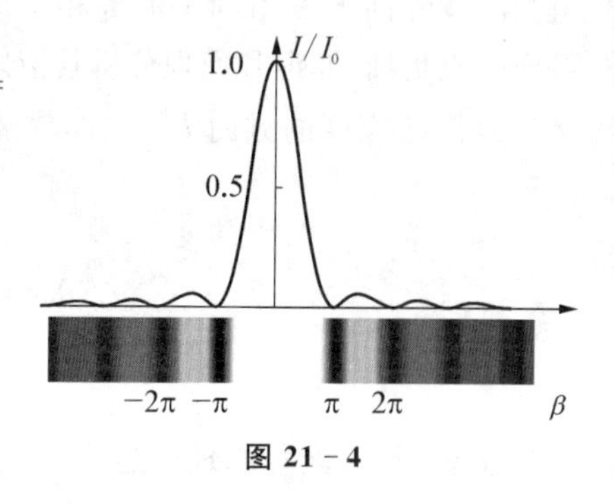

图 21-4

2. 夫琅和费圆孔衍射

当衍射屏上通光部分的形状为圆孔时,则可在观察屏上得到夫琅和费圆孔衍射花样,如图 21-5所示。其花样中心是一个大而亮的圆斑,称为艾里斑。如果增大圆孔的直径直至 $D\gg\lambda$,则衍射图样将向中心靠拢,最后形成一个亮斑,这就是孔的几何像。圆孔衍射现象普遍存在于光学仪器中,所有对波阵面有限制的孔径都会产生衍射现象,从而影响光学仪器分辨物体细节的能力。理论计算证明艾里斑直径相对应的第一级暗条纹的衍射角(艾里斑的半角宽)满足:

$$\theta_1\approx\sin\theta_1=1.22\,\frac{\lambda}{D} \tag{21-11}$$

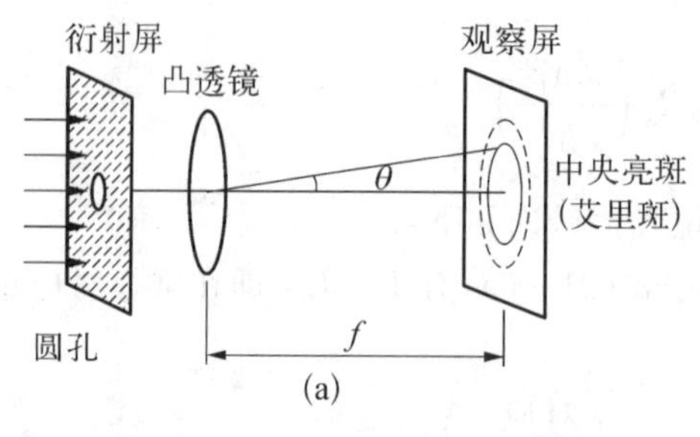

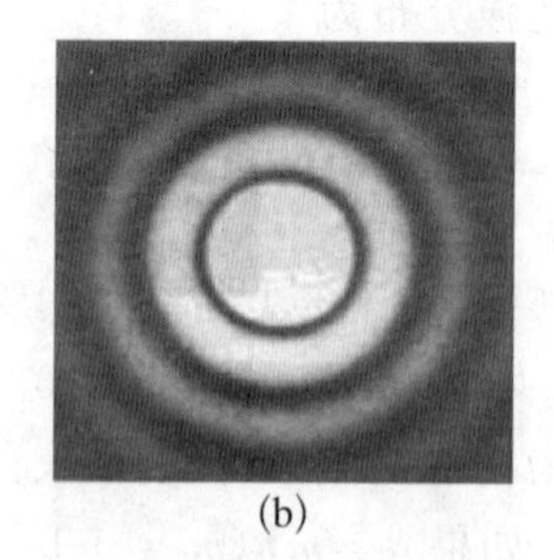

图 21-5

若透镜焦距为 f,则艾里斑的半径为

$$R=f\theta_1=1.22\,\frac{\lambda}{D}f \tag{21-12}$$

可见 λ 越大或 D 越小，R 越大，衍射现象越明显，而当 $\frac{\lambda}{D} \ll 1$ 时，衍射现象可忽略，图像更清晰。艾里斑集中了全部衍射光强的 84%，第一级亮环占 7.2%，其他亮环的光强更小。

3. 光学仪器的分辨本领

光的衍射现象使得每个点光源在像平面上呈现的都不是清晰的点像而是所谓的艾里斑。因此当两个点光源相互接近时，艾里斑的重叠就越来越大直至不能辨认出是两个点光源的像。实验证实当一个点光源的中央最亮处恰好和另一个点光源衍射图样的第一个最暗处重叠时，达到一般人眼睛能分辨出两个点光源的极限，这一条件称为瑞利判据。以圆孔形透镜为例，“恰能分辨”的两点光源的两衍射图样中心距离应为艾里斑的半径。若其最小分辨角为 θ_0，则由艾里斑的角半径可得

$$\theta_0 = \theta_1 \approx \sin\theta_1 = 1.22\,\frac{\lambda}{D} \tag{21-13}$$

在光学中，常将光学仪器的最小分辨角的倒数称为仪器的分辨本领(又称分辨率)，因此，仪器的分辨率由孔径 D 和波长 λ 决定。为了提高光学仪器的分辨本领，应该采取增大透镜直径和采用较短波长的方法。一般地，在不可以改变天空中星星的特征波长的情形下，人们用增大圆孔直径的办法来提高观测的清晰度，减小衍射影响。这样，射电望远镜的直径做得越来越大，哈勃望远镜主镜的直径达 2.4 m。我国 2008 年末开工，历时 5 年在贵州建造的射电望远镜孔径达 500 m，是目前世界上孔径最大的射电望远镜，它标志着我国在天文观测领域跨入世界前列。当观察微小的物体(如细菌、病毒)时，孔径变大受到限制，就通过减小波长的办法获得清晰图像。基于这一原理，以波长 10^{-3} nm 的电子束为光源的电子显微镜的放大倍数远大于光学显微镜。

四、衍射现象在现代信息记录、传递、搜集中的应用

1. 全息摄影技术

惠更斯-菲涅耳原理说明了波前上子波的相干叠加，确定了光场强度的分布。以一个曲面 S 把源点 O 和场点 P 隔开，波前 S 上的每个面元 $\mathrm{d}S$ 作为次波中心，由此发出的次波在场点处相干叠加，决定着场点的振动。假若波前再现，那么即使原物已不存在，根据数学中边值定解的唯一性，无源空间中的光场也会再现，亦即在光场中观察效果将与真实的物体存在时完全一样。这种效果就是波前再现的深刻意义，这种技术便是全息技术。实际应用时，在全息照相的光路中，由激光器发出的光束被分光镜 B 分成两束光，一束经反射镜 M 反射后直接投射于全息底片 H(一种高分辨率的感光材料)，称为参考光；另一束则照射物体，从物体反射(或透射)，称为物光。物光和参考光在全息底片上相互干涉的结果构成一幅非常复杂而又精细的干涉条纹图，这些干涉条纹以其反差和位置的变化，记录了物光携带的振幅和相位的信息。全息

底片经过常规的显影和定影处理之后,就成为全息图。全息图的外观和原物体的外形似乎毫无联系,但它却以光学编码的形式记录了物光携带的全部信息。

2. 相位控制阵列雷达

相位控制阵列雷达的原理如图 21-6 所示,当有很多点波源并且各个点波源产生波的频率一致时,相当于各个点波源为子波的波源,点波源以平面排列,则可产生平面波。很多密集的点波源相当于波前的子波源,以每个波源为圆心取相同的半径画半圆,得到各波的波前。合成波的波前即各子波波前的包络线,在单位面积里点波源的数量越多,合成波的波前就越接近平面,即产生平行于雷达阵面的波。所以相控阵面雷达的天线为平面,如美国的“铺路爪”远程预警雷达。

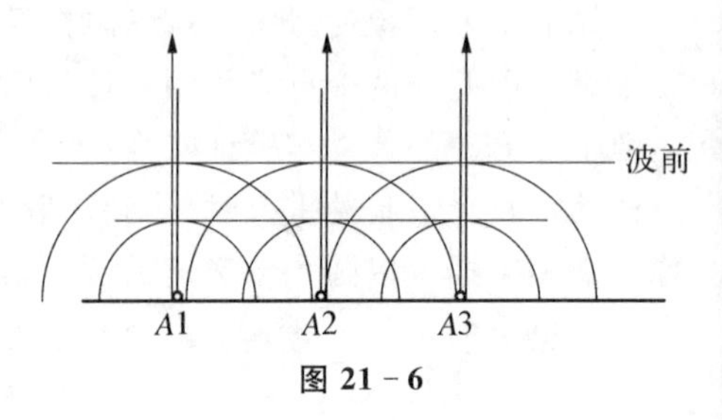

图 21-6

五、练习与思考

21-1 用白光垂直入射单缝时,夫琅和费衍射条纹如何分布?

21-2 在迎面驶来的汽车上,两盏前灯相距 120 cm。假设正常人夜间瞳孔的直径为 5 mm,入射光波长为 650 nm,问人在离汽车多远的地方恰好能用裸眼分辨这两盏灯?

21-3 如图 21-7 所示,用平行光束照射宽度为 a 的缝。当 a 较大时,屏上将出现宽度为 $x=a$ 的光带;当缝宽度 a 变小时,光带也随之变窄,直至出现衍射效应。此时,光带的宽度将大于缝宽。问当缝宽度多大时,屏上出现的光带最窄?

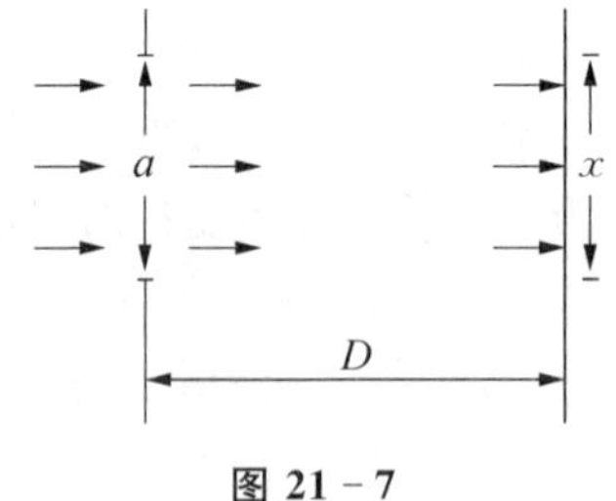

图 21-7

21-4 月球距地球表面约 3.86×10^5 km,假设月光波长为 550 nm,问月球表面距离为多远的两点才能被地面上直径为 500 cm 的天文望远镜所分辨?

21-5 解释为什么在有雾的夜晚可以看到月亮周围有一个光圈,而且这光圈常呈现为红色。如果月亮周围的光圈的角直径是 5°,试估算大气中水珠直径的大小(紫光波长按 450 nm 计)。

21-6 你知道的声波衍射现象有哪些?光波衍射呢?你觉得它们中哪种衍射更容易被人觉察?

第二十二章　光栅衍射

由大量等宽等间距的平行狭缝构成的光学器件称为光栅。一般常用的光栅是在玻璃片上刻出大量平行刻痕制成，刻痕为不透光部分，两刻痕之间的光滑部分可以透光，相当于狭缝。这种利用透射光衍射的光栅称为透射光栅。还有利用两刻痕间的反射光衍射的光栅，如在镀有金属层的表面上刻出许多平行刻痕，两刻痕间的光滑金属面可以反射光，这种光栅称为反射光栅。

一、光栅衍射的研究背景

1786 年，一位美国的天文学家戴维・里滕豪斯(David Rittenhouse, 1732—1796)在两根由钟表匠制作的细牙螺丝之间，平行地绕上细丝，在暗室里透过它去看百叶窗上的小狭缝时，观察到三个亮度差不多相同的像，在每边还有几个另外的像，且离主线越远，它们越暗淡，有彩色，并且有些模糊。实际上，他在无意中制出了人类历史上第一个衍射光栅。

在里滕豪斯发明了光栅之后，很快就有人对其进行了尝试性的研究。托马斯・杨(Thomas Young, 1773—1829)就在 1800 年左右用其观察了太阳光并初步总结出了光栅衍射的规律，但那时的光栅制作技术还很不成熟，理论也不成体系。这种情况一直持续到约瑟夫・夫琅和费(Joseph Fraunhofer, 1787—1826)将理论与技术实践密切结合，创立了光栅光谱学为止。他制作了第一块真正意义上的衍射光栅，通过实验给出了衍射光栅的衍射角公式：$d(\sin i+\sin\theta_n)=n\lambda$。式中，$d$ 为光栅常数，i 和 θ_n 分别为入射角和衍射角，n 和 λ 分别为衍射级次和波长。1846 年弗里德里克・阿道夫・诺贝尔(Friedrich Adolph Nobert, 1806—1881)制成了每毫米 240 线的透射光栅。1870 年卢瑟福(Rutherfurd, 1816—1892)在 50 mm 宽的反射镜上用金刚石刻刀刻画了 3 500 条刻槽，这是第一块分辨率与棱镜相当的衍射光栅。罗兰(Rowland, 1848—1901)发明了精密丝杠的加工方法，发明了凹面光栅，并且系统地研究了光栅制造过程中的误差。他发现假如光栅刻线周期性地从其平均位置移动百万分之一(合 1/40 μm)，就会在主极大两旁对称地产生两条弱线，这种现象后来以他的名字命名，称为罗兰鬼线。

此时人们对于光栅衍射现象的原理已基本掌握清楚，但是鬼线的存在却对光栅的加工技术提出了很高的挑战。在罗兰之后的很长一段时间里，机械刻画光栅技术一直是光栅制造的主流,但是对于精度要求达到几分之一光波长的光栅制造来说,纯机械还是显得不够的。于是,随着电子技术和自动控制理论的发展,衍射光栅刻画技术实现了从纯机械控制向光电控制的飞跃。1927 年迈克耳孙(Albert Abraham Michelson, 1852—1931)提出了关于利用干涉仪控制槽的位置的设想——即用干涉伺服系统来控制刻画机。1955 年,哈里森等人成功实现了这个设想,标志着衍射光栅刻画技术进入了新的阶段。当时,迈克耳孙还提出了利用两束相干的单色平行光产生高度均匀的干涉条纹,记录在适当介质上以制造高精度光栅的设想。但直到 20 世纪 60 年代,随着激光技术和照相技术的发展,这一设想才得以实现。1967 年,德国哥廷根大学的鲁道夫和施玛尔提出了全息照相的方法,并利用氩离子激光器作为干涉系统的光源,利用光致抗蚀剂作为记录材料,通过曝光、显影、定影来制造衍射光栅。这种方法完全消除了刻画光栅中经常遇到的由于刻画机的周期误差和刻痕的不平整所引起的鬼线和杂散光。

二、光栅衍射的数学描述及物理解析

光栅是由大量等宽、等间距的平行狭缝所组成的光学元件。根据这个定义,描述光栅特性的参量有:① 缝宽(a),光栅中一个透光部分的宽度;② 缝间距(d),两缝之间的距离,也称光栅常数,如果假设不透光部分宽度为 b,则

$$d = a + b \tag{22-1}$$

式(22-1)说明三个物理量 a, b, d 中只有两个是独立的;③ 缝数(N)。根据观察屏接收光的来源,光栅分反射光栅和透射光栅。下面以透射光栅为例分析光栅成像的特点。

1. 多缝干涉

首先我们不考虑单缝衍射现象,仅考虑多缝干涉现象。即将入射的 N 条间距为 d 的狭缝的单色平行光看成是 N 个相位相同的相干子波源,每个子波源发出的所有沿衍射角 θ 方向传播的衍射光线经透镜后将会聚在位于透镜焦平面处观察屏上的 P 处,发生干涉叠加。假设第 j 个子波波源在 P 处产生的复振幅为 $\psi_j(x) = A\mathrm{e}^{-\mathrm{i}[\omega t+(j-1)k\delta]}$, $j=1, 2, \cdots$。P 处光场总的复振幅为

$$\psi = \sum_{j=0}^{N} \psi_j(x) = \sum_{j=0}^{N} A\mathrm{e}^{-\mathrm{i}[\omega t+(j-1)k\delta]}, \ j=1, 2, \cdots \tag{22-2}$$

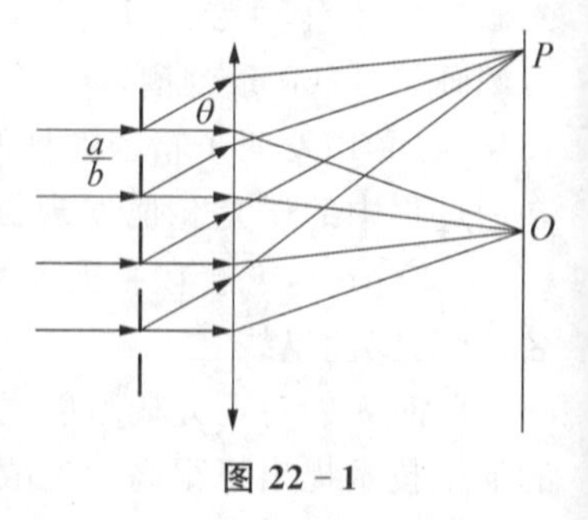

图 22-1

式(22-2)中 δ 表示相邻子波源在观察屏上同一点处的光程差,$k=\dfrac{2\pi}{\lambda}$。根据图 22-1 所示的几何关系有 $\delta = d\sin\theta$。进一步计算式(22-2)可得

$$\begin{aligned}\psi(x) &= \sum_{j=1}^{N}\psi_j(x) = \sum_{j=1}^{N}A\mathrm{e}^{-\mathrm{i}[\omega t+(j-1)k\delta]} = A\mathrm{e}^{-\mathrm{i}\omega t}\sum_{j=1}^{N}\mathrm{e}^{-\mathrm{i}(j-1)k\delta}\\ &= A\mathrm{e}^{-\mathrm{i}\omega t}(1+\mathrm{e}^{-\mathrm{i}k\delta}+\mathrm{e}^{-\mathrm{i}2k\delta}+\cdots+\mathrm{e}^{-\mathrm{i}(N-1)k\delta})\\ &= A\mathrm{e}^{-\mathrm{i}\omega t}\frac{1-\mathrm{e}^{-\mathrm{i}Nk\delta}}{1-\mathrm{e}^{-\mathrm{i}k\delta}} = A\mathrm{e}^{-\mathrm{i}\omega t}\frac{\mathrm{e}^{-\mathrm{i}Nk\delta/2}}{\mathrm{e}^{-\mathrm{i}k\delta/2}}\frac{\mathrm{e}^{\mathrm{i}Nk\delta/2}-\mathrm{e}^{-\mathrm{i}Nk\delta/2}}{\mathrm{e}^{\mathrm{i}k\delta/2}-\mathrm{e}^{-\mathrm{i}k\delta/2}}\\ &= A\mathrm{e}^{-\mathrm{i}\omega t}\mathrm{e}^{-\mathrm{i}(N-1)k\delta/2}\frac{\sin Nk\dfrac{\delta}{2}}{\sin\dfrac{k\delta}{2}} = A\frac{\sin Nk\dfrac{\delta}{2}}{\sin\dfrac{k\delta}{2}}\mathrm{e}^{-\mathrm{i}[\omega t+(N-1)k\delta/2]}\end{aligned} \tag{22-3}$$

于是,P 处光强为

$$I=\psi^*(x)\psi(x)=A^2\left(\frac{\sin Nk\dfrac{\delta}{2}}{\sin\dfrac{k\delta}{2}}\right)^2=I_0\left(\frac{\sin N\alpha}{\sin\alpha}\right)^2 \tag{22-4}$$

式(22-4)中,$\alpha=k\dfrac{\delta}{2}=\dfrac{2\pi}{\lambda}\dfrac{d\sin\theta}{2}=\dfrac{\pi d\sin\theta}{\lambda}$。根据式(22-4),可以对光栅干涉的性质做一定的分析。

(1) $\alpha=m\pi$ ($m=0, \pm1, \pm2, \cdots$),对应衍射角位置条件为

$$d\sin\theta=m\lambda\quad(m=0, \pm1, \pm2, \cdots) \tag{22-5}$$

将该值代入式(22-4),并求导可得光强极大值

$$I_{\max}=N^2I_0 \tag{22-6}$$

式(22-6)说明,干涉极大值的光强是单缝光强的 N^2 倍。这就是使用光栅衍射的第一个优点。式(22-5)是干涉极大值的位置条件,又称为光栅方程。

(2) $N\alpha=m'\pi$,对应衍射角位置条件为

$$d\sin\theta=\frac{m'}{N}\lambda\quad(m'=1, 2, \cdots, N-1, N+1, \cdots;\ m'\neq0, N, 2N, \cdots) \tag{22-7}$$

将该条件代入式(22-4),可得其分子为零,分母不为零,所以此时光强有极小值,即

$$I_{\min}=0 \tag{22-8}$$

式(22-7)为光栅干涉的极小值条件。通过比较式(22-7)与式(22-5),可以知道在相邻两干涉极大值(明纹)间有 $N-1$ 条干涉极小值(暗纹)。

(3) 将式(22-4)对 α 求导,并令其为零,可得

$$\frac{\mathrm{d}I}{\mathrm{d}\alpha}=2I_0\ \frac{\sin N\alpha}{\sin\alpha}\ \frac{N\cos N\alpha\sin\alpha-\sin N\alpha\cos\alpha}{\sin^2\alpha}=0 \tag{22-9}$$

式(22-9)为两干涉极大值间的次极大条件。解式(22-9)可得

$$N\tan\alpha=\tan(N\alpha) \tag{22-10}$$

式(22-10)表明干涉次极大值条件是一个超越方程。因为次极大值位于两暗纹之间,所以在相邻两干涉极大值之间应该有 $N-2$ 个次极大值。图 22-2 是五缝光栅干涉的理论计算花纹。

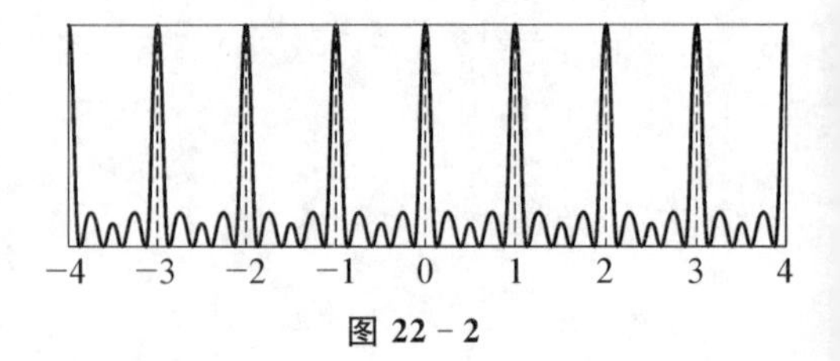

图 22-2

2. 光栅衍射

我们知道实际光栅衍射中,每个单缝衍射的花纹是不可忽略的,因此完整的光栅衍射光强分布应该是将表达单缝衍射的光强分布式(21-6)与多缝干涉式(22-4)相乘,即由列阵定理可得光栅的衍射光强分布为

$$I=I_0\left(\frac{\sin\beta}{\beta}\right)^2\left(\frac{\sin N\alpha}{\sin\alpha}\right)^2 \tag{22-11}$$

式(22-11)说明光栅衍射不仅与由光栅常数 d 和衍射角决定的 α 有关,而且与由光栅宽度 a 和衍射角决定的 β 有关。实际的光栅衍射条纹是在多缝干涉图 22-2 的基础上加上衍射调制的结果,即如图 22-3 所示。

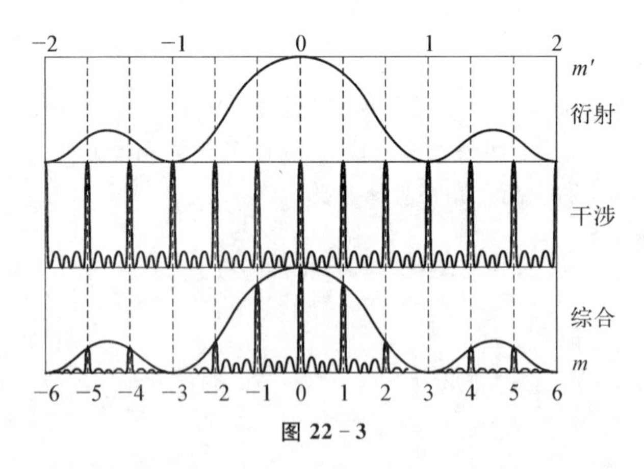

图 22-3

分析图 22-3,我们发现在第三级干涉极大的位置,同时也是单缝衍射第一级极小的位置,它们乘积的结果使该位置的强度为零,人们把这种现象称为缺级。因此,缺级的位置是同时满足干涉极大值和衍射极小值的位置,即

$$\begin{cases} d\sin\theta = m\lambda & (m = 0,\ \pm 1,\ \pm 2,\ \cdots) \\ a\sin\theta = m'\lambda & (m' = \pm 1,\ \pm 2,\ \cdots) \end{cases} \tag{22-12}$$

解式(22-12)可得

$$m = \pm\frac{d}{a}m' \tag{22-13}$$

式(22-13)表示干涉级次与衍射级次只要满足该式表达的关系，该级次表示的位置就会出现缺级。

光栅的分辨本领是指把波长靠得很近的两条谱线分辨清楚的能力，其定义为

$$R = \frac{\lambda}{\Delta\lambda} \tag{22-14}$$

根据瑞利判据，当波长为 λ 的第 m 级主极大恰好与波长为 $\lambda+\Delta\lambda$ 的第 $Nm-1$ 级极小的角位置重合时，这两条谱线恰可分辨，因此，结合式(22-5)和式(22-7)可得

$$m\lambda = \frac{mN-1}{N}(\lambda+\Delta\lambda) \tag{22-15}$$

将式(22-15)代入式(22-14)可得光栅分辨本领与光栅缝数及衍射级次的关系为

$$R = \frac{\lambda}{\Delta\lambda} = mN - 1 \approx mN \tag{22-16}$$

式(22-6)已经说明光栅衍射的主极大光强是单缝光强的 N^2 倍，现在式(22-16)表明光栅的分辨本领与光栅缝数 N 成正比，这就是光栅的缝越刻越多的原因。光栅的维度也从一维扩展到二维和三维，而晶体就是一个天然的三维光栅。由于晶体中离子与离子之间的距离数量级为埃 ($1\ \text{Å} = 10^{-10}$ m)，所以普通的可见光不可透过晶体出现衍射现象，但 X 射线的波长为 0.01～0.1 Å，因此 X 射线透射在晶体表面会出现衍射现象，人们把这种衍射现象称为 X 射线衍射。如图 22-4 所示，假设晶体中各原子层之间的距离为 d，当一平行光以掠射角 φ 入射到晶面上时，一部分经表面层原子散射，另一部分为内部原子散射，但只有沿镜面反射方向的射线强度最大。我们在该方向放一凸透镜和观察屏来观测 X 射线反射光的衍射现象。根据假设，晶面上、下层原子所散射的反射线的光程差为

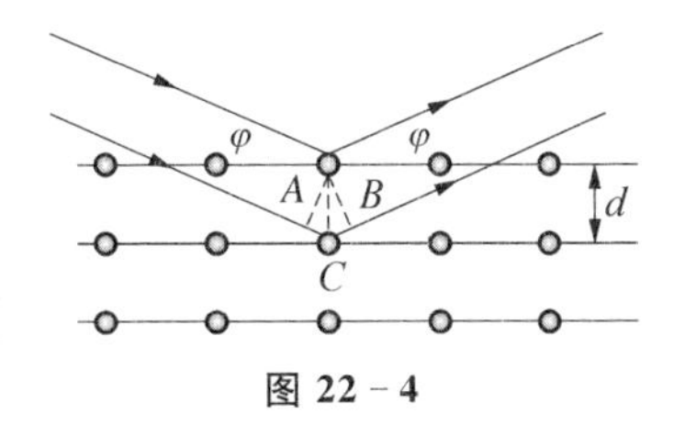

图 22-4

$$\delta = 2d\sin\varphi \tag{22-17}$$

因此，X 射线衍射加强条件为

$$2d\sin\varphi = m\lambda \quad (m = 1,\ 2,\ \cdots) \tag{22-18}$$

式(22-18)又称布拉格公式。

三、光栅在现代工业和人类生活中的应用

衍射光栅作为一种基础的光学器件，在光学、分析与信息处理中扮演着不可替代的角色。在集成光学、全息摄影、光谱分析、信号处理、转换、存储、太阳能聚焦、空间光调制、光学开关、诊断测量、图像识别等领域都发挥着广泛的作用。

近年来，一系列新型光栅的出现使其对其他领域的进步发挥着越来越大的作用：光栅与光纤的结合产生的光纤光栅和阵列波导光栅使得光纤技术大为发展、应用范围不断扩大；光栅的飞秒脉冲啁啾放大技术促进了强激光的产生；大尺寸的脉冲压缩光栅是激光核聚变装置不可缺少的分束器；Dammann 光栅应用于光电子阵列照明技术；体全息光栅在光存储及波分复用方面即将进入实用化阶段。X 射线衍射现象发现后，很快用于研究金属和合金的晶体结构，得到了许多具有重大意义的结果。如 A.韦斯特格伦(A. Westgren)在 1922 年证明 α,β 和 δ 铁都是立方结构，β-Fe 并不是一种新相；而铁中的 $\alpha \rightarrow \gamma$ 转变实质上是由体心立方晶体转变为面心立方晶体，从而最终否定了 β-Fe 硬化理论。随后，在用 X 射线测定众多金属和合金的晶体结构的同时，相图测定以及固态相变和范性形变研究等领域均取得了丰硕的成果。如对超点阵结构的发现，推动了对合金中有序无序转变的研究；对马氏体相变晶体学的测定，确定了马氏体和奥氏体的取向关系；对铝铜合金脱溶的研究等。目前 X 射线衍射(包括散射)已经成为研究晶体物质和某些非晶态物质微观结构的有效方法。1953 年，沃森和克里克发现了 DNA 双螺旋的结构，开启了分子生物学时代，使遗传学研究深入到分子层次，打开了研究“生命之谜”的大门。

四、应用举例

例 为测定一给定光栅的光栅常数，用波长为 600 nm 的激光垂直照射光栅。实验测得光栅衍射的第一级明纹出现在 15°方向上，问：

(1) 该光栅的光栅常数是多少?

(2) 该光栅的第二级明纹的衍射角多大?

(3) 如果用此光栅去测量另一单色光的波长，发现其衍射的第一级明纹出现在 27°方向上，此单色光的波长是多少?

解 (1) 根据光栅方程式(22-5)可得光栅常数为

$$d=\frac{\lambda}{\sin\theta}=\frac{600\times10^{-9}}{\sin 15^{\circ}}=2.33\times10^{-6}\ \mathrm{m}=2.33\ \mu\mathrm{m} \qquad ①$$

(2) 在已获得光栅常数的基础上，根据光栅方程可计算光栅衍射的第二级明纹衍射角的正弦为

$$\sin\theta=\frac{2\lambda}{d}=\frac{2\times600\times10^{-9}}{2.33\times10^{-6}}=0.52 \qquad ②$$

因此衍射角为

$$\theta = 31^\circ$$

（3）如果用此光栅去测量某单色光的波长，则在题设已知条件下的波长为

$$\lambda = d\sin\theta = 2.33 \times \sin 27^\circ = 0.105\ \mu\text{m} \tag{③}$$

五、练习与思考

22－1　用波长为 $\lambda = 6\,000$ Å 的单色光垂直照射光栅，观察到第二级、第三级明纹分别出现在 $\sin\theta = 0.20$ 和 $\sin\theta = 0.30$ 处，第四级缺级。计算：

（1）光栅常数；

（2）狭缝的最小宽度；

（3）列出全部条纹的级数。

22－2　将波长为 600 nm 的平行光垂直照射到一多缝光栅上，衍射光强分布如图 22－5 所示，求：

（1）缝数、缝宽和缝间不通光部分的宽度；

（2）若将上述多缝中的偶数缝挡住，作图画出相应的光强分布。

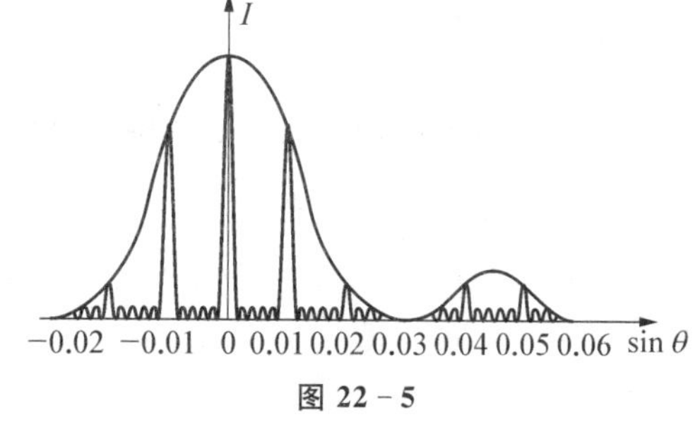

图 22－5

22－3　波长为 0.3 nm 的 X 射线入射到 NaCl 晶体上，当光束从晶面法向转过 60°时，恰好观察到布拉格反射，试求 NaCl 晶格中对应的晶面距。

22－4　在 CD 播放器的伺服机构内，所用激光的波长是 780 μm，并要求其衍射光的第一级主极大在音轨两侧都偏离音轨中线 0.400 μm。如果所用光栅每毫米有 74 条缝，它应该安装在盘下方多远处？

22－5　在图 22－6 中，若 $\varphi = 45^\circ$，入射的 X 射线包含 0.095～0.130 nm 这一波带中的各种波长。已知晶格常数 $d = 0.275$ nm，问是否有干涉加强的衍射 X 射线产生？如果有，这种 X 射线的波长如何？

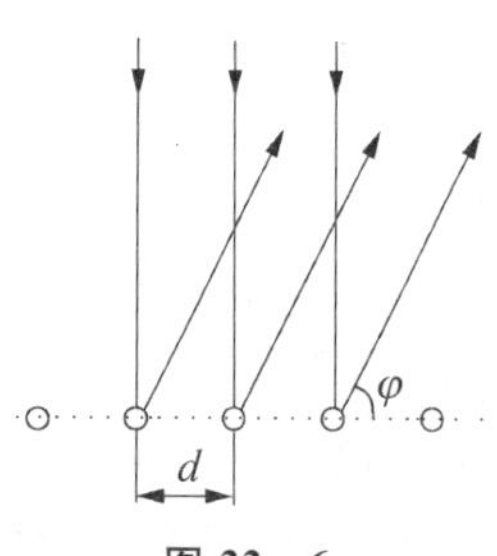

图 22－6

22－6　一个“杂乱”的二维光栅，它的每条缝缝宽是一定的，但缝间距大小是随机分布的。如果让一束单色光照射这样的光栅，其衍射图像会是什么样子？

第二十三章　黑体辐射规律及普朗克能量量子假说

具有温度的物体向外发射电磁波的现象称为热辐射，而黑体是指能辐射或者吸收各种波长电磁波的物体。显然，黑体是一种理想模型，是物理学作为研究热辐射能力的标准物体。为了描述黑体辐射电磁波的能力，人们定义了单色辐出度、总辐出度和吸收比等概念。本章主要介绍这些概念以及这些概念之间的关系和它们自身与可测量物理量波长、温度之间的关系。重点讲解怎样由黑体辐射的“紫外灾难”引出普朗克能量量子假说。

一、黑体辐射和普朗克能量量子论研究背景

黑体辐射这一概念最初来自高温发光物体的热辐射。19 世纪钢铁冶炼业由于缺乏高温测量的仪器，工人只能根据熔炉发光的颜色来目测温度，科学家们为了理解炉火的颜色与温度的关系做了大量的研究工作。1859 德国物理学家 G.R.基尔霍夫在总结大量实验数据的基础上建立了单色辐出度与单色吸收比之间关系的方程，现称之为基尔霍夫定律。该定律表明物体的单色辐出度与单色吸收比的比值是一个常数。1879 年，约瑟夫·斯特藩根据实验数据确立了黑体辐射总辐出度与绝对温度的四次方成正比，玻耳兹曼证明了该关系式，在现代物理学中称为斯特藩-玻耳兹曼定律。1896 年，维恩研究了黑体辐射单色辐出度的极大值对应的波长与黑体温度的关系，发现它们的乘积是一个常数，这个规律称为维恩位移定律。维恩位移定律说明了黑体温度越高，其辐射光谱中对应单色辐出度最大值的波长越短。维恩还将空腔内的热平衡辐射视为一系列驻波，每一频率的驻波振动可对应相同频率的简谐振子，空腔中的电磁波可等效为一系列不同频率的简谐振子集合，简谐振子的能量分布服从类似于经典麦克斯韦速度分布律。基于这些假设，再利用经典统计理论，维恩推导出单色辐出度与温度及波长关系的数学表达式——维恩公式。该公式在短波波段与实验相符，但当波长较大时与实验偏差较大。瑞利和金斯分别在 1900 年和 1905 年把统计物理中的能量按自由度均分定理用到电磁辐射上来，假设每个线性谐振子的平均能量都为 kT，得到黑体热辐射瑞利-金斯公式。该公式在长波长段与实验结果比较接近，但在波长趋向零时得到辐射能趋向无穷大，这是荒谬的。用经典物理学解释黑体辐射上得到的这一结果被科学界称为“紫外灾难”。

20 世纪初，在英国伦敦阿尔伯马尔街的皇家研究所举行的一个报告会上，著名物理学家开尔文男爵在回顾物理学研究发展的历史之后，做了关于物理学今后发展的发言。他指出物理学的大厦已经建成，未来的物理学家只需要做些修修补补的工作就够了，但是晴朗的物理学天空中还有两朵乌云，一朵是黑体辐射的“紫外灾难”，另一朵是迈克耳孙-莫雷实验的零结果否定了电磁波传播的物质基础“以太”的存在。给出这两朵乌云(疑难问题)合理的解释是摆在当时物理学家面前最迫切的任务。

首先出来驱散“第一朵乌云”的是德国物理学家普朗克。1900 年，普朗克为了使长短两个波段分别与瑞利-金斯和维恩公式相符，利用内插法得到一个半经验公式——普朗克公式。这个公式计算结果与试验数据相符，但公式本身为什么是这样，普朗克对此充满困惑。为了给普朗克公式一个合理的解释，普朗克不得不假设物体在发射和吸收能量时，能量并不是连续变化的，而是以一定数量值的整数倍跳跃变化的。也就是说，在辐射的发射和吸收过程中，能量并不是无限可分的，而是有一个最小的单元，普朗克称之为“能量子”。在这个假设条件下，普朗克推导出普朗克公式，给“黑体辐射的紫外灾难”以正确的出路。能量子假设与经典物理学的概念是格格不入的，普朗克本人也怀疑其正确性，长期致力于用经典物理学来解释能量子的概念，试图回到经典理论中，但都没有成功。直到 1911 年，他才真正认识到量子化是根本不可能由经典理论导出的，量子化具有全新的和基础性的重要意义。

二、黑体辐射规律和普朗克能量量子论的数学表述和物理解析

1. 黑体辐射的几个基本概念

1）单色辐出度

当温度为 T 时，物体单位表面在单位时间内发出的波长在 λ 到 $\lambda+\mathrm{d}\lambda$ 范围内的辐射能 $\mathrm{d}E_{\lambda}$ 与波长间隔 $\mathrm{d}\lambda$ 的比值定义为物体的单色辐出度 $M(\lambda, T)$，即

$$M(\lambda,\ T)=\frac{\mathrm{d}E_{\lambda}}{\mathrm{d}\lambda} \tag{23-1}$$

$M(\lambda, T)$ 的单位为 $\mathrm{W/m^3}$。

2）总辐出度

将式(23-1)对所有波长积分，得到所有波长的电磁波在物体单位面积的辐射能，称为总辐出度 $M(T)$，即

$$M(T)=\int_0^{\infty} M(\lambda,\ T)\mathrm{d}\lambda \tag{23-2}$$

$M(T)$的单位为 $\mathrm{W/m^2}$。

3）单色吸收比

当辐射从外界入射到物体表面时，被物体吸收的能量与入射的能量之比称为吸

收比。温度为 T 的物体对波长从 λ 到 $\lambda+\mathrm{d}\lambda$ 范围内的电磁波的吸收比称为单色吸收比,用 $\alpha(\lambda, T)$表示。在任何温度下,对任何波长,$\alpha(\lambda, T)=1$ 的物体称为黑体。黑体是一个理想模型,现实的物体的吸收比只能趋近于1。例如,我们平时说的“黑得像炭灰”,而煤炭的吸收比为0.96。实验室一般是在不透明材料做的封闭腔的腔壳中开一个小孔制造近似的黑体,如图 23-1 所示。因为进入这种小孔的电磁波经过多次吸收、反射,而最后从小孔出去的概率很小,可以忽略。

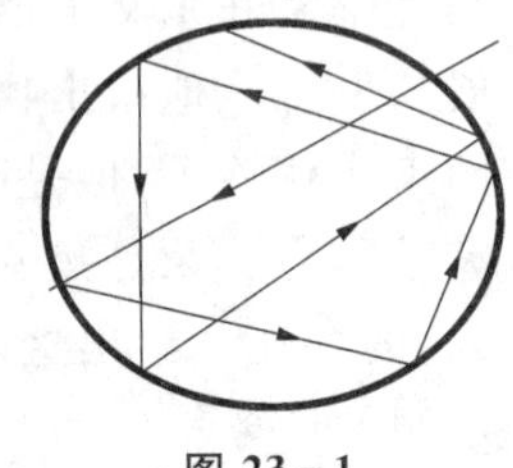

图 23-1

2. 黑体辐射的几个基本定律

1) 基尔霍夫定律

温度一定时,物体在某波长 λ 处的单色辐出度与单色吸收比成正比,比例系数只与物体的温度和波长有关,而与辐射源的性质无关。假设比例系数为 $M_B(\lambda, T)$,则

$$\frac{M_1(\lambda, T)}{\alpha_1(\lambda, T)}=\frac{M_2(\lambda, T)}{\alpha_2(\lambda, T)}=\cdots=\frac{M(\lambda, T)}{\alpha(\lambda, T)}=M_B(\lambda, T) \tag{23-3}$$

明显地,对于 $\alpha(\lambda, T)=1$ 的黑体,$M(\lambda, T)=M_B(\lambda, T)$。黑体的单色辐出度正是一个与辐射源无关的普适常数。这样,获得黑体的单色辐出度成为研究黑体辐射的一个重要问题。

2) 斯特藩-玻耳兹曼定律

根据实验,斯特藩得出黑体的总辐出度与温度的四次方成正比的规律,即

$$M_B(T)=\int_0^{\infty} M_B(\lambda, T)\mathrm{d}\lambda=\sigma T^4 \tag{23-4}$$

式(23-4)中,$\sigma=5.67\times10^{-8}\ \mathrm{W/(m^2\cdot K^4)}$称为斯特藩恒量。我们可以通过式(23-4)由总辐出度得出黑体的温度,这就是辐射法测高温物体温度的依据。

3) 维恩位移定律

维恩位移定律是指黑体单色辐出度的极值波长 λ_m 与黑体温度 T 之积为常数,即

$$T\lambda_m=b \tag{23-5}$$

式(23-5)中,$b=2.898\times10^{-3}\ \mathrm{m\cdot K}$ 为维恩常数。维恩位移定律给出了黑体辐射的一些基本规律,一是当绝对温度升高时,最大的单色辐出度向短波方向移动;二是物体的温度不够高时,辐射能量主要集中在长波区,此时发出红外线和红色的光;三是温度较高时,辐射的能量主要部分在短波区,而发出白光和紫外线。

3. 黑体辐射单色辐出度的数学表达式

1) 维恩公式

维恩将可看作黑体的空腔内的热平衡辐射认为是由一系列驻波振动组成,从理

论上导出黑体单色辐出度的函数表达式

$$M_B(\lambda, T) = \frac{c_1}{\lambda^5} e^{-c_2/\lambda T} \tag{23-6}$$

式(23-6)中 c_1, c_2 为常数，该式称为维恩公式，其在短波段与实验相符，当波长较大时与实验偏差较大。

2）瑞利-金斯公式

瑞利和金斯根据经典统计理论，研究密封在空腔中的电磁场，得到的单色辐出度为

$$M_B(\lambda, T) = \frac{2\pi c k_B T}{\lambda^4} \tag{23-7}$$

式(23-7)中，$k_B = 1.380\,658 \times 10^{-23}$ J/K 为玻耳兹曼常数，c 为真空中的光速，此公式称为瑞利-金斯公式，其在长波波段与实验相符，但在短波波段(紫外区)与实验有明显的差别。当 $\lambda \to 0$ 时，$M_B(\lambda, T) \to \infty$。黑体辐射的经典理论在短波段得出的结论与实验严重不符的现象称为“紫外灾难”。

3）普朗克公式

普朗克为使长短波段分别与瑞利-金斯公式和维恩公式相符，利用内插法得到一个半经验公式

$$M_B(\lambda, T) = \frac{c_1}{\lambda^5} \frac{1}{e^{c_2/\lambda T} - 1} \tag{23-8}$$

或用频率参量表为

$$M_B(\nu, T) = \frac{2\pi\nu^2}{c^2} \frac{h\nu}{e^{h\nu/k_B T} - 1} \tag{23-9}$$

式(23-8)和式(23-9)称为普朗克公式。式中，$c_1 = 2\pi h c^2 = 3.741\,774\,9 \times 10^{-16}$ W·m²，$c_2 = hc/k_B = 0.014\,387\,69$ m·K 分别称为第一和第二辐射常数，$h = 6.626\,075\,5 \times 10^{-34}$ J·s 为普朗克常数。图 23-2 为由普朗克公式绘制的黑体在不同温度时单色辐出度与波长的关系。从图 23-2 可看出在全波段普朗克公式理论结果与实验结果惊人符合。这是因为对于长波，$h\nu \ll kT$，$e^{h\nu/kT} \approx 1 + h\nu/kT$，即过渡到瑞利-金斯公式；对于短波，$h\nu \gg kT$，$e^{h\nu/kT} \gg 1$，普朗克公式蜕化为维恩公式。

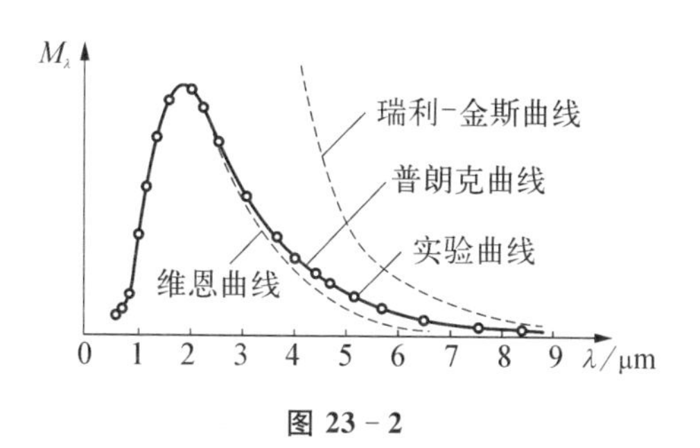

图 23-2

普朗克公式不能用经典电磁学理论来解释，普朗克认为密闭空腔中的电磁波可等

效为不同频率的振子系统,振子能量按频率的分布满足玻耳兹曼能量分布律,但他大胆地假设振子系统中振子的能量是不连续的,只能取到最小能量 $\varepsilon = h\nu$ 的整数倍,$\varepsilon_n = nh\nu$, $n=0, 1, 2, 3, \cdots$, 能量的不连续变化称为能量量子化,能量是由一份一份不可分割最小能量值组成,每一份称为能量子。

根据玻耳兹曼分布,一个振子在一定温度 T 下,处于能量为 ε_n 的一个状态的概率为 $P(n) \propto \mathrm{e}^{-\varepsilon_n/kT}$, 每个振子的平均能量为

$$\bar{\varepsilon}_\nu = \frac{\sum_{n=0}^{\infty} \varepsilon_n \mathrm{e}^{-\varepsilon_n/kT}}{\sum_{n=0}^{\infty} \mathrm{e}^{-\varepsilon_n/kT}} = \frac{\sum_{n=0}^{\infty} nh\nu \mathrm{e}^{-nh\nu/kT}}{\sum_{n=0}^{\infty} \mathrm{e}^{-nh\nu/kT}} = -\left[\frac{\partial}{\partial \beta} \ln\left(\sum_{n=0}^{\infty} \mathrm{e}^{-nh\nu\beta}\right)\right]_{\beta=1/kT} \tag{23-10}$$

利用等比级数的求和公式可得

$$\sum_{n=0}^{\infty} \mathrm{e}^{-nh\nu\beta} = 1/(1-\mathrm{e}^{-h\nu\beta}) \tag{23-11}$$

把式(23-11)代入式(23-10)求得

$$\bar{\varepsilon}_\nu = \frac{h\nu}{\mathrm{e}^{h\nu/kT}-1} \tag{23-12}$$

由式(23-12)可见,当谐振子能量取分立值时,能量均分定理不再适用。当 $\nu \to 0$ 时,$\mathrm{e}^{h\nu/kT} = 1 + \frac{h\nu}{kT} + \cdots$, $\bar{\varepsilon}_\nu = \frac{h\nu}{\mathrm{e}^{h\nu/kT}-1} \approx kT$, 与经典结果相同。当 $\nu \to \infty$ 时,$\bar{\varepsilon}_\nu = \frac{h\nu}{\mathrm{e}^{h\nu/kT}-1} \to 0$, 与试验结果一致。所以用式(23-12)表示的能量平均值代替瑞利-金斯公式中的 kT,即得到普朗克公式。

三、普朗克公式的拓展

李世纯、卢菲在山东大学学报(1993(2): 202-205)上题为《一个新的黑体辐射 $\lambda-T$ 关系式及其应用》的文章中,用 Gauss-Lagurre 近似方法推导出使热辐射效率最佳化的一个新的 $\lambda-T$ 关系式。他们给出了一个意义更加普遍的辐射产生效率的定义式:

$$\eta_\mathrm{e} = \frac{\int_{\lambda_1}^{\lambda_2} M_\lambda \mathrm{d}\lambda}{\int_0^{\infty} M_\lambda \mathrm{d}\lambda} = \frac{\int_{\lambda_1}^{\lambda_2} M_\lambda \mathrm{d}\lambda}{\sigma T^4} \tag{23-13}$$

进一步用 Gauss-Lagurre 近似方法解出式中的分子部分

$$\int_{\lambda_1}^{\lambda_2} M_\lambda \mathrm{d}\lambda \approx \frac{c_1 T^4}{c_2^4}\left[3!\,\mathrm{e}^{-x_2}\sum_{i=0}^{3}\frac{x_2^l}{l!} - 3!\,\mathrm{e}^{-x_1}\sum_{i=0}^{3}\frac{x_1^l}{l!}\right] \tag{23-14}$$

式(23-14)中，$x_1 = \frac{c_1}{\lambda_1 T}$，$x_2 = \frac{c_2}{\lambda_2 T}$，$\sigma$ 是斯特藩-玻耳兹曼常数，将式(23-14)代入式(23-13)可得

$$\eta_e = \frac{c_1}{c_2^4 \sigma}\left[3!\,\mathrm{e}^{-x_2}\sum_{i=0}^{3}\frac{x_2^l}{l!} - 3!\,\mathrm{e}^{-x_1}\sum_{i=0}^{3}\frac{x_1^l}{l!}\right] \tag{23-15}$$

对 T 求导并令导数为零可求出辐射源辐射效率为最佳时的温度，做简化变形可得到

$$\lambda_0 T_e = \frac{c_2}{8}\cdot\frac{1}{\ln R}\cdot\frac{R^2-1}{R} = \frac{c_2}{8}\cdot F(R) \tag{23-16}$$

式(23-16)与维恩公式有相同的形式，不同的是等式左边的波长是辐射中心波长，右边不再是常数而是随波长比值变化的函数。

四、黑体辐射研究的科学意义及对人类生活的影响

根据黑体辐射规律，人们可以从物体辐射出的电磁波波长来推算物体的温度，所以黑体辐射规律成为现代高温测量、遥感、红外追踪、红外夜视仪等技术的物理基础，并在现代科学技术上得到了广泛的应用。例如，美国航空即太空总署通过探测来自早期宇宙四散的红外光和微波辐射所形成的宇宙背景微弱热源信号，发现宇宙背景辐射的温度约为(2.725±0.002)K，为宇宙大爆炸理论提供了一个有力的证据。而红外夜视仪更是现代战争中的鹰眼。1991 年海湾战争中，在风沙和硝烟弥漫的战场上，由于美军装备了先进的红外夜视器材，能够先于伊拉克军的坦克而发现对方，并开炮射击；而伊军只是从美军坦克开炮时的炮口火光上才得知大敌当前。由此可以看出红外夜视器材在现代战争中的重要作用。

另外，普朗克在研究黑体辐射的定律中得到的普朗克常量是表示物质量子特征的基本常量，它的发现是物理学史上一次重大革命的开始，可以说物理科学的新时代是随着普朗克常量的发现而开始的。有了普朗克常量才有人们对微观世界进一步的认识，并且在此基础上建立起一个完整的量子理论体系，成为现代物理学的重要组成部分。普朗克常数 h 也成了划分经典物理和量子物理的判据。普朗克公式不仅解决了黑体辐射理论的基本问题，更重要的是它揭示了辐射能量的量子性。它包括了维恩公式和瑞利-金斯公式，也包括了两个实验定律——维恩位移定律和斯特藩-玻耳兹曼定律。普朗克提出能量子概念具有划时代的意义，而普朗克公式对物理学的发展作出了巨大贡献。

五、应用举例

例 1　实验测得太阳辐射波谱的 $\lambda_m = 490\ \mathrm{nm}$。若把太阳视为黑体，试计算太阳

每单位表面上所发射的功率。

解 根据维恩位移公式得太阳的温度为

$$T=\frac{b}{\lambda_{\mathrm{m}}}=\frac{2.898\times10^{-3}}{490\times10^{-9}}=5.9\times10^{3}\ \mathrm{K} \tag{①}$$

根据斯特藩-玻耳兹曼定律可求出总辐出度,即太阳单位面积上的发射功率为

$$M(T)=\sigma T^{4}=5.67\times10^{-8}\times(5.9\times10^{3})^{4}=6.87\times10^{7}\ \mathrm{W/m^{2}} \tag{②}$$

例 2 试由普朗克热黑体辐射公式推导出维恩位移定律:$T\lambda_{\mathrm{m}}=b$。

解 普朗克公式

$$M_{\mathrm{B}}(\lambda,\ T)=\frac{c_1}{\lambda^5}\,\frac{1}{\mathrm{e}^{c_2/\lambda T}-1} \tag{①}$$

对式①等号两边同时求导得

$$\frac{\partial M_{\mathrm{B}}(\lambda,\ T)}{\partial\lambda}=-\frac{5c_1\lambda^{-6}}{\mathrm{e}^{c_2/\lambda T}-1}+\frac{c_1}{\lambda^5}\,\frac{\frac{c_2}{T}\lambda^{-2}\mathrm{e}^{c_2/\lambda T}}{(\mathrm{e}^{c_2/\lambda T}-1)^2} \tag{②}$$

因为 λ_{m} 对应黑体辐射曲线极大值(即辐出度最大)处的波长,所以可令

$$\frac{\partial M_{\mathrm{B}}(\lambda,\ T)}{\partial\lambda}=0 \tag{③}$$

即

$$-\frac{5c_1\lambda^{-6}}{\mathrm{e}^{c_2/\lambda T}-1}+\frac{c_1}{\lambda^5}\,\frac{\frac{c_2}{T}\lambda^{-2}\mathrm{e}^{c_2/\lambda T}}{(\mathrm{e}^{c_2/\lambda T}-1)^2}=0 \tag{④}$$

解式④可得

$$T\lambda_{\mathrm{m}}=b \tag{⑤}$$

式⑤中,$b=0.002\,898\ \mathrm{m\cdot K}$。此式即为维恩位移公式。

例 3 天文学中常用黑体辐射定律估算恒星的半径。现观测到某恒星黑体辐射的峰值波长为 λ_{m};辐射到地面上单位面积的功率为 W。已测得该恒星与地球间的距离为 l,若将恒星看作黑体,试求该恒星的半径(维恩常量 b 和斯特藩常量 σ 均已知)。

解 根据维恩位移定律,黑体辐射的单色辐出度的极值波长与温度乘积为位移常数,有

$$T\lambda_{\mathrm{m}}=b \tag{①}$$

解得

$$T=\frac{b}{\lambda_{\mathrm{m}}} \tag{②}$$

根据斯特藩-玻耳兹曼定律,该恒星的总辐出度为

$$M=\sigma T^4 \tag{③}$$

将 T 的表达式代入式③可得

$$M=\sigma T^4=\sigma \frac{b^4}{\lambda_m^4} \tag{④}$$

在不考虑能量损失的情况下,恒星辐射的能量等于地球表面吸收的能量,有

$$W \cdot 4\pi l^2=4\pi R^2 M \tag{⑤}$$

解之得

$$R^2=\frac{Wl^2}{M}=\frac{Wl^2}{\sigma\left(\frac{b}{\lambda_m}\right)^4} \tag{⑥}$$

因此该恒星的半径为

$$R=\frac{\lambda_m^2 l}{b^2}\sqrt{\frac{W}{\sigma}} \tag{⑦}$$

六、练习与思考

23-1　宇宙大爆炸遗留在宇宙空间的均匀背景辐射相当于温度为 3 K 的黑体辐射,试计算:

(1) 此辐射的单色辐出度的峰值波长;

(2) 地球表面接收到磁辐射的功率。

23-2　真空中有三块很大且彼此平行的金属板,表面涂黑,使其可视为黑体。如果外侧两金属板分别保持恒定温度 T_1 和 T_3,问当辐射达到平衡时,中间金属板的温度 T_2 是多少?

23-3　已知 2 000 K 时钨的辐出度与黑体辐出度之比为 0.259。假设该钨灯丝的面积为 10 cm^2,其他能量损失可忽略不计,计算维持该灯丝温度所消耗的电功率。

23-4　一个质量为 1 kg 的球挂在劲度系数为 $k=10$ N/m 的弹簧上,在水平方向上做振幅为 4.0 cm 的简谐振动,求该振子能量的量子数。如果量子数改变,能量的变化率是多少?

23-5　人和周围物体无时无刻不在向外发出热辐射,为什么在没有月光的山路上,人看不见人,也看不见周围的物呢?在有月光的夜晚,你走在一段小路上,突然见到你前面有一片较亮的地段,你兴奋地踏进去,会产生什么结果?你知道红外线夜视镜的制作原理吗?

第二十四章　光电效应

光(特别是紫外光)照射到金属表面使金属内部的自由电子获得更大的动能,因而从金属表面逃逸出来的一种现象称为光电效应。后来,光电效应的概念得到拓展,人们把光照射到金属上,引起物质的电学性质发生变化,这类光致电的现象统称为光电效应(photoelectric effect)。这样,光电效应分为光电子发射、光电导效应和光生伏特效应三类。前一种现象发生在物体表面,又称外光电效应,后两种现象发生在物体内部,称为内光电效应。本章主要介绍外光电效应(简称光电效应)发生的机制——爱因斯坦光量子理论及光电效应方程。

一、光电效应研究背景

光电效应现象是赫兹在做证明麦克斯韦的电磁理论的火花放电实验时偶然发现的。1887 年,赫兹为了在接收器间隙获得更明亮的火花,他将整个接收器置入一个不透明的盒子内。这样做,确实让他能更清楚地观察到火花放电现象,但新的问题又出来了。他注意到暗盒中的火花长度变小。这是为什么呢? 为了弄清原因,赫兹将盒子一部分一部分拆掉,发现位于接收器火花与发射器火花之间的不透明板造成了这种屏蔽现象。他改用玻璃来分隔,也造成这种屏蔽现象。他改用石英分隔,这种现象消失了。进一步,赫兹用石英棱镜按照波长将光波分解,仔细分析每个波长的光波所表现出的屏蔽行为,他发现紫外线照射时,火花放电就变得容易产生。赫兹把他观察到的现象写进他的论文《紫外线对放电的影响》中,并发表在当年的《物理年鉴》上。文章发表后,引起物理学界广泛的注意,许多物理学家进行了进一步的实验研究,其中,德国物理学家威廉·哈尔瓦克斯(Wilhelm Hallwachs)证实,这是由于紫外线入射在放电间隙内出现了荷电体的缘故。另外,哈尔瓦克斯、奥古斯托·里吉(Augusto Righi)、亚历山大·斯托列托夫(Aleksandr Stoletov)等人也进行了一系列关于光波对于带电物体所产生效应的研究调查,特别是紫外线。这些研究调查证实,刚刚清洁干净的锌金属表面假若带有负电荷,不论数量有多少,当被紫外线照射时,会快速地失去负电荷;假若电中性的锌金属被紫外线照射,则会很快地带有正电荷,而电子会逃逸到金属周围的气体中。

1899 年,J.J.汤姆孙用巧妙的方法测得产生的光电流的荷质比,获得的值与阴极射线粒子的荷质比相近,这就说明产生的光电流和阴极射线一样是电子流。这样,物理学家就认识到,这一现象的实质是光(特别是紫外光)照射到金属表面使金属内部的自由电子获得更大的动能,因此从金属表面逃逸出来。1899—1902年,P.勒纳德(P. Lenard, 1862—1947)对光电效应进行了系统的研究,并首先将这一现象称为“光电效应”。为了研究光电子从金属表面逸出时所具有的能量,勒纳德在电极间加一可调节的反向电压,直到使光电流截止,从反向电压的截止值,可以推算电子逸出金属表面时的最大速度。他选用不同的金属材料,用不同的光源照射,对反向电压的截止值进行了研究,并总结出了光电效应的一些实验规律。

勒纳德试图把光电效应解释为一种共振现象。1902年,他提出触发假说:假设在电子的发射过程中,光只起触发作用,电子原本就是以某一速度在原子内部运动的,光照射到原子上,只要光的频率与电子本身的振动频率一致,就发生共振,电子就以其自身的速度从原子内部逸出。勒纳德认为,原子里电子的振动频率是特定的,只有频率合适的光才能起触发作用。勒纳德的假说在当时很有影响,被一些物理学家接受。但是不久,勒纳德的触发假说被他自己的实验否定。因为他的实验证明:① 光照频率必须达到金属的极限频率,满足电子具有逸出功所对应能量时,电子才会逸出。否则,光照时间再长也不会发生光电效应。② 光照和电子的逸出基本上无滞后现象,时差在10^{-9}秒左右,可忽略不计。③ 在光电效应里电子的射出方向不是完全定向的,且与光照方向无关,大部分电子垂直于金属表面射出。根据经典电磁理论,光是电磁波,电磁波的能量取决于它的强度,即只与电磁波的振幅有关,而与电磁波的频率无关。而实验规律中的第一条显然无法用经典理论解释。第二条也不能解释,因为根据经典理论,对很弱的光要想使电子获得足够的能量而逸出,必须有一个能量积累的过程而不可能瞬时产生光电子。这些问题暴露了经典理论在解释光电效应中的缺陷,要想解释光电效应必须突破经典理论。

1905年,爱因斯坦在《关于光的产生和转化的一个启发性观点》一文中,用光量子理论对光电效应进行了全面的解释。1916年,美国科学家密立根通过精密的定量实验证明了爱因斯坦的理论解释,从而也证明了爱因斯坦的光量子理论。

二、光电效应的数学描述及物理解析

1. 光电效应的实验装置及实验结果

研究光电效应的实验装置如图24-1(a)所示。一个装有金属电极K和阳极A的真空玻璃管置于电路中,玻璃管上开一个石英窗口。当光从石英窗口照射阴极K时,电路中的电流计记录光电流。通过改变玻璃管阴极和阳极之间的电势差和入射光光强,获得光电流的伏安特性曲线如图24-1(b)所示。

分析图24-1(b),我们可以得到如下结果。

1)饱和电流

对一定光强的光照射阴极K,光电流开始随外加电压增大而增大。但当光电流到达某个值后,就不再随外加电压增大而增大,而是出现一个饱和值。不同的光强对应不同的饱和光电流,如光强I_1对应饱和光电流i_{s1}。

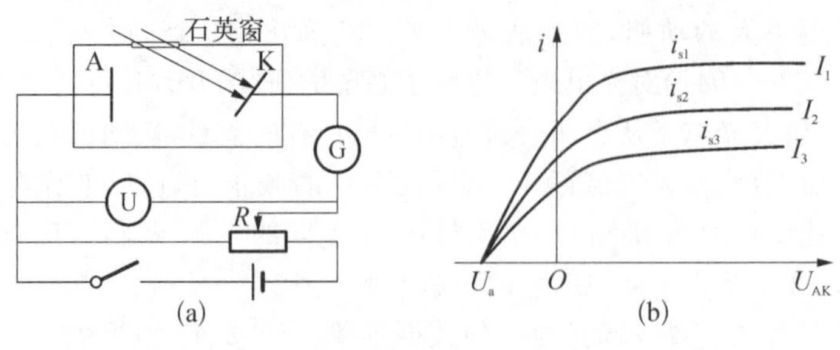

图 24-1

2) 遏制电压

保持光照射不变的情况下,减小外加电压,发现当外加电压 $U_{AK}=0$,光电流并不为零。需要反向加电压,光电流才继续减小,直到减小为零。人们把光电流减小为零时对应的反向电压称为遏制电压。虽然不同的光强对应不同的饱和光电流,但对同一种阴极板(金属材料),遏制电压却是一确定值,与光强无关。如果用 U_a 表示遏制电压,则它与电子初动能间的关系为

$$eU_a=\frac{1}{2}mv_0^2 \tag{24-1}$$

式(24-1)中 m, e 分别是电子的静止质量和电荷量,v_0 为电子从阴极出射的初速度。

3) 截止频率

遏制电压与光强无关,那与什么有关呢?改变照射光的频率,重做上述实验,发现遏制电压与照射光的频率有关,而且当照射光的频率低于某个值时,光电效应不再发生。这个频率称为截止频率 ν_0。对于同一类金属阴极板,遏制电压与照射光的频率呈线性关系,即

$$U_a=k(\nu-\nu_0) \tag{24-2}$$

另外,实验还发现,不同的金属阴极板对应不同的截止频率,如图 24-2 所示。

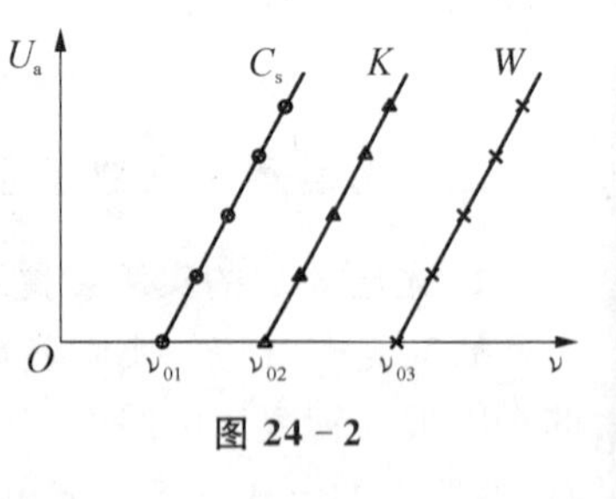

图 24-2

4) 光电子发射的瞬时性

实验还发现光电子是瞬时发射的,即用光照射,只要其频率大于截止频率,光电流就瞬间产生,滞后时间不超过 10^{-9} s。

根据经典的电磁波理论,在光照时有电子逸出可以理解为电子吸收了光的能量,挣脱了金属表面的束缚,在外加电压作用下运动到阳极形成光电流。但按电磁波理论,光波的能量与光强有关,只要有足够大的光强,电子就能获得足够大的能量挣脱离子的束缚而出现光电流,与频率无关,也不应该存在截止频率,这个解释显然与实验事实不符。同样,按照电磁波理论,如果光强较小,只要有足够长的时间,电子就能累积足够多的能量脱离金属产生光电子,这与光电流的瞬时性实验结论不符。这些

矛盾预示着光的电磁波理论需要新的突破。

2. 爱因斯坦对光电效应实验结果的解释及光电效应方程

在对黑体辐射和光电效应的实验进行仔细研究后，爱因斯坦在他 1905 年发表的一篇文章中写道："在我看来，关于黑体辐射、光致发光、紫外光产生阴极射线，以及其他一些有关光的产生和转化现象的观测结果，如果用光在空间中不是连续分布这种假说来解释似乎更好理解。"按照爱因斯坦的这个假说，一束光就是具有能量

$$\varepsilon = h\nu \tag{24-3}$$

的粒子流，它不能再分割，而只能整个地被吸收或者产生出来。如果照射光的频率过低，即光子流中每个光子能量较小，当他照射到金属表面时，电子吸收了这一光子，它所增加的能量 $\varepsilon = h\nu$ 仍然小于电子脱离金属表面所需要的逸出功，电子就不能脱离开金属表面，因而不能产生光电效应。如果照射光的频率高到能使电子吸收后其能量足以克服逸出功而脱离金属表面，就会产生光电效应。此时逸出电子的动能、光子能量和逸出功之间的关系可以表示为

$$h\nu = W_0 + \frac{1}{2}mv^2 \tag{24-4}$$

式(24－4)就是爱因斯坦光电效应方程，其中，h 是普朗克常数，ν 是入射光子的频率，W_0 是功函数，指从金属表面移出一个电子所需的最小能量。

3. 爱因斯坦光电效应方程的实验验证

(1) 密立根测量普朗克常数 h 的实验

爱因斯坦用光量子理论对光电效应提出理论解释后，最初科学界的反应是冷淡的，甚至相信量子概念的一些物理学家也不接受光量子假说。尽管理论与已有的实验事实并不矛盾，但当时还没有充分的实验来支持爱因斯坦光电效应方程给出的定量关系。直到 1916 年，光电效应的定量实验研究才由美国物理学家密立根完成。

密立根对光电效应进行了长期的研究，经过 10 年之久的试验和改进，有效地排除了表面接触电位差等因素的影响，获得了比较好的单色光。他的实验非常出色，于 1914 年第一次用实验验证了爱因斯坦方程是精确成立的，并首次对普朗克常数 h 做了直接的光电测量，精确度大约是 0.5%(在实验误差范围内)。1916 年密立根发表了他的精确实验结果，他用 6 种不同频率的单色光测量反向电压的截止值与频率的关系，这是一条很好的直线，从直线的斜率可以求出的普朗克常数 h。下面我们对密立根结果进行解析。

联合式(24－1)和式(24－4)可得

$$U_a = \frac{h}{e}\nu - \frac{W_0}{e} \tag{24-5}$$

对比式(24－5)与式(24－2)可得

$$\begin{cases} h = ke \\ W_0 = ke\nu_0 \end{cases} \tag{24-6}$$

式(24－6)说明只要测量到遏制电压与频率曲线的斜率,就可计算出普朗克常量。密立根将实验结果获得的斜率 k 值代入式(24－6)计算得到 h 值。当然根据实验发现的截止频率值也可以由式(24－6)得到金属的逸出功 W_0。

(2) 康普顿效应

1922—1923 年康普顿研究了 X 射线被较轻物质(石墨、石蜡等)散射后光的成分,发现散射谱线中除了有波长与原波长相同的成分外,还有波长较长的成分。这种散射现象称为康普顿散射或康普顿效应。康普顿效应工作原理示意图如图 24－3 所示,其实验结果如图 24－4 所示。

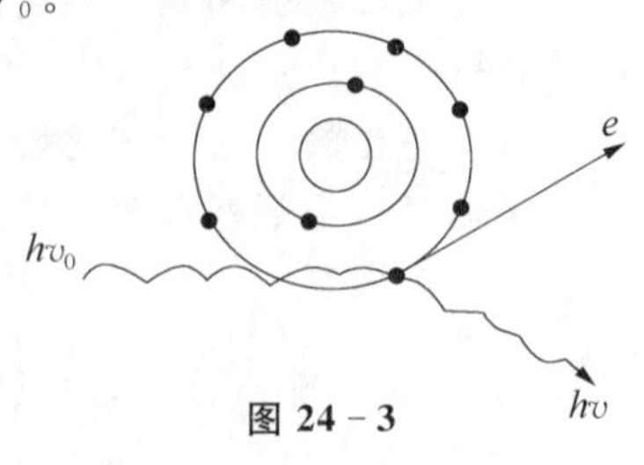

图 24－3

显然,康普顿效应是光的波动性特性不能解释的,因为经典波动理论指出波与波"碰撞",波与物质碰撞只改变波的传播方向,不改变波的波长和频率。因此,我们需要利用爱因斯坦的光量子理论来试探解释康普顿效应。首先根据爱因斯坦光量子理论,我们把一种频率的一束光看成一颗运动的粒子,该光粒子与图 24－3 中的电子发生对心弹性碰撞。假设入射光动量为 $\boldsymbol{p}$,能量为 E,出射光动量为 $\boldsymbol{p}'$,能量为 E';碰撞前电子动量为 0,能量为 m_0c^2,碰撞后电子的动量为 $\boldsymbol{p}_e$,能量为 E_e。根据弹性碰撞前、后能量守恒和动量守恒,有

$$\begin{cases} E + m_0c^2 = E' + E_e \\ \boldsymbol{p} + 0 = \boldsymbol{p}' + \boldsymbol{p}_e \end{cases} \tag{24-7}$$

值得注意的是式(24－7)第一式是标量方程,第二式为矢量方程。根据爱因斯坦能量和动量大小之间的关系式,我们有

$$\begin{cases} E_e^2 = c^2p_e^2 + m_0^2c^4 \\ E = cp \\ E' = cp' \end{cases} \tag{24-8}$$

将式(24－8)代入式(24－7)可得

$$(cp - cp') + m_0c^2 = E_e = c^2p_e^2 + m_0^2c^4 \tag{24-9}$$

从式(24－7)的第二式可得

$$p_e^2 = (p - p')^2 = p^2 - 2pp'\cos\varphi + p'^2 \tag{24-10}$$

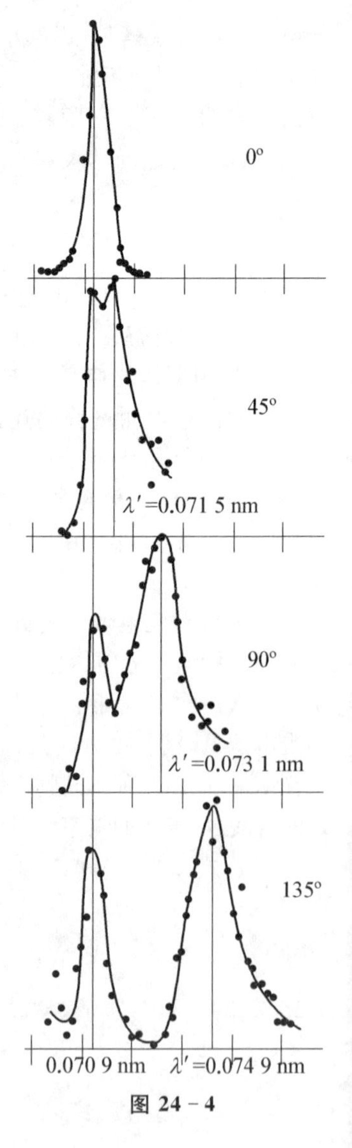

图 24－4

其中 φ 是矢量 $\boldsymbol{p}$ 和矢量 $\boldsymbol{p}'$ 之间的夹角。将式(24－10)代入式(24－9)并化简可得

$$m_0 c\left(\frac{1}{p'}-\frac{1}{p}\right)=1-\cos\varphi \tag{24-11}$$

根据爱因斯坦光量子假设，

$$p=\frac{E}{c}=\frac{h\nu_0}{c}=\frac{h}{\lambda_0},\ p'=\frac{h}{\lambda} \tag{24-12}$$

将式(24－12)代入式(24－11)得

$$\lambda'-\lambda_0=\frac{h}{m_0 c}(1-\cos\varphi) \tag{24-13}$$

令 $\Lambda=\dfrac{h}{m_0 c}$，并称之为康普顿波长。将普朗克常量的值、电子质量值、真空中的光速值，即 $h=6.626\times10^{-34}$ J·s，$m_0=m_e=9.11\times10^{-31}$ kg，$c=3\times10^8$ m/s 代入 Λ 表达式，可得 $\Lambda=2.426\times10^{-12}$ m。从 Λ 的数值大小，我们知道康普顿波长比较小，位于 X 到 γ 射线波谱区域，这样，可见光区域是观察不到康普顿效应的。另外，式(24－13)从理论上说明，如果将光视为一颗一颗的微粒，它与电子碰撞后频率会发生改变，改变的多少由式(24－13)决定。式(24－13)所得结果与试验相比如何呢？图 24－4 是用波长为 0.070 9 nm 的 X 射线照射石墨电子得到的实验结果。第二峰出现的位置与散射角相关。当散射角为 90°时，第二峰出现在 0.073 1 nm 处，相应的测量 $\Lambda_{测}=0.093\,1-0.090\,7=0.002\,4$ nm$=2.4\times10^{-12}$ m。这个值非常贴近利用爱因斯坦光量子理论计算值 Λ。反过来，我们说康普顿效应是光具有粒子性的又一个实验证明。

4. 光的波粒二象性

爱因斯坦的光量子假说不仅成功地说明了光电效应等试验，更重要的是拓展了人们对光的本质的认识。19 世纪的许多实验表明光具有波动性，是电磁波；但 20 世纪初包括光电效应在内的多个实验证明光具有粒子性。爱因斯坦对光的这两重属性做了这样的解释“光对时间的平均效应表现为波动，而对时间的瞬间效应表现为粒子性”。这就是著名的光的波粒二象性理论。

根据光的波粒二象性理论，光不仅具有能量，而且具有质量。光子的质量为

$$m=\frac{E}{c^2}=\frac{h\nu}{c^2}=\frac{h}{c\lambda} \tag{24-14}$$

相应地，光子的动量为

$$p=mc=\frac{h\nu}{c}=\frac{h}{\lambda} \tag{24-15}$$

三、光电效应的科学意义及对人类生活的影响

光电效应现象是赫兹在做证实麦克斯韦的电磁理论的火花放电实验时偶然发现的,而这一现象却成了突破麦克斯韦电磁理论的一个重要证据。

爱因斯坦光量子理论及光电效应方程推广了普朗克的量子理论,证明了光辐射本身也是量子化的,完美地解释了光电效应中遇到的问题。爱因斯坦关于光的波粒二象性观点为唯物辩证法的对立统一规律提供了自然科学证据,具有不可估量的哲学意义。爱因斯坦的光量子理论还为玻尔的原子轨道量子化理论和德布罗意物质波理论奠定了基础。密立根的定量实验研究从实验角度为光量子理论进行了证明。更重要的是该实验测定了普朗克常数,让普朗克的能量量子论和爱因斯坦的光量子论得到坚实的实验支持。

在人类生活中用到的许多重要光电子元器件的原理就是光电效应理论。如电路、光路中的必要元件光电倍增管和光控制电器是基于外光电效应理论发展的光电器件;而光敏电阻、光电池、光敏二极管等器件是基于光生伏特(内光电效应)研制的光电器件。当然,利用光电效应可以制造多种光电器件,如电视摄像管、光电管、电光度计等。以光电倍增管为例,这种管子可以测量非常微弱的光,因为它只要受到很微弱的光照,就能产生很大电流。利用光电管制成的光控制电器可以用于自动控制,如自动计数、自动报警、自动跟踪等。它在工程、天文、军事等方面都有重要的应用。同时,它还可用于农业病虫害防治,比如一些光电诱导杀虫灯就是利用了昆虫的趋光性行为将光诱导增益特性捕集技术应用于农业虫害防治中。

四、练习与思考

24-1 在保持照射光光强不变的情况下,增大照射光的频率,饱和光电流是否变化?如何变?

24-2 求下列各射线的能量、动量和质量:

(1) $\lambda=0.70\ \mu\mathrm{m}$ 的红光;

(2) $\lambda=0.025\ \mathrm{nm}$ 的 X 射线;

(3) $\lambda=1.24\times10^{-3}\ \mathrm{nm}$ 的射线。

24-3 铝的逸出功是 4.2 eV。今用波长为 200 nm 的光照射铝表面,求:

(1) 光电子的最大动能是多少?

(2) 试验中的遏制电压是多少?

(3) 铝的红线频率是多少?

24-4 银河系间的宇宙空间内星光的能量密度为 $10^{-15}\ \mathrm{J/m^3}$。假定光子的平均波长是 500 nm,相应的光子数密度是多大?

24-5 用一定波长的光照射金属表面产生光电效应时，为什么逸出金属表面的光电子的速度大小不同？

24-6 如果你用紫外线照射一孤立金属板，你会发现金属板在不长的时间内发射电子，但最终将停止电子发射，为什么？

第二十五章　原子结构、氢原子光谱、玻尔理论

如果一个东西平分成两半，会得到两个较小的物品。再分两半，会得到更小的两个物品。再平分，再平分……很多次之后，会得到许多极小极小的颗粒。问题是：这样的细分能否持续下去？细分是否有极限？这个问题曾经困扰了人们很久，也正是通过这一问题，人类打开了微观世界的大门。

一、原子结构、氢原子光谱及玻尔理论研究背景

1. 早期原子理论

对于上述问题的回答，早在古希腊时代人们就有了自己的想法。古希腊时代的人们认为元素是由原子所组成的；不同元素的原子有不同的物理性质。但到19世纪之前，原子的理论都没有实验证据。约翰·道尔顿是提出建立在实验基础上原子理论的第一人。根据他的实验结果，他提出了原子理论，要点如下：

(1) 所有物质(元素)都是由很小的个别颗粒所组成的，这些小颗粒称为原子；

(2) 每种元素都有自己的原子种类，同种元素的原子的质量和性质相同，不同元素的则不相同；

(3) 原子可以结合组成化合物，但不同原子之间只能按整数比结合；

(4) 在进行化学或物理的过程中，原子既不能产生也不能消灭。

道尔顿对原子理论的特别贡献在于他定出元素的相对原子质量，并称原子为物质最基本的、不可分割的结构单元。在这一模型里，原子没有结构。

2. 葡萄干蛋糕模型

1897年汤姆孙在研究稀薄气体放电的实验中，证明了电子的存在，测定了电子的荷质比，因此汤姆孙断定原子是有结构的。1904年，汤姆孙根据自己的实验结果，同时借鉴了别的科学家的研究成果，给原子描绘了这样一幅图像：原子是一个小小的球体，原子里面充满了均匀分布的带正电的流体；球内还有若干个电子，它们都在这种正电荷液体中，就像许多软木塞浸在一盆水里一样，这些电子等间隔地排列在与正电球同心的圆周上，并以一定的速度做圆周运动从而发出电磁辐射，原子光谱所反映的就是这些电子的辐射频率。由于电子所带负电荷的总和与电液体所带正电荷总和相等，但符号相反，所以原子从外面看上去是电中性的。在汤姆孙提出的这种原子

模型中，电子镶嵌在正电荷液体中，就像葡萄干点缀在一块蛋糕里一样，所以又被人们称为“葡萄干蛋糕模型”，如图 25－1所示。从经典物理学的角度看，汤姆孙的模型是很成功的。它不仅能解释原子为什么是电中性的，电子在原子里是怎样分布的，而且还能解释原子为什么会发光。此外，从汤姆孙模型出发，还能估计出原子的大小约为一亿分之一（10^{-8}）厘米，这也是一项惊人的成就。并且，汤姆孙还得出一个结论：原子中电子的数目等于门捷列夫元素周期表中的原子序数，这个结论是正确的。因此，在一段时间里，汤姆孙的原子模型得到了广泛的承认。当时，展现在人们面前的原子既不是一个虚无缥缈的世界，也不是一个简简单单的实心小球。原子是有质量（尽管很轻）、有大小（尽管很小）、有内部结构的东西了。

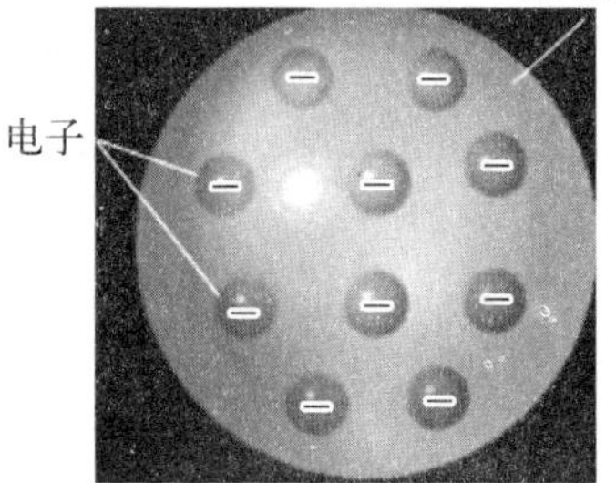

图 25－1

3. 卢瑟福的原子核结构模型

1910 年，卢瑟福和他的学生们在实验室里进行了一次著名的 α 粒子散射实验。他们用 α 粒子轰击一张极薄的金箔，希望通过散射来确认“葡萄干蛋糕”的大小及性质。实验现象超出了卢瑟福的认知：绝大部分 α 粒子沿直线通过金箔，部分 α 粒子发生偏转，极少数 α 粒子的散射角度超过 90°。对于这个情况，卢瑟福进行了深入的思考。通过深思熟虑之后，卢瑟福发扬了亚里士多德前辈“吾爱吾师，但吾更爱真理”的精神，对他的老师汤姆孙所提出的模型进行了修改。他认为，少数 α 粒子发生巨大的偏转，原因就是它们和金箔原子中某种极为坚硬的核心发生碰撞；而大多数粒子能直线通过，说明这一核心所占空间极小；考虑到 α 粒子偏转现象的存在，这一核心应该带正电，且占据原子大部分能量。

卢瑟福在 1911 年发表了这一新模型。在他的描述中，有一个占据了原子绝大部分质量的核心在原子的中心，称为“原子核”；在原子核四周，带负电的电子沿着特定轨道运行。这就像一个行星系统，原子核就像太阳，电子则是围绕太阳运行的行星。这一模型又称“行星系统”模型，如图 25－2 所示。

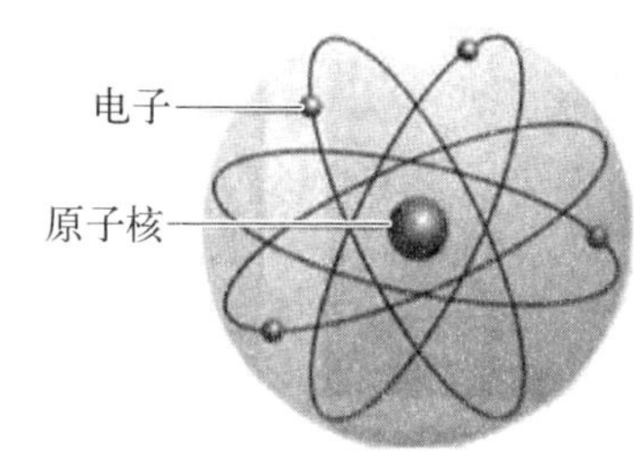

图 25－2

4. 玻尔原子模型

卢瑟福模型相较于葡萄干蛋糕模型具有长足的进步，与很多现象吻合良好。但是，它却仍然无法解释一些现象。首先，它无法用经典电磁理论解释原子的线状光谱问题。按照经典电磁理论结合卢瑟福模型，原子辐射的光谱应该是连续的，而不应该是分立线状光谱。其次，他无法解释原子结构是稳定的这一基本性质。根据经典电磁理论，这样的电子会发射出电磁辐射，损失能量，以至瞬间坍缩到原子核里，这与实际情况不符，卢瑟福无法解释这个矛盾。

1912 年,正在英国曼彻斯特大学工作的玻尔将一份被后人称为《卢瑟福备忘录》的论文提纲提交给他的导师卢瑟福。在这份提纲中,玻尔在行星模型的基础上引入了普朗克的量子概念,认为原子中的电子处在一系列分立的稳态上。1913 年 2 月的某一天,玻尔的同事汉森拜访他,提到了 1885 年瑞士数学教师巴耳末的工作以及巴耳末公式,玻尔顿时受到启发。后来他回忆道,“就在我看到巴耳末公式的那一瞬间,突然一切都清楚了”,“就像是七巧板游戏中的最后一块”。这件事称为玻尔的“二月转变”。1913 年 7 月、9 月、11 月,经卢瑟福推荐,《哲学杂志》接连刊载了玻尔的三篇论文,标志着玻尔模型正式提出。这三篇论文成为物理学史上的经典,被称为玻尔模型的“三部曲”。玻尔的原子结构模型成功地解释了原子的稳定性和氢原子光谱线规律,并与后来检测到的氘、氦元素的光谱符合良好。

二、氢原子线状光谱、玻尔理论的数学描述和物理解析

1. 氢原子光谱

氢原子光谱是最简单的原子光谱,由 A.埃斯特朗首先从氢放电管中获得。后来,W.哈根斯和 H.沃格耳等在拍摄恒星光谱中也发现了氢原子光谱线。到 1885 年,已在可见光和近紫外光谱区发现了氢原子光谱的 14 条谱线,谱线强度和间隔都沿着短波方向递减,其中可见光区域有 4 条,分别用 H_α, H_β, H_γ 和 H_δ 表示,如图 25-3 所示。这四条光谱线的波长分别为 656.3 nm,486.1 nm,434.1 nm 和 410.2 nm。

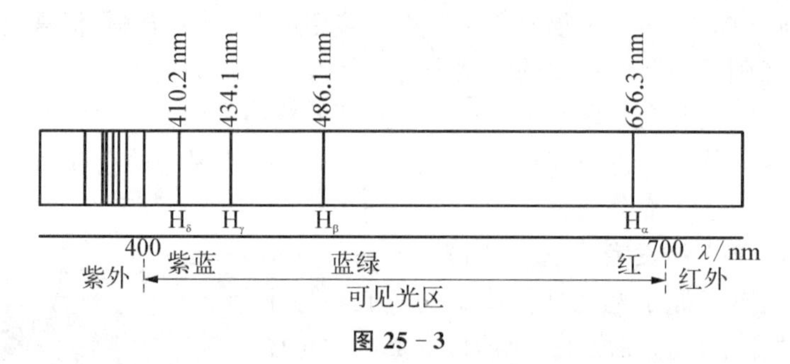

图 25-3

1885 年瑞士物理学家 J.巴耳末首先把氢原子可见光区域的四条光谱线用经验公式

$$\lambda = \frac{Bn^2}{n^2 - 2^2} \quad (n = 3, 4, 5, \cdots) \tag{25-1}$$

表示出来,式中 B 为一常数。这组谱线称为巴耳末线系。当 $n \to \infty$ 时,$\lambda \to B$ 为这个线系的极限,这时邻近两个谱线的波长之差趋于零。1890 年,J.里德伯把巴耳末公式简化为

$$\frac{1}{\lambda} = R_H \left(\frac{1}{2^2} - \frac{1}{n^2} \right) \quad (n = 3, 4, 5, \cdots) \tag{25-2}$$

式(25－2)中，R_H 为里德伯常数，其值为 $1.096\,776\times10^7\ \mathrm{m^{-1}}$。

1908 年，德国物理学家弗里德里希・帕申发现了氢原子光谱的帕申系，是位于红外光波段的谱线。该系波长满足：

$$\frac{1}{\lambda}=R_H\left(\frac{1}{3^2}-\frac{1}{n^2}\right)\quad(n=4,\ 5,\ 6,\ \cdots)\tag{25-3}$$

1914 年，物理学家西奥多・莱曼(Theodore Lyman)发现氢原子光谱的莱曼系位于紫外光波段。该系波长满足：

$$\frac{1}{\lambda}=R_H\left(\frac{1}{1^2}-\frac{1}{n^2}\right)\quad(n=2,\ 3,\ 4,\ \cdots)\tag{25-4}$$

式(25－1)和式(25－2)称为巴耳末公式，式(25－3)和式(25－4)称为广义巴耳末公式。1922 年，物理学家 F.布拉开发现氢原子光谱的布拉开系，位于近红外光波段。1924 年，物理学家奥古斯特・普丰德发现氢原子光谱的普丰德系，位于远红外光波段。

为了简化公式的形式，里德伯把上述波长的倒数称为波数，记为 $\tilde{\nu}=\frac{1}{\lambda}$，并在巴耳末公式和广义巴耳末公式中令 $T(m)=\frac{R_H}{m^2}$，$T(n)=\frac{R_H}{n^2}$，称为光谱项，巴耳末公式和广义巴耳末公式统一表示为

$$\tilde{\nu}=T(m)-T(n)=R_H\left(\frac{1}{m^2}-\frac{1}{n^2}\right)\quad(m,\ n=1,\ 2,\ 3,\ 4,\ \cdots,\ n>m)\tag{25-5}$$

式(25－5)称为里德伯公式。该式说明对于一个已知谱线系，m 为一定值，而 n 为比 m 大的一系列整数。氢原子光谱现已命名的 6 个线系如下。

(1) 莱曼系：$m=1$，$n=2,\ 3,\ 4,\ \cdots$，属于紫外光区。

(2) 巴耳末系：$m=2$，$n=3,\ 4,\ 5,\ \cdots$，属于可见光区。

(3) 帕申系：$m=3$，$n=4,\ 5,\ 6,\ \cdots$，属于红外区。

(4) 布拉开系：$m=4$，$n=5,\ 6,\ 7,\ \cdots$，属于近红外区。

(5) 普丰德系：$m=5$，$n=6,\ 7,\ 8,\ \cdots$，属于远红外区。

(6) 汉弗莱斯系：$m=6$，$n=7,\ 8,\ 9,\ \cdots$，属于远红外区。

这样，按照里德伯公式，任意谱线都可以表达为两个光谱项的差。实验结果也证明了事实与它符合得很好，但是该公式完全是凭经验凑出来的。它为什么可以成立，在公式提出 30 年内一直是一个谜。在同一时代，普朗克提出的量子假说与爱因斯坦在假说的基础上提出的光量子概念，以及卢瑟福原子结构模型均被人所怀疑。人们对原子内部结构十分不清楚，同时量子的概念也没有人接受，致使氢原子光谱出现如此巧妙的公式却一直无法被解释清楚。

2. 玻尔理论

卢瑟福的α粒子散射实验确立了原子核式模型。在此模型基础上用经典电磁理论解释氢原子光谱时碰到了极大的问题。一是电子在圆形轨道上运动的能量应该是连续变化的,这无法解释氢原子光谱是分立的线状光谱。二是按电磁波辐射理论,绕核做圆周运动的电子应该辐射电磁波,带走部分能量,使圆周运动的半径逐渐减小而导致电子被吸引到原子核上,这样电子轨道是不稳定的,这与原子相对稳定性的客观实在背道而驰。

至此,人们开始尝试抛弃一些经典电磁理论的限制来构建合适的原子模型,期望能从原子结构理论解释氢原子的线状光谱。在卢瑟福实验室工作的玻尔在卢瑟福原子行星模型基础上增加了下面三个假设。

1) 定态条件

电子在一些特定的可能轨道上绕核做圆周运动,电子绕核的圆周运动是稳定状态,不辐射能量。

2) 角动量量子化条件

电子在可能的轨道上运动时,电子的角动量必须是 $\hbar = h/2\pi$ 的整数倍,h 为普朗克常数,即

$$L_n = m v_n r_n = n\hbar \quad (n = 1, 2, 3, \cdots) \tag{25-6}$$

3) 频率条件

当电子从一个轨道跃迁到另一个轨道时,原子才发射或吸收能量,而且发射或吸收的辐射是单频的。辐射电磁波的频率满足

$$h\nu = \Delta E = E_m - E_n \tag{25-7}$$

式(25-7)中,E_m,E_n 分别表示电子在第 m 级和第 n 级轨道的能量,如图 25-4 所示。

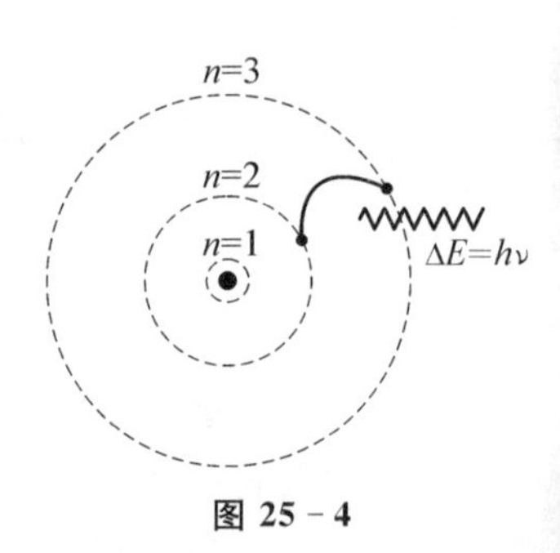

图 25-4

3. 玻尔理论对氢原子光谱的解释

首先,根据卢瑟福原子的核结构模型,氢原子由带正电的原子核和绕核做圆周运动的电子构成,电子做圆周运动满足牛顿运动方程,有

$$\frac{e^2}{4\pi\varepsilon_0 r^2} = m\frac{v^2}{r} \tag{25-8}$$

式(25-8)左边是电子受到原子核的库仑力,右边是电子质量乘以电子圆周运动的向心加速度。将玻尔理论的第二条——轨道角动量量子化条件式(25-6)代入式(25-8)整理可得

$$r_n = \frac{n^2\varepsilon_0 h^2}{\pi m e^2} = n^2 r_1 \tag{25-9}$$

式(25－9)中 $r_1=\dfrac{\varepsilon_0 h^2}{\pi m e^2}=0.053\ \text{nm}$ 称为玻尔半径。式(25－9)说明氢原子中的电子只能处在玻尔半径或者玻尔半径整数倍的圆周轨道上。在氢原子中处在 r 轨道上的电子的能量为

$$E=\frac{1}{2}mv^2-\frac{e^2}{4\pi\varepsilon_0 r} \tag{25-10}$$

解式(25－8)有

$$\frac{1}{2}mv^2=\frac{e^2}{8\pi\varepsilon_0 r} \tag{25-11}$$

将式(25－11)代入式(25－10)得

$$E=-\frac{e^2}{8\pi\varepsilon_0 r} \tag{25-12}$$

将半径满足的方程式(25－9)代入式(25－12)可得

$$E_n=-\frac{e^2}{8\pi\varepsilon_0 r_n}=-\frac{me^4}{8\varepsilon_0^2 h^2 n^2}\quad (n=1,\ 2,\ 3,\ \cdots) \tag{25-13}$$

当 $n=1$ 时，可得 $E_1=-\dfrac{me^4}{8\varepsilon_0^2 h^2}\approx -13.6\ \text{eV}$，$E_1$ 称为氢原子基态能量，也称为氢原子的电离能。这样，氢原子的激发态能级可表示为

$$E_n=\frac{E_1}{n^2}\quad (n=2,\ 3,\ 4,\ \cdots) \tag{25-14}$$

如图 25－5 所示。利用玻尔理论的频率条件可得氢原子辐射电磁波的频率，满足

$$\nu=\frac{1}{h}(E_m-E_n)=\frac{E_1}{h}\left(\frac{1}{m^2}-\frac{1}{n^2}\right) \tag{25-15}$$

将式(25－15)用波数表示有

$$\tilde{\nu}=\frac{1}{\lambda}=\frac{\nu}{c}=\frac{E_1}{ch}\left(\frac{1}{m^2}-\frac{1}{n^2}\right) \tag{25-16}$$

式(25－16)是玻尔理论获得的氢原子光谱波数与能级之间的关系表达式，它与氢原子光谱的里德伯公式(25－5)比较可知，除了常数以外完全一样，而常数值 $\dfrac{E_1}{ch}=\dfrac{13.6\times 1.6\times 10^{-19}}{3\times 10^8\times 6.62\times 10^{-34}}=1.097\,373\times 10^7\ \text{m}^{-1}$ 与氢原子的里德伯常数 $R_H=1.096\,776\times 10^7\ \text{m}^{-1}$ 非常接近，所以说玻尔理论对氢原子线状光谱的解释是成功的。

三、玻尔理论的意义及局限

1. 玻尔理论的意义

电子在轨道上绕原子核运动,不辐射电磁波;电子在可能的轨道上运动时,电子的角动量必须是 $\hbar = h/2\pi$ 的整数倍。这两条假设是玻尔理论的基础,但许多科学家在玻尔理论提出后都不支持,原因就是玻尔理论没能解决该理论的基础问题,这个理论本身还很不完善。尽管玻尔理论还有这样那样的不完美,但从原子密不可分的理论到原子葡萄干蛋糕模型,再到卢瑟福核结构模型、玻尔理论,人们对于原子及物质组成的认识一步步地清晰起来。对氢原子光谱的研究揭开了微观粒子——原子的内部结构的奥秘,极大地激励了人们更深入地探索微观物质世界的信心。玻尔理论还引发了弗兰克-赫兹实验,该实验在原子物理中占有相当重要的地位,从另一角度证明了原子体系量子态并实现了对原子的可控激发。而玻尔理论提出的原子轨道量子化条件,以及量子跃迁的概念和频率条件等,至今仍有应用价值。玻尔模型串联了之前不被多数人承认的卢瑟福模型和普朗克的量子假设,为未来量子力学奠定了基础。

玻尔理论虽然在今天看来是一个非常不成熟的理论,但他在解释现象时敢于突破既有理论框架的精神是理论科学不断进步的动力。同时,玻尔理论开启了人们认识各式各样原子的大门,也促使量子力学理论的出现和完善。

2. 玻尔理论的局限性

这个理论本身仍是以经典理论为基础的,且其理论又与经典理论相抵触。它只能解释氢原子以及类氢原子(如锂离子、氦原子等)的光谱,在解释其他原子的光谱时就遇到了困难。把玻尔理论用于其他原子谱线时,其理论结果与实验不符,且不能求出谱线的强度及相邻谱线之间的宽度。这些缺陷主要是由于把微观粒子(电子、原子等)看作经典力学中的质点,从而把经典力学规律强加于微观粒子上(如轨道概念)而导致的。

玻尔理论无疑是玻尔站在巨人肩上的产物,也是玻尔个人天才的闪光。玻尔理论虽然有局限性,但更有开创性,使量子化的概念更深入人心,量子力学的诞生与之有着密切的联系。

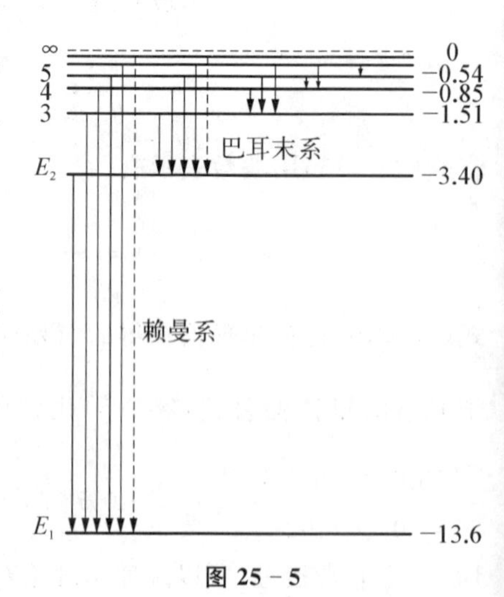

图 25-5

四、里德伯公式和玻尔理论的应用举例

例 如果用能量为 12.6 eV 的电子轰击氢原子,将产生哪些光谱线?

解 根据玻尔理论,电子跃迁能级差为

$$\Delta E = E_n - E_1 = \frac{E_1}{n^2} - E_1 \qquad ①$$

将 $E_1 = -13.6$ eV, $\Delta E = 12.6$ eV 代入式①,有

$$12.6 = 13.6\left(1 - \frac{1}{n^2}\right) \tag{2}$$

解得

$$n = \sqrt{\frac{13.6}{13.6 - 12.6}} \approx 3.69 \tag{3}$$

因此，根据此式可知 $n=3$，对应可能的能级跃迁为 $3 \to 1$，$3 \to 2$，$2 \to 1$。根据里德伯公式，能级跃迁发出光的波长分别为

$$\frac{1}{\lambda_1} = R_H\left(\frac{1}{1^2} - \frac{1}{3^2}\right) = 0.975 \times 10^7\ \mathrm{m^{-1}};\ \lambda_1 = 1.025 \times 10^{-7}\ \mathrm{m} \tag{4}$$

$$\frac{1}{\lambda_2} = R_H\left(\frac{1}{2^2} - \frac{1}{3^2}\right) = 0.152 \times 10^7\ \mathrm{m^{-1}};\ \lambda_2 = 6.579 \times 10^{-7}\ \mathrm{m} \tag{5}$$

$$\frac{1}{\lambda_3} = R_H\left(\frac{1}{1^2} - \frac{1}{2^2}\right) = 0.823 \times 10^7\ \mathrm{m^{-1}};\ \lambda_3 = 1.215 \times 10^{-7}\ \mathrm{m} \tag{6}$$

五、练习与思考

25-1　氢原子光谱中巴耳末系的极限频率是多少？相应的波长是多少？

25-2　当氢原子处于 $n=4$ 的能级时，它的能量是多少？电离能是多少？电子角动量的所有可能值有几个？分别是多少？

25-3　一个氢原子从 $n=1$ 的基态激发到 $n=4$ 的能态。求：

(1) 氢原子所吸收的能量；

(2) 若原子回到基态，可能发射哪些不同能量的光子，相应的光子波长是多少？

(3) 若氢原子原来静止，计算氢原子从 $n=4$ 的能态直接跃迁到基态时氢原子的反冲速率。

25-4　类氢离子的核电荷数为 Z_e，核外只有一个电子。根据玻尔理论推导类氢离子的轨道半径、能级公式以及电子跃迁时所发射单色光的频率表达式。

25-5　1996 年物理学家在加速器上成功地生产出反氢原子，这种原子由一个反质子和一个正电子构成。反质子和质子、正电子和电子的质量分别相等，只是电荷反号。请你谈谈反氢原子的光谱结构应该是怎样的，并分析反氢原子的光谱结构与正常氢原子光谱结构的异同。

第二十六章　德布罗意波

在爱因斯坦关于光的波粒二象性理论的启发下，德布罗意运用辩证思维逻辑提出粒子具有波动性的假设，并得出粒子波的频率就是它的能量除以普朗克常量，而粒子波的波长是普朗克常量除以动量。后来人们把德布罗意定义的粒子波称为德布罗意波。德布罗意第一次开创性地提出了粒子具有波动性的概念，打开了微观世界的大门，奠定了量子力学的基石。

一、德布罗意波的建立背景

爱因斯坦的光量子理论通过密立根、康普顿等人的实验研究得到证实，德布罗意对此产生了很大的兴趣，并且把自己的研究方向从历史学转到了物理学，跟随郎之万教授攻读物理学博士学位。读博士研究生期间，德布罗意对几何光学和经典力学进行了对比研究，发现几何光学中费马原理与经典力学中莫培丢变分原理类似。他认为在研究光的理论中，必须“同时引进粒子概念和周期性概念”，光本身必须同时考虑粒子性和波动性。他大胆设想，不仅光有粒子和波动两种性质，而且“一般的”物质也具有这两种性质。他还进一步猜想既然粒子概念在波的领域里成功地解释了令人困惑的康普顿效应，那么，波动概念也能解释粒子领域令人困惑的玻尔理论中原子轨道的定态问题。

1923 年 9 月至 10 月间，德布罗意连续在《法国科学院通报》上发表了三篇有关波和量子的论文。第一篇的题目是《辐射——波与量子》，提出了实物粒子也有波粒二象性。他认为与运动粒子相应的还有正弦波，两者总是保持相同的位相。后来他把这种假想的非物质波称为相波。他考虑一个静质量为 m_0 的运动粒子的相对论效应，把相应的能量 m_0c^2 视为一种频率为 $\nu=\dfrac{m_0c^2}{h}$ 的简单周期性现象。在第二篇题为《光学——光量子、衍射和干涉》的论文中，德布罗意提出了如下设想：“在一定情形中，任一运动质点能够被衍射。穿过一个相当小的开孔的电子群会表现出衍射现象。正是在这一方面，有可能寻得我们观点的实验验证。”在第三篇题为《量子、气体分子运动论和费马原理》的论文中，他进一步提出，“只有满足相波谐振，才是稳定的轨道”。在第二年的博士论文中，他更明确地写下了：“谐振条件是 $l=n\lambda$，即电子轨道的周长是位相波波长的整倍数。”他再次详细地给出了有关几何光学和经典力学的类比，给出费马原理和莫培丢变分原理一致性后，德布罗意说：“几何光学和动力学的两条伟大原理之间的基本联系由此而得以明朗化。”

1924年,德布罗意将这三篇文章合在一起成为他的博士论文。他在文中进一步指出:“我们认为几何光学和动力学的这两个重要原理之间的深刻关系的这个思想,可以作为将波和量子综合起来的重要指南。”同年11月,德布罗意向巴黎大学科学院提交了博士论文《量子理论研究》。在这篇长达100余页的不朽论文里,他系统整理并完善了物质波理论。

德布罗意的博士论文得到了答辩委员会的高度评价,认为很有独创精神,但是人们总认为他的想法过于玄妙,没有认真地加以对待。在答辩会上,有人提问有什么方法可以验证这一新的观念。德布罗意答道:“通过电子在晶体上的衍射实验,应当有可能观察到这种假定的波动效应。”在他兄长的实验室中有一位实验物理学家道威利尔曾试图用阴极射线管做这样的实验,试了一试,但没有成功,就放弃了。郎之万把德布罗意的论文寄了一份给爱因斯坦,爱因斯坦看到后非常高兴。他没有想到,自己创立的有关光的波粒二象性观念,在德布罗意手里发展成如此丰富的内容,竟扩展到了运动粒子。当时爱因斯坦正在撰写有关量子统计的论文,于是就在其中加了一段介绍德布罗意工作的内容。他写道:“一个物质粒子或物质粒子系可以怎样用一个波场相对应,德布罗意先生已在一篇很值得注意的论文中指出了。”

二、德布罗意波的数学表述及物理解析

1. 德布罗意波的数学表达式

德布罗意认为具有能量 E 和动量 p 的实物粒子具有波动性,其频率为

$$\nu = \frac{E}{h} \tag{26-1}$$

波长为

$$\lambda = \frac{h}{p} \tag{26-2}$$

式(26-1)和式(26-2)中,h 为普朗克常数。

需要说明的是,德布罗意并没有明确提出物质波这一概念,他只是用了位相波的概念,认为这是一种假想的波。在他的博士论文结尾处,他特别声明:“我特意将相波和周期现象说得比较含糊,就像光量子的定义一样,可以说只是一种解释,因此最好将这一理论看成是物理内容尚未说清楚的一种表达方式,而不能看成是最后定论的学说。”物质波是在薛定谔方程建立以后,在诠释波函数的物理意义时才由薛定谔提出的。德布罗意也并没有明确提出波长 λ 和动量 p 之间的关系式,是后来研究者发觉这一关系在他的论文中已经隐含了,才把这一关系式称为德布罗意公式。

2. 德布罗意波的实验证明

1927年,美国物理学家戴维孙-革末做低速电子在晶体表面散射实验时,观察到

与X射线在晶体表面衍射相似的电子衍射现象。同年,英国人G.P.汤姆孙用高速电子在金箔上的衍射,也获得了电子衍射图样。这两个实验得出的结果完全证实了电子波的存在,如图26-1所示,其中(a)是电子衍射实验装置示意图,(b)是通过CsI晶体的电子衍射图。

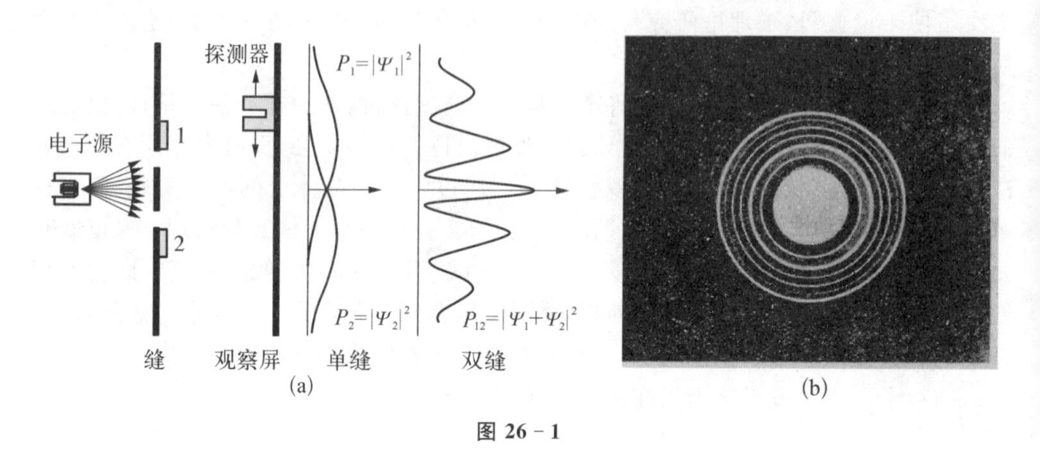

图26-1

3. 德布罗意物质波的意义

首先,德布罗意物质波假设是对爱因斯坦光的波粒二象性理论的推广,把波粒二象性推广到所有的微观粒子,是微观粒子的共同属性。德布罗意用波的概念成功解释了玻尔提出的轨道量子化条件。其次,从德布罗意发表论文的内容来看,德布罗意不仅完善了他的物质波理论,而且通过费马原理与莫培丢原理之间的类比暗示了未来的波动力学与经典力学的关系类似于波动光学与几何光学的关系。这种类比性的思想方法与后来薛定谔在创立波动力学时的思想方法不谋而合。这正是他对波动力学的建立所作的主要贡献。德布罗意因为粒子具有波动性的假设工作被授予1929年诺贝尔物理学奖。汤姆孙和戴维孙因为他们证明电子波动性的电子衍射实验工作而分享了1937年诺贝尔物理学奖。

德布罗意关于微观粒子具有波动性的假设标志着波和粒子概念的一次伟大综合的胜利。它启发了玻色、爱因斯坦去完成玻色-爱因斯坦量子统计,照亮了薛定谔创立波动力学的道路,激励了狄拉克和约当等人去构筑量子场论。

三、德布罗意波在科学技术、人类生活中的应用

电子显微镜是德布罗意物质波理论应用于显微科学的一个典型范例。随着汤姆孙、卢瑟福、玻尔等人对原子结构的模型、理论的建立,观察原子结构以及更小尺寸的微结构、微生物成为科学家面临的首要任务。显然,波长为100 nm数量级的可见光显微镜遇到了它的瓶颈,科学家迫切需要波长更短的射线或者波来做显微镜的光源观察物质的结构。当时X射线已发现,X射线衍射就成了人们了解物质结构的首选。

但因为X射线来自原子内层电子被轰出的过程中发出的光子，它需要高能粒子去轰击金属靶，所以X射线并不容易获得。有没有可以替代X射线的波呢？德布罗意物质波的理论让科学家们、工程师们看到了制作显微镜可用波的新成员——电子波。1926年汉斯·布什研制了第一个磁力电子透镜。1931年厄恩斯特·卢斯卡和马克斯·克诺尔研制了第一台透视电子显微镜。展示这台显微镜时使用的还不是透视的样本，而是一个金属格。1986年卢斯卡为此获得诺贝尔物理学奖。

透射电子显微镜因电子束穿透样品后，再用电子透镜成像放大而得名。它的光路与光学显微镜相仿，可以直接获得一个样本的投影。通过改变物镜的透镜系统人们可以直接放大物镜的焦点的像。透射式电子显微镜镜筒的顶部是电子枪，电子由钨丝热阴极发射出，通过第一、第二两个聚光镜使电子束聚焦。电子束通过样品后由物镜成像于中间镜面上，再通过中间镜和投影镜逐级放大，成像于荧光屏或照相底板上。中间镜主要通过对励磁电流的调节，放大倍数可从几十倍连续地变化到几十万倍。改变中间镜的焦距，即可在同一样品的微小部位上得到电子显微像和电子衍射图像。图26-2是一台置于工作台上的电子显微镜。

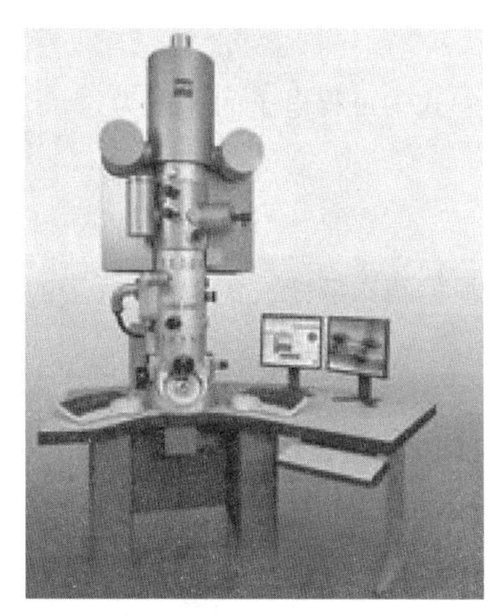

图 26-2

人们可以用电子显微镜获得电子衍射像。使用这个像可以分析样本的晶体结构。在这种电子显微镜中，图像细节的对比度是由样品的原子对电子束的散射形成的。由于电子需要穿过样本，因此样本必须非常薄。组成样本原子的相对原子质量、加速电子的电压和所希望获得的分辨率决定样本的厚度。样本的厚度可以从数纳米到数微米不等。相对原子质量越高、电压越低，样本就必须越薄。样品较薄或密度较低的部分，电子束散射较少，这样就有较多的电子通过物镜光栏，参与成像，在图像中显得较亮。反之，样品中较厚或较密的部分在图像中则显得较暗。如果样品太厚或过密，则像的对比度就会恶化，甚至会因吸收电子束的能量而被损伤或破坏。

透射电子显微镜的分辨率为0.1～0.2 nm，放大倍数为几万至几十万倍。由于电子易散射或被物体吸收，故穿透力低，必须制备更薄的超薄切片（通常为50～100 nm）。图26-3是涂片上的微生物电子衍射经计算机处理后的图像。

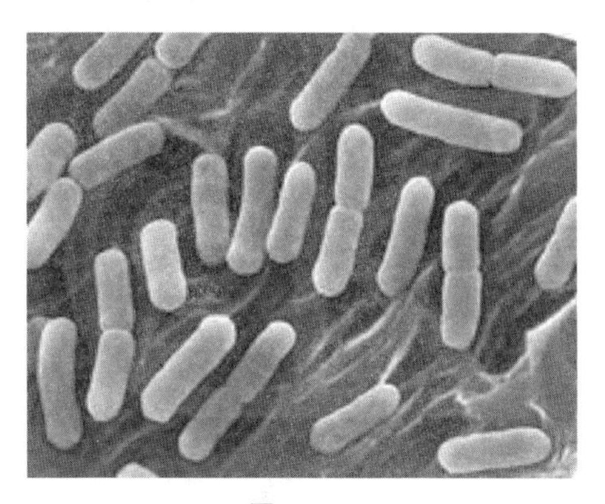

图 26-3

四、应用举例

例 用 $U=150$ V 的电压加速电子后，求电子波长。

解 虽然电子质量小，但因加速电压不高，本题可以不考虑相对论效应，加速电子获得的动能为

$$E_k=\frac{1}{2}mv^2=eU \tag{①}$$

解式①可得电子的速度为

$$v=\sqrt{\frac{2eU}{m}} \tag{②}$$

根据德布罗意波的假设，电子的波长为

$$\lambda=\frac{h}{p}=\frac{h}{mv} \tag{③}$$

将式②代入式③可得

$$\lambda=\frac{h}{\sqrt{2meU}}=\frac{12.25}{\sqrt{U}} \tag{④}$$

将 $U=150$ V 代入式④可解出

$$\lambda=1.0\ \text{Å} \tag{⑤}$$

式⑤说明用 $U=150$ V 的电压加速电子后，电子波的波长为 1.0 Å。

五、练习与思考

26-1 一个电子和一个质子的动能相等，问它们的德布罗意波长之比是多少？

26-2 如果加速电子的电压为 10^{-7} eV，计算该电子的德布罗意波长。

26-3 计算质量为 0.01 kg，速率为 300 m/s 的子弹的德布罗意波长。

26-4 试用德布罗意波的概念解释玻尔角动量量子化条件。

26-5 如果将德布罗意波长和频率的表达式中的质量用相对论质量，即 $m=m_0/\sqrt{1-\frac{v^2}{c^2}}$，然后利用群速度定义式 $v_g=\frac{d\omega}{dk}=\frac{d\nu}{d(1/\lambda)}$ 证明：德布罗意波的群速度 v_g 等于粒子运动速度 v。

26-6 一个粒子的动能增大一倍，它的德布罗意波长将怎样变化？如果速度增大一倍，德布罗意波长又怎样变化？

第二十七章　不确定关系

牛顿力学中，粒子在任何时刻都具有确定的状态，描写粒子状态的物理量可以是位置和动量，也可以是能量和时间。但对于微观粒子，由于它同时具有波动性，微观粒子的位置和动量不能同时确定，或微观粒子的能量和时间不能同时确定，这称为微观粒子的不确定性关系(或者称为不确定性原理)。

一、不确定关系以及态叠加原理建立背景

海森伯在创立矩阵力学时，对形象化的物理图像采取否定态度。但他在表述中仍然需要使用“坐标”“速度”之类的词汇，当然这些词汇已经不再等同于经典理论中的那些词汇。可是，究竟应该怎样理解这些词汇新的物理意义呢？海森伯抓住云室实验中观察电子径迹的问题进行思考。他试图用矩阵力学为电子径迹做数学表述，可是没有成功，这使海森伯陷入困境。海森伯反复思考这个问题，突然他意识到问题的关键在于电子轨道的说法本身有问题。人们看到的径迹并不是电子的真正轨道，而是水滴串形成的雾迹，水滴远比电子大，所以人们也许只能观察到一系列电子的不确定的位置，而不是电子的准确轨道。因此，在量子力学中，一个电子只能以一定的不确定性处于某一位置，同时也只能以一定的不确定性具有某一速度。可以把这些不确定性限制在最小的范围内，但不能等于零。这就是海森伯对不确定性最初的思考。

据海森伯晚年回忆，爱因斯坦 1926 年的一次谈话启发了他。爱因斯坦和海森伯讨论可不可以考虑电子轨道时，曾质问过海森伯：“难道说你认为只有可观察量才应当进入物理理论吗？”对此海森伯答复说：“你处理相对论不正是这样的吗？你曾强调过绝对时间是不许可的，仅仅是因为绝对时间是不能被观察的。”爱因斯坦承认这一点，但是又说：“一个人把实际观察到的东西记在心里，会有启发性帮助的，但在原则上试图单靠可观察量来建立理论，那是完全错误的。实际上恰恰相反，是理论决定我们能够观察到的东西。只有理论，即只有关于自然规律的知识，才能使我们从感觉印象推论出基本现象。”

海森伯在 1927 年的论文一开头就说：“如果谁想要阐明‘一个物体的位置’(例如一个电子的位置)这个短语的意义，那么他就要描述一个能够测量‘电子位置’的实验，否则这个短语就根本没有意义。”海森伯在谈到诸如位置与动量，或能量与时间这

样一些正则共轭量的不确定关系时,说:“这种不确定性正是量子力学中出现统计关系的根本原因。”

二、不确定关系以及态叠加原理的数学描述及物理解析

1. 位置和动量不确定关系

1927 年海森伯提出了著名的位置-动量不确定关系,即粒子的位置和动量不能同时取确定值,它们之间存在一个不确定关系式。以一维情形为例,不确定关系的数学表达式为

$$\Delta x \cdot \Delta p_x \geqslant \frac{\hbar}{2} \tag{27-1}$$

式(27-1)中,$\Delta x=\sqrt{\overline{(x-\overline{x})^2}}$ 为微观粒子位置的不确定范围;$\Delta p_x=\sqrt{\overline{(p_x-\overline{p}_x)^2}}$ 为微观粒子动量的 x 分量的不确定范围。

海森伯不确定关系常借助电子单缝衍射实验来说明。图 27-1 是电子单缝衍射装置示意图。如果假设沿缝宽的方向为 x 轴方向,单缝宽度为 Δx。电子枪发射的电子垂直 x 轴穿过单缝。由于电子可以从缝上任何一点通过单缝,因此电子通过单缝时的不确定度为 Δx。另外,由于电子具有波动性,观察屏上出现与光的单缝衍射相同的衍射图样。电子动量不再具有确定值 $\boldsymbol{p}$,而是在 x 轴方向出现横向动量,这个横向动量的不确定度为 Δp_x。根据光的单缝衍射出现第一级暗纹的条件,有

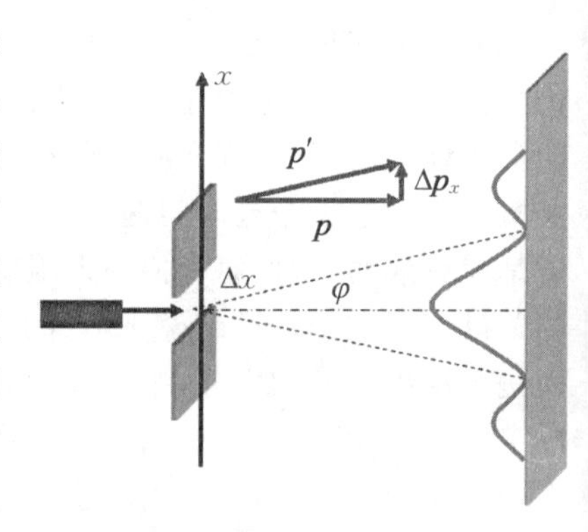

图 27-1

$$\sin\theta=\frac{\lambda}{\Delta x} \tag{27-2}$$

式(27-2)中 θ 是衍射角。根据图 27-1 中动量与其分量的几何关系得动量的不确定度为

$$\Delta p_x=p\sin\theta \tag{27-3}$$

将德布罗意电子波波长公式 $\lambda=h/p$ 及式(27-2)代入式(27-3)可得

$$\Delta p_x=p\sin\theta=\frac{h}{\lambda}\,\frac{\lambda}{\Delta x}=\frac{h}{\Delta x} \tag{27-4}$$

即

$$\Delta x\,\Delta p_x=h \tag{27-5}$$

考虑到电子还会衍射一级、二级、三级等明纹位置出现,式(27-5)变为

$$\Delta x \Delta p_x \geqslant h \tag{27-6}$$

量子理论得出电子的位置和动量不确定关系为

$$\Delta x \Delta p_x \geqslant \frac{\hbar}{2} \tag{27-7}$$

式(27－7)中，$\hbar = \dfrac{h}{2\pi}$，它是普朗克常量的一个方便书写的替代量。把式(27－7)的关系式推广到微观粒子的二维、三维运动情形，有

$$\Delta y \Delta p_y \geqslant \frac{\hbar}{2} \tag{27-8}$$

和

$$\Delta z \Delta p_z \geqslant \frac{\hbar}{2} \tag{27-9}$$

式(27－7)、式(27－8)和式(27－9)统称为微观粒子位置和动量的不确定性关系式。不确定关系告诉我们，被束缚在某有限空间区域内的粒子，如果它的运动范围相对确定，它就不可能具有确定的动量。以一维运动为例，如果粒子的动量完全确定，即 $\Delta p_x = 0$，则根据式(27－7)可得 $\Delta x \to \infty$。说明粒子位置完全不确定，粒子的运动范围不能被约束，粒子处于自由传播状态。

不确定关系是微观粒子波粒二象性的体现，它的物理根源是粒子的波动性。不确定关系表明微观粒子不存在坐标和动量同时确定的状态，因而微观粒子的运动不存在确定轨道，无法用经典力学的方法描述粒子运动。

2. 能量和时间的不确定关系

由微观粒子动量和位置满足的不确定关系，可以推导出时间和能量的不确定关系。以光波为例，若光波列长度为 Δx，它是光子位置的不确定范围。如果设光子通过空间某点时间的不确定范围为 Δt，显然两者有关系

$$\Delta x = c \Delta t \tag{27-10}$$

将式(27－10)代入位置-动量不确定性关系式(27－7)左边可得

$$\Delta x \Delta p_x = c \Delta t \Delta p_x = \Delta E \Delta t \tag{27-11}$$

结合式(27－7)得光子的能量和时间的不确定性关系为

$$\Delta E \Delta t \geqslant \frac{\hbar}{2} \tag{27-12}$$

虽然能量和时间不确定关系很容易由坐标动量不确定关系得到，但因为时间不是算符，在早期 Δt 的准确意义并不清楚。后来才逐步认识到能量和时间不确定关系的意义。Δt 理解为粒子处在某量子态的寿命，ΔE 为该量子态能量的不确定范围，一个只能暂时存在的量子态不能拥有明确的能量。或者说量子系统为了要拥有明确的

能量,要求量子态持久不变。

例如,在光谱学里,激发态的寿命是有限的,激发态没有明确的能量,每次衰变所释放的能量都会稍有不同,使得发射出的光子的频率分布在一定的范围,这就是光谱自然线宽。衰变快的量子态线宽比较宽阔,而衰变慢的量子态线宽比较狭窄。

三、不确定关系的意义及影响

不确定性原理表明,描写一个微观粒子的某些物理量,如位置和动量,或方位角与动量矩,还有时间和能量等,不可能同时具有确定的数值,其中一个量越确定,另一个量的不确定程度就越大。测量一对共轭量的误差(标准差)的乘积必然大于常数 $h/4\pi$(h 是普朗克常数)。这个原理是海森伯在 1927 年首先提出的,它反映了微观粒子运动的基本规律——以共轭量为自变量的概率幅函数构成傅里叶变换对,是物理学中又一条重要原理。不确定性原理对我们世界观有非常深远的影响。甚至到了 50 多年之后,它还不为许多哲学家所赞同,仍然是许多争议的主题。不确定性原理使拉普拉斯的科学理论——一个完全确定性的宇宙模型的梦想寿终正寝。因为不确定原理认为人们甚至不能准确地测量宇宙当前的状态,那么就肯定不能准确地预言将来的事件,否认观察者可以确定未来。我们可以想象,对于一些超自然的生物,存在一组完全决定事件的定律,这些生物能够不干扰宇宙地观测它的状态。然而,对于我们这些芸芸众生而言,这样的宇宙模型并没有太多的兴趣,因为对于我们这些观察者来说未来的确是不可预知的。20 世纪 20 年代,在不确定性原理的基础上,海森伯、薛定谔和狄拉克运用这种手段将力学重新表达为量子力学的新理论。在此理论中,粒子不再有分别被很好定义的、同时观测的位置和速度,取而代之的是位置和速度的结合物——量子态。

四、不确定关系的应用与发展

在信号处理上,在连续情形下,我们可以讨论一个信号是否集中在某个区域内。而在离散情形下,重要的问题变成了信号是否集中在某些离散的位置上,而在其余位置上是零。按照传统的信号处理理论,这是不可能的,因为正如前面所说的那样,频域空间和原本的时空域相比,信息量是一样多的,所以要还原出全部信号,必须知道全部的频域信息。但是借助不确定性原理,却可以做到这一点。原因是我们关于原信号有一个"很多位置是零"的假设。那么,假如有两个不同的信号碰巧具有相同的 k 个频率值,那么这两个信号差的傅里叶变换在这 k 个频率位置上就是零。另一方面,因为两个不同的信号在原本的时空域都有很多值是零,它们的差必然在时空域也包含很多零。不确定性原理告诉我们,这是不可能的。于是,原信号事实上是唯一确定的。

这件事情在应用上极为重要。一个简单的例子是医学核磁共振技术。核磁共振成像本质上就是采集身体图像的频域信息来还原空间信息。由于采集成本很高,所以核磁共振成像很昂贵,也很消耗资源。但是上述推理说明,事实上核磁共振可以只采集一小部分频域信息(这样成本更低,速度也更快),就能完好还原出全部身体图像来,这在医学上的价值是不可估量的。

在今天,类似的思想已经应用到许多不同领域,从医学上的核磁共振和X光断层扫描到石油勘测和卫星遥感,处处都有不确定关系的身影。

五、练习与思考

27-1　如果枪口直径为5 mm,子弹质量为0.01 kg,试用不确定关系估算子弹射出枪口时横向速度的量级。

27-2　做一维运动的电子,其动量不确定度是 $\Delta p_x = 10^{-25}$ kg·m/s,能将这个电子约束在内的最小容器的大概尺寸是多少?

27-3　氢原子电子从 $n=2$ 的激发态跃迁到 $n=1$ 的基态,$n=2$ 的激发态大约存在 10^{-9} s,试求:

(1) 跃迁发射的光子能量;

(2) 辐射光子能量不确定度的最小值;

(3) 辐射光的波长差最小值。

27-4　试用不确定关系估算氢原子基态能量。

27-5　如果普朗克常量 $h \to 0$,这对波粒二象性有什么影响?如果光在真空中的光速 $c \to 0$,这对时间的相对性会有什么影响?

第二十八章　波函数统计诠释及态叠加原理

微观粒子的状态需要用波函数来描写，波函数的加法原则称为态叠加原理。态叠加原理是量子力学的另一个基本原理，其核心思想说明物质波像经典波一样满足可叠加性，具有干涉和衍射等波特有的现象。

一、波函数统计诠释与态叠加原理的建立背景

20世纪初，一些与量子理论有关的问题在物理界掀起了很大的波澜：普朗克利用能量量子假说成功地破解了黑体辐射中的"紫外灾难"；爱因斯坦的光量子理论给光电效应以完美的解释，且光量子理论得到了密立根、康普顿等人的实验证实。根据这些理论和相关实验，德布罗意利用唯物辩证法大胆设想不仅光子具有波粒二象性，一般的物体也具有波粒二象性。1924年，德布罗意在巴黎大学提交的博士论文中提出："我们因而倾向于假定，任何运动物体都伴随着一个波动，而且不可能把物体的运动与波的传播割裂开来。"德布罗意的博士论文经他的导师郎之万寄给了爱因斯坦。爱因斯坦给予德布罗意物质波假设一个极高的评价，他说："物质波概念揭开了自然界巨大帷幕的一角。瞧瞧吧，看来疯狂，可真是站得住脚呢。"

由于微观粒子具有波粒二象性，它的位置和动量之间存在不确定关系，经典物理学中用来描述粒子状态的位置和动量不能同时用来描述微观粒子的状态，因此新的描写微观粒子状态物理量必须进行定义。1925年奥地利物理学家薛定谔首先提出用物质波波函数描述微观粒子的运动状态的建议。该波函数如同电磁波波函数一样是时间和空间的函数，用 $\Psi(\boldsymbol{r}, t)$ 表示，且满足波的叠加原理。但对应粒子波动性的波函数作为一个重要的新概念登上量子力学舞台后，其本身的物理意义却模糊不清，使许多物理学家感到迷惑不解而大伤脑筋。1926年，玻恩在爱因斯坦提出的光子出现概率密度观点的启发下给出了波函数的统计意义。玻恩指出德布罗意波（物质波）是概率波，即波函数的模的平方（波的强度）代表时刻 t、在空间 $\boldsymbol{r}$ 点处，单位体积元中微观粒子出现的概率密度。玻恩概率波概念的提出揭示了物质世界所具有的普遍属性，启示人们在对微观粒子进行研究时，不能再局限于经典物理学的框架。玻恩概率波的概念为建立一门研究具有波粒二象性的微观粒子运动规律的新理论扫清了思想障碍，使得新理论在短期内得以建立起来。

二、波函数及其统计诠释、态叠加原理的数学描述及物理解析

1. 机械波波函数到概率波

我们首先将沿 x 正方向传播的机械波运动学方程 $y(x, t) = A\cos 2\pi(\nu t - x/\lambda)$ 用复数表达可得

$$y(x, t) = A\mathrm{e}^{-2\pi\mathrm{i}\left(\nu t - \frac{x}{\lambda}\right)} \tag{28-1}$$

1925 年奥地利物理学家薛定谔利用式(28-1)，并结合德布罗意物质波的假设 $\nu = \dfrac{E}{h}$，$\lambda = \dfrac{h}{p}$，提出用波函数描述微观粒子的运动状态的建议。该波函数如同电磁波波函数一样是时间和空间的函数，用 $\boldsymbol{\Psi}(\boldsymbol{r}, t)$ 表示。这样，沿 x 方向运动的自由粒子的波函数为

$$\Psi(x, t) = \Psi_0 \mathrm{e}^{-\frac{2\pi}{h}\mathrm{i}(Et - px)} = \Psi_0 \mathrm{e}^{-\frac{\mathrm{i}}{\hbar}(Et - px)} \tag{28-2}$$

对于三维空间运动的自由粒子，其波函数为

$$\Psi(\boldsymbol{r}, t) = \Psi_0 \mathrm{e}^{-\frac{\mathrm{i}}{\hbar}(Et - \boldsymbol{p}\cdot\boldsymbol{r})} \tag{28-3}$$

式中，Ψ_0 是一个待定常量，$\Psi_0 \exp\left(\dfrac{\mathrm{i}}{\hbar}\boldsymbol{p}\cdot\boldsymbol{r}\right)$ 相当于波函数的复振幅，而 $\Psi_0 \exp\left(-\dfrac{\mathrm{i}}{\hbar}Et\right)$ 则反映了波函数随时间的变化。对于非自由粒子，由于其能量和动量不一定是常量，其波函数所描述的德布罗意波就不一定是平面波。

波函数诞生以后，德国物理学家玻恩在电子衍射实验的基础上，提出了物质波波函数的统计解释。玻恩指出，实物粒子的波函数是一种概率波，t 时刻在空间 $\boldsymbol{r}$ 处附近的体积元 $\mathrm{d}V$ 中出现的概率与该处波函数绝对值的平方成正比，即

$$P = |\Psi(\boldsymbol{r}, t)|^2 \mathrm{d}V = \Psi(\boldsymbol{r}, t)\Psi^*(\boldsymbol{r}, t)\mathrm{d}V \tag{28-4}$$

并定义 $\rho = |\Psi(\boldsymbol{r}, t)|^2 = \dfrac{P}{\mathrm{d}V}$ 为概率密度。

2. 概率波的归一化

在对该理论进一步研究之后，人们发现描写一个状态的波函数可以有无限多个，它们之间可以相差任意一个常量，因此我们需要对波函数进行归一化，使波函数能更好更方便地使用。另外，根据玻恩对波函数的统计诠释——波函数振幅绝对值的平方表示在空间某点找到粒子的概率密度，概率密度对整个空间积分应当是 1，即

$$\int_{\Omega} \Psi(\boldsymbol{r}, t)\Psi^*(\boldsymbol{r}, t)\mathrm{d}V = 1 \tag{28-5}$$

式(28－5)是波函数的归一化条件。由此并结合数学知识,我们也得到了波函数的三个标准化条件——单值、有限、连续。

3. 物质波与经典波的差异

根据玻恩对物质波的解释,我们可以发现物质波与经典波之间有许多差异。

(1) 经典波是振动状态的传播,而物质波不代表任何物理量的传播。

(2) 波强在经典波中能够决定能流密度的大小,而在物质波中波强比例决定粒子概率分布。

(3) 除此以外,物质波存在归一化问题,而经典波不存在。

4. 波函数的叠加原理——态叠加原理

在物理学中叠加原理存在于各种应用中,电磁学中有电场和磁场的叠加原理,光学中有光波的叠加原理,电路中有电流的叠加原理。那么,描写微观粒子运动状态的波函数(或称为状态函数)是否也存在叠加原理呢?下面用实验说明之。

1) 电子双缝实验

在双缝后的干涉区域,既可测到来自缝 1 的态 $\Psi_1=A_1\exp[\mathrm{i}(\omega t-kx)]$,也可测到来自缝 2 的态 $\Psi_2=A_2\exp[\mathrm{i}(\omega t-kx)]$,而电子在此区域的态 Ψ 是这两个态的叠加,可以写成

$$\Psi=\Psi_1+\Psi_2 \tag{28-6}$$

电子的概率为

$$P_{12}=|\Psi_1+\Psi_2|^2=|\Psi_1|^2+|\Psi_2|^2+2|\Psi_1||\Psi_2|\cos\delta \tag{28-7}$$

实验装置如图 28－1 所示。实验测量结果发现确实有干涉项的存在,$P_{12}\neq P_1+P_2$,与式(28－7)预言的一样。

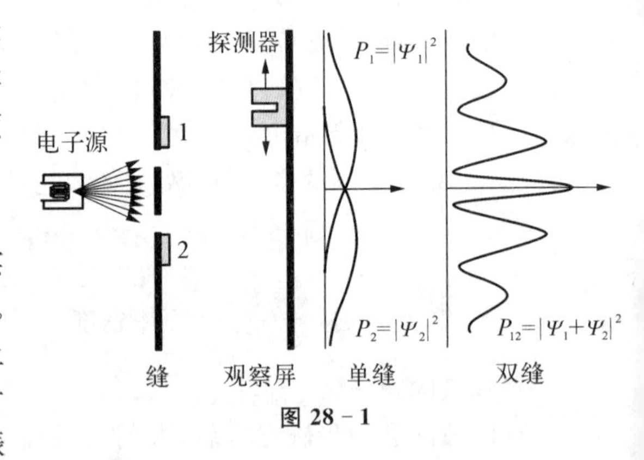

图 28－1

2) 偏振光实验

偏振光实验运用了光学中的实验方法,来对态叠加原理进行推导。实验发现对于偏振方向在 xy 平面上某一方向的偏振态 Ψ,可用一偏振片来测量,既可测得在 x 轴方向的偏振态 Ψ_x,也可测得在 y 轴方向的偏振态 Ψ_y,偏振态 Ψ 是这两个态的叠加,可以写成

$$\Psi=\Psi_x+\Psi_y \tag{28-8}$$

将(28－6)或者(28－8)推广到一般情形,有

$$\Psi=C_1\Psi_1+C_2\Psi_2 \tag{28-9}$$

式(28－9)称为态的叠加原理。它可理解为“波的相干叠加性”与“波函数完全描述一

个微观体系的状态”两个概念的概括。更简单地说，设体系处于 Ψ_1 描述的状态下，测量某力学量 A 所得结果是一个确切的值 a_1（Ψ_1 称为 A 的本征态，a_1 为相应的本征值）。又假设体系处于 Ψ_2 描述的状态下，测量 A 的结果为另一个确切的值 a_2。则在 $C_1\Psi_1+C_2\Psi_2$ 所描述的状态下，测量 A 所得结果，既可能为 a_1 也可能为 a_2，但不会是另外的值。而测得为 a_1 或 a_2 的相对概率是完全确定的。我们称 Ψ 态是 Ψ_1 态与 Ψ_2 态的线性叠加态。

我们把这种微观粒子相遇区域的状态由描写它们各自状态的波函数线性叠加给出的规则，称为态叠加原理。态叠加原理是量子力学的基本原理之一，其核心思想说明物质波像经典波一样满足可叠加性、可产生干涉和衍射等波特有的现象。波函数的概率解释和态叠加原理决定了波函数必须满足单值、有限、连续三个条件。

三、波函数及其统计诠释和态叠加原理的意义

波函数描述了微观粒子的状态，玻恩对波函数的统计解释给了物质波另一个名称——概率波，它是量子力学的基本假设之一。德布罗意物质波的假设是爱因斯坦关于光的波粒二象性在实物粒子中的拓展，使波粒二象性概念具有普适性。在新量子理论（一般称玻尔量子理论为旧量子论）中，微观体系的状态用波函数描述，只要知道了体系的波函数，其他的诸如能量、跃迁的概率以及截面、振子强度等原则上都可以确定。现在随着计算技术和方法的发展，人们可以借助波函数利用密度泛函第一性原理来研究微观体系的电性质、结构等。波函数及其统计解释的建立为物理学深入到微观领域提供了必要的理论基础。

在量子力学中，薛定谔方程通过波函数假设以及算符假设可以推导出态叠加原理。虽然在量子力学中我们计算诸多问题经常用的是薛定谔方程，但是如果没有态叠加原理的推导，薛定谔方程是不会拥有这么重要的地位的。因此，可以说态叠加原理在量子力学中甚至整个物理学中的地位都是相当重要的。在量子力学中，态叠加原理与不确定性原理是微观粒子具有波动性的必然结果。态叠加原理给电子双缝衍射实验以合理的解释，是人类认识微观世界的一大进步。

四、应用举例

例　一个做一维运动的粒子被束缚在 $0<x<a$ 的范围内。已知其波函数为 $\psi(x)=A\sin\dfrac{\pi}{a}x$，求：

(1) 归一化常数 A；

(2) 粒子在 0 到 $\dfrac{a}{2}$ 之间出现的概率。

解　(1) 由归一化条件有

$$\int_{-\infty}^{\infty}\psi(x)\psi^{*}(x)\,\mathrm{d}x=\int_{-\infty}^{\infty}A^{2}\sin^{2}\frac{\pi}{a}x\,\mathrm{d}x=1 \quad ①$$

解此式得

$$A=\sqrt{\frac{2}{a}} \quad ②$$

(2) 粒子出现在 0 到 $\frac{a}{2}$ 之间的概率为

$$P_{0\sim a/2}=\int_{0}^{a/2}\frac{2}{a}\sin^{2}\frac{\pi}{a}x\,\mathrm{d}x=\frac{1}{2} \quad ③$$

五、练习与思考

28-1　怎样理解微观粒子的波粒二象性?

28-2　设某一维运动粒子的波函数为 $\psi(x)=A\mathrm{e}^{-\frac{1}{2}\alpha^{2}x^{2}}$，其中 α 为一常数,求常数 A。

28-3　一个粒子被限制在相距为 l 的两个不可穿透的壁之间,如图 28-2 所示。描写粒子状态的波函数为 $\psi(x)=c\sqrt{x(l-x)}$，其中 c 为待定常数。求在区域 $0\sim\frac{1}{4}l$ 发现该粒子的概率。

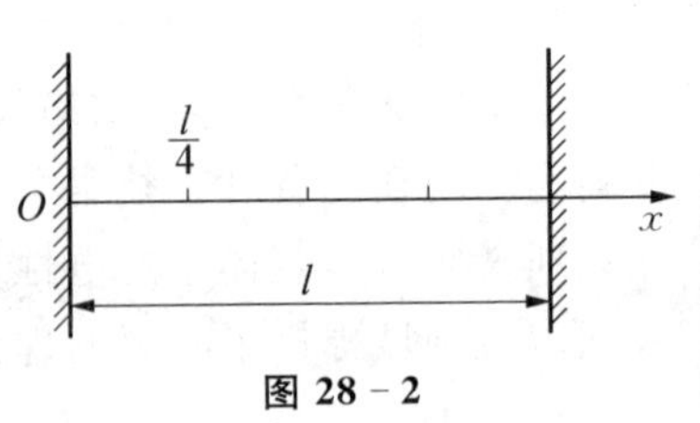

图 28-2

第二十九章　薛定谔方程及其应用

薛定谔方程是由奥地利物理学家薛定谔提出的量子力学中的一个二阶偏微分方程，它是将物质波的概念和机械波的波动方程相结合建立起来的、可以描述微观粒子运动的方程。薛定谔方程的正确性只能由实验检验，它进一步阐明了微观粒子以概率的方式出现，具有不确定性。

一、薛定谔方程建立背景

德布罗意拓展了爱因斯坦的光量子假说，提出了微观粒子具有波动性的假设。但机械波是周期性的振动在媒质内的传播，电磁波是周期变化的电磁场的传播。德布罗意物质波既不是机械波，也不是电磁波，它究竟是什么？德布罗意在提出微观粒子物质波的初期，由于受经典概念的影响，曾经把物质波理解为物质的某种实际的结构，视为三维空间中连续分布的某种物质波包，波包的大小即为粒子的大小，波包的群速度即为粒子的运动速度。但是，这种观点存在着不可克服的困难。如果假设粒子可用波包描述，而波包会出现无限扩散现象，作为波包中心的粒子将无限地分散开去，这与粒子是稳定的这一事实相矛盾。1925 年，玻恩给了波函数一个统计诠释。德拜在 1925 年的瑞士苏黎世物理学术研讨会上说："一个没有波动方程的波动理论太肤浅了！"当时，年轻的薛定谔正在研究气体理论。他从阅读爱因斯坦关于玻色-爱因斯坦统计的论述中接触到德布罗意的博士论文。在德拜的启发下，薛定谔开始寻找德布罗意物质波的波动方程。薛定谔参考威廉·哈密顿先前关于牛顿力学与光学之间的类比这方面的研究，并从哈密顿-雅可比方程成功地推导出薛定谔方程。1926 年，薛定谔以《作为本征值问题的量子化》为总题目，连续发表了 6 篇论文，系统地阐明了他的新理论。在这些论文中，薛定谔正式给出了描写微观粒子波动性的波动方程——薛定谔方程，并和他的朋友数学家赫尔曼·外尔一同解析了这个微分方程，复制出了与玻尔模型完全相同的答案，成功地用此方程描述了氢原子内部束缚电子的物理行为。

薛定谔的论文发表以后，在欧洲学术界引起强烈反响，得到爱因斯坦和普朗克的支持。普朗克说："薛定谔方程奠定了近代量子力学的基础，就像牛顿、拉格朗日和哈密顿创立的方程在经典力学中的作用一样。"爱因斯坦认为，薛定谔著作的构思证实了真正的独创性。薛定谔与狄拉克"因创立原子理论的新形式"分享了 1933 年的诺贝尔物理学奖。

二、薛定谔方程建立过程中所经历的困难

薛定谔在建立薛定谔方程过程中遇到的最大困难是如何求解他建立的氢原子的波动方程$\nabla^2\Psi+\frac{2m}{\hbar^2}\left(E+\frac{e^2}{4\pi\varepsilon_0 r}\right)\Psi=0$。这是一个二阶线性偏微分方程，$\psi(x, y, z)$是待求函数，而且是$x, y, z$三个变量的复变函数。$\nabla^2=\frac{\partial^2}{\partial x^2}+\frac{\partial^2}{\partial y^2}+\frac{\partial^2}{\partial z^2}$是拉普拉斯算符，意思是分别对$\psi(x, y, z)$的梯度求散度。这个方程实在是太复杂了，以至于当时的数学家看到它的时候都认为这样的方程无法求出可能的解。薛定谔在提出这个方程后也解得焦头烂额。仅仅是二维的情形，其径向方程的严格解为$R(r)=e^{-i\sqrt{\alpha r}}\left\{1+\sum_{k=1}^{n}\frac{-\lambda(\beta-\lambda)(2\beta-\lambda)\cdots[(k-1)\beta-\lambda]}{k!\,\gamma(1+\gamma)(2+\gamma)\cdots(k-1+\gamma)}r^k\right\}$（极坐标形式），运用了很多的变换和级数解法。最后结果的形式也极为复杂，更不用谈三维的情形，也就是实际问题的情形。

当时薛定谔和外尔一同解这个方程，不分日夜，解了三周多才得出了一系列结论，其中最令人兴奋的便是推出了$E=-\frac{me^4}{8n^2h^2\varepsilon_0^2}$，恰好就是玻尔理论中的能量量子化假设条件，也自然就与海森堡矩阵力学得到的结果相同。薛定谔方程对氢原子结构的解释证实了微观世界量子数的出现是薛定谔方程解的必然结果，为玻尔的量子假设找到了根基。薛定谔方程的建立标志着量子波动力学正式形成。

三、薛定谔方程的数学描述及物理解析

描述机械波振幅函数$y(x, t)$的波动方程为

$$\frac{\partial^2 y}{\partial t^2}=u^2\frac{\partial^2 y}{\partial x^2} \tag{29-1}$$

式(29-1)是一个二阶偏微分方程。薛定谔方程作为一个描述物质波粒二象性的波动方程，必然也应当有一个类似的形式才对。在非相对论情形下，自由粒子的波函数为$\Psi(x, t)=\Psi_0 e^{-\frac{i}{\hbar}(Et-p_x x)}$，两端对时间求导，得

$$i\hbar\frac{\partial\Psi(x, t)}{\partial t}=E\Psi(x, t) \tag{29-2}$$

波函数两端再对坐标x求二阶导数，得

$$\frac{\partial^2\Psi(x, t)}{\partial t^2}=-\frac{p_x^2}{\hbar^2}\Psi(x, t) \tag{29-3}$$

将式(29－2)和式(29－3)代入非相对论自由粒子动量-能量式 $E=\frac{p_x^2}{2m}$，有

$$\mathrm{i}\hbar\frac{\partial\Psi(x,t)}{\partial t}=-\frac{\hbar^2}{2m}\frac{\partial^2\Psi(x,t)}{\partial x^2}=E\Psi(x,t) \tag{29-4}$$

式(29－4)就是自由粒子的薛定谔方程。对于非自由粒子，$E=\frac{p_x^2}{2m}+U(x,t)$，其中 $U(x,t)$ 为粒子的势函数，式(29－4)变为

$$\mathrm{i}\hbar\frac{\partial\Psi(x,t)}{\partial t}=\hat{H}\Psi(x,t) \tag{29-5}$$

式(29－5)中，$\hat{H}=-\frac{\hbar^2}{2m}\frac{\partial^2}{\partial x^2}+U(x,t)$ 为哈密顿算符，式(29－5)称为微观粒子波函数满足的含时薛定谔方程。在三维势场中，式(29－5)变为

$$\mathrm{i}\hbar\frac{\partial\Psi(\boldsymbol{r},t)}{\partial t}=\hat{H}\Psi(\boldsymbol{r},t) \tag{29-6}$$

式(29－6)中，$\hat{H}=-\frac{\hbar^2}{2m}\left(\frac{\partial^2}{\partial x^2}+\frac{\partial^2}{\partial y^2}+\frac{\partial^2}{\partial z^2}\right)+U(\boldsymbol{r},t)=-\frac{\hbar^2}{2m}\nabla^2+U(\boldsymbol{r},t)$ 是三维空间的哈密顿量。若微观粒子处在稳定的势场中，势能函数与时间无关，为定态问题。例如，自由粒子的势场为 $U(r)=0$，氢原子中电子所处的势场为 $U(r)=-\frac{1}{4\pi\varepsilon_0}\frac{e^2}{r}$，它们均与时间无关，这种情形下哈密顿算符与时间无关。此时，可将波函数分离为坐标函数和时间函数两个因子的乘积，即

$$\Psi(\boldsymbol{r},t)=\Phi(\boldsymbol{r})T(t) \tag{29-7}$$

将式(29－7)代入薛定谔方程式(29－6)，得

$$\mathrm{i}\hbar\frac{\mathrm{d}T(t)}{\mathrm{d}t}\Phi(\boldsymbol{r})=[\hat{H}\Phi(\boldsymbol{r})]T(t) \tag{29-8}$$

将式(29－8)分离变量，有

$$\mathrm{i}\hbar\frac{\mathrm{d}T(t)}{\mathrm{d}t}\frac{1}{T(t)}=[\hat{H}\Phi(\boldsymbol{r})]\frac{1}{\Phi(\boldsymbol{r})} \tag{29-9}$$

式(29－9)恒成立的条件是该式两边等于同一个常数。设这个常数为 E，则有

$$\mathrm{i}\hbar\frac{\mathrm{d}T(t)}{\mathrm{d}t}\frac{1}{T(t)}=E \tag{29-10}$$

和

$$\hat{H}\Phi(\boldsymbol{r})=E\Phi(\boldsymbol{r}) \tag{29-11}$$

解式(29-10)得

$$T(t)=C\mathrm{e}^{-\frac{\mathrm{i}}{\hbar}Et} \tag{29-12}$$

式(29-12)是波函数随时间的变化关系;而式(29-11)则称为定态薛定谔方程。如果由(29-11)解出 $\Phi(\boldsymbol{r})$,则波函数的表达式为

$$\Psi(\boldsymbol{r},t)=\Phi(\boldsymbol{r})\mathrm{e}^{-\frac{\mathrm{i}}{\hbar}Et} \tag{29-13}$$

式(29-13)是哈密顿量不含时间情形时微观粒子波函数的一般表达式。根据该式可得空间某点找到粒子的概率密度为

$$\rho(\boldsymbol{r},t)=|\Phi(\boldsymbol{r})|^2 \tag{29-14}$$

四、薛定谔方程的应用

1. 一维无限深势阱中粒子的波函数

如图 29-1 所示,考虑在一维空间中运动的粒子,它的势能在一定区域内 ($x\in(0,a)$) 为零,而在此区域外势能为无限大,粒子只能在宽为 a 的两个无限高势壁间运动,这种势称为一维无限深方势阱,其间的势能函数为

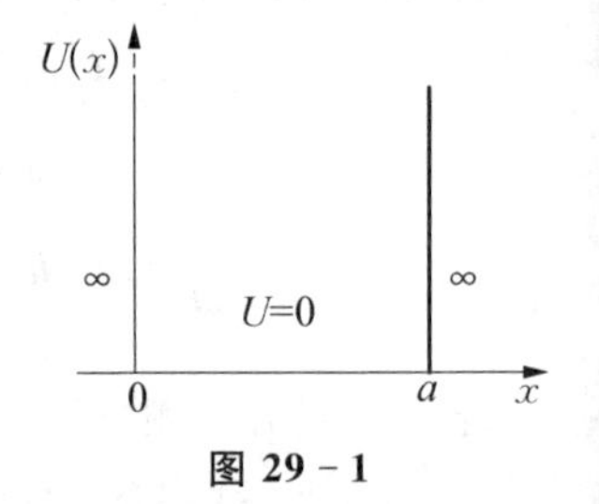

图 29-1

$$U(x)=\begin{cases}0 & (0\leqslant x\leqslant a)\\ \infty & (x<0,\ x>a)\end{cases} \tag{29-15}$$

将式(29-15)代入薛定谔方程式(29-11)对应的一维方程

$$-\frac{\hbar^2\mathrm{d}^2}{2m\mathrm{d}x^2}\Phi(x)+U\Phi(x)=E\Phi(x) \tag{29-16}$$

可得

(1) 势阱外,即 $x>a$ 或 $x<0$ 区域,有

$$-\frac{\hbar^2\mathrm{d}^2}{2m\mathrm{d}x^2}\Phi_{\mathrm{e}}(x)+\infty\Phi_{\mathrm{e}}(x)=E\Phi_{\mathrm{e}}(x) \tag{29-17}$$

解式(29-17)可得

$$\Phi_{\mathrm{e}}(x)=0 \tag{29-18}$$

(2) 在势阱内,即 $0\leqslant x\leqslant a$ 区域,定态薛定谔方程为

$$-\frac{\hbar^2\mathrm{d}^2}{2m\mathrm{d}x^2}\Phi_{\mathrm{i}}(x)=E\Phi_{\mathrm{i}}(x) \tag{29-19}$$

令 $k^2=\dfrac{2mE}{\hbar^2}$，整理式(29-19)可得

$$\frac{\mathrm{d}^2}{\mathrm{d}x^2}\Phi_{\mathrm{i}}(x)+k^2\Phi_{\mathrm{i}}(x)=0 \tag{29-20}$$

式(29-20)是典型的振动方程，其一般解为

$$\Phi_{\mathrm{i}}(x)=C\sin(kx+\delta) \tag{29-21}$$

式(29-21)中，C，δ 为待定常数。根据波函数连续、单值的条件，有

$$\Phi_{\mathrm{i}}(0)=\Phi_{\mathrm{e}}(0)=0 \tag{29-22}$$

$$\Phi_{\mathrm{i}}(a)=\Phi_{\mathrm{e}}(a)=0 \tag{29-23}$$

因此，有

$$C\sin\delta=0 \tag{29-24}$$

解得

$$\delta=0 \tag{29-25}$$

将式(29-25)代入式(29-21)得

$$\Phi(x)=C\sin kx \tag{29-26}$$

由边界条件式(29-23)可得

$$C\sin ka=0 \tag{29-27}$$

解式(29-27)可得

$$k=\frac{n\pi}{a}\quad(n=1,\ 2,\ 3,\ \cdots) \tag{29-28}$$

对应粒子的能量为

$$E=\frac{\hbar^2k^2}{2m}=\frac{\hbar^2\pi^2}{2ma^2}n^2\quad(n=1,\ 2,\ 3,\ \cdots) \tag{29-29}$$

式(29-29)说明一维无限深势阱中粒子的能量是量子化的，其基态值为 $E_1=\dfrac{\hbar^2\pi^2}{2ma^2}$，其他能级能量为基态能量的 n^2 倍，即 $E_n=n^2E_0$。

由归一化条件可确定常数 C，即由

$$\int_{-\infty}^{+\infty}|\Phi(x)|^2\mathrm{d}x=\int_0^a C^2\sin^2\frac{n\pi x}{a}\mathrm{d}x=1 \tag{29-30}$$

可解得

$$C=\sqrt{\frac{2}{a}} \tag{29-31}$$

因此,一维无限深势阱中粒子的波函数为

$$\Phi(x)=\begin{cases}\sqrt{\dfrac{2}{a}}\sin\dfrac{n\pi}{a}x & (0\leqslant x\leqslant a)\\ 0 & (x<0,\ x>a)\end{cases} \tag{29-32}$$

例 试计算一维无限深势阱中处于基态的粒子处在 $x=0$ 到 $x=a/3$ 区间的概率。

解 根据一维无限深势阱的波函数表达式(29-32)及波函数的统计意义,当粒子被限定在 $0\leqslant x\leqslant a$ 区间运动时,粒子出现在 x 处的概率密度为

$$\rho_n(x)=|\Phi_n(x)|^2=\frac{2}{a}\sin^2\frac{n\pi}{a}x\quad(0\leqslant x\leqslant a) \tag{①}$$

粒子处在 $x=0$ 到 $x=a/3$ 区间的概率为

$$P_n(x)=\int_0^{\frac{a}{3}}\frac{2}{a}\sin^2\frac{n\pi}{a}x\,\mathrm{d}x=\frac{1}{3}-\frac{1}{2n\pi}\sin\frac{2n\pi}{3} \tag{②}$$

对应基态,$n=1$,则有

$$P_1(x)=\int_0^{\frac{a}{3}}\frac{2}{a}\sin^2\frac{\pi}{a}x=\frac{1}{3}-\frac{1}{2\pi}\sin\frac{2\pi}{3}=0.195=19.5\% \tag{③}$$

所以,一维无限深势阱中处于基态的粒子处在 $x=0$ 到 $x=a/3$ 区间的概率为19.5%。

2. 抛物线势阱中的微观粒子——一维谐振子

薛定谔方程能够完全求解的第二个例子是一维谐振子的运动。这里谐振子的原型来源于晶体的晶体结构,如图29-2所示。因为晶体中的粒子(或离子)处于其他粒子的势场中,粒子只能围绕其平衡位置做小振动,这种小振动可近似为简谐振动。反过来,谐振子的运动是理解晶体的声学性质、电学性质以及光学性质的基础,因此这类研究有广泛的应用前景。

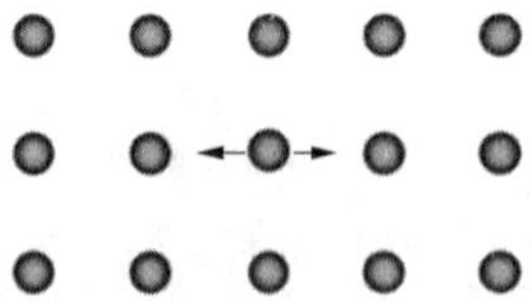

图 29-2

下面我们讨论一维运动的谐振子。对于这样的谐振子,其势能函数为

$$U(x)=\frac{1}{2}kx^2=\frac{1}{2}m\omega^2x^2 \tag{29-33}$$

式(29-33)中 $\omega=\sqrt{k/m}$ 是振子固有角频率,m 是振子的质量,k 是振子的等效劲度系数。将式(29-33)代入薛定谔方程式(29-11)对应的一维方程可得

$$\left(-\frac{\hbar^2}{2m}\frac{d^2}{dx^2}+\frac{1}{2}m\omega^2x^2\right)\Phi(x)=E\Phi(x) \tag{29-34}$$

整理式(29－34)得

$$\frac{d^2\Phi(x)}{dx^2}+\frac{2m}{\hbar^2}\left(E-\frac{1}{2}m\omega^2x^2\right)\Phi(x)=0 \tag{29-35}$$

式(29－35)表示的一维谐振的薛定谔方程是一个变系数的常微分方程,求解较为复杂,因此我们忽略求解过程,将一些主要结论总结如下:

1) 谐振子的能量

求解过程中发现,波函数在满足单值、有限、连续标准条件下的谐振子能量是量子化的,且可表示为

$$E_n=\left(n+\frac{1}{2}\right)\hbar\,\omega,\ n=0,\ 1,\ 2,\ \cdots \tag{29-36}$$

式(29－36)谐振子能量是正值且只能取离散的值,即谐振子能量是量子化,n 是相应的量子数。式(29－36)与式(29－29)比较可以发现,一维无限深方势阱中粒子能级差是随能级变化的,高能级几乎为连续能级,过渡到经典状态,但谐振子的能级间距是相等的,随能级数增加以 $\hbar\omega$ 值增加。还有一个值得注意的是,$n=0$, $E_0=\frac{1}{2}\hbar\omega\neq0$,这说明谐振子的最低能量状态的能量并不为零,而是 $\frac{1}{2}\hbar\omega$,我们把 $\frac{1}{2}\hbar\omega$ 称为谐振子的零点能。这与经典粒子运动理论完全不同,经典力学认为处于静止状态下的粒子动能为零,说明微观粒子(量子体系)不可能处于完全静止的状态。另外,现代物理学中把零点能也称为真空能。1948 年,荷兰物理学家亨德里克・卡西米尔提出了一个检验真空能存在的方案,后来被物理学家进行了测定,测量结果与理论计算结果相吻合。既然真空能真实存在,如何利用真空能将是一项具有重大战略意义的创新工程。

2) 谐振子的波函数

谐振子的定态波函数的一般表达式为

$$\Phi_n(x)=\left(\frac{\alpha}{2^n\sqrt{\pi}\,n!}\right)^{1/2}\mathrm{H}_n(\alpha x)e^{-\alpha^2x^2/2} \tag{29-37}$$

式(29－37)中为厄密特多项式。式(29－37)中的前四个波函数(分别对应 $n=0$, 1, 2, 3)为

$$\Phi_0(x)=\left(\frac{\alpha}{\sqrt{\pi}}\right)^{1/2}e^{-\alpha^2x^2/2} \tag{29-38}$$

$$\Phi_1(x)=\left(\frac{\alpha}{2\sqrt{\pi}}\right)^{1/2}2\alpha x\mathrm{e}^{-\alpha^2x^2/2} \tag{29-39}$$

$$\Phi_2(x)=\left(\frac{\alpha}{8\sqrt{\pi}}\right)^{1/2}(2-4\alpha^2x^2)\mathrm{e}^{-\alpha^2x^2/2} \tag{29-40}$$

$$\Phi_3(x)=\left(\frac{\alpha}{48\sqrt{\pi}}\right)^{1/2}(8\alpha^3x^3-12\alpha x)\mathrm{e}^{-\alpha^2x^2/2} \tag{29-41}$$

图 29 - 3 显示了谐振子的势能曲线、能级以及不同能级上概率密度与 x 的关系曲线。从图中可以看出：① 谐振子的能级是等间距的，能级每增加一级，能量就增加 $\hbar\omega$，最低能级能量为 $\frac{1}{2}\hbar\omega$。② 粒子在抛物线势阱中的概率密度分布由波函数模的平方决定。在不同能级，这个波函数函数模平方有不同的曲线形态。图中对应 $n=0$，2 的两能级，对应势能为零的中间位置，粒子出现的概率密度最大。而对应 $n=1$，3 的能级，对应势能为零的位置，粒子出现的概率密度最小，$n=1$ 能级的概率密度最大的位置出现在势能为 $\frac{1}{2}\hbar\omega$ 对应的位置。③ 在任一能级上，在势能曲线以外概率密度并不为零，这也表示了微观粒子运动的特性：微观粒子在运动中有可能进入势能大于其总能量的区域，这在经典理论看来是不可能出现的。

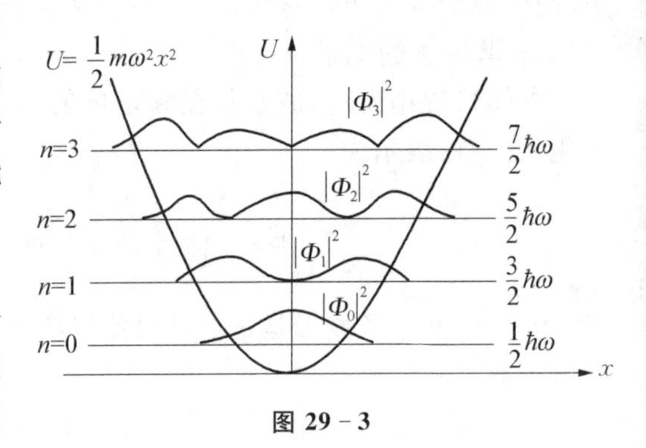

图 29 - 3

五、薛定谔方程存在的问题

薛定谔方程的主要问题就在于很多情况下，$\Psi(\boldsymbol{r},t)$ 并不容易求得。而且，当粒子处在某个波函数描述的状态时，动量、能量、角动量的取值，涉及不确定性原理——对某力学量测量，测量结果只能是对应力学量算符的本征值中的一个值。若粒子处在某叠加态下，测量会对原状态产生严重干扰，使其突变到某个本征态上，也就是所谓的波函数坍缩。这一点，薛定谔本人不认可，也无法赞同哥本哈根学派关于这种波函数的统计或概率的诠释。

另外一个疑难是对“薛定谔猫”的解释。“薛定谔猫”是由薛定谔于 1935 年提出的有关猫生死叠加的著名思想实验，是把微观领域的量子行为扩展到宏观世界的推演。人们认识量子行为的一个可行方法是观测。而微观粒子具有不同的存在形式，即粒子和波。一般地，微观物质以波的叠加混沌态存在；而人的意识一旦参与到观测行为中,它们立刻选择成为粒子。实验是这样的:在一个盒子里有一只猫,以及少量放射性物质。之后,有50%的概率放射性物质将会衰变并释放出毒气杀死这只猫,同时有50%的概率放射性物质不会衰变而猫将活下来。

根据经典物理学,在盒子里必将发生这两个结果之一,而外部观测者只有打开盒子才能知道里面的结果。在量子的世界里,当盒子处于关闭状态,整个系统则一直保持不确定性的波态,即猫生死叠加。猫到底是死是活必须在盒子打开后,外部观测者观测时,物质以粒子形式表现后才能确定。这项实验旨在论证量子力学对微观粒子世界超乎常理的认识和理解,可这使微观不确定原理变成了宏观不确定原理,客观规律不以人的意志为转移,猫既活又死违背了逻辑思维。

六、薛定谔方程的科学意义及影响

薛定谔方程是量子力学的最基本方程,甚至可以说这个方程是非相对论量子力学的核心。在求解薛定谔方程的过程中,人们发现满足这个方程合理解的条件,即某些常数必然不能任意取值,而只能等于某些离散的数值。这样使得能量量子化的条件将无须再动用复杂的矩阵,只需要求解薛定谔方程就可以得到。

由于薛定谔方程求解后得到了能量量子化的条件,验证了玻尔假设,人们也不再对量子化这个概念一头雾水了。在薛定谔的论文发表之后,迅速引起整个量子理论学术界的震撼。普朗克表示他“已阅读完毕整篇论文,就像一个被谜语困惑多时,渴望知道答案的孩童,现在终于听到了解答”。爱因斯坦认为薛定谔已经作出了决定性的贡献。由于薛定谔所创建的波动力学涉及众所熟悉的波动概念与数学,量子学者都开始很乐意地学习与应用波动力学。波动量子力学的大门就这样打开了!

七、练习与思考

29-1 薛定谔方程怎样保证波函数服从叠加原理?

29-2 原子核内的质子和中子可粗略地当成是处于无限深势阱中而不能逸出的,它们在原子核中的运动也可以认为是自由的。按一维无限深方势阱估算,质子从激发态($n=2$)到基态转变时,放出的能量是多少MeV(原子核的线度按1.0×10^{-14} m计)?

29-3 一个微观粒子在一维无限深势阱中运动,波函数如式(29-32)表示,求x和x^2的平均值。

29-4 设$t=0$时,粒子的状态为$\Phi(x)=A\left[\sin^2 kx+\frac{1}{2}\cos kx\right]$,求此时粒子的平均动能。

29-5 如果ψ_1和ψ_2是薛定谔方程的两个解,则$A\psi_1+B\psi_2$也是薛定谔方程的解,其中A、B是两个待定的常数,这称为薛定谔方程的叠加原理,试证明之。

第三十章　一维散射——隧道效应

散射指的是一个自由粒子与另一个粒子(或粒子系)通过势场瞬间发生相互作用,然后分开或一起运动的现象。因此,散射是现代物理研究原子内部结构、原子内相互作用力的一种重要的实验方法。而对散射问题本身的研究是量子力学的一个重要课题。研究发现对于微观粒子只要势垒宽度有限,初动能小于势垒高度的微观粒子会以一定的概率穿过势垒,这种现象称为量子隧道效应。

一、一维散射问题提出的背景

在宏观经典力学中通常会碰到粒子之间的碰撞问题。所谓碰撞是指两运动物体瞬间接触然后分开或一起运动的现象。在微观量子力学中,类似于经典碰撞问题的是粒子的散射问题。所谓散射指的是一个自由粒子与另一个粒子(或粒子系)的势场的相互作用问题。散射与碰撞不同的是,散射过程中的两粒子一般不直接接触,而是通过势场相互作用。例如,卢瑟福利用 α 粒子散射实验发现了原子的核结构模型。因此,对散射问题本身的研究也是非常重要的。一般地,如果势场是排斥势,则称该势场为势垒。按照经典力学,如果粒子进入势场前的动能小于势垒的最大高度时,粒子会被势垒反射回去。只有当粒子的动能大于势垒的最大高度才会穿透势垒。但进入微观粒子领域,按照量子力学,粒子是波,一个粒子的状态由波函数表示,波函数的任意线性叠加仍然代表该粒子的一种可能状态,波函数的模平方表示粒子在空间某点出现的概率密度。不管粒子的初始动能多大,只要势垒宽度有限,粒子都会以一定的概率穿过势垒。这种能量小于势垒高度的粒子穿过势垒,以一定概率出现在势垒另一侧的现象称为隧道效应。所以,一维散射问题的解决必须基于量子力学理论。

二、一维散射问题的数学描述和物理解析

1. 矩形台阶势垒的散射

金属表面对于电子来说就像一堵墙壁,量子力学中把这堵"墙壁"称为势垒。如果这个势垒不是无穷大,我们可将其简化为一个矩形台阶,且将势垒对应的势能函数表示为

$$\mathrm{I}: U(x)=0 \quad (x<0)$$

$$\text{Ⅱ}: U(x)=U_0 \quad (x \geqslant 0) \tag{30-1}$$

如图 30-1 所示。

现在考虑一个能量为 E 的自由粒子，从远处入射到该势场中。按照经典力学，对于宏观粒子，当 $E>U_0$ 时，粒子可以进入 $x>0$ 区；当 $E \leqslant U_0$ 时，粒子不可能进入 $x>0$ 区，在垒壁处粒子被反弹回 $x<0$ 区。但对于微观粒子，对于能量小于 U_0 的情形，我们需要利用薛定谔方程来确定粒子的波函数和位置分布。

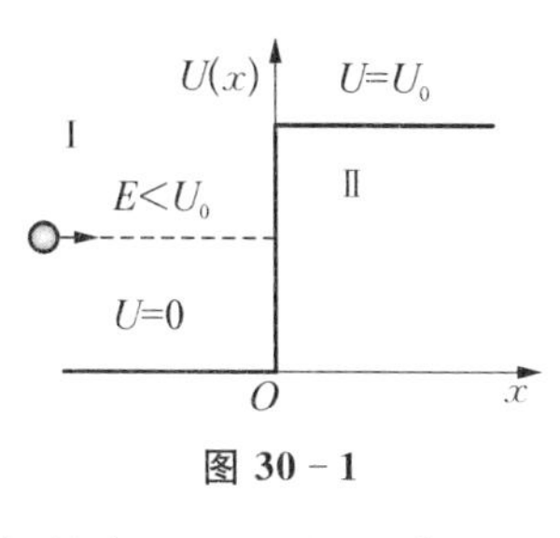

图 30-1

在 $x<0$ 区域，将式(30-1)中第一个方程代入薛定谔方程式(29-20)，可得

$$\frac{d^2\Phi}{dx^2}+k_1^2\Phi=0 \tag{30-2}$$

式(30-2)中 $k_1^2=\frac{2mE}{\hbar^2}$。在 $x>0$ 区域，薛定谔方程为

$$\frac{d^2\Phi}{dx^2}-k_2^2\Phi=0 \tag{30-3}$$

式(30-3)中 $k_2^2=\frac{2m(U_0-E)}{\hbar^2}$。式(30-2)和式(30-3)的一般解分别为

$$\Phi_{\text{I}}(x)=Ae^{+ik_1x}+Be^{-ik_1x} \tag{30-4}$$

和

$$\Phi_{\text{II}}(x)=Ce^{-k_2x}+De^{+k_2x} \tag{30-5}$$

由波函数 Φ_{II} 的有限性可得系数 $D=0$，式(30-5)变为

$$\Phi_{\text{II}}(x)=Ce^{-k_2x} \tag{30-6}$$

将式(30-4)乘上时间因子 $e^{-\frac{i}{\hbar}Et}$，得

$$\Phi_{\text{I}}(x)=Ae^{-i\left(\frac{Et}{\hbar}-k_1x\right)}+Be^{-i\left(\frac{Et}{\hbar}+k_1x\right)} \tag{30-7}$$

如图 30-2 所示，式(30-7)中波函数各部分的含义分别是：$Ae^{-i\left(\frac{Et}{\hbar}-k_1x\right)}$ 为向 x 正方向传播的入射波；$Be^{-i\left(\frac{Et}{\hbar}+k_1x\right)}$ 为向 x 反方向传播的反射波。同理，可以把 Ce^{-k_2x} 称为透入势垒中的衰减波。也就是说，一个总能量为 E 的粒子可以透入 $U_0>E$ 的势垒中，这是经典理论无法解释的。

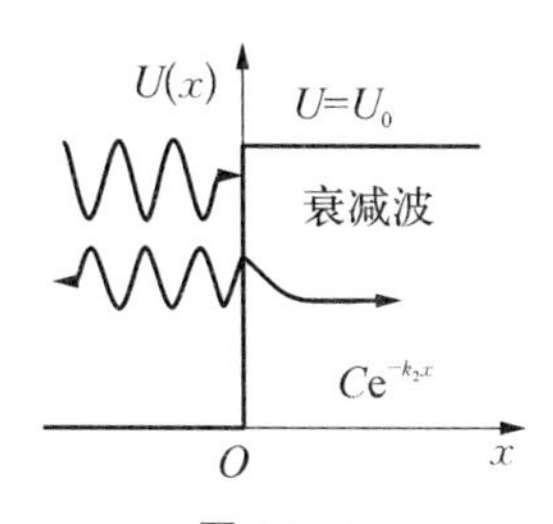

图 30-2

2. 隧道效应(势垒贯穿)

如图 30-3 所示，如果自由粒子遇到的是有限高和有限

宽的势垒,则势函数可写为

$$
\begin{aligned}
&\text{Ⅰ}: U(x)=0 \quad (x<0) \\
&\text{Ⅱ}: U(x)=U_0 \quad (0 \leqslant x \leqslant a) \\
&\text{Ⅲ}: U(x)=0 \quad (x>a)
\end{aligned}
\tag{30-8}
$$

因此,研究粒子的行为需要求解三个区域的薛定谔方程。在势垒的左侧区域Ⅰ区,波函数为式(30-4),其中第一项表示入射波,第二项表示反射波。在势垒区域Ⅱ,粒子的波函数与式(30-5)表达的一样,但 $D \neq 0$,因为势垒宽度有限。在Ⅲ区域,波函数为

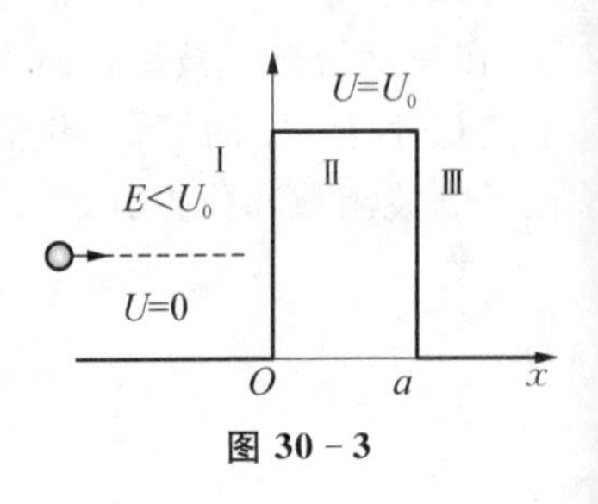

图 30-3

$$
\Phi_{\text{Ⅲ}}(x)=F\mathrm{e}^{\mathrm{i}k_1 x} \tag{30-9}
$$

式(30-9)为透射过势垒向右传播的波。图 30-4 给出了三个区域的波函数。若定义反射系数 R 为反射波强度与入射波强度之比,则 $R=\left|\frac{B}{A}\right|^2$;定义透射系数 T 为透射波强度与入射波强度之比,即 $T=\left|\frac{F}{A}\right|^2$。系数 B, C, D, F 与系数 A 的关系由波函数所满足的边界条件确定,即由

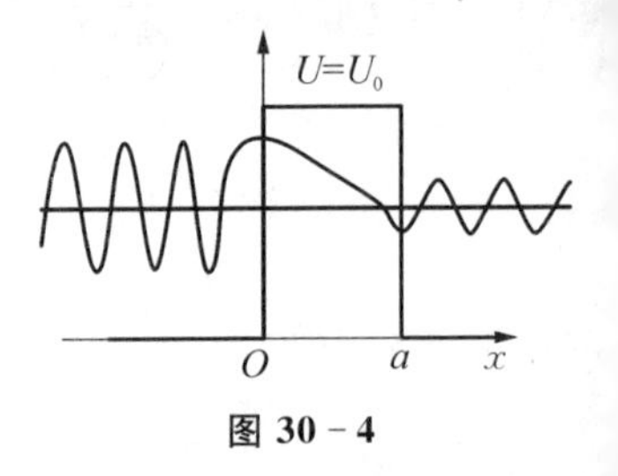

图 30-4

$$
\begin{cases}
\Phi_{\text{Ⅰ}}(0)=\Phi_{\text{Ⅱ}}(0) \\
\Phi_{\text{Ⅱ}}(a)=\Phi_{\text{Ⅲ}}(a) \\
\left.\dfrac{\mathrm{d}\Phi_{\text{Ⅰ}}(x)}{\mathrm{d}x}\right|_{x=0}=\left.\dfrac{\mathrm{d}\Phi_{\text{Ⅱ}}(x)}{\mathrm{d}x}\right|_{x=0} \\
\left.\dfrac{\mathrm{d}\Phi_{\text{Ⅱ}}(x)}{\mathrm{d}x}\right|_{x=a}=\left.\dfrac{\mathrm{d}\Phi_{\text{Ⅲ}}(x)}{\mathrm{d}x}\right|_{x=a}
\end{cases}
\tag{30-10}
$$

式(30-10)表示的方程组与式(30-4)、式(30-5)和式(30-9)一起,得到反射系数 R 和透射系数 T 的表达式分别为

$$
R=\frac{(k_1^2+k_2^2)^2(\mathrm{e}^{-k_2 a}-\mathrm{e}^{k_2 a})^2}{(k_1^2+k_2^2)^2(\mathrm{e}^{-k_2 a}-\mathrm{e}^{k_2 a})^2+16k_1^2k_2^2} \tag{30-11}
$$

和

$$
T=\frac{16k_1^2k_2^2}{(k_1^2+k_2^2)^2(\mathrm{e}^{-k_2 a}-\mathrm{e}^{k_2 a})^2+16k_1^2k_2^2} \tag{30-12}
$$

式(30－11)和式(30－12)表明，粒子入射到势垒上时，有一定的概率被反射，同时亦有一定的概率穿过势垒，称这种微观粒子能够穿过按经典力学规律不可能穿过势垒区的现象为量子隧道效应或势垒贯穿效应。当粒子总能量比势垒高度小很多($E \ll U_0$)，同时势垒宽度也不太小时，有 $k_2 a \gg 1$。这种情形下，式(30－12)可简化为

$$T = T_0 e^{-\frac{2a}{\hbar}\sqrt{2m(U_0-E)}} \tag{30-13}$$

式(30－13)中，$T_0 = \dfrac{16k_1^2k_2^2}{(k_1^2+k_2^2)^2}$ 为常数。从式(30－13)可以看出，透射系数与势垒宽度 a、粒子质量 m 和能量差相关。粒子的质量越小、势垒越窄、粒子的能量与势垒高度相差越小，则穿透率 T 越大。

三、一维散射问题的意义与影响

一维散射问题让我们对物理现象有了一种新的认识。它让我们了解到同样一个物理作用在宏观世界所产生的物理现象与在微观世界产生的物理现象可能是截然不同的。在宏观世界中的碰撞，根据经典力学，能量较小的粒子无法穿透垒壁，但是在微观世界下这样的粒子却可以透入这个势垒中。这种美妙又奇特的物理现象让研究者产生浓厚的兴趣。其次，一维散射问题中的隧道效应(势垒贯穿)成功地解决了原子核 α 衰变的问题，并且实现了金属电子的场致发射。它大大地推进了自然科学的发展，把一大批科学家引入全新的研究领域。再次，在对人类生活的影响方面，现代电子技术中的半导体隧道二极管、约瑟夫超导元件等都是利用隧道效应设计的，而扫描隧道显微镜(STM)是应用隧道效应的一个杰出代表，它使显微镜能分辨相距0.1 nm的两质点，其分辨率比光学显微镜高1 000多倍。利用STM不但可以观察原子，还可以操控原子，这对近代物理发展的推动作用是不言而喻的，也使人类生活变得越来越方便和现代化。

四、应用举例

STM是量子隧道效应应用的典型范例。它是观测晶体结构的超高倍显微镜。利用STM时，用探针扫描样品表面，样品表面和针尖之间的间隙形成了电子的势垒，间隙越小势垒越窄，穿透率 T 越大，隧道电流 I 就越大。通过测量隧道电流，就可以推出样品表面和探针距离，最后绘出样品表面形貌图。由于STM利用了电子的波动性，而电子的波长又很短，故STM的分辨率比光学显微镜高很多。利用STM不但可以观察晶体表面的原子，还可以操控原子。图30－5是STM拍摄的镍晶体和铂晶体表面的原子结构。

图 30 - 5

五、练习与思考

30 - 1 为什么碰撞(散射)在经典力学与量子力学中会产生截然不同的现象?量子隧道现象产生的原因是什么?

30 - 2 根据透射系数表达式(30 - 13)分别计算电子和质子在 $E=1\ \text{eV}$, $U_0=2\ \text{eV}$, $a=2\times10^{-10}\ \text{m}$ 情形下的透射率。如果其他条件不变,仅势垒宽度 a 变为 $5\times10^{-10}\ \text{m}$,电子和质子的透射率各变为多少?

30 - 3 一个粒子被禁闭在长度为 a 的一维箱中运动,其定态为驻波。试根据德布罗意关系式和驻波条件证明:该粒子定态的动能是量子化的,并推导出量子化能级表达式和最小动能表达式。

第三十一章　氢原子的量子理论

薛定谔建立了氢原子中电子的薛定谔方程并严格求解了这个方程。在求解这个方程的过程中，薛定谔获得了与玻尔理论一样的氢原子能级量子化表达式，合理修改了玻尔的轨道角动量量子化表达式，预言了新的轨道角动量取向量子化表达式。薛定谔方程解得的波函数完美地诠释了氢原子中电子轨道和电子云的概念。

一、氢原子研究背景

氢原子是元素周期表上的第一个原子，由于它的原子内只有一个质子和一个电子，所以是结构最简单的原子。而物理学研究总是从最简单的问题着手，因此氢原子的电子运动问题无疑是量子论第一个想要解决的问题。早在 1913 年，玻尔创立的原子理论就突破了经典理论的框架，对氢原子光谱和原子稳定性做出了成功的解释。但是，玻尔理论存在“临时性、凑合性”的缺点，它不能从根本上抛弃经典理论。例如，玻尔理论中，仍然需要将电子看成是经典物理学中所描述的那样——具有完全确定的轨道行动。所以玻尔理论是经典理论与量子理论的混合体，人们常把 1900—1923 年中发展起来的量子理论称为旧量子论。这一时期普朗克的能量子假说，爱因斯坦的光量子说直至玻尔的原子结构模型，都表明物理学已经开始冲破了经典理论的束缚，实现了理论上的飞跃，它们的共同特征是以不连续或量子化概念取代了经典物理学中能量连续的观点。

1923 年，德布罗意提出了物质波的假设，标志着新的量子论开始萌芽。薛定谔在仔细阅读了德布罗意的论文后，发现了德布罗意论文的创新之处和不足点。薛定谔在给爱因斯坦的信中写道：“按我个人的观点，德布罗意在数学技巧上的处理和我过去的工作差不多，只是稍微正规些，却并不那么优美，更没有做出普遍的说明；但德布罗意能从一个巨大理论的框架上全面地思考问题，这一点确实比我高明，那是我过去所不知道的。”1926 年 1 月，薛定谔完成了它的系列量子论论文的第一篇。在这篇论文中，薛定谔从哈密顿-雅可比方程出发，引入波函数，利用变分原理，建立氢原子的定态方程。薛定谔得到的不含时间的氢原子波动方程为 $\nabla^2\Phi+\frac{8\pi^2 m}{\hbar^2}\left(E+\frac{e^2}{r}\right)\Phi=0$，并且，薛定谔在这篇文章中给出了该方程的解，得出了氢原子能级公式，发现量子化是这个方程解的必然结果，从而取代了玻尔-索末菲人为规定的量子化条件。薛定谔在这篇论文中写道:“这个不偏不倚的数学形式能把本质的东西清晰地揭露出来;在我看来,本质的东西似乎在于量子法则中不再出现神秘莫测的‘整数型要求’,而是把这个要求向前更推进一步,它的根源在于某个空间函数的有限性和单值性。”更准确地说,整数性是这一方法的必然结果。

二、氢原子的量子理论描述和物理解析

氢原子中电子在原子核产生的势场中运动,其势能函数为

$$U(r) = -\frac{e^2}{4\pi\varepsilon_0 r} \tag{31-1}$$

将式(30-1)代入薛定谔方程式(29-11)可得描写氢原子中电子运动状态函数的定态薛定谔方程

$$\left(-\frac{\hbar^2}{2m}\nabla^2 - \frac{e^2}{4\pi\varepsilon_0 r}\right)\psi(r,\theta,\phi) = E\psi(r,\theta,\phi) \tag{31-2}$$

在球坐标中,式(31-2)中的∇^2为

$$\nabla^2 = \frac{1}{r^2}\frac{\partial}{\partial r}\left(r^2\frac{\partial}{\partial r}\right) + \frac{1}{r^2\sin\theta}\frac{\partial}{\partial\theta}\left(\sin\theta\frac{\partial}{\partial\theta}\right) + \frac{1}{r^2\sin^2\theta}\frac{\partial^2}{\partial\varphi^2} \tag{31-3}$$

从式(31-3)可以看出,方程(31-2)中的哈密顿量可分解为三个方向之和,则对应的波函数可以分解为三个方向波函数的乘积,我们可把波函数表示为

$$\psi(r,\theta,\varphi) = R(r)\Theta(\theta)\Phi(\varphi) = R(r)Y(\theta,\varphi) \tag{31-4}$$

式(31-4)中,$R(r)$ 称为径向波函数。由于两个角向对应的物理量——轨道角动量 $\boldsymbol{L}$ 和轨道角动量在 z 方向的分量 L_z 具有共同的本征值,所以常将 $\Theta(\theta)\Phi(\varphi)$ 写成角向波函数 $Y(\theta,\varphi)$,$Y(\theta,\varphi)$ 也称为勒让德多项式。

将式(31-3)和式(31-4)代入式(31-2),分离变量可得三个方程,分别求解这三个方程可得如下结论。

1) 能量量子化和主量子数 n

氢原子中电子的能量(也就是整个氢原子在其质心坐标系中的能量) E_n 由径向波函数的单值性、有限性决定,得

$$E_n = -\frac{me^4}{2\hbar^2(4\pi\varepsilon_0)^2}\frac{1}{n^2} = \frac{1}{n^2}E_1 \quad (n=1,2,3,\cdots) \tag{31-5}$$

式(31-5)中

$$E_1=-\frac{me^4}{8h^2\varepsilon_0^2}=-13.6\ \text{eV} \tag{31-6}$$

为氢原子基态能量。式(31-5)与玻尔理论结果一致，说明能量量子化是波函数单值性、有限性的必然结果，解决了玻尔理论的根基问题。进一步利用氢原子径向基态波函数模的平方，可以得到电子最大概率出现的位置为

$$a_0=\frac{4\pi\varepsilon_0\hbar^2}{m_e e^2}=0.052\ 9\ \text{nm} \tag{31-7}$$

a_0 值与玻尔理论计算得到的氢原子基态能级对应的电子轨道半径一致，因此 a_0 也称为玻尔半径。

2）角动量量子化和角量子数 l

在求解角向波函数 $Y(\theta,\varphi)$ 满足的方程时，考虑到波函数的连续、有限和单值条件，可得电子绕核运动时的角动量为

$$L^2=l(l+1)\hbar^2\quad(l=0,\ 1,\ 2,\ \cdots,\ n-1) \tag{31-8}$$

从式(31-8)可以看出，氢原子中电子的角动量是量子化的，但与玻尔理论不同，不是某个量子数的整数倍。另外，角动量量子数也不是可无限取值的整数，它受到主量子数 n 的约束，最大值为 $n-1$。

3）角动量取向量子化和磁量子数 m_l

将 $Y(\theta,\varphi)$ 进一步分离可得 φ 角代表的方向波函数方程。求解该方程可得电子角动量在 z 方向(可以是外加磁场方向)的分量也是量子化的，其值为

$$L_z=m_l\hbar\quad(m_l=-l,\ -l+1,\ \cdots,\ l-1,\ l) \tag{31-9}$$

式(31-9)是薛定谔方程代表的新量子理论的新发现，说明角动量的取向也是量子化的，但取值受到角动量量子数的约束。图 31-1 是一个角动量量子数为 2 的电子运动轨道及取向量子化的示意图。

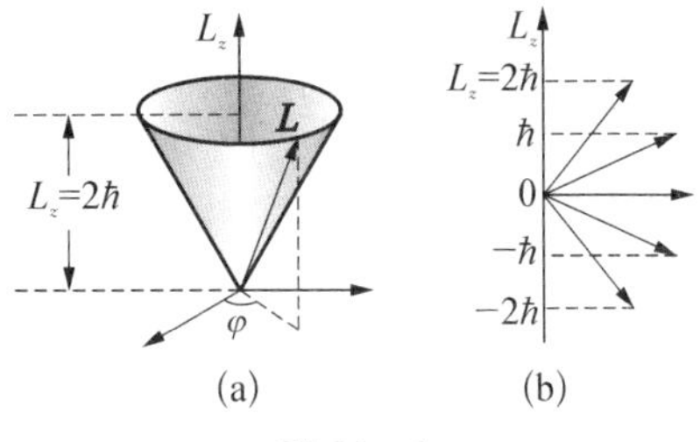

图 31-1

三、氢原子中电子角动量取向量子化的证明——塞曼效应

1896 年，塞曼按照他的老师洛伦兹的建议研究磁场对光源的影响。在实验过程中，塞曼发现磁场中发射光谱的每一条谱线都会发生分裂。后来人们把这种现象称为塞曼效应。洛伦兹根据他的经典电子论给了塞曼效应一个解释。他认为原子内电子振荡产生光，而磁场影响了电子振荡，从而影响发光的频率，造成谱线分裂。然而，后来塞曼进一步实验发现，光谱在磁场中的分裂不是简单的无序分裂，而是可以产生三条或者三条以上的分裂。如置于弱磁场内的钠的火焰中的两条钠黄

线,其中一条分裂为4条,另一条分裂为6条。这些现象难以用经典电子论给出合理的解释。海森堡在建立矩阵力学之前,曾从理论方面研究过塞曼效应。他的主要观点是将原子中的电子和原子实都采取半整数量子数,但他未能给塞曼效应一个完美的解释。

完整解释塞曼效应需要用到量子力学,电子的轨道磁矩空间取向是量子化的,不同取向磁场作用下的附加能量不同,引起能级分裂。下面我们以氢原子光谱的塞曼效应为例来说明量子力学对它的解释。

氢原子从第一激发态 ($l=1$) 跃迁到基态 ($l=0$) 时,发射光谱只有一条谱线,但如果在氢原子区域加上强磁场,塞曼发现该条谱线分裂为三条,如图 31-2(a)和(c)所示。

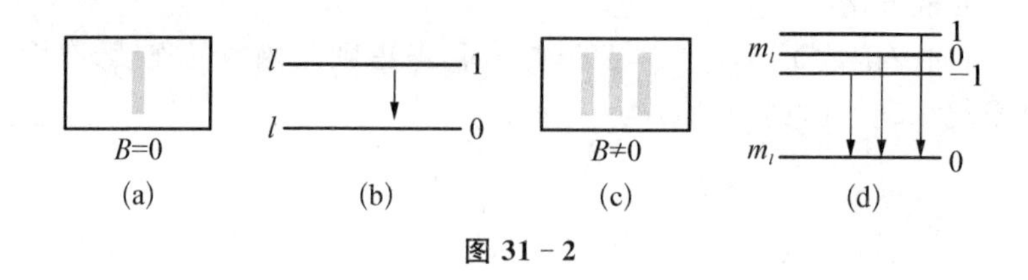

图 31-2

量子力学对塞曼效应的解释如下。

当没有外加磁场时,氢原子从第一激发态 ($n=2$, $l=1$) 跃迁到基态 ($n=1$, $l=0$) 发出一条光谱线,如图31-2(b)所示,其频率为

$$\nu=\frac{E_2-E_1}{h} \tag{31-10}$$

当外加磁场不等于零时,以磁场方向为 z 方向,质量为 m_e 的电子绕原子核运动的轨道磁矩为

$$\boldsymbol{\mu}_l=-\frac{e}{2m_e}\boldsymbol{L} \tag{31-11}$$

因此,电子在磁场中的附加能量为

$$\Delta E=-\boldsymbol{\mu}_l\cdot\boldsymbol{B}=\frac{e}{2m_e}\boldsymbol{L}\cdot\boldsymbol{B}=\frac{eB}{2m_e}L_z=m_l\frac{eB}{2m_e}\hbar \tag{31-12}$$

对应 $l=1$, m_l 有三个值:-1, 0, 1,代入式(31-12)得到三个附加能量,如图 31-2(d)所示。电子从这三个能级向基态能级跃迁的过程中发出三条谱线,如图 31-2(c)所示。

这样,用角动量取向量子化的理论完美地解释了氢原子光谱在磁场中分裂的现象——氢原子的塞曼效应。反过来,塞曼效应的实验也证明了角动量取向量子化理论的正确性。

四、氢原子量子理论的意义

玻尔的旧量子理论突破了经典理论的框架，是量子理论发展中一个重要里程碑，它对氢原子光谱和原子稳定性给出了合理的解释。玻尔理论虽然漂亮也获得极大的成功，但是它只是提供了一种临时的、凑合的理论，对量子化的原因没有任何解释。

以薛定谔方程为代表的新量子理论加以波函数单值、有限、连续的条件成功地解出了氢原子的能级、轨道角动量量子化的表达式，而且还预言了轨道角动量取向量子化的新观念，完美地解释了正常塞曼效应。不得不说，量子理论对氢原子的完美解释是量子理论第一个成功的典范，而薛定谔方程标志着继德布罗意提出物质波概念，打开微观粒子量子理论大门后，量子理论又前进了一大步。后来的科学家们利用薛定谔方程陆续求解了类氢原子、离子（如锂原子、钠原子、氦离子）的能级结构和波函数，所以对氢原子问题的完美解决为人类认识微观系统的结构和能量提供了重要的可借鉴的方法，使量子理论成为继牛顿经典物理理论后人们普遍接受的研究微观世界的理论指导，成为人类深入认识世界的又一伟大创举。

五、练习与思考

31－1　对应氢原子中电子轨道运动，计算 $n=3$ 时氢原子可能具有的轨道角动量。

31－2　氢原子中电子处在 $l=4$ 的轨道，试计算相应的角动量值 L 及其在磁场方向投影 L_z 的各种可能值，描绘其物理图像。

31－3　假设氢原子中电子的波函数 $\Phi(r,\theta,\varphi)=R(r)Y(\theta,\varphi)$ 是归一化波函数，电子在方向(θ,φ)上的立体角 $\mathrm{d}\Omega$ 内出现的概率如何表示？在半径为 r，厚度为 $\mathrm{d}r$ 的球壳内粒子出现的概率如何表示？

31－4　已知氢原子的基态波函数为 $\psi_{1,0,0}=\dfrac{1}{\sqrt{\pi}a_0^{3/2}}\mathrm{e}^{-r/a_0}$，其中 a_0 为玻尔半径，求电子处于半径为玻尔半径的球面内的概率。

31－5　钾原子的价电子的能级可能由哪些量子数决定？为什么？

第三十二章　电子自旋和泡利不相容原理

电子的自旋与电子的质量、电荷一样是电子的一种“内禀的”特性。由于这种性质具有角动量的一切特征，遵守角动量守恒定律，所以人们将它称为自旋角动量。电子自旋理论建立以后，描述一个电子的运动状态需要四个量子数，即 n，l，m_l，m_s。泡利发现有一类微观粒子，这四个量子数完全确定的状态上只能容纳一个粒子，人们把微观粒子遵守的这个规律称为泡利不相容原理，而这类粒子称为费米子，例如电子、质子和中子。相反，不遵守泡利不相容原理的微观粒子称为玻色子，例如光子、介子。泡利不相容原理是微观粒子的基本规律之一。

一、电子自旋和泡利不相容原理建立的背景

1）塞曼效应

荷兰物理学家塞曼于 1896 年第一次观测到光源在磁场作用下，一些原子的谱线会分裂为三条，且分裂谱线的间隔是相等的，并与磁场强度大小成正比，人们把这种现象称为正常塞曼效应。薛定谔方程预言的轨道角动量取向量子化理论给正常塞曼效应以完美的解释。但是，塞曼在后来的试验中又发现了反常塞曼效应。所谓反常塞曼效应是指有些原子的谱线在磁场中发生分裂的情况与正常塞曼效应不同，它们一般都不分裂为三条，而是多条且间隔不等。在反常塞曼效应发现后近三十年，经许多人尝试都没有得到合理的解释。

2）斯特恩-盖拉赫实验

奥托・斯特恩与瓦尔特・盖拉赫在 1921 年对原子在外磁场中取向量子化进行了首次直接观察，史称斯特恩-盖拉赫实验。实验中斯特恩与盖拉赫将处于基态的银原子射线源加热后使其发射的原子束通过非均匀磁场，最后记录到照相底片上。理论计算表明，基态（$l=0$）原子内电子的角向运动不受磁场力的作用，显然基态银原子在非均匀磁场中分为两束的结果不是电子运动的角动量取向量子化造成的。

3）碱金属光谱精细结构

若用分辨率够高的摄谱仪对碱金属原子光谱进行观察，会发现每条谱线不是简单的单线结构，而是由双线（主线系与第二辅线系）或三线（第二辅线系与基线系）组成的。例如，钠原子光谱中最亮的黄线，即其主线系中的第一条谱线，俗称 D 线，其波

长为$\lambda_D=589.3$ nm，是由钠原子的3p向3s能级跃迁产生的，该谱线实际上是由波长分别为$\lambda_{D1}=589.0$ nm与$\lambda_{D2}=589.6$ nm的两条线组成的。

20世纪20年代，玻尔代表的旧量子论对以上反常塞曼效应、X射线和碱金属双重谱线等复杂光谱现象的解释无能为力。艾尔弗雷德·兰德(Alfred Lande)为解释反常塞曼效应，提出了弱磁场中原子能级分裂的公式和兰德因子的概念。1923年，兰德又提出了$\boldsymbol{R}$，$\boldsymbol{L}$，$\boldsymbol{J}$矢量模型，其中$\boldsymbol{R}$，$\boldsymbol{L}$，$\boldsymbol{J}$分别表示原子实的角动量、总轨道角动量和它们所合成的总角动量。在这一模型中，反常塞曼效应的谱项拥有一附加磁场能量，原子则拥有一个附加角动量。兰德、海森伯等人认为，这一附加角动量应归之于原子实。从1922年初，泡利开始研究反常塞曼效应，但一直没有得到满意结果。1922年的秋季，泡利接受玻尔的邀请到哥本哈根大学的玻尔研究所做研究工作。在那里，泡利试图解释在原子光谱学领域的反常塞曼效应，即处于弱外磁场的碱金属展示出双重线光谱，而不是正常的三重光谱线的现象。泡利无法找到满意的解答，他只能将研究分析推广至强外磁场状况。由于强外磁场能够退除自旋与原子轨道之间的耦合，将问题简单化，这种推广对于日后发现不相容原理很有助益。1924年底，泡利发现了原子的角动量只能来源于外层电子，否则塞曼效应分叉的宽度就将依赖于原子序数，而这与事实不符。泡利还提出了用四个量子数描述外层电子状态的思想，并致力于对四个量子数与壳层电子排列关系问题的研究。他还发现，其中一个磁量子数只能取$+1/2$和$-1/2$两个值。他不知道该量子数的来源，于是将其归于“电子的量子理论特性中的一种特殊的、经典理论无法描述的二值性”。泡利坚信它根本无法在经典理论中得到解释。1925年3月泡利正式提出了不相容原理。之后不久，乌伦贝克与古兹米特提出了电子存在自旋的假设，完美地解释了一系列以前量子论所无法解释的问题，并得到了玻尔、爱因斯坦等人的支持，但泡利、斯特恩、海森堡等人却坚决反对。因为当时基于电子自旋对碱金属原子双线光谱问题所做的计算，理论结果刚好是观测值的两倍。后来托马斯用相对论完美解决了这个问题，泡利等人也不再反对，电子自旋理论和泡利不相容原理从此开始广泛被人们接受。

二、电子自旋与泡利不相容原理的数学描述及物理解析

1. 电子的自旋及自旋磁矩

为了能解释反常塞曼效应，乌伦贝克与古兹米特假设：电子不是点电荷，它除了轨道角动量外，还有固定的自旋角动量$\boldsymbol{S}$。这一事实与行星模型有点类似：在行星模型中，地球绕太阳运动不仅具有轨道角动量，而且由于它还围绕自身的对称轴自转而具有自旋角动量。但也不完全相同，量子力学指出不能用轨道的概念描述电子的运动，我们也不能把经典的地球自转图像套在电子的自旋上。

电子的自旋是量子化的，对应的量子数用s表示。和轨道角动量不同，电子自旋角动量量子数只能取1/2这一个值，因此，电子自旋角动量$\boldsymbol{S}$的大小为

$$S=\sqrt{s(s+1)}\ \hbar=\sqrt{\frac{3}{4}}\hbar \tag{32-1}$$

电子自旋在空间某一方向的投影为

$$S_z=m_s\hbar \tag{32-2}$$

式(32-2)中,m_s 称为电子自旋磁量子数,它只能取 1/2 和 −1/2 两个值,即

$$m_s=-\frac{1}{2},\ \frac{1}{2} \tag{32-3}$$

如图 32-1 所示。

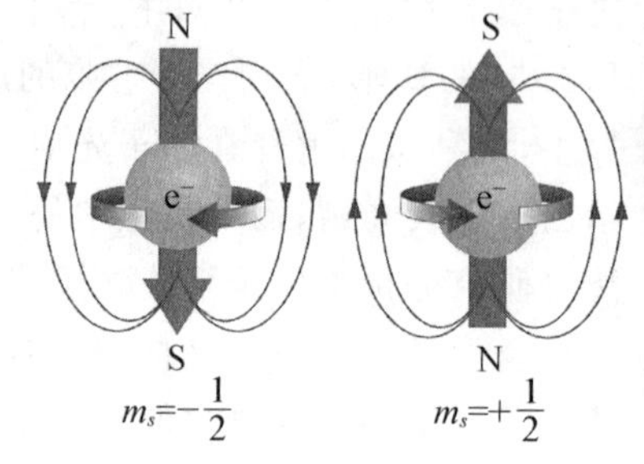

图 32-1

这样,电子绕原子核运动时,既有轨道角动量,又有自旋角动量,电子的状态由总角动量 $\boldsymbol{J}$ 决定,即

$$\boldsymbol{J}=\boldsymbol{L}+\boldsymbol{S} \tag{32-4}$$

在轨道角动量量子数 $l=0$ 时,总角动量量子数就为自旋量子数,即 $j=s=1/2$;在 $l\neq 0$ 时,$j=l+s=l+1/2$,或者 $j=l-s=l-1/2$。

对应电子的自旋,电子具有内禀的自旋磁矩 $\boldsymbol{\mu}_s$。量子理论指出电子的自旋磁矩与自旋角动量 $\boldsymbol{S}$ 有以下关系:

$$\boldsymbol{\mu}_s=-\frac{e}{m_e}\boldsymbol{S} \tag{32-5}$$

式(32-5)中 e 是电子电量,m_e 是电子质量。自旋磁矩在 z 方向的投影为

$$\mu_{s,z}=\frac{e}{m_e}S_z=\frac{e}{m_e}m_s\hbar \tag{32-6}$$

由于 m_s 只能取 1/2 和 −1/2 两个值,所以 $\mu_{s,z}$ 也只能取两个值,为

$$\mu_{s,z}=\frac{e}{m_e}S_z=\pm\frac{1}{2}\frac{e}{m_e}\hbar \tag{32-7}$$

式(32-7)表示的磁矩值称为玻尔磁子 μ_B,即

$$\mu_B=\frac{1}{2}\frac{e}{m_e}\hbar=9.27\times10^{-24}\ \text{J/T} \tag{32-8}$$

电子自旋角动量在 z 方向的投影可写为

$$\mu_{s,z}=\pm\mu_B \tag{32-9}$$

磁矩 $\boldsymbol{\mu}_s$ 在磁场中的能量可表示为

$$E_s = -\boldsymbol{\mu}_s \cdot \boldsymbol{B} = -\mu_{s,z}B = \mp \mu_B B \tag{32-10}$$

2. 泡利不相容原理

1925 年,泡利在分析了大量原子能级数据的基础上,为解释元素的周期性提出如下规律:在一个原子中不能有两个或者两个以上的电子处在完全相同的量子态。或者说,一个原子中任何两个电子都不可能具有一组完全相同的量子数(n, l, m_l, m_s),这个规律称为泡利不相容原理。例如,对于氦原子,如果原子中的电子处于基态,也就是它的核外两个电子都处在 $n=0$, $l=0$, $m_l=0$ 的 1 s 态,则这两个电子的 m_s 必不同。如果一个为 1/2,另一个一定为$-1/2$。这样,根据泡利不相容原理,各原子壳层上最多可容纳的电子数为

$$Z_n = \sum_{l=0}^{n-1} 2(2l+1) = 2n^2 \tag{32-11}$$

实验发现,泡利不相容原理不仅适用于电子,也适用于质子、中子等自旋量子数为 1/2 的微观粒子,但对自旋量子数为 0 或 1 的微观粒子不适用。因此,微观粒子按它们的自旋量子数分为费米子和玻色子。也就是说,自旋量子数取半整数($s=1/2$, 3/2, …)的粒子称为费米子;自旋量子数取整数($s=0$, 1, 2, …)的粒子称为玻色子。费米子遵从泡利不相容原理,玻色子则不遵从泡利不相容原理。

三、电子自旋理论的应用——解释斯特恩-盖拉赫实验

斯特恩-盖拉赫实验装置如图 32-2 所示。在高温炉中,银被加热为银蒸气,飞出的银原子经过准直仪后形成银原子束。这一原子束经过不均匀磁场后到达观察底片上。实验发现,在观察底片上出现了两条上下对称的银原子束痕迹。这结果说明银原子束经不均匀磁场分裂为两束。根据量子论,处在基态的原子轨道磁矩为零,即 $\mu_l=0$,但电子还有自旋,其自旋磁矩和在磁场中的能量表达式分别为式(32-5)和式(32-10)。因此,在非均匀磁场中具有磁矩的原子受到的作用力为

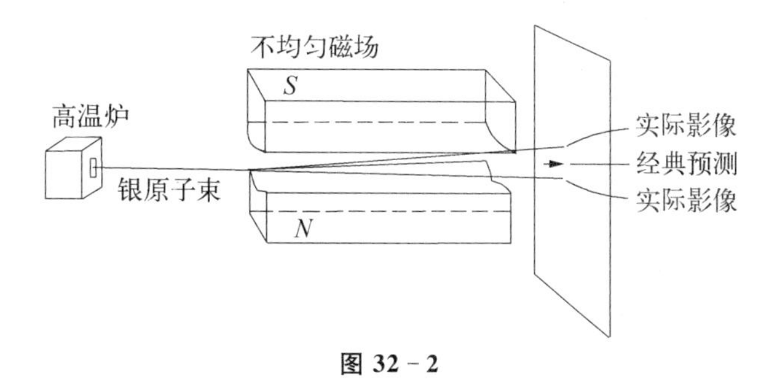

图 32-2

$$F_m = -\frac{\partial E_s}{\partial z} = -\frac{d(\mp \mu_B B)}{dz} = \pm \mu_B \frac{dB}{dz} \tag{32-12}$$

当自旋磁矩方向沿 z 轴正向时，有自旋磁矩 $\mu_s=+\mu_B$，这时式(32-12)表示的力 F_m 的方向与磁场增强的方向相同；当 $\mu_s=-\mu_B$ 时，F_m 的方向与磁场增强的方向相反。在该力的作用下，银原子束将向相反的方向偏折。如果用 m 表示银原子的质量，则银原子在该力作用下获得的加速度为

$$a=\frac{F_m}{m}=\pm\frac{\mu_B}{m}\frac{\mathrm{d}B}{\mathrm{d}z} \tag{32-13}$$

用 d 表示磁铁两级间隙的长度，v 表示沿入射方向的速度，忽略观测屏与磁铁之间的距离时原子束在经过磁场间隙时向磁场方向(垂直于入射方向)偏离的距离为

$$\Delta z=\frac{1}{2}at^2=\frac{\mu_B}{2m}\frac{\mathrm{d}B}{\mathrm{d}z}\left(\frac{d}{v}\right)^2 \tag{32-14}$$

分裂后两原子束痕迹之间的间距为 $2\Delta z$。通过加热炉的温度，可以估算银原子的速度 $v=\sqrt{3kT/m}$，然后根据式(32-14)计算出射的两束银原子束分开的距离。理论结果与试验测量值相符，证明电子自旋理论在解释银原子束通过非均匀磁场时分裂为两束的现象是成功的。

斯特恩-盖拉赫实验证实了原子确有磁矩，否则在非均匀磁场中不会发生分裂，同时证实了磁矩在外场方向的投影是量子化的而不是任意的，否则不会得到分立的条纹。按电子自旋假设，电子存在一种内禀运动即自旋，与这种自旋运动相联系，存在相应的自旋角动量，它的自旋量子数为 1/2，自旋在磁场方向的投影量子数为 $\pm 1/2$，说明电子自旋产生了两个方向自旋磁矩。因磁场对磁矩的作用，银原子在磁场中分为两束，实验直接测出条纹间距显示自旋磁矩的分量结果正好是一个玻尔磁子，与电子自旋假设符合，这反过来证实了电子自旋假设的正确性，同时说明电子自旋不是轨道角动量的相对论效应，而是电子的一种“内禀的”性质。另外，结合轨道角动量和自旋角动量的耦合理论，我们还可对碱金属光谱的精细结构给予合理的解释。碱金属原子光谱具有精细结构，谱线的这种复杂结构说明能级必然发生了微小的分裂。这种分裂不能用玻尔理论解释，但这种现象用电子自旋假设以及自旋轨道耦合理论可以解决。由于自旋角动量只有两个取向，则对于一个确定轨道，即 n 和 l 确定，只要 l 不为零，电子就分别有轨道角动量和自旋角动量，这两种角动量对应两种不同的进动状态，而进动会产生一个附加能量。进动状态不同，产生的附加能量也不同，这样原来由(n, l)给定的一个能级，分裂为两个子能级。凡 $l\neq 0$ 的能级都要产生这样的分裂，因为附加能量很小，故能级分裂的间隔也很小，所以只能引起谱线的微小分裂，即产生精细结构。所以正是电子自旋假设才能使碱金属精细结构的实验事实得到合理的解释。

四、对电子自旋的拓展理解

霍金在《时间简史》中说，自旋为 0 的粒子像一个圆点：从任何方向看都一样；而

自旋为 1 的粒子像一个箭头：从不同方向看是不同的，只有当它转过 360°时，这粒子才显得一样；自旋为 2 的粒子像个双头的箭头，只要转过 180°，看起来就一样了。类似地，更高自旋的粒子在旋转了整圈的更小部分后，看起来就一样。有些粒子转过一圈后，仍然显得不同，必须使其转 720°，这样的粒子具有 1/2 的自旋。这比喻是不是很形象？任何人都能看懂 1/2 自旋的意思了，但是确实宏观世界不存在这样的物体，很难想象自旋居然不是 1 的整数倍。这是因为我们通常对物体在三维空间的描述有局限吗？拓展到更高维度可以在宏观世界描述这样一个物体吗？或者对于一个高速运动的物体结合相对论效应呢？还是说 1/2 自旋只存在于微观量子世界呢？

事实上，粒子自旋并不是宏观意义上的旋转，所以并不是说电子 1/2 自旋需要转两圈才与原来一样，而是代表粒子状态的波函数中的方位角改变 720°才能与原函数相等。或者说这种自旋只是一种状态信息的变换。我们一直以来对旋转的理解就是物体的某种动作，也许我们可以换个角度，理解为物体的状态信息的改变，这样就容易用宏观现象解释了。想象这样一个系统，一个灯和一个控制它的开关，开关为按钮式，按钮按一下松开会自动弹起的那种。如果是按下去灯亮了，松开按钮弹起灯灭了，我们说它自旋为 1；按下去灯亮了，松开灯还亮着，再按一下松开，灯灭了，我们说它自旋为 1/2。或者更贴近一点，我们想象有一根莫比乌斯带，用两根手指夹住某一处，然后转 360°，发现莫比乌斯带翻了个面，再转 360°才回到原状。当然，这只是在宏观世界的参照，两者没有必然联系。

五、电子自旋理论的科学意义和可能的发展

大统一理论是物理学研究的终极目标。而目前确实发现了宏观与微观的很多相似性。比如：电子的绕核运动与行星绕恒星转动极其相似。而发现了电子的自旋，更是与行星的自转十分类似，非常符合我们的期望。这种相似性与统一性无疑是非常美的。

发现了电子波动性和电子具有自旋以后，量子力学得到了长足的发展。人们对粒子的波动性研究也更为深入，电子显微镜也在电子波动性理论基础上发明出来，使人类认识世界的尺度深入到纳米、微纳米级。利用半导体 P－N 结中的电子隧道效应，人类发明了二极管。通过外加电场来控制半导体中运动电子的数量发明了晶体管，有力地推动了计算机革命的发生。传统半导体器件利用电场对电子的电荷自由度进行调控，产生高阻态和低阻态，构成计算机芯片中二进制运算的 1 和 0 态。目前电子器件的尺寸小到十几个纳米，基本接近其工作的物理极限。在此背景下，科学家提出：可利用电子的自旋自由度实现信息的存取与处理——实现高密度且不易丢失的信息存储，由此诞生了自旋电子学。最近几年，在考虑温度梯度的基础上，人们又发展出了自旋热电子学，探索热与电子自旋及电荷相互作用的规律及其应用。目前自旋热电子学研究主要集中在自旋塞贝克效应。科学家最初的研究是在铁磁金属薄膜合金中，由于自旋发生劈裂，在温度梯度驱动下，在材料内产生自旋电压。随后，研

究拓展到铁磁绝缘体和磁性半导体,提出了纵向和横向的自旋塞贝克效应。在这些效应中,磁性金属都是必不可少的元素。

六、练习与思考

32-1 试写出 $n=4$, $l=3$ 壳层所属各态的量子数。

32-2 $n=5$ 壳层中电子可能的状态有哪些?

32-3 氢原子的四个量子数 n, l, m_l, m_s 分别代表什么?如何取值?在同一个 n 值下的简并度(一个量子数对应的状态数称为简并度)是多少?

32-4 在施特恩-格拉赫实验中,磁极长度为 4.0 cm,其垂直方向的磁场梯度为 1.5 T/mm。如果银炉温度为 2 500 K,求:

(1) 银原子在磁场中受的力;

(2) 玻璃板上沉积的两条银迹的间距。

32-5 描述原子中电子定态需要哪几个量子数?它们各自代表什么含义?取值范围如何?

第三十三章 激 光

现代激光的理论基础是爱因斯坦提出的光的受激辐射理论。根据激励能源的类别，我们把激光器分为三大类：光激励激光器、电激励激光器和场致受激辐射激光器。它们的典型代表分别是红宝石激光器、半导体激光器和自由电子激光器。本章简要阐述激光技术的发展历史及上述三种激光器的特征及应用，重点讲述激光技术的基本原理、激光的特性和实现激光技术的必要条件，最后介绍激光技术的应用。

一、受激辐射理论的建立和激光技术的发展

受激辐射理论是爱因斯坦提出光量子假说（光电效应理论）后的又一杰出贡献。1916 年，爱因斯坦发表了《关于辐射的量子理论》一文。在这篇论文中，爱因斯坦总结了量子论的成果，指出了旧量子论的主要缺陷，并运用统计方法论证了辐射的量子特性，提出了受激辐射理论。该理论指出，如果在高能级上有原子存在，当外来光子的频率与原子跃迁到低能级发射光子的频率恰好一致时，原子就会从高能级跃迁到低能级，并发射与外来光子完全相同的另一光子，这种辐射光子的现象称为原子的受激辐射。受激辐射时新发出的光子不仅在频率方面与外来光子一致，而且在发射方向、偏振态以及位相等方面均与外来光子一致，因此，受激辐射的光具有相干性。另外，在发生受激辐射时，一个光子变成了两个光子，利用这个特点，还可实现光放大。

爱因斯坦的受激辐射理论提出以后，从 1917 年到 1946 年，陆续有科学家进行实验研究，但这一阶段的实验研究发展并不迅速。1940 年，V. A. Fabrikant 在他的博士论文中提出了粒子数反转的实现方法，并在研究气体放电实验中观察到粒子反转现象。当时的实验技术基础已经具备建立某种类型的激光器的条件，但为什么没能造出来呢？原因是包括爱因斯坦本人也没把受激辐射、粒子数反转、谐振腔联系在一起加以考虑，因而使激光器的发明推迟了 20 年。直到第二次世界大战之后，激光技术才得到快速发展。

1947 年，兰姆和约瑟夫发现通过粒子数反转可以实现受激辐射，激光理论的研究有了突破。另一个突破是肖洛在研究激光器过程中引进了谐振腔的概念。A. L. 肖洛（A. L. Shawlow）长期从事光谱学研究，而谐振腔的结构就是从法布里-珀罗干

涉仪那里得到的启示。正如肖洛自己所说:“我开始考虑光谱振器时,从两面彼此相向镜面的法布里-珀罗干涉仪结构着手研究是很自然的。”实际上,干涉仪就是一种谐振器。肖洛在贝尔电话实验室的7年中,积累了大量数据。1958年,C. H.汤斯(C. H. Townes)和肖洛在《自然》杂志上发表了著名的《红外与光学激射器》一文,该文中提出了有关激光技术的设想。因此,汤斯与苏联物理学家巴索夫、微波波谱学家普罗霍罗夫分享了1964年的诺贝尔物理学奖。几乎同时,许多实验室开始研究激光器的可能材料和方法,用固体作为工作物质的激光器的研究工作始于1958年。如肖洛所述:“我完全彻底地受到灌输,使我相信,可以在气体中做的任何事情,在固体中同样可以做,且在固体中做得更好些。因此,我开始探索、寻找固体激光器的材料。”在1959年9月召开的第一次国际量子电子会议上,肖洛提出了用红宝石作为激光的工作物质。不久,肖洛又具体地描述了激光器的结构:“固体微波激射器的结构较为简单,实质上,有一红宝石棒,棒的一端全反射,另一端几乎全反射,侧面做光抽运。”遗憾的是,肖洛在实验中没有得到足够的光能量使粒子数反转,因而没有获得成功。可喜的是,科学家T. H.迈曼(T. H. Maiman)巧妙地利用氙灯做光抽运,从而获得粒子数反转。1960年6月,在美国罗切斯特(Rochester)大学召开的一个有关光的相干性的会议上,迈曼成功地操作了一台激光器,输出了激光。同年7月,迈曼用红宝石制成的激光器公布于众。至此,世界上第一台激光器宣告诞生。因为上述工作,肖洛与美国物理学家N.布隆姆贝根、瑞典物理学家凯·西格班分享了1981年的诺贝尔物理学奖。1961年,中国第一台红宝石激光器在中国科学院长春光学精密机械研究所诞生。这类激光器的激励能源为光能,属于光激励激光器。

另外,由于半导体物理的迅速发展和晶体管的发明,科学家们早在20世纪50年代就设想发明半导体激光器,20世纪60年代早期,很多小组竞相进行这方面的研究。在1962年7月召开的固体器件研究国际会议上,美国麻省理工学院林肯实验室的两名学者克耶斯(Keyes)和奎斯特(Quist)报告了砷化镓材料的光发射现象,这引起通用电气研究实验室工程师哈尔(Hall)的极大兴趣,在会后回家的火车上他写下了有关数据。回到家后,哈尔立即制订了研制半导体激光器的计划,并与其他研究人员一起经数周奋斗,他们的计划获得成功。在半导体激光器件中,性能较好、应用较广的是具有双异质结构的电注入式GaAs二极管激光器。半导体的激励能源是电能,属于电激励激光器。

自由电子受激辐射的设想曾于20世纪50年代初由莫茨(Motz)提出,并在1953年进行过实验,因受当时条件的限制未能得到证实。1971年斯坦福大学的马代(Madey)等人重新提出了恒定横向周期磁场中的场致受激辐射理论,并首次在毫米波段实现了受激辐射;1976年马代小组第一次实现了激光放大;1977年4月斯坦福大学的迪肯(Deacon)等人研制成第一台自由电子激光振荡器。自由电子激光器是20世纪70年代中期以来发展起来的一类新型激光器。它将电子束动能转变成激光辐射，代表了一种全新的产生相干辐射的概念。自由电子激光器由电子加速器、摆动器和光学系统几个部分构成。加速器产生的高能电子束通过摆动器内沿长度方向交替变化的磁场时，产生横向摆动，并以光子的形式损失一部分能量。这部分能量转变成激光辐射，通过光学系统输出。因为这类装置产生光子的过程中磁场起到决定性的作用，所以自由电子激光器又称为场致辐射激光器。

二、激光理论的数学描述及物理解析

1. 激光产生的物质基础

光与物质的共振相互作用，特别是这种相互作用中的受激辐射过程是激光器的物理基础。爱因斯坦认为光和物质原子的相互作用过程包含原子的受激吸收跃迁、自发辐射跃迁和受激辐射跃迁三种过程。为了简化问题，我们考虑原子只有两个能级 E_1 和 E_2 的情形，处于两个能级的原子数密度分别为 N_1 和 N_2。

1）受激吸收

一般情况下，物质中的大多数原子处在稳定平衡态——基态 E_1。如果原子处于外界辐射场中，且辐射光的频率满足 $E_2-E_1=h\nu$ 的条件，则处于基态 E_1 的原子在频率为 ν 的光作用下将吸收一个能量为 $h\nu$ 的光子，并跃迁至高能级 E_2，这种过程称为受激吸收，如图 33-1 所示。

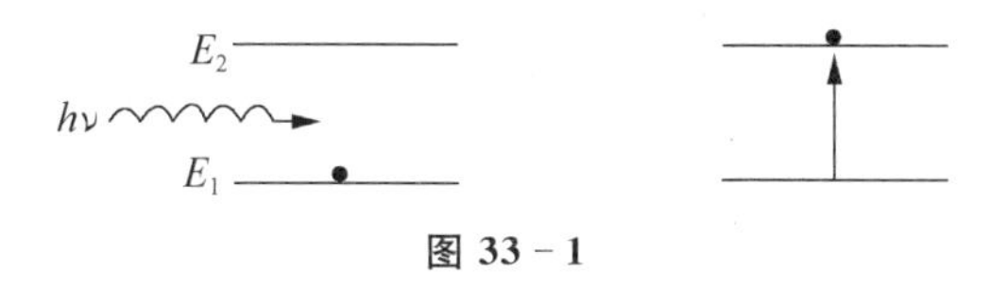

图 33-1

2）自发辐射

由于热扰动或受辐射影响，物质中的少数原子处在高能级的激发态 E_2，而激发态属于不稳定平衡态，原子处在激发态的寿命极短（约为 10^{-8} 秒），因此处于高能级 E_2 的原子自发地向低能级 E_1 跃迁，并发射一个频率为 $h\nu=E_2-E_1$ 的光子，这个过程称为自发辐射过程，如图 33-2 所示。

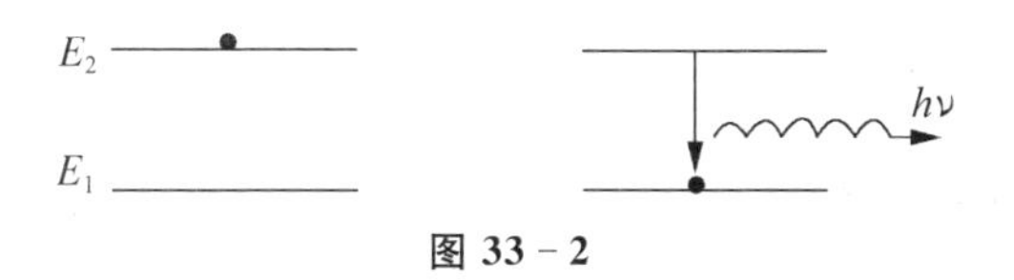

图 33-2

3）受激辐射

处于高能级 E_2 的原子在频率 $\nu=(E_2-E_1)/h$ 的外来光的作用下，跃迁至低能级 E_1 并辐射出一个能量为 $h\nu$，且与入射光子为全同光子的过程称为受激跃迁，如图 33-3 所示。受激跃迁发出的光波称为受激辐射光，简称激光，如图 33-4 所示。

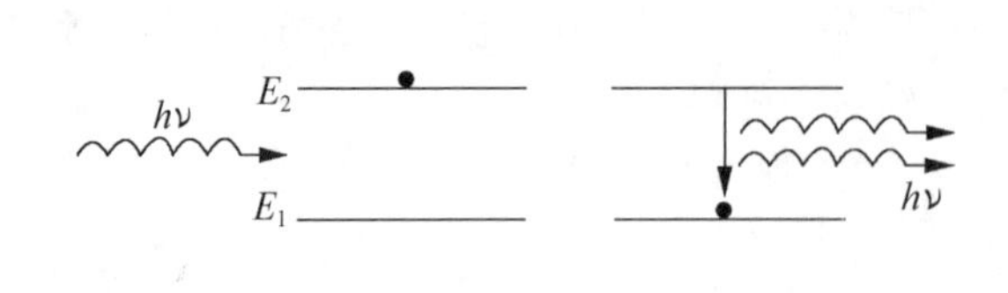

图 33-3

图 33-4

受激辐射和自发辐射的重要区别在于相干性,自发辐射是不相干的,受激辐射是相干的。

2. 粒子数反转

1916 年,爱因斯坦受激辐射理论就指出原子受激辐射可以产生具有相干性的辐射光,但该理论提出后约 45 年(1960 年)人类才获得真正意义上的激光。一个重要的原因就是在热平衡时,原子按能级的分布满足玻尔兹曼分布律,即

$$N_n \propto e^{-E_n/k_B T} \tag{33-1}$$

式(33-1)中,N_n 为能级 E_n 上的原子数目。式(33-1)说明处于平衡态物质中的原子绝大部分处于低能级态,如图 33-5 所示。例如,氦氖激光器在常温 300 K 热平衡的条件下,相应于激光波长 632.8 nm 的两能级上氖原子数的比为

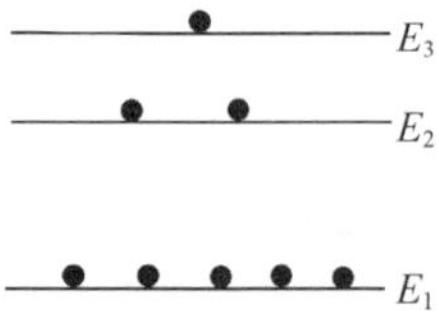

E_3
E_2
E_1

图 33-5

$$\begin{aligned}\frac{N_h}{N_l} &= e^{-(E_h-E_l)/kT} = e^{-h\nu/kT} = e^{-hc/\lambda kT} \\ &= \exp\left[-\frac{6.63\times10^{-34}\times3\times10^{8}}{632.8\times10^{-9}\times1.38\times10^{-23}\times300}\right] = e^{-76} = 10^{-33}\end{aligned} \tag{33-2}$$

式(33-2)中的角标“h”表示高激发态,“l”表示低激发态。式(33-2)说明氖原子处于高激发态的数目只有处于低激发态数目的 10^{-33} 倍,几乎可以忽略。这导致一般处于平衡态的物质中的原子受激吸收的概率远大于受激辐射的概率,受激辐射光很微弱。因此,实现受激辐射的第一步就是必须把大多数原子从基态(或低激发态)激发到激发态(或高激发态),使处在高激发态的原子数目远远大于处在基态(低激发态)的原子数目,这种现象称为粒子数反转,如图 33-6 所示。实现粒子数反转需要的能源称为激励能源。激励能源可以是光能,如红宝石激光器使用的就是光激励;它也可以是电能,如半导体激光器使用的就是电激励。而能在外界激励能源的作用下形成粒子数密度反转分布状态的介质称为增益介质。

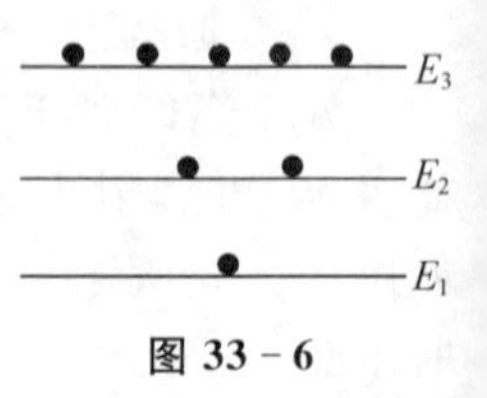

图 33-6

3. 光学谐振腔

激活介质发出的光是各向同性的，即没有哪个方向的光占优势，这样每一个方向的光还是较弱。为了获得一个确定方向且光强放大的光，需要一个谐振装置——谐振腔，如图33－7所示。谐振腔是在工作物质的两端加上反光镜，其中一端的反光镜为全反射镜，另一端为部分反射镜，这两个反射镜之间的空间称为谐振腔。这样，凡不沿谐振腔轴线运动的光均很快逸出腔外，与激活介质不再接触。沿轴线运动的光将在腔内继续前进，并经两反射镜的反射不断往返运行产生驻波振荡，且运行时不断与受激粒子相遇而产生受激辐射，这样沿轴线运行的光子将不断增殖，在腔内形成传播方向一致、频率和相位相同的强光束，这就是激光。形成的激光从部分反射镜引出。因此，光学谐振腔的作用如下：① 选择光波的方向和频率；② 放大沿谐振腔内轴线方向的光。下面我们定量分析输出光的频率与谐振腔长度以及腔空间折射率的关系。

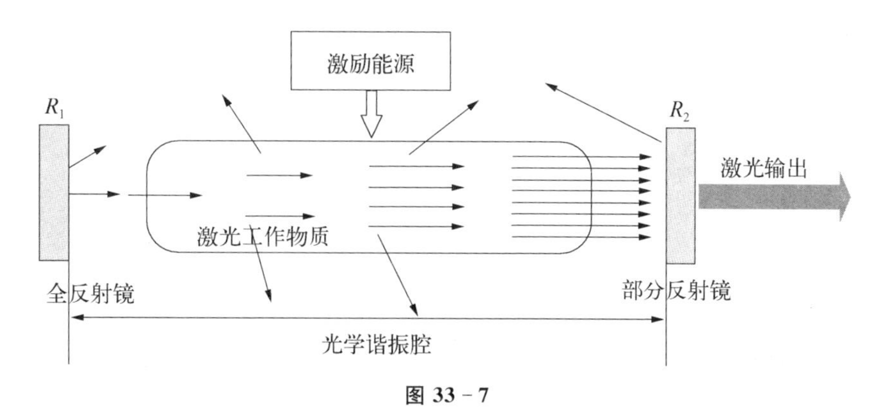

图 33－7

设谐振腔的长度为L，沿谐振腔轴线方向的光能够形成驻波且得到放大的条件(也称为共振条件)是

$$L = m\frac{\lambda_m}{2n}, \quad m = 1, 2, \cdots \tag{33-3}$$

其中，λ_m是第m个驻波在真空中的波长；n为腔内媒质的折射率。式(33－3)也可表示为

$$\lambda_m = \frac{2nL}{m}, \quad m = 1, 2, \cdots \tag{33-4}$$

或者表示为频率

$$\nu_m = \frac{c}{\lambda_m} = m\frac{c}{2nL}, \quad m = 1, 2, \cdots \tag{33-5}$$

式(33－5)说明只有某些频率的光能在腔内形成稳定的驻波得到增强。人们把每一

个谐振频率称为振动模式,沿谐振腔轴向的振动模式称为纵模,沿其横向的称为横模。式(33-5)是纵模的频率条件。根据式(33-5),可以得到两个纵模频率之间的频率差为

$$\Delta\nu_m = \nu_{m+1} - \nu_m = \frac{c}{2nL} \tag{33-6}$$

假设谐振腔某纵模的频谱宽度为 $\Delta\nu$,则在该宽度内可以存在的纵模数为

$$N = \frac{\Delta\nu}{\Delta\nu_m} \tag{33-7}$$

例如,假设氦氖激光器的谐振腔长度为 1 m,根据式(33-6),可得两相邻谐振波的频率差为

$$\Delta\nu_m = \frac{c}{2L} = 1.5\times10^8\ \text{Hz} \tag{33-8}$$

而波长为 632.8 nm 的谱线宽度约为 $\Delta\nu = 1.3\times10^9$ Hz,则在该宽度内可以存在的纵模数为

$$N = \frac{\Delta\nu}{\Delta\nu_m} = \frac{1.3\times10^9}{1.5\times10^8} \approx 8 \tag{33-9}$$

显然如果就这样把光从部分反射镜输出,其单色性并不好。如果我们把谐振腔的长度调整为 0.1 m,则其两相邻频谱的频率差为 $\Delta\nu_m = \frac{c}{2L} = 1.5\times10^9$ Hz,所以

$$N = \frac{\Delta\nu}{\Delta\nu_m} = \frac{1.3\times10^9}{1.5\times10^9} \approx 1 \tag{33-10}$$

式(33-10)说明输出模式数锐减到 1 个,这正是我们需要的单色性好、相干性好的激光。因此,我们通过恰当调整谐振腔长度就可以控制输出激光的模式数,得到方向性及单色性好的激光。

三、激光的意义及应用

激光在现代国防、工业、农业、医疗、服务业及科学研究事业中都得到广泛的应用。例如,利用激光亮度高和方向性好的特点,人们先后研制成功了激光测距仪、激光雷达和激光准直仪。1969 年阿姆斯特朗登月安放了反射镜,然后由地面发射激光至月球,再测量反射回来的光,测定了地月的精确距离。激光雷达可以获取目标的三维图像及速度信息,还可对大气进行监测,遥测大气中的污染和毒剂。军事上的激光制导武器使打击目标的精度显著提高。在现代生活中激光产品和技术数不胜数,比

如 CD,VCD,DVD,BD 等光盘制品；激光打印机、复印机、扫描仪、照排机等印刷仪器；商场中商品上的防伪标签、条形识别码、教师用的激光笔、文艺演出中的激光舞台等等。

在科学研究中,激光一问世,即获得超乎寻常的飞快发展,不仅使古老的光学焕发青春,也发展了许多新兴的学科。例如,激光技术使得物理实验的面貌发生了极大的改变。在激光发明以前,科学实验中研究光的干涉、衍射现象一般使用普通钠金属发出的黄光。因为钠黄光的单色性并不好,要调制观察到光的干涉现象是非常困难的事。现在使用激光来观察光的干涉,只要按一下按钮,干涉现象就显现出来,非常简单。激光除可以用于光学研究,还可以用于电子加速,用于量子力学实验,用于核物理研究等。

激光具有单色性和相干性等一系列极好的特性。从诞生那天开始,人们就预言了它的美好前景。从它发明到现在的 60 年里,人们制造了输出各种不同波长的激光器,甚至是可调波长的激光器和大功率激光器。1977 年出现的自由电子激光器,机制则完全不同,它的工作物质是具有极高能量的加速运动的自由电子,在扭摆磁场中与自己的辐射光相互作用输出叠加放大的激光。人们可以期望通过自由电子激光器实现连续大功率输出,而且覆盖频率范围可向长短两个方向发展。

21 世纪后,激光在基因技术方面的应用得到了快速发展。目前人们甚至可以利用激光来操控微小粒子、分子甚至原子。例如,利用激光对细胞进行手术,这种技术称为光钳技术。其原理是依靠激光的辐射压力钳住细胞或分子,用另一束激光作为激光刀对细胞或者分子进行手术操作。这种激光钳和激光刀联合使用可以实现基因重组和重排(见图 33 - 8)。

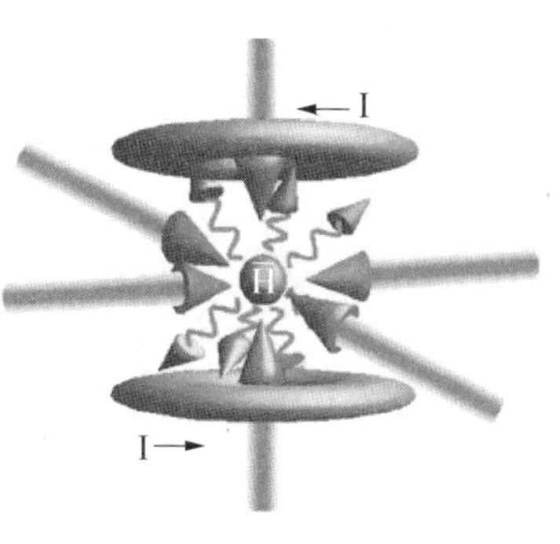

图 33 - 8

激光还可以让原子冷却,使原子处于极低的温度状态。当原子在频率略低于原子跃迁能级差且相向传播的一对激光束中运动时,由于多普勒效应,原子倾向于吸收与原子运动方向相反的光子,而对与其相同方向行进的光子吸收概率较小;吸收后的原子将各向同性地自发辐射。平均看来,两束激光的净作用是产生一个与原子运动方向相反的阻尼力,从而使原子的运动减缓(即冷却)。1985 年美国国家标准与技术研究院的威廉 · D.菲利普斯(William D. Phillips)和斯坦福大学的朱棣文首先实现了激光冷却原子的实验,并得到了极低温度(240 mK)的钠原子气体。他们进一步用三维激光束形成磁光阱将原子囚禁在一个空间的小区域中加以冷却,获得了更低温度的“光学黏胶”。之后,许多激光冷却的新方法不断涌现,其中较著名的有“速度选择相干布居囚禁”和“拉曼冷却”。前者由法国巴黎高等师范学院的克劳德科恩-塔诺季(Claud Cohen-Tannodji)提出,后者由朱棣文提出。他们利用这种技术分别获得了低于光子反冲极限的极低温度。此后,人们还发展了磁场和激光相结合的一系列冷却技术,其中包括偏振梯度冷却、磁感应冷却等等。朱棣文、克劳德科恩-塔诺季和菲利普斯三人也因此而获得了1997年诺贝尔物理学奖。

四、练习与思考

33-1 氦氖激光器所发出的波长为632.8 nm的激光的谱线宽度 $\Delta\lambda < 10^{-8}$ nm,试计算其相干长度。

33-2 CO_2激光器发出的激光波长为10.6 μm。

(1) 该波长相应的CO_2的能级差是多少?

(2) 如果该激光器工作时其中CO_2分子在高能级上的分子数比低能级上的分子数多1%,则和此粒子数分布反转对应的热力学温度是多少?

33-3 一脉冲激光器可以产生一个延续时间只有10 fs的光脉冲。假设光波波长为500 nm,这样的光脉冲中有几个波长?

33-4 什么是粒子数反转?实现粒子数反转需要具备什么条件?

33-5 激光谐振腔在激光的形成过程中起了哪些作用?

第三十四章　量子纠缠、量子计算与量子信息

在科学发展史上，已经有过两个“E”：一个是能量“Energy”，能量概念的定义以及能量守恒定律的发现曾经带来一场科学史上的大革命；另一个是熵“Entropy”，熵概念的提出和热力学第二定律的发现同样大大地促进了物理科学和工业生产的大变革。现在，我们面临着第三个“E”，Entanglement（纠缠）的困惑。如果能把第三个“E”彻底分析、理解清楚，量子计算、量子密码、量子通信等项目的真正实现将是水到渠成的事。本章简要介绍量子纠缠（quantum entanglement）和量子信息的入门知识。

一、量子纠缠、量子计算与量子信息的研究历史

1. 量子纠缠

1935 年，爱因斯坦、B. E.波多尔斯基（B. E. Podolsky）和 N.罗森（N. Rosen）在《物理评论》联合发表了题为《物理实在的量子力学描述能否被认为是完备的?》的论文。这是一篇最早探索量子力学理论对于强关联系统所做的反直觉预测的一篇论文，后来称为 EPR 佯谬，现在称为 EPR 效应。该论文中考虑量子力学的二粒子纠缠态 $\Psi=\delta(x_1-x_2-L)\delta(p_1+p_2)$。如果测得粒子 1 的坐标为 x_1^0，立即可确定粒子 2 的坐标为 $L-x_1^0$。测得粒子 1 的动量为 p_1^0，立即可确定粒子 2 的动量为 $-p_1^0$，这表示出两个粒子的量子力学关联。进行测量时两个粒子的距离 L 已经很大，爱因斯坦等认为对一个粒子的测量不会对第二个粒子造成干扰，并给出一个判据：如果人们毫不干扰一个体系而能确定地预言它的一个物理量的值，则对应于这个物理量就存在物理实在性的一个元素。根据这个判据，粒子 2 的坐标和动量都是物理实在的元素，但量子力学认为粒子的坐标和动量不能同时具有确定值，因此它的描述是不完备的。在论证中，爱因斯坦等人设想了一个测量粒子坐标和动量的思想实验，称为“EPR 思想实验”，可以显示出局域实在论与量子力学完备性之间的矛盾。

薛定谔在阅读 EPR 的文章后，用德文给爱因斯坦写了一封信。在这封信里，薛定谔使用了德文“Verschrankung”（纠缠）来表示两个暂时耦合的粒子在不再耦合之后彼此之间仍旧维持的关联。后来，薛定谔为此发表一篇重要论文。在这篇文章中，薛定谔表明量子纠缠不只是量子力学的某个很有意义的性质，而且是量子理论的特征性质，是量子物理与经典物理之间的分割线。D.玻姆把它简化为测量自旋的实验：

考虑两个自旋为$\frac{1}{2}$的粒子 A 和 B 构成的一个体系，在一定的时刻使 A 和 B 完全分离，不再相互作用。当我们测得 A 自旋的某一分量后，根据角动量守恒，就能确定地预言 B 在相应方向上的自旋值。由于测量方向选取的任意性，B 自旋在各个方向上的分量应都能确定地预言。所以他们根据上述实在性判据，就应当断言 B 自旋在各个方向上的分量同时具有确定的值。如果坚持把量子力学看作是完备的，那就必须认为对 A 的测量可以影响到 B 的状态，从而导致对某种“超距”作用的承认。因此，爱因斯坦称量子纠缠为“遥远地点间幽灵般的相互作用”。现在科学家们用实验证实了爱因斯坦的想象，EPR 佯谬改称为 EPR 效应。中国科学家郭光灿院士以光子为例对量子纠缠概念做了如下的描述：量子纠缠是光子间的神秘的联系，奇妙在其中的一个光子经过测量就可以了解另外一个光子的状态；光子纠缠是一个整体，两个光子作为一个整体来看时，如果试图窃听或偷走其中一个光子的信息，你将任何信息都得不到。这是另外一个特性，这也是其保密安全性所在。

2. 量子计算

对于现代计算机而言，通过控制晶体管电压的高低电位，从而决定一个数据到底是“1”还是“0”。采用“1”或“0”的二进制数据模式，俗称经典比特，其在工作时将所有数据排列为一个比特序列，对其进行串行处理。半导体集成电路芯片几十年以来一直沿着“摩尔定律”发展，单位芯片上晶体管数目越来越多，集成度越来越高。截至目前，集成电路芯片制造工艺处于 10 nm 技术代量产阶段，更小尺寸的技术代(7 nm 和 5 nm)处于研发阶段。在可预见的未来将达到控制电子的物理极限——当单个晶体管缩小到只能容纳一个或几个电子时，就会出现单电子晶体管(量子点)，量子隧穿效应将不可避免地影响电子元器件的正常工作。尽管科研人员正在努力通过各种手段进一步延续晶体管的制程尺寸，并同时开发多核芯片技术，但相关技术只能在有限范围内优化传统芯片性能，无法阻止“摩尔定律”必将被打破的历史趋势。而量子计算机使用的是量子比特，量子计算机能超越传统计算机得益于两个独特的量子效应：**量子叠加和量子纠缠**。量子叠加能够让一个量子比特同时具备 0 和 1 的两种状态；量子纠缠能让一个量子比特与空间上独立的其他量子比特共享自身状态，创造出一种超级叠加，实现量子并行计算，其计算能力可随着量子比特位数的增加呈指数增长。理论上，拥有 50 个量子比特的量子计算机性能就能超过目前世界上最先进的超级计算机“天河二号”，拥有 300 个量子比特的量子计算机就能支持比宇宙中原子数量更多的并行计算。量子计算机能够将某些经典计算机需要数万年来处理的复杂问题的运行时间缩短至几秒钟。这一特性让量子计算机拥有超强的计算能力，为密码分析、气象预报、石油勘探、药物设计等所需的大规模计算难题提供了解决方案，并可揭示高温超导、量子霍尔效应等复杂物理机制，为先进材料制造和新能源开发等奠定科学基础。此外，量子计算的信息处理过程是幺正变换，幺正变换的可逆性使得量子信息处理过程中的能耗较低，能够从原理上解决现代信息处理的另一个关键技术——高能耗的问题。因此，量子计算技术是“后摩尔时代"的必然产物。量子计算技术不仅能克服现代半导体工艺因为尺寸减小而引起的热耗效应，还能利用量子效应实现功能强大的并行计算，极大地提高计算速度和信息处理能力。规模化通用量子计算机的诞生将极大地满足现代信息的需求，在海量信息处理、重大科学问题研究等方面产生巨大影响，甚至对国家的国际地位、经济发展、科技进步、国防军事和信息安全等领域发挥关键性的作用。

二、量子纠缠与量子信息的数学描述与物理解析

1. 量子纠缠

量子纠缠态是系统中不可写成子系统态直积形式的态，处于纠缠态中的两个粒子称为量子纠缠粒子。考虑复合体系 A+B。设 $|n\rangle_A$ 和 $|i\rangle_B$ 分别为子体系 A 和子体系 B 的一组力学量的完全集决定的本征态，则 $|n\rangle_A$ 和 $|i\rangle_B$ 的直积 $|n\rangle_A|i\rangle_B$ 可以作为复合体系 A+B 的一个完备基，复合体系的任意量子态可以表示为这些直积的线性叠加，即

$$\psi_{AB}=\sum_{ni}a_{ni}\,|n\rangle_A\,|i\rangle_B \tag{34-1}$$

特别地，当 $a_{ni}=\delta_{mn}\delta_{ij}$ 时，式(34-1)可以写成

$$\psi_{AB}=|m\rangle_A\,|j\rangle_B \tag{34-2}$$

式(34-2)称为非纠缠态，或者说，可以表示为子系统直积形式的态称为非纠缠态。反之，其他不能表示成直积形式的态称为纠缠态，如图 34-1 所示。

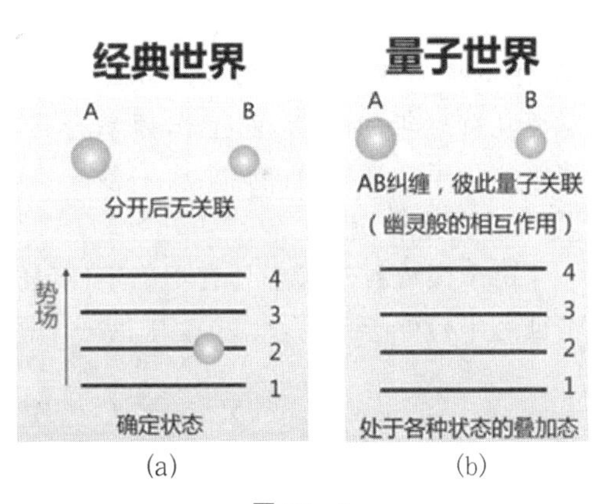

(a)　　(b)

图 34-1

下面我们以两个自旋为 $\frac{1}{2}$ 的粒子组成的系统为例来说明纠缠态和非纠缠态。在电子的自旋一章中我们知道，两个自旋为 $\frac{1}{2}$ 的粒子可以组成自旋单态和自旋三重态，它们分别为

$$\begin{cases}\chi_{00}=\dfrac{1}{\sqrt{2}}(|\uparrow\rangle_A\,|\downarrow\rangle_B-|\downarrow\rangle_A\,|\uparrow\rangle_B)\\ \chi_{10}=\dfrac{1}{\sqrt{2}}(|\uparrow\rangle_A\,|\downarrow\rangle_B+|\downarrow\rangle_A\,|\uparrow\rangle_B)\\ \chi_{11}=|\uparrow\rangle_A\,|\uparrow\rangle_B\\ \chi_{1-1}=|\downarrow\rangle_A\,|\downarrow\rangle_B\end{cases} \tag{34-3}$$

按照式(34-2)的定义，我们可以知道自旋三重态 χ_{11}，χ_{1-1} 为非纠缠态，自旋单态 χ_{00} 和自旋三重态中 χ_{10} 态是纠缠态。显然，对这两个非纠缠态进行等权重叠加，可以构成两个新的纠缠态，即

$$\begin{cases}\chi_{AB}=\dfrac{1}{\sqrt{2}}(|\uparrow\rangle_A|\uparrow\rangle_B+|\downarrow\rangle_A|\downarrow\rangle_B)\\ \chi_{AB}'=\dfrac{1}{\sqrt{2}}(|\uparrow\rangle_A|\uparrow\rangle_B-|\downarrow\rangle_A|\downarrow\rangle_B)\end{cases}\tag{34-4}$$

式(34-3)中的两个纠缠态和式(34-4)表示的两个纠缠态一起构成贝尔基，它们是四维空间中的正交完备基，每个贝尔基都是双粒子体系的最大纠缠态，如图 34-2 所示。量子纠缠是量子物理世界特有的奇异现象。当一个量子被操作而状态发生变化时，另一个与之纠缠的量子即刻发生相应的状态变化，这两个量子“心心相印”。量子纠缠不仅是量子力学的基础，同时也是量子信息处理中的核心技术。多粒子纠缠是研制具有超级计算能力的量子计算机的必备条件。与经典计算机相比，量子计算机最重要的优越性体现在量子并行计算上，并行处理能够大大提高量子计算机的效率。对一个 300 位的大数进行质因子分解，用主频为兆赫等级的普通计算机计算需要几百万年的时间，而工作频率为兆赫等级的量子计算机可能只需要一秒。

图 34-2

2. 测量和塌缩

由于微观粒子状态具有不确定性，任何一个微观粒子可以处于某个物理量 A 的本征态 $|n\rangle(n=0, 1, 2, \cdots)$ 中的一个确定状态上，也可以处在这些本征态的叠加态

$$|\psi\rangle=\sum_n c_n|n\rangle \quad (n=0, 1, 2, \cdots)\tag{34-5}$$

上。如果对处在本征态 $|n\rangle \quad (n=0, 1, 2, \cdots)$ 上的粒子进行测量，我们有

$$\hat{A}|n\rangle=a_n|n\rangle \quad (n=0, 1, 2, \cdots)\tag{34-6}$$

式(34-6)说明对粒子处于 A 本征态的测量是准确的、唯一的。但是，如果粒子处于 A 的本征态的叠加态 $|\psi\rangle$，则对 A 的测量结果可能是 $a_n(n=0, 1, 2, \cdots)$ 中任何一个，它们分别以概率 $|c_n|^2(n=0, 1, 2, \cdots)$ 出现。假设我们对处于叠加态的粒子进行第一次测量后得出 A 的确定值 a_n，则粒子的状态从叠加态 $|\psi\rangle$ 塌缩到 $|n\rangle$。在紧接着的第二次测量中，也重复得到 a_n 这个确定值。这种由于测量而导致的波函数瞬间变化称为波包塌缩。它的最大特点是相干性被破坏，我们把它称为量子退相干。

简单地说，量子相干态不能测量，一旦对它进行测量，相干态就塌缩到本征态，不再具有量子相干性。这个性质既是实现量子信息、量子计算要攻克的难点，同时也是量子密钥优于经典密钥的关键点。

3. 量子不可克隆原理

由于传递量子信息的载体——量子相干态具有测量退相干的特征，所以利用直接测量窃取信息是不可能的。有人就想，能不能先把信息复制一份再来测量，这样就不会引起被窃信息方的注意了。遗憾的是，量子不可克隆原理告诉我们，这也是行不通的。什么是量子不可克隆原理呢？下面我们以两个粒子体系为例加以说明。

假设 A、B 粒子分别处在 $|\varphi_A\rangle$ 态和 $|\phi_B\rangle$ 态，再设存在一个线性变换 U 使得粒子 A 的状态可复制到粒子 B 上，即

$$U[|\varphi_A\rangle \otimes |\phi_B\rangle] = |\varphi_A\rangle \otimes |\varphi_B\rangle \tag{34-7}$$

则同样地，我们可以把 A 的另一本征态 $|\lambda_A\rangle$ 复制到 B 上，有

$$U[|\lambda_A\rangle \otimes |\phi_B\rangle] = |\lambda_A\rangle \otimes |\lambda_B\rangle \tag{34-8}$$

但若粒子 A 处在上两个本征态的叠加态 $|\psi\rangle = c_1|\varphi_A\rangle + c_2|\lambda_A\rangle$，按照量子力学线性变换原理可得

$$\begin{aligned} & U[|\psi\rangle \otimes |\phi_B\rangle] \\ = & U[(c_1|\varphi_A\rangle + c_2|\lambda_A\rangle) \otimes |\phi_B\rangle] \\ = & U(c_1|\varphi_A\rangle \otimes |\phi_B\rangle) + U(c_2|\lambda_A\rangle \otimes |\phi_B\rangle) \\ = & c_1|\varphi_A\rangle \otimes |\varphi_B\rangle + c_2|\lambda_A\rangle \otimes |\lambda_B\rangle \end{aligned} \tag{34-9}$$

显然，式(34-9)不能写成叠加态的直积形式 $(|c_1|\varphi_A\rangle + c_2|\lambda_A\rangle) \otimes (|c_1|\varphi_B\rangle + c_2|\lambda_B\rangle)$ ——克隆态。也就是说，粒子的任意叠加态是不可复制(克隆)的，这是量子力学的另一基本原理，现在称为量子不可克隆原理。上述证明说明量子不可克隆原理是量子态线性叠加原理的推论。

4. 量子计算

利用量子力学的原理进行数据处理和信息处理的机器都称为量子计算机。这里的量子力学原理指量子干涉、量子叠加、量子纠缠、量子隧穿等微观粒子特有的量子性质。量子比特可以制备在两个逻辑态 $|0\rangle$ 和 $|1\rangle$ (或者 $|\uparrow\rangle$ 和 $|\downarrow\rangle$) 的相干叠加态上(量子比特 $\psi = c_0|0\rangle + c_1|1\rangle$)，每一个态都同时可以存 0 和 1。一个 N 个比特的存储器，如果它是经典的，它只能存储 2^N 个可能数中的任一个，但如果它是量子的，它可以同时存储 2^N 个数，而且随着 N 的增加，它存储信息的能力将按指数上升。而且数学操作可以同时对存储器中的全部数进行，因此，量子计算机一次计算中可以同时对 2^N 个数进行数学运算，它的效率相当于经典计算机重复 2^N 次操作，或者相当

于 2^N 个经典计算机同时并行操作。由于量子计算的计算基元是单电子或者单光子的量子比特,所以捕获单电子或者单光子,并实现对单电子或单光子的操控是实现量子计算的第一步。但无论是捕获单电子(单光子)还是操控单电子(单光子),目前技术上都存在极大的困难,所以量子计算机还处于试验研究阶段。

5. 量子信息

量子信息以量子比特为单元,它是两个逻辑态的叠加态,即

$$|\psi\rangle = c_0|0\rangle + c_1|1\rangle \tag{34-10}$$

且满足

$$|c_0|^2 + |c_1|^2 = 1 \tag{34-11}$$

而经典比特是 $c_0=0$ 或者 $c_1=0$ 时的特例。一条确定的量子信息就是这些叠加态的组合,即 $|\psi\rangle_1|\psi\rangle_2|\psi\rangle_3\cdots|\psi\rangle_N$ 表示的信息。我们以单光子作为信息载体为例来说明经典信息与量子信息的区别。对于经典信息,有光子代表“1”,无光子代表“0”,如图 34-3(a)所示;对于量子信息,用光子的偏振态来表示信息。例如,用“0”表示水平偏振,用“1”表示垂直偏振,如图 34-3(b)所示。

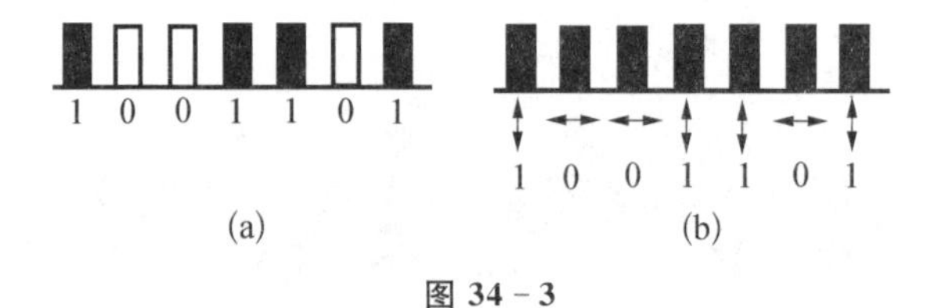

图 34-3

三、量子信息的应用举例

下面我们用光量子为例来具体说明量子信息。经典电磁学理论告诉我们光具有偏振态,而且想知道光处在怎样的偏振态,我们可以用偏振片来测量。例如,对于一束纯粹的线偏振光来说,其电场振动方向可以是垂直于光传播方向的平面内的任何方向,比如说,可以是水平方向的(相对于某个特定方向的夹角为 0°),也可以是垂直方向的(90°),或者是 +45° 或 −45° 偏振的,如图 34-4 所示。我们可以用偏振片来检验光的偏振方向。先确定光的传播方向,再确定光的强度,然后把偏振片放到光路里,随便选择偏振片的偏振方向(也就是刚才说过的偏振片本身具有的特殊方向),接下来测量透射光的强度。如果透射强度为 0,那么入射光的偏振方向就是 90°(也就是说,入射光偏振方向垂直

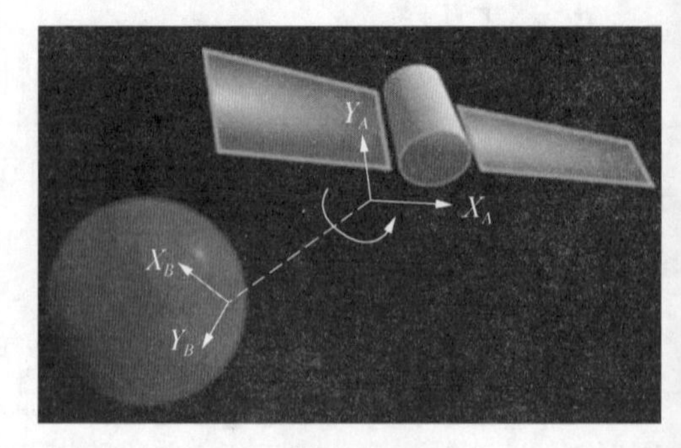

图 34-4

于偏振片的特殊取向）；如果透射强度等于入射强度，那么入射光的偏振方向就是 0°；如果透射强度介于两者之间，那么入射光的偏振方向也介于 0°和 90°之间——需要注意的是，出射光的偏振方向改变了，现在是沿着偏振片的特殊取向了。用这个方法就可以精确地确定入射光的偏振。

光也是一种量子现象，一束光里面包含很多量子（即光子）。一束纯粹的线偏振光包含了很多偏振状态相同的光量子。但一个光子和很多个光子是非常不同的两种情况。假想入射光只包含一个光子的时候，这时偏振片的效果就很特殊了：经过偏振片后出射的光子只能是整数，要么是 1 个，要么就没有，不存在半个光子，更别说什么 1/3 或者 0.16 个光子了。入射光子的偏振方向与偏振片特殊方向平行的时候，永远出射的都是一个光子；入射光子垂直于偏振片特殊方向的时候，永远都没有光子出来。两者夹角介于 0°和 90°之间的时候，出来的光子要么是 1 个，要么是 0 个，这是个随机事件，也就是说，你把这件事做 100 遍，可能 73 次出来 1 个光子，27 次没有光子。特别是当两者的夹角为 45°的时候，这是个发生概率为 50％的随机过程，如果你把这件事做 100 遍，那么就会有 50 次出来 1 个光子，50 次没有光子（实际情况比这个略微复杂一点，也可能是 43 和 57，或者 52 和 48，完全靠运气）。

现在就可以看出经典测量和量子测量的差别了，这就是 1 个和很多个的差别。拥有 100 万个全同光子的时候，你可以做的事情很多——可以先拿出 1 万个试试，就会得到一点点信息，再拿 1 万个试试，就会得到更多信息，最后你会得到所有想要的信息。然而，如果只有 1 个光子，你就没有办法这么奢侈了，你只能做一次测量，得到一部分信息，然后就没有然后了，因为你把这个光子用掉了，测量以后的光子不同于测量之前的了。量子不可克隆原理告诉我们，如果你只有一个光子，而且事先不知道它的偏振状态，那么你就不可能复制出两个完全相同的光子来，更别说 100 万个了。这就是量子密钥和量子通信的理论基础。

那么，如何通过单光子的测量来实现无条件的安全通信呢？我们还是用个具体例子来说明吧。假定信息发送方是甲，信息接收方是乙，想要窃听信息的是丙。甲和乙先通过大喇叭进行沟通，这些消息不怕丙听到。比如说，甲告诉乙说，他打算在今后的 1 000 秒时间里，每秒钟发送一个偏振单光子给乙，这个单光子的偏振要么是 0°或 90°（称为第Ⅰ类），要么是＋45°和－45°（第Ⅱ类），但是具体是哪一类，甲不会告诉乙。接到这个信息以后，乙就会做好准备，测量甲送来的光子的偏振，他也有两类测量方法，偏振片为 0°的方法 1 和偏振片为 45°的方法 2。这些准备工作做好了以后，就可以开始通信了。

如果每过 1 秒钟，甲根据自己的意愿，随机地选择发送 1 个偏振为第Ⅰ类或第Ⅱ类的单光子，而乙则根据自己的意愿，随机地选择方法 1 或方法 2 来进行探测。当甲方选择的偏振类恰好符合乙方选择的测量方法的时候，乙方的测量结果是确定的；如果两者不符合，乙方的测量结果是随机的。这样，1 000 秒过去后，甲发送了 1 000 次单光子，乙进行了 1 000 次测量，如图 34－5 所示。

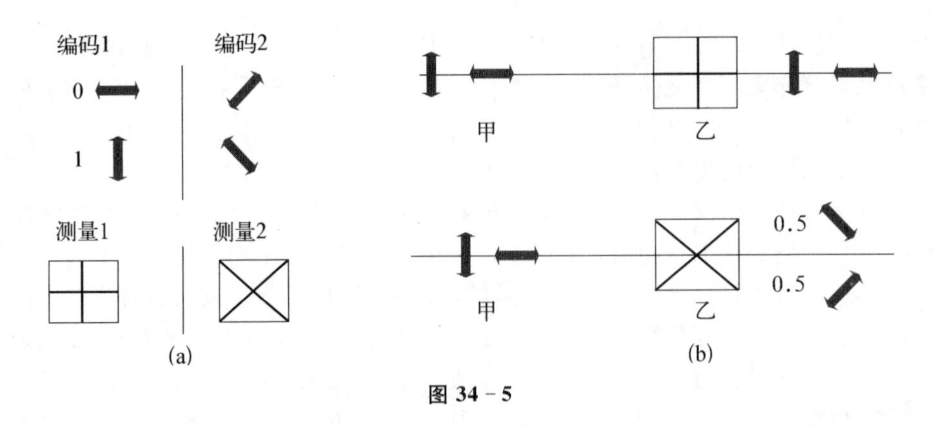

图 34-5

注意,这时候还不算完呢,实际上,量子通信才刚刚开始——甲和乙还需要确定有没有人窃听,传递的信息到底是什么。怎么确定没有人窃听呢?甲拿出大喇叭,告诉乙自己发送的一些信息,注意,只是一部分信息而已。比如说,甲告诉乙,自己在第1次、第3次、第5次……第999次发送的偏振类,乙看到这500次的结果,对照自己当时选择的测量方法,就可以找出250个适合的结果(即入射光子的偏振类别碰巧符合测量方法的类别,这种符合的概率是50%),就可以得到250个确定的结果,如果这250个确定的结果与甲用大喇叭告诉自己的信息是一致的,乙就可以拿出大喇叭喊:"平安无事喽!"没有人窃听。甲确定没人窃听了,就把另外500次的选择也用大喇叭喊出来,乙就可以相应地找到另外250个确定结果,这250个确定结果就可以作为甲传送给乙的信息。如果没有人窃听,那么故事就到这里结束了。如果有人窃听呢?甲和乙也能看出来。如果丙想窃听,他就必须首先接收甲发出来的单光子,自己测量一下,再发送一个单光子给乙——如果在应该收到光子的时候却没有收到,乙就会知道,有人搞破坏,至少是通信的信道不够好,那么就只好放弃这次通信了。因为丙不知道甲要发射什么偏振类的光子,所以他有一半的机会搞错了测量方法,从而传递给乙错误的光子偏振类。这样在1 000个光子传递完以后,甲乙核对500次测量中的250次合适结果的时候,就会发现有错误,从而就知道有人在窃听了。如果有人窃听,甲和乙只能决定这次就算了,下次再说吧。然而,尽管这次没有成功,但是也没有泄密啊。这就是单光子量子通信的原理和实现方法——确切地说,这只是一种实现方法而已,还有很多种变形和改进。

附录　典型难题详解

1-1 题

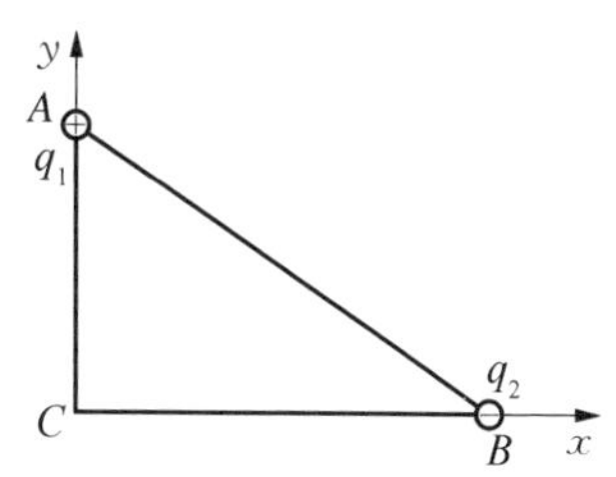

解　建立如图所示的坐标，假设两个电荷组成的点电荷系在 C 点产生的电场强度为 $\boldsymbol{E}$，则根据叠加原理有

$$\boldsymbol{E}=\boldsymbol{E}_1+\boldsymbol{E}_2 \quad ①$$

式①中，$\boldsymbol{E}_1$ 是 q_1 在 C 点产生的场，$\boldsymbol{E}_2$ 是 q_2 在 C 点产生的场，它们分别为

$$\boldsymbol{E}_1=\frac{q_1}{4\pi\varepsilon_0\,|AC|^2}(-\boldsymbol{j})=-\frac{9\times10^9\times1.8\times10^{-9}}{0.03^2}\boldsymbol{j}=-1.8\times10^4\boldsymbol{j} \quad ②$$

和

$$\boldsymbol{E}_2=\frac{q_2}{4\pi\varepsilon_0\,|BC|^2}(-\boldsymbol{i})=\frac{9\times10^9\times(-4.8\times10^{-9})}{0.04^2}(-\boldsymbol{i})=2.7\times10^4\boldsymbol{i} \quad ③$$

因此

$$\boldsymbol{E}=2.7\times10^4\boldsymbol{i}-1.8\times10^4\boldsymbol{j} \quad ④$$

场强 $\boldsymbol{E}$ 的大小为

$$E=\sqrt{(2.7\times10^4)^2+(1.8\times10^4)^2}=3.24\times10^4\ \mathrm{N/C} \quad ⑤$$

方向为

$$\tan\theta=\frac{E_y}{E_x}=\frac{-1.8\times10^4}{2.7\times10^4}=-\frac{2}{3},\ \theta=\arctan\left(-\frac{2}{3}\right) \quad ⑥$$

1-4 题

解　由于电荷均匀分布，半球面带电的电荷面密度为

$$\sigma=\frac{Q}{2\pi R^2} \quad ①$$

因为电荷分布对通过球心垂直于半球底面的轴对称，电荷在球心产生的电场仅有沿该轴的分量。另外，连续带电的半球面可以视为由许多带电小圆环构成，这样我们可

以在半球面上取宽度为 $\mathrm{d}l$ 的圆环作为元电荷，由图示可知 $\mathrm{d}l=R\mathrm{d}\theta$，$\mathrm{d}q=2\pi(R\sin\theta)R\mathrm{d}\theta\sigma$，该元电荷在半球球心处产生的电场强度大小为

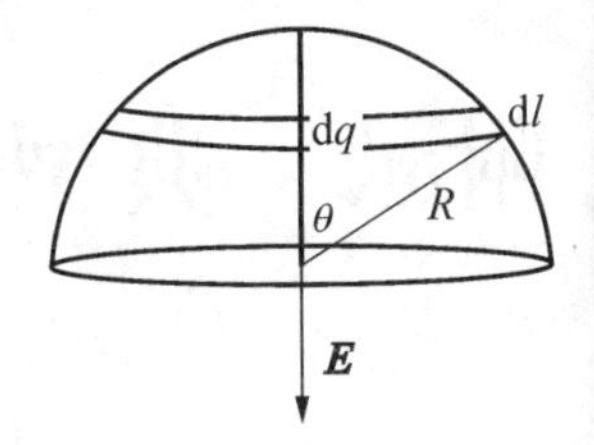

$$\mathrm{d}E=\frac{R\cos\theta\mathrm{d}q}{4\pi\varepsilon_0[(R\cos\theta)^2+(R\sin\theta)^2]^{3/2}}=\frac{\sigma\cos\theta\sin\theta}{2\varepsilon_0}\mathrm{d}\theta \tag{②}$$

因此半球面上的电荷在球心处产生的场为

$$E=\int\mathrm{d}E=\int_0^{\pi/2}\frac{\sigma\cos\theta\sin\theta}{2\varepsilon_0}\mathrm{d}\theta=\frac{\sigma}{4\varepsilon_0}=\frac{Q}{8\pi\varepsilon_0R^2} \tag{③}$$

方向沿过球心且垂直于球面的轴向。

1-6 题

解　如图所示，选左边棒的左端点为坐标原点，沿棒长度方向为 x 轴正向建立 Ox 坐标。在左棒中距原点为 x 处取一元电荷 $\lambda\mathrm{d}x$，该元电荷在右棒中距原点 x' 处产生的电场强度大小为

$$\mathrm{d}E=\frac{\lambda\,\mathrm{d}x}{4\pi\varepsilon_0(x'-x)^2} \tag{①}$$

方向沿 x 轴正向。由于左棒中每一元电荷在 x' 处产生电场的方向皆沿 x 轴正向。所以整个左棒在 x' 处产生的电场强度为

$$E=\int\mathrm{d}E=\int_0^l\frac{\lambda\,\mathrm{d}x}{4\pi\varepsilon_0(x'-x)^2}=\frac{\lambda}{4\pi\varepsilon_0}\left(\frac{1}{x'-l}-\frac{1}{x'}\right) \tag{②}$$

这样 x' 处元电荷 $\lambda\mathrm{d}x'$ 受到左棒的静电力为

$$\mathrm{d}F=\frac{\lambda}{4\pi\varepsilon_0}\left(\frac{1}{x'-l}-\frac{1}{x'}\right)\lambda\,\mathrm{d}x' \tag{③}$$

方向沿 x 轴正向。由于右棒中每一元电荷 $\lambda\mathrm{d}x'$ 受力的方向皆沿 x 轴正向，所以整个右棒受到左棒的静电作用力为

$$F=\int\mathrm{d}F=\int_{2l}^{3l}\frac{\lambda^2}{4\pi\varepsilon_0}\left(\frac{1}{x'-l}-\frac{1}{x'}\right)\mathrm{d}x'=\frac{\lambda^2}{4\pi\varepsilon_0}\ln\frac{4}{3} \tag{④}$$

方向沿 x 轴正向。根据牛顿第三定律，左棒受到右棒的静电作用力为

$$F'=-\frac{\lambda^2}{4\pi\varepsilon_0}\ln\frac{4}{3} \tag{⑤}$$

式⑤中，“－”表示沿 x 轴负方向。

2-1 题

解　我们以点电荷所在位置为球心，$\sqrt{R^2+d^2}$ 为半径作一球面，半径为 R 的圆面将这球面分为两个球冠 S_1 和 S_2，如图所示。由于电力线在没有电荷处不中断，通过圆形平面的电力线必然通过球冠 S_1，因此我们只需要计算通过球冠 S_1 的电通量即可。又因点电荷产生的电场具有球对称性，在同一球面上电场强度的大小是一常数，方向沿球面径向，所以通过球面的电通量与球面面积成正比，即

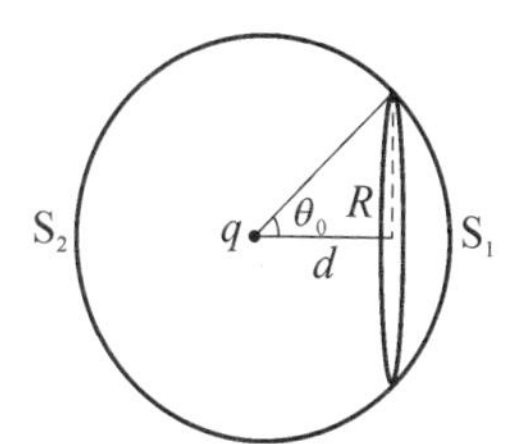

$$\frac{\Phi_{S_1}}{\Phi_{S_1+S_2}}=\frac{S_1}{S_1+S_2} \tag{①}$$

式①中，$\Phi_{S_1+S_2}=\dfrac{q}{\varepsilon_0}$ 是点电荷电场通过整个球面的电通量，$S_1+S_2=4\pi(R^2+d^2)$ 为整个球面的面积，S_1 与 S_2 分别为球冠 S_1 和 S_2 的面积，且

$$S_1=\int_0^{\theta_0}2\pi(d^2+R^2)\sin\theta\,\mathrm{d}\theta \tag{②}$$

而 θ_0 满足

$$\cos\theta_0=\frac{d}{\sqrt{R^2+d^2}} \tag{③}$$

积分式②，并将式③代入积分后，S_1 的表达式为

$$S_1=2\pi(d^2+R^2)(1-\cos\theta_0)=2\pi(d^2+R^2)\left(1-\frac{d}{\sqrt{d^2+R^2}}\right) \tag{④}$$

因此

$$\begin{aligned}\Phi_{S_1}&=\frac{S_1}{S_1+S_2}\Phi_{S_1+S_2}=\frac{2\pi(d^2+R^2)}{4\pi(d^2+R^2)}\left(1-\frac{d}{\sqrt{d^2+R^2}}\right)\frac{q}{\varepsilon_0}\\&=\frac{q}{2\varepsilon_0}\left(1-\frac{d}{\sqrt{d^2+R^2}}\right)\end{aligned} \tag{⑤}$$

亦即通过圆形面的电通量为

$$\Phi_{\text{圆形面}}=\Phi_{S_1}=\frac{q}{2\varepsilon_0}\left(1-\frac{d}{\sqrt{d^2+R^2}}\right) \tag{⑥}$$

2-6 题

解　点电荷 q 在 Q 产生的电场中逆电场方向运动，电场力做负功，动能减少。如果该点电荷动能减少到零时刚好到达球心，则该点电荷在 r 处初动能就是所需要的

最小动能。如果用 ΔE_{k} 表示动能的增量，A 表示该过程中电场力做的功，根据功能原理有

$$\Delta E_{\mathrm{k}}=A \tag{①}$$

而

$$A=q\int_r^0 \boldsymbol{E}\cdot \mathrm{d}\boldsymbol{r}'=q\int_r^R \boldsymbol{E}_{球外}\cdot \mathrm{d}\boldsymbol{r}'+q\int_R^0 \boldsymbol{E}_{球内}\cdot \mathrm{d}\boldsymbol{r}' \tag{②}$$

式②中，$\boldsymbol{E}$ 表示带电球体产生的电场强度，它可表示为

$$\boldsymbol{E}=\begin{cases}\boldsymbol{E}_{球内}=\dfrac{Qr'}{4\pi\varepsilon_0 R^3}\boldsymbol{e}_{r'}\\ \boldsymbol{E}_{球外}=\dfrac{Q}{4\pi\varepsilon_0 r'^2}\boldsymbol{e}_{r'}\end{cases} \tag{③}$$

由于电场力做功与路径无关，所以我们可以选择沿带电球径向的路径为积分路径，即

$$\mathrm{d}\boldsymbol{r}'=\mathrm{d}r'\boldsymbol{e}_{r'} \tag{④}$$

将式③和式④代入式②可得

$$A=q\int_r^R \frac{Q}{4\pi\varepsilon_0 r'^2}\mathrm{d}r'+q\int_R^0 \frac{Qr'}{4\pi\varepsilon_0 R^3}\mathrm{d}r'=-\frac{3Qq}{8\pi\varepsilon_0 R}+\frac{Qq}{4\pi\varepsilon_0 r} \tag{⑤}$$

又因式①中的

$$\Delta E_{\mathrm{k}}=0-E_{\mathrm{k}初} \tag{⑥}$$

将式⑤和式⑥代入式①可得

$$E_{\mathrm{k}初}=-\left(-\frac{3Qq}{8\pi\varepsilon_0 R}+\frac{Qq}{4\pi\varepsilon_0 r}\right)=\frac{Qq}{8\pi\varepsilon_0 Rr}(3r-2R) \tag{⑦}$$

式⑦即我们要找的初动能的表达式。

3-3 题

解 (1) 因为均匀带电球面的电荷分布具有球对称性，这些电荷产生的电场强度相应地也具有球对称，即 $\boldsymbol{E}=E(r)\boldsymbol{e}_r$。这样，我们可以以带电球面的球心为高斯面的球心、以 r 为半径作高斯球面。另外由于两个带点球面把整个空间分为三个区域，我们需要分别计算三个区域的电场强度的大小。根据高斯定理，在 $r<r_1$ 区域 $q=0$，有

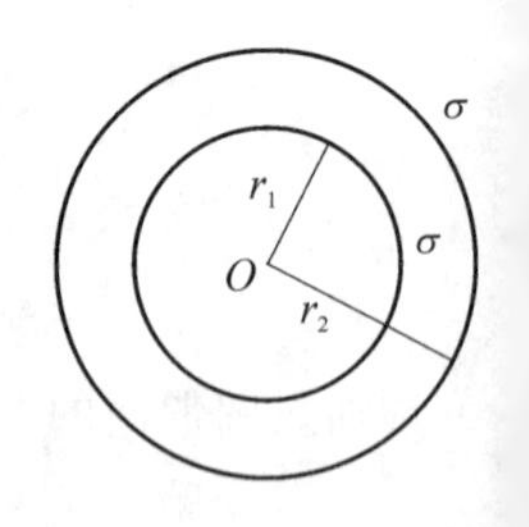

$$E=0 \tag{①}$$

在 $r_1<r<r_2$ 区域，有

$$\oiint_S E_2\mathrm{d}S=\frac{\sigma 4\pi r_1^2}{\varepsilon_0} \tag{②}$$

积分得

$$E_2 4\pi r^2 = \frac{\sigma 4\pi r_1^2}{\varepsilon_0} \tag{3}$$

即

$$E_2 = \frac{\sigma r_1^2}{\varepsilon_0 r^2} \tag{4}$$

在 $r > r_2$ 区域，有

$$\oiint_S E_3 \mathrm{d}S = \frac{\sigma 4\pi (r_1^2 + r_2^2)}{\varepsilon_0} \tag{5}$$

即

$$E_3 = \frac{\sigma (r_1^2 + r_2^2)}{\varepsilon_0 r^2} \tag{6}$$

按照电势的定义

$$\begin{aligned} V_O &= \int_0^\infty \boldsymbol{E} \cdot \mathrm{d}\boldsymbol{r} = \int_0^{r_1} E_1 \mathrm{d}r + \int_{r_1}^{r_2} E_2 \mathrm{d}r + \int_{r_2}^{\infty} E_3 \mathrm{d}r \\ &= \int_0^{r_1} 0 \mathrm{d}r + \int_{r_1}^{r_2} \frac{\sigma r_1^2}{\varepsilon_0 r^2} \mathrm{d}r + \int_{r_2}^{\infty} \frac{\sigma (r_1^2 + r_2^2)}{\varepsilon_0 r^2} \mathrm{d}r \\ &= \frac{\sigma (r_1 + r_2)}{\varepsilon_0} \end{aligned} \tag{7}$$

所以当球心处电势为 300 V 时，两球面的电荷密度为

$$\sigma = \frac{\varepsilon_0 V_O}{r_1 + r_2} = \frac{8.85 \times 10^{-12} \times 300}{0.1 + 0.2} = 8.85 \times 10^{-9} \ \mathrm{C/m^2} \tag{8}$$

(2) 设外球面放电以后电荷密度变为 σ'，则这时球心处的电势为

$$V_O' = \frac{\sigma r_1 + \sigma' r_2}{\varepsilon_0} \tag{9}$$

如果要求球心处电势等于零，有

$$\sigma r_1 + \sigma' r_2 = 0 \tag{10}$$

则

$$\sigma' = -\frac{\sigma r_1}{r_2} = -\frac{\sigma}{2} \tag{11}$$

所以外球面上放掉的电荷为

$$q=4\pi r_2^2(\sigma-\sigma')=4\pi r_2^2\times\frac{3\sigma}{2}=6.67\times10^{-9}\ \mathrm{C} \qquad ⑫$$

4-3题

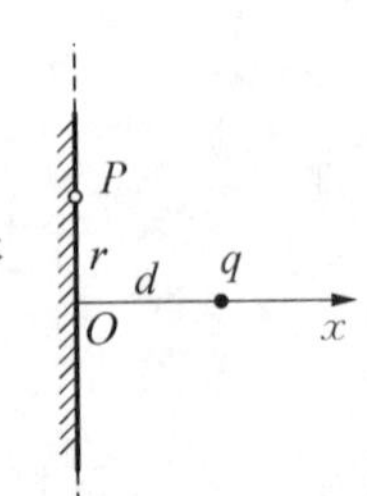

解 在静电平衡时，导体内侧的电场强度为零。如右图所示，设在 P 点附近的导体表面的感应电荷面密度为 $\sigma(r)$。在 P 点附近的导体表面取微元 $\mathrm{d}S$，在 $\mathrm{d}S$ 的内侧无限靠近 $\mathrm{d}S$ 的一点处，$\sigma\mathrm{d}S$ 所产生的场在水平方向的分量大小为

$$E_1=\frac{\sigma(r)}{2\varepsilon_0} \qquad ①$$

由电场叠加原理，在 $\mathrm{d}S$ 的内侧无限靠近 $\mathrm{d}S$ 的一点处水平方向的电场满足

$$-\frac{\sigma(r)}{2\varepsilon_0}-\frac{q}{4\pi\varepsilon_0}\cdot\frac{d}{(d^2+r^2)^{3/2}}=0 \qquad ②$$

从式②可解得

$$\sigma(r)=-\frac{qd}{2\pi(d^2+r^2)^{3/2}} \qquad ③$$

式③就是 P 点处的感应面电荷密度表达式，显然它具有与点电荷相反的符号。

4-4题

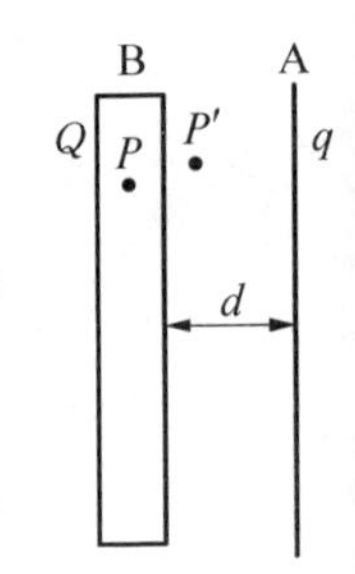

解 由于带电板A的存在，导体板B的电荷在带电板A产生的电场的影响下发生重新分布。假设导体板B中对着A板面的面电荷密度为 σ_1，另一面的电荷密度为 σ_2，根据导体静电平衡的条件，导体板B中任一点 P 的场强为

$$E=\frac{q}{2\varepsilon_0 S}+\frac{\sigma_1}{2\varepsilon_0}-\frac{\sigma_2}{2\varepsilon_0}=0 \qquad ①$$

根据电荷守恒定律有

$$\sigma_1 S+\sigma_2 S=Q \qquad ②$$

联立解得

$$\sigma_1=\frac{Q-q}{2S} \qquad ③$$

$$\sigma_2=\frac{Q+q}{2S} \qquad ④$$

这就是B板两侧面电荷密度的表达式。

A、B板间任一点 P' 的场强为

$$E=\frac{q}{2\varepsilon_0 S}-\frac{\sigma_1}{2\varepsilon_0}-\frac{\sigma_2}{2\varepsilon_0}=\frac{q-Q}{2\varepsilon_0 S} \qquad ⑤$$

因此，A、B间的电势差为

$$V_{AB}=\frac{q-Q}{2\varepsilon_0 S}d \qquad ⑥$$

4-5题

解　该题属于腔内有电荷情形，外球壳内表面感应电荷$-q$。根据电荷守恒定律，球壳外表面的电荷变为$Q+q$。

(1) 根据电势叠加原理有

$$\begin{aligned}V_1&=\frac{q}{4\pi\varepsilon_0 R_1}+\frac{-q}{4\pi\varepsilon_0 R_2}+\frac{Q+q}{4\pi\varepsilon_0 R_3}\\&=\frac{q}{4\pi\varepsilon_0}\left(\frac{1}{R_1}-\frac{1}{R_2}+\frac{1}{R_3}\right)+\frac{Q}{4\pi\varepsilon_0 R_3}\end{aligned} \qquad ①$$

$$V_2=\frac{q}{4\pi\varepsilon_0 R_2}+\frac{-q}{4\pi\varepsilon_0 R_2}+\frac{Q+q}{4\pi\varepsilon_0 R_3}=\frac{Q+q}{4\pi\varepsilon_0 R_3} \qquad ②$$

(2) 电势差为

$$\begin{aligned}\Delta V=V_1-V_2=\frac{q}{4\pi\varepsilon_0 R_1}+\frac{-q}{4\pi\varepsilon_0 R_2}+\frac{Q+q}{4\pi\varepsilon_0 R_3}-\\\frac{Q+q}{4\pi\varepsilon_0 R_3}=\frac{q}{4\pi\varepsilon_0}\left(\frac{1}{R_1}-\frac{1}{R_2}\right)\end{aligned} \qquad ③$$

(3) 如果两球用导线相连，则两球的电势相等，即

$$V_1=V_2=\frac{Q+q}{4\pi\varepsilon_0 R_3} \qquad ④$$

(4) 如果外球壳接地，则

$$V_2=0 \qquad ⑤$$

$$V_1=\frac{q}{4\pi\varepsilon_0 R_1}+\frac{-q}{4\pi\varepsilon_0 R_2}=\frac{q}{4\pi\varepsilon_0}\left(\frac{1}{R_1}-\frac{1}{R_2}\right) \qquad ⑥$$

$$\Delta V=V_1-0=\frac{q}{4\pi\varepsilon_0}\left(\frac{1}{R_1}-\frac{1}{R_2}\right) \qquad ⑦$$

(5) 如果内球通过导线接地，则

$$V_1=0 \qquad ⑧$$

即

$$V_1=\frac{q'}{4\pi\varepsilon_0}\left(\frac{1}{R_1}-\frac{1}{R_2}+\frac{1}{R_3}\right)+\frac{Q}{4\pi\varepsilon_0 R_3}=0 \qquad ⑨$$

解得

$$q'=-\frac{Q}{R_3}\Bigg/\left(\frac{1}{R_1}-\frac{1}{R_2}+\frac{1}{R_3}\right)=-\frac{QR_1R_2}{R_2R_3-R_1R_3+R_1R_2} \tag{⑩}$$

这样球壳的电势为

$$V_2=\frac{Q+q'}{4\pi\varepsilon_0R_3}=\frac{Q(R_2R_3-R_1R_3)}{4\pi\varepsilon_0R_3(R_2R_3-R_1R_3+R_1R_2)} \tag{⑪}$$

5-3 题

解 由极化强度的定义得

$$\boldsymbol{P}=\frac{\sum_i \boldsymbol{p}_i}{\Delta V}=nq_0\boldsymbol{l} \tag{①}$$

根据极化电荷密度与极化强度的关系式(5-5)有

$$\sigma'=\boldsymbol{P}\cdot\boldsymbol{e}_n=nq_0l\cos\theta \tag{②}$$

一个圆环上极化电荷在球心处产生的场强为

$$\mathrm{d}E=-\frac{\sigma'}{4\pi\varepsilon_0}\cdot\frac{R\cos\theta}{R^3}\cdot 2\pi R\sin\theta\cdot R\mathrm{d}\theta \tag{③}$$

将式②代入式③并积分可得

$$E=\int_0^{\pi}\frac{\sigma'}{2\varepsilon_0}\cos\theta\mathrm{d}\cos\theta=\int_0^{\pi}\frac{nq_0l}{2\varepsilon_0}\cos^2\theta\mathrm{d}\cos\theta$$

$$=-\frac{nq_0l}{3\varepsilon_0}=-\frac{P}{3\varepsilon_0} \tag{④}$$

式④就是极化电荷在球心处产生的电场强度的大小,“−”表示电场强度的方向与极化强度的方向相反。

6-3 题

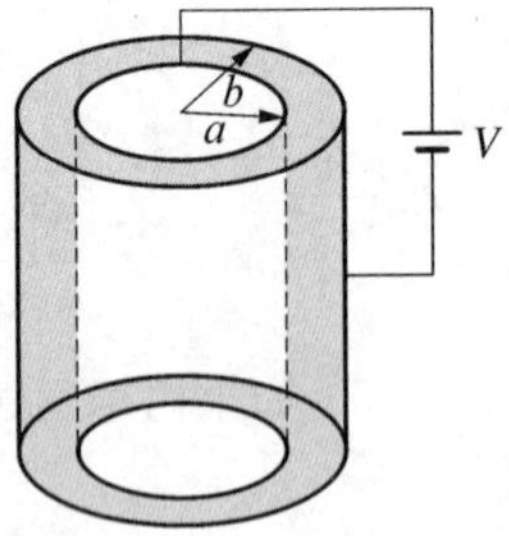

解 设 t 时刻长为 x 的电介质被拉出,则此时电容器的电容为

$$C=\frac{2\pi[\varepsilon_0x+\varepsilon(L-x)]}{\ln\frac{b}{a}} \tag{①}$$

将式①微分可得

$$\mathrm{d}C=\frac{2\pi(\varepsilon_0-\varepsilon)}{\ln\frac{b}{a}}\mathrm{d}x \tag{②}$$

考虑到在电介质被抽出过程中除了外力做功以外，还有电源对电容器做的功(为了保持电容器两端电压不变)，根据功能原理有

$$F\mathrm{d}x + V\mathrm{d}Q = \frac{1}{2}V^2\mathrm{d}C \tag{③}$$

式③中 F 为外力，V 为电容器两端电压，Q 为电容器极板电量。根据电容器电容的定义式有

$$\mathrm{d}Q = V\mathrm{d}C \tag{④}$$

将式②和式④代入式③整理可得

$$F\mathrm{d}x = -\frac{1}{2}V^2\mathrm{d}C = -\frac{1}{2}V^2\frac{2\pi(\varepsilon_0-\varepsilon)}{\ln\frac{b}{a}}\mathrm{d}x = \frac{\pi(\varepsilon-\varepsilon_0)V^2}{\ln\frac{b}{a}}\mathrm{d}x \tag{⑤}$$

比较式⑤两边可得

$$F = \frac{\pi(\varepsilon-\varepsilon_0)V^2}{\ln\frac{b}{a}} \tag{⑥}$$

式⑥就是在保持柱形电容器两端电压不变情形下，从电容器中缓慢抽出电介质需要外力的表达式。显然，它与电介质的介电常数、电容器两端的电压以及电容器极板内外半径比有关。

8-1题

解　从图中可以看出，在 O 点产生磁场的电流由四部分构成：两段圆弧和两段直导线。但由于直导线通过待求点 O，所以它们在该点产生的磁感应强度为零。这样我们仅需要考虑两段圆弧在点 O 产生的磁场。假设通过大圆弧 l_1 的电流为 I_1，通过小圆弧 l_2 的电流为 I_2，则它们在 O 点产生的磁感应强度大小为

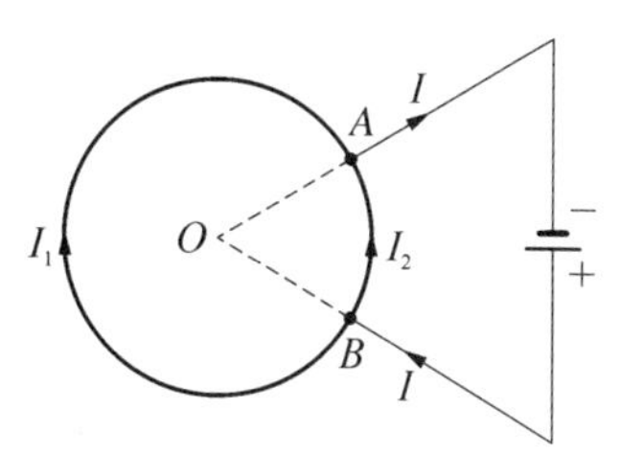

$$B = \frac{\mu_0 I_1}{2R}\times\frac{l_1}{2\pi R} - \frac{\mu_0 I_2}{2R}\times\frac{l_2}{2\pi R} \tag{①}$$

由式①可以看出 B 的大小由 I_1l_1 与 I_2l_2 的关系决定。由于 l_1 与 l_2 组成并联电路，假设它们的电阻分别为 r_1，r_2，根据欧姆定律有

$$I_1r_1 = I_2r_2 \tag{②}$$

又因对于电阻率和横截面积相同的导线，其电阻与长度成正比，式②可改写为

$$I_1l_1 = I_2l_2 \tag{③}$$

将式③代入式①可得

$$B=0 \quad ④$$

式④说明图中载流对 O 点产生的磁感应强度为零。

8-4题

解 密绕在球面上的载流线圈可视为多个紧密排列的圆电流。在球面上取 $\mathrm{d}l$ 弧长,则对应的圆电流元为

$$\mathrm{d}I=I\frac{N}{L}\mathrm{d}l=I\frac{N}{L}R\,\mathrm{d}\theta \quad ①$$

根据圆电流在其轴线上产生的磁感应强度的表达式有

$$\mathrm{d}B=\frac{\mu_0\,\mathrm{d}I(R\cos\theta)^2}{2[(R\cos\theta)^2+(R\sin\theta)^2]^{3/2}}=\frac{\mu_0 I N\cos^2\theta\,\mathrm{d}\theta}{2L} \quad ②$$

9-2题

解 (1) 由于平板中电流会产生磁场,平板上、下区域的磁感应强度应该是外磁场和平板电流产生的磁场的叠加。假设外磁场为 $\boldsymbol{B}_0$,平板电流产生的磁场为 $\boldsymbol{B}$,则有

$$\begin{cases}\boldsymbol{B}_1=\boldsymbol{B}_0+\boldsymbol{B}\\ \boldsymbol{B}_2=\boldsymbol{B}_0-\boldsymbol{B}\end{cases} \quad ①$$

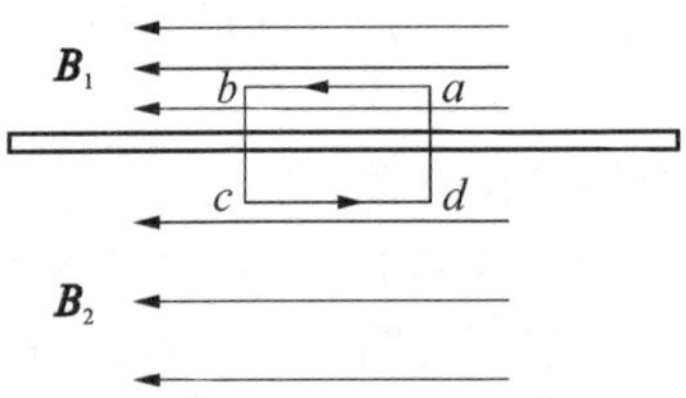

解式①可得

$$\boldsymbol{B}_0=\frac{\boldsymbol{B}_1+\boldsymbol{B}_2}{2} \quad ②$$

式②表明外加磁场是平板上、下区域磁感应强度的算术平均值,其方向与测量所得的磁感应强度方向一致。

(2) 解法1 从式①我们还能获得载流平板产生的磁感应强度

$$\boldsymbol{B}=\frac{\boldsymbol{B}_1-\boldsymbol{B}_2}{2} \quad ③$$

由于 $\boldsymbol{B}_1$, $\boldsymbol{B}_2$ 方向相同,我们可将式③改写为

$$B=\frac{B_1-B_2}{2} \quad ④$$

此外,假设无限大载流平板的电流线密度为 α,则该载流平板产生的磁感应强度的大小可表示为

$$B=\frac{\mu_0\alpha}{2} \quad ⑤$$

对比式④和式⑤可得

$$\alpha=\frac{B_1-B_2}{\mu_0} \qquad ⑥$$

式⑥就是载流平板的线电流密度大小的表达式。

解法 2 由于无限大均匀载流平板产生的磁感应强度有平面对称性，我们可以做如图所示的矩形回路，对该矩形回路用安培环路定理可得

$$B_1\cdot|ab|-B_2\cdot|cd|=l(B_1-B_2)=\mu_0\alpha l \qquad ⑦$$

式⑦中 $|ab|=|cd|=l$，所以我们将式⑦两边同除以 l 可得

$$\alpha=\frac{B_1-B_2}{\mu_0} \qquad ⑧$$

显然，式⑧与式⑥一样表示了载流平板的线电流密度大小，其方向可以根据它产生的磁感应强度方向的右手螺旋法则确定为向外。

(3) 根据安培力公式我们有

$$\mathrm{d}\boldsymbol{F}=\alpha\,\mathrm{d}\boldsymbol{l}\times\boldsymbol{B}_0 \qquad ⑨$$

由于 $\mathrm{d}\boldsymbol{l}$ 方向与电流流向相同，它与外加磁场方向垂直，因此我们可写出式⑨大小关系表达式：

$$\mathrm{d}F=\alpha B_0\,\mathrm{d}l \qquad ⑩$$

载流平板单位长度受到的磁压为

$$p=\frac{\mathrm{d}F}{\mathrm{d}l}=\alpha B_0=\frac{(B_1-B_2)}{\mu_0}\,\frac{(B_1+B_2)}{2}=\frac{1}{2\mu_0}(B_1^2-B_2^2) \qquad ⑪$$

式⑪说明载流平板上下磁感应强度差越大，平板受到的磁压越大，但不是正比关系，而是平方关系。

9-4 题

解 由于导体内有一空腔，破坏了原来导体的轴对称性。在不改变原电流分布的条件下，我们将空腔补上电流密度 $\pm\boldsymbol{j}$，其中 $+\boldsymbol{j}$ 与导体一起构成轴对称分布的电流，$-\boldsymbol{j}$ 构成以空腔轴为中心轴的柱对称分布的反向电流。在空腔内任选一点 P，分别以导体轴心 O 和空腔轴心 O' 为圆心过 P 点作垂直于轴的圆形回路 l_1 和 l_2。作图 9-7 的俯视图如右图所示。根据磁感应强度的安培环流定理有

$$\oint\boldsymbol{B}_1\cdot\mathrm{d}\boldsymbol{l}_1=\mu_0\pi r_1^2 j \qquad ①$$

和

$$\oint\boldsymbol{B}_2\cdot\mathrm{d}\boldsymbol{l}_2=\mu_0\pi r_2^2(-j) \qquad ②$$

式①中,r_1是 OP 之间的距离,$\boldsymbol{B}_1$ 是导体在 P 点产生的磁感应强度;式②中 r_2是$O'P$ 之间的距离,$\boldsymbol{B}_2$ 是空腔反向电流在 P 点产生的磁感应强度。由于磁感应强度大小具有轴对称性,方向沿所选回路方向,积分式①和式②可得

$$B_1 2\pi r_1 = \mu_0 \pi r_1^2 j \quad ③$$

和

$$B_2 2\pi r_2 = \mu_0 \pi r_2^2 (-j) \quad ④$$

解式③和式④有

$$B_1 = \frac{\mu_0 r_1 j}{2} \quad ⑤$$

和

$$B_2 = -\frac{\mu_0 r_2 j}{2} \quad ⑥$$

如果我们把磁场的方向也考虑进去,式⑤和式⑥可写为

$$\boldsymbol{B}_1 = \frac{\mu_0 \boldsymbol{j} \times \boldsymbol{r}_1}{2} \quad ⑦$$

和

$$\boldsymbol{B}_2 = \frac{\mu_0 \boldsymbol{j} \times \boldsymbol{r}_2}{2} \quad ⑧$$

这样,P 点总磁感应强度为

$$\boldsymbol{B} = \boldsymbol{B}_1 + \boldsymbol{B}_2 = \frac{\mu_0 \boldsymbol{j} \times \boldsymbol{r}_1}{2} - \frac{\mu_0 \boldsymbol{j} \times \boldsymbol{r}_2}{2} = \frac{\mu_0 \boldsymbol{j}}{2} \times (\boldsymbol{r}_1 - \boldsymbol{r}_2) = \frac{\mu_0 \boldsymbol{j}}{2} \times \boldsymbol{a} \quad ⑨$$

磁感应强度的大小为

$$B = \frac{\mu_0 a j}{2} \quad ⑩$$

方向垂直于两轴连线向上。

10-1 题

解 电路开关闭合时,导线中出现电流,由于导线周围有磁场,导线在磁场安培力的作用下获得加速度跳起来。根据安培力表达式可得导线受到的安培力为

$$F = BIl \quad ①$$

假设导线受安培力作用下加速度为 $a = \frac{\mathrm{d}v}{\mathrm{d}t}$,则根据牛顿第二定律有

$$F = m\frac{\mathrm{d}v}{\mathrm{d}t} \quad ②$$

比较式①和式②两边可得

$$m\frac{\mathrm{d}v}{\mathrm{d}t} = BIl \quad ③$$

根据电流的定义,有

$$I = \frac{\mathrm{d}q}{\mathrm{d}t} \quad ④$$

将式④代入式③可得

$$m\mathrm{d}v = Bl\mathrm{d}q \quad ⑤$$

积分式⑤可得

$$q = \frac{mv}{Bl} \quad ⑥$$

式⑥说明通过导体的电量与导线离开线路时获得的速度相关,而这个速度表示导线具有一个初动能。在不计阻力情况下,导线跳起始末满足机械能守恒,所以有

$$\frac{1}{2}mv^2 = mgh \quad ⑦$$

解式⑦可得

$$v = \sqrt{2gh} \quad ⑧$$

将式⑧带入电量表达式⑥可得

$$q = \frac{m}{Bl}\sqrt{2gh} \quad ⑨$$

式⑨就是所求电量表达式。

10－3 题

解 (1) 按照定义,线圈平面在磁场中受到的磁力矩为

$$\boldsymbol{M} = \boldsymbol{m} \times \boldsymbol{B} \quad ①$$

式中

$$\boldsymbol{m} = m\boldsymbol{e}_{\mathrm{n}} = IS\boldsymbol{e}_{\mathrm{n}} \quad ②$$

是载流线圈的磁偶极矩,$\boldsymbol{e}_{\mathrm{n}}$ 是载流线圈的法线方向。将式②代入式①可得

$$\boldsymbol{M} = m\boldsymbol{e}_{\mathrm{n}} \times \boldsymbol{B} = IS\boldsymbol{e}_{\mathrm{n}} \times \boldsymbol{B} \quad ③$$

由题中给出的线圈平面与磁感应强度方向的夹角为 α 可知其法线方向与磁感应强度方向的夹角为 $\frac{\pi}{2}-\alpha$，故从式③可得此位置线圈受到的磁力矩大小为

$$M=ISB\sin\left(\frac{\pi}{2}-\alpha\right)=ISB\cos\alpha \qquad ④$$

式④就是线圈平面在磁力矩作用下转到与磁感应强度方向成 α 角时，线圈所受的磁力矩 $\boldsymbol{M}$ 的大小的表达式。

(2) 假设线圈任一位置所受的磁力矩为 $M=ISB\sin\varphi$，则在该磁力矩作用下线圈法线方向变化 $\mathrm{d}\varphi$ 所做的功为

$$\mathrm{d}A=-M\mathrm{d}\varphi=-ISB\sin\varphi\,\mathrm{d}\varphi \qquad ⑤$$

按题意积分式⑤可得

$$A=\int_{\frac{\pi}{2}}^{\frac{\pi}{2}-\alpha}-ISB\sin\varphi\,\mathrm{d}\varphi=ISB\sin\alpha \qquad ⑥$$

式⑥说明线圈平面从起始位置转动 α 角过程中磁力矩对线圈做的功为 $ISB\sin\alpha$。

14-1 题

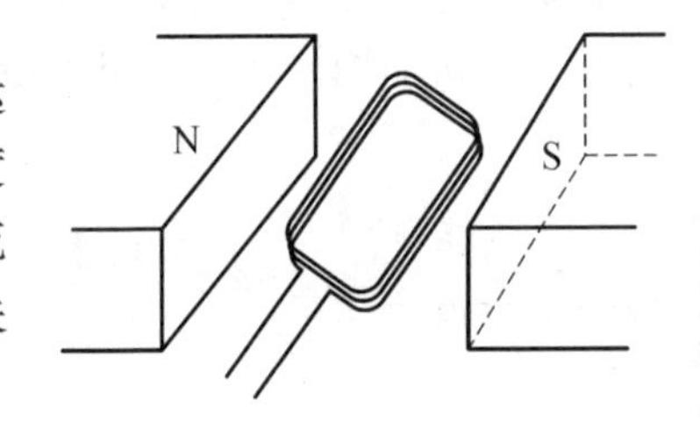

解 该题给我们的任务是求磁感应强度的表达式，而电流计直接测得的是电量，电量与磁感应强度没有直接的关系，与磁感应强度有直接关系的是电流强度，因此我们需要利用与电量和磁感应强度都有关系的电流强度这个中间量来做桥梁找到需要的量。

根据电流强度的定义、欧姆定律、法拉第电磁感应定律，我们有

$$q=\int I\mathrm{d}t=\int\frac{\varepsilon}{R}\mathrm{d}t=-\int\frac{\mathrm{d}\Phi}{R\mathrm{d}t}\mathrm{d}t=-\frac{1}{R}\int_{\Phi}^{0}\mathrm{d}\Phi=\frac{\Phi}{R} \qquad ①$$

式①中 ε 为感应电动势，Φ 为线圈初始位置的磁通量。按照磁通量的定义

$$\Phi=NBA \qquad ②$$

将式②代入式①可得

$$B=\frac{qR}{NA} \qquad ③$$

式③就是磁感应强度的表达式。明显地，磁感应强度的值与电流计测得的电量成正比，因此我们可以根据电量来标度对应的磁感应强度，把这样的线圈做成一个磁感应强度计。

14-2 题

解 根据动生电动势的定义

$$\varepsilon = \oint \boldsymbol{v} \times \boldsymbol{B} \cdot \mathrm{d}\boldsymbol{l} = \oint \boldsymbol{\omega} \times \boldsymbol{r} \times \boldsymbol{B} \cdot \mathrm{d}\boldsymbol{l} \qquad ①$$

式①中，$\boldsymbol{r}$ 的大小是线元 $\mathrm{d}\boldsymbol{l}$ 到转轴的垂直距离。假设圆形圈的半径为 R，$\mathrm{d}\boldsymbol{l}$ 位置的位置矢量与 z 轴夹角为 θ，则有

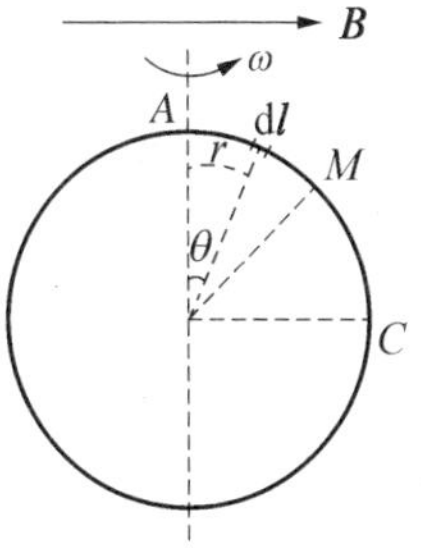

$$r = R\sin\theta,\ \mathrm{d}l = R\,\mathrm{d}\theta \qquad ②$$

根据图示，任一时刻 $\boldsymbol{v} \times \boldsymbol{B}$ 的方向竖直向下，它与 $\mathrm{d}\boldsymbol{l}$ 的夹角与 θ 互为余角，因此将式②代入式①整理可得

$$\varepsilon = \oint \omega B R^2 \sin^2\theta\,\mathrm{d}\theta \qquad ③$$

式③是题设条件下电动势的一般表达式。

（1）

$$\varepsilon_{AM} = \int_0^{\frac{\pi}{4}} \omega B R^2 \sin^2\theta\,\mathrm{d}\theta = \left(\frac{\pi}{8} - \frac{1}{4}\right) R^2 \omega B \qquad ④$$

$$\varepsilon_{AC} = \int_0^{\frac{\pi}{2}} \omega B R^2 \sin^2\theta\,\mathrm{d}\theta = \frac{\pi}{4} R^2 \omega B \qquad ⑤$$

（2）要计算电势差，我们还需要知道电流。由于线圈材料均匀，各个位置的电阻率相等。假设线圈总电阻为 R_0，则 A，C 间的电阻 $R_{AC} = \dfrac{R_0}{4}$，A，M 间的电阻 $R_{AM} = \dfrac{R_0}{8}$，因此有

$$U_{CA} = \varepsilon_{AC} - I\,\frac{R_0}{4} = \varepsilon_{AC} - \frac{\varepsilon_{AC}}{\frac{R_0}{4}}\,\frac{R_0}{4} = 0 \qquad ⑥$$

式⑥说明 C 和 A 两点电势一样高。

同理有

$$U_{MA} = \varepsilon_{AM} - I\,\frac{R_0}{8} = \varepsilon_{AM} - \frac{\varepsilon_{AC}}{\frac{R_0}{4}}\,\frac{R_0}{8} = \varepsilon_{AM} - \frac{1}{2}\varepsilon_{AC} = -\frac{1}{4}R^2\omega B \qquad ⑦$$

式⑦中“－”说明 A 点电势比 M 点高。

14－3 题

解　（1）回路开关合上瞬间，回路中出现电流，载流的金属细棒处在磁场中受到安培力作用，因棒一段固定，另一端可在一圆环上滑动，所以该细棒在磁场安培力作用下转动。棒转动后，受洛伦磁力作用处在磁场中的棒中将产生动生电动势，其方向

与原电源电动势方向相反,阻碍电流的增加,因此初始时刻电流有最大值 $I_m=\varepsilon/R$,安培力最大,角加速度有最大值 β_m。根据转动定理有

$$\beta_m=\frac{M}{J} \quad ①$$

式①中 M 为力矩,它是一个未知量,$J=\frac{1}{3}ml^2$ 为细棒绕一端转动的转动惯量。由于棒各处受到的安培力大小不等,所以我们需要用微积分来计算棒受到的力矩。在棒中离 O 点 r 处取一微元 $\mathrm{d}r$,则 $\mathrm{d}r$ 受到磁场的安培力为

$$\mathrm{d}F=BI_m\mathrm{d}r=B\frac{\varepsilon}{R}\mathrm{d}r \quad ②$$

力矩为

$$\mathrm{d}M=r\mathrm{d}F=\frac{\varepsilon B}{R}r\mathrm{d}r \quad ③$$

积分式③可得

$$M=\int_0^M\mathrm{d}M=\int_0^l\frac{\varepsilon B}{R}r\mathrm{d}r=\frac{\varepsilon B}{2R}l^2 \quad ④$$

将 J 的值和式④代入式①可得

$$\beta_m=\frac{M}{J}=\frac{\frac{B\varepsilon}{2R}l^2}{\frac{1}{3}ml^2}=\frac{3}{2}\frac{B\varepsilon}{mR} \quad ⑤$$

式⑤即我们要找的最大角加速度的表达式。

(2) 在磁场中运动的棒会产生动生电动势,由于该动生电动势方向与原电源电动势方向相反,阻碍电流的增加。因此,随着动生电动势的增加,回路中的电流减小,安培力减小。当动生电动势增加到等于原电源的电动势($\varepsilon_i=\varepsilon$)时,回路中电流为零,安培力为零,角加速度为零,角速度不再增加,或者说此时棒有最大角速度 ω_m。根据动生电动势的定义有

$$\varepsilon_i=\int_0^l\boldsymbol{v}\times\boldsymbol{B}\cdot\mathrm{d}\boldsymbol{l}=\int_0^l\omega rB\mathrm{d}r=\frac{\omega l^2B}{2} \quad ⑥$$

将 $\varepsilon_i=\varepsilon$ 代入式⑥得

$$\omega_m=\frac{2\varepsilon}{l^2B} \quad ⑦$$

式⑦即最大角速度的表达式,它与电源的电动势、磁感应强度以及棒的长度有关。

（3）在任意时刻 t，棒与外线路构成回路中的电流为

$$I=\frac{\varepsilon-\varepsilon_{i}}{R}=\frac{\varepsilon-\frac{1}{2}\omega Bl^{2}}{R}=\frac{2\varepsilon-\omega Bl^{2}}{2R} \tag{8}$$

比照式②、式③、式④，可得任意时刻细棒受到的力矩为

$$M=\int_{0}^{M}\mathrm{d}M=\int_{0}^{l}\frac{2\varepsilon-\omega Bl^{2}}{2R}Br\mathrm{d}r=\frac{2\varepsilon Bl^{2}-\omega B^{2}l^{4}}{4R} \tag{9}$$

因此，该时刻棒的角加速度为

$$\beta=\frac{3}{4}\frac{B(2\varepsilon-\omega Bl^{2})}{mR} \tag{10}$$

将 $\beta=\frac{\mathrm{d}\omega}{\mathrm{d}t}$ 代入式⑩可得

$$\frac{\mathrm{d}\omega}{\mathrm{d}t}=\frac{3}{4}\frac{B(2\varepsilon-\omega Bl^{2})}{mR} \tag{11}$$

整理式⑪，将有 ω 的表达式放等式一边，常数与 t 放另一边可得

$$\frac{\mathrm{d}\omega}{\omega Bl^{2}-2\varepsilon}=-\frac{3}{4}\frac{B}{mR}\mathrm{d}t \tag{12}$$

积分式⑫可得

$$\omega=\frac{2\varepsilon}{Bl^{2}}\left(1-\mathrm{e}^{-\frac{3}{4}\frac{B^{2}l^{2}}{mR}t}\right) \tag{13}$$

式⑬就是时刻 t 细棒转动的角速度。明显地，该角速度随时间增加而增加，最后达到一稳定值 $\frac{2\varepsilon}{Bl^{2}}$。该题是直流电动机的雏形。

14－5 题

解　（1）方法 1　用虚线连接 OA 和 OB，这样 OAB 构成一虚拟回路，并选定绕行方向为 $OBAO$，对该回路运用法拉第电磁感应定律，有

$$\varepsilon_{OA}+\varepsilon_{AB}+\varepsilon_{BO}=-\frac{\mathrm{d}\Phi}{\mathrm{d}t} \tag{1}$$

由于 OA 和 OB 方向与感生电场方向垂直，所以

$$\varepsilon_{OA}=\varepsilon_{BO}=0 \tag{2}$$

将式②代入式①可得

$$\varepsilon=-\frac{\mathrm{d}\Phi}{\mathrm{d}t}=-S\frac{\mathrm{d}B}{\mathrm{d}t}=-\frac{\sqrt{3}}{4}r^2\frac{\mathrm{d}B}{\mathrm{d}t} \qquad ③$$

式③中的负号表示电动势的方向与设定的绕行方向 B 到 A 相反,实际为 A 到 B 方向。

同理,用虚线连接 OD 和 OC,这样 ODC 构成一虚拟回路,并选定绕行方向为 $OCDO$,对该回路应用法拉第电磁感应定律,有

$$\varepsilon_{OD}+\varepsilon_{DC}+\varepsilon_{CO}=-\frac{\mathrm{d}\Phi}{\mathrm{d}t} \qquad ④$$

由于 OD 和 OC 方向与感生电场方向垂直,所以

$$\varepsilon_{OD}=\varepsilon_{CO}=0 \qquad ⑤$$

将式⑤代入式④可得

$$\varepsilon=-\frac{\mathrm{d}\Phi}{\mathrm{d}t}=-S'\frac{\mathrm{d}B}{\mathrm{d}t}=-\frac{\pi}{6}r^2\frac{\mathrm{d}B}{\mathrm{d}t} \qquad ⑥$$

式⑥中的负号表示电动势的方向与设定的绕行方向 C 到 D 相反,实际为 D 到 C 方向。

由于梯形边 AD 和 BC 与半径连线在一直线上,垂直于感应电场方向,所以 $\varepsilon_{AD}=\varepsilon_{BC}=0$,这样

$$\varepsilon_{ABCD}=\varepsilon_{AB}+\varepsilon_{CD}=\left(\frac{\sqrt{3}}{4}-\frac{\pi}{6}\right)r^2\frac{\mathrm{d}B}{\mathrm{d}t} \qquad ⑦$$

ε_{ABCD} 方向沿 $DCBA$ 逆时针方向。

方法 2 根据麦克斯韦关于感生电场 $\boldsymbol{E}_{\mathrm{i}}$ 的定义有

$$\oint\boldsymbol{E}_{\mathrm{i}}\cdot\mathrm{d}\boldsymbol{l}=-\iint_S\frac{\mathrm{d}\boldsymbol{B}}{\mathrm{d}t}\cdot\mathrm{d}\boldsymbol{S} \qquad ⑧$$

由于磁感应强度在螺线管内呈轴对称分布,磁感应变化产生的感应电场大小也相应地具有轴对称性,所以我们可以螺线管轴心为圆心,以 r' 为半径作一安培回路。在该回路上感应电场大小为一常数,方向沿回路方向,这样简化式为

$$2\pi r'\boldsymbol{E}_{\mathrm{i}}=-\pi r'^2\frac{\mathrm{d}\boldsymbol{B}}{\mathrm{d}t}\quad(r'\leqslant r) \qquad ⑨$$

和

$$2\pi r'\boldsymbol{E}_{\mathrm{i}}=-\pi r^2\frac{\mathrm{d}\boldsymbol{B}}{\mathrm{d}t}\quad(r'>r) \qquad ⑩$$

整理式⑨和式⑩可得

$$\boldsymbol{E}_{\mathrm{i}}=\begin{cases}-\dfrac{r'}{2}\dfrac{\mathrm{d}\boldsymbol{B}}{\mathrm{d}t} & (r'\leqslant r)\\ -\dfrac{r^2}{2r'}\dfrac{\mathrm{d}\boldsymbol{B}}{\mathrm{d}t} & (r'>r)\end{cases} \tag{11}$$

根据电动势的定义有

$$\varepsilon_{AB}=\int_A^B \boldsymbol{E}_{\mathrm{i}}\cdot\mathrm{d}\boldsymbol{l}=\int_0^r -\frac{r'}{2}\frac{\mathrm{d}B}{\mathrm{d}t}\frac{\sqrt{r^2-(r/2)^2}}{r'}\mathrm{d}l=-\frac{\sqrt{3}}{4}r\frac{\mathrm{d}B}{\mathrm{d}t} \tag{12}$$

显然,式⑫与式③完全一样,说明两种方法计算对结果没有影响。

(2) 根据全电路欧姆定律,D 和 C 两点的电势差可表示为

$$\begin{aligned}U_{DC}&=U_D-U_C=\varepsilon_{DC}-IR'\\&=-\frac{\pi}{6}r^2\frac{\mathrm{d}B}{\mathrm{d}t}-\frac{(\sqrt{3}/4-\pi/6)r^2}{R}\frac{2R}{5}\cdot\frac{\mathrm{d}B}{\mathrm{d}t}\\&=-\frac{(\sqrt{3}+\pi)r^2}{10}\frac{\mathrm{d}B}{\mathrm{d}t}\end{aligned} \tag{13}$$

14-6 题

解 旋转电荷的体分布使得离圆柱中心轴不同距离处的磁感应强度不同,但磁感应强度的分布具有柱对称性,所以该题第一个要解决的问题是计算离圆柱体中心轴 r 处的磁感应强度,然后计算通过圆线圈的磁通量,再根据法拉第电磁感应定律计算感应电流大小和流向。

第一步 计算离圆柱体中心轴 $r(0<r<a)$处的磁感应强度

方法1 将旋转电荷形成的电流视为一层一层密绕在圆柱体中心轴上的载流导线,这样可用螺线管中的磁场来做计算。离圆柱体中心轴 r 处取一个 $\mathrm{d}r$ 厚的圆柱体壳层,该壳层的电荷 $\mathrm{d}q$ 可表示为

$$\mathrm{d}q=\rho 2\pi rL\,\mathrm{d}r=\frac{q}{\pi a^2L}2\pi rL\,\mathrm{d}r=\frac{2qr}{a^2}\mathrm{d}r \tag{1}$$

该电荷以角速度 ω 绕中心轴旋转产生的电流

$$\mathrm{d}I=\frac{\mathrm{d}q}{T}=\frac{\omega\,\mathrm{d}q}{2\pi}=\frac{\omega qr}{\pi a^2}\mathrm{d}r \tag{2}$$

该电流可视为半径为 r、长为 L 的螺线管电流,因此它在螺线管内产生的磁感应强度为

$$\mathrm{d}B=\mu_0\alpha=\frac{\mu_0\mathrm{d}I}{L}=\frac{\mu_0\omega qr}{\pi a^2L}\mathrm{d}r \tag{3}$$

由于 r 处的磁感应强度由圆柱体中从距离中心轴 r 到 a 所有旋转电荷激发，所以

$$B_r=\int_r^a \mathrm{d}B=\int_r^a \frac{\mu_0\omega q r}{\pi a^2 L}\mathrm{d}r=\frac{\mu_0\omega q}{2\pi L a^2}(a^2-r^2) \tag{4}$$

方法 2　经过 r 作如图所示的矩形回路，按安培环路定律，有

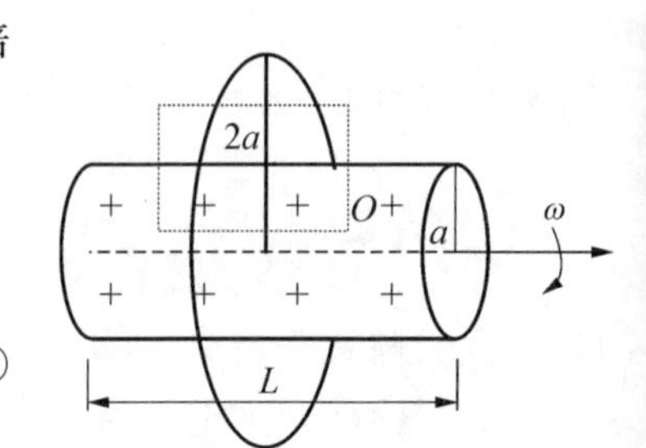

$$B_r l-0=\mu_0\int_r^a \mathrm{d}I=\mu_0\int_r^a \frac{\omega}{2\pi}\frac{q}{\pi a^2 L}2\pi r l\,\mathrm{d}r$$

$$=\mu_0\frac{q l\omega}{2a^2\pi L}(a^2-r^2) \tag{5}$$

因此

$$B_r=\frac{\mu_0\omega q}{2\pi L a^2}(a^2-r^2) \tag{6}$$

第二步　计算半径为 $2a$ 的圆线圈中的磁通量

$$\Phi_{\mathrm{m}}=\int_0^a B_r 2\pi r\,\mathrm{d}r=\int_0^a \frac{\mu_0\omega q}{2\pi L a^2}(a^2-r^2)2\pi r\,\mathrm{d}r=\frac{\mu_0\omega q a^2}{4L} \tag{7}$$

将 $\omega=\omega_0(1-t/t_0)$ 代入式⑦，有

$$\Phi_{\mathrm{m}}=\frac{\mu_0\omega q a^2}{4L}=\frac{\mu_0 q a^2}{4L}\omega_0(1-t/t_0) \tag{8}$$

根据法拉第电磁感应定律，有

$$\varepsilon=-\frac{\mathrm{d}\Phi_m}{\mathrm{d}t}=-\mathrm{d}\left[\frac{\mu_0 q a^2}{4L}\omega_0(1-t/t_0)\right]/\mathrm{d}t=\frac{\mu_0 q a^2}{4L t_0}\omega_0 \tag{9}$$

根据基尔霍夫定律，有

$$i=\frac{\varepsilon}{R}=\frac{\mu_0 q a^2}{4L R t_0}\omega_0 \tag{10}$$

感应电流的方向与 ω 代表的绕行方向一致。

15-1 题

解　(1) 假设该回路通有强度为 I 的电流，则穿过回路横截面的磁通量为

$$\Phi=BS=\mu_0\frac{I}{l}(2\pi a^2+ld) \tag{1}$$

根据自感系数的定义有

$$L=\frac{\Phi}{I}=\mu_0\frac{1}{l}(2\pi a^2+ld) \tag{2}$$

（2）根据自感电动势的定义式和法拉第电磁感应定律有

$$\varepsilon_L = -L\frac{\mathrm{d}I}{\mathrm{d}t} = -\left(-\frac{\mathrm{d}\Phi}{\mathrm{d}t}\right) = \frac{\mathrm{d}B}{\mathrm{d}t}S \qquad ③$$

将式②以及题设的 B 代入式③可得

$$\frac{\mu_0}{l}\frac{\mathrm{d}I}{\mathrm{d}t} = -k \qquad ④$$

积分式④可得

$$I = -\frac{kl}{\mu_0}t \qquad ⑤$$

式⑤就是在变化磁场作用下回路中产生的感应电流，式中负号表示电流的流向与我们计算磁通量时选择的回路方向相反。

15－3题

解　以线框刚进入磁场时刻为计时起点（$t=0$），在此后的某一时刻 t，如果线框的位移为 x，速度为 v，电流为 I，此时动生电动势为 $\varepsilon = Bl_2v$，自感电动势为 $\varepsilon_L = -L\frac{\mathrm{d}I}{\mathrm{d}t}$。对于超导线框（没有电阻），线框回路电路方程为

$$\varepsilon - \varepsilon_L = Bl_2v + L\frac{\mathrm{d}I}{\mathrm{d}t} = 0 \qquad ①$$

把 $v = \frac{\mathrm{d}x}{\mathrm{d}t}$ 代入式①中，并整理可得

$$Bl_2\mathrm{d}x = -L\mathrm{d}I \qquad ②$$

式②两边分别积分可得

$$I = -\frac{Bl_2}{L}x + C \qquad ③$$

式③中的 C 为一待定常数，由初始条件决定。由于 $t=0$ 时，$x=0$，$I=0$，所以 $C=0$。这样，式③变为

$$I = -\frac{Bl_2}{L}x \qquad ④$$

线框进入磁场后受到的安培力为

$$F = Bl_2I = -\frac{B^2l_2^2}{L}x \qquad ⑤$$

根据牛顿第二定律，线框在磁场中的运动方程为

$$m\frac{d^2x}{dt^2}=-\frac{B^2l_2^2}{L}x \tag{6}$$

式⑥是典型的简谐振动的振动方程,它的标准解为

$$x=A\cos(\omega t+\varphi) \tag{7}$$

式⑦中,$\omega=\sqrt{\dfrac{B^2l_2^2}{mL}}$ 是线框振动的频率。由初始条件:$t=0$ 时,$x=0$, $v=v_0$,可以确定出式⑦中 $A=\sqrt{\dfrac{Lmv_0^2}{B^2l_2^2}}$ 和 $\varphi=-\dfrac{\pi}{2}$。于是线框振动方程为

$$x=\sqrt{\frac{Lmv_0^2}{B^2l_2^2}}\sin\omega t \tag{8}$$

讨论 (1) 线框的初速度 v_0 较小时,在安培力的作用下,当它的速度减为零时,整个线框未全部进入磁场区,这时在安培力的继续作用下,线框将反向运动,最后退出磁场区。线框一进一出的运动是一个简谐振动的半个周期内的运动。如果当 $x\leqslant l_1$ 时,$v=0$,有

$$l_1\geqslant\sqrt{\frac{Lmv_0^2}{B^2l_2^2}}\sin\left(\frac{2\pi}{T}\times\frac{T}{4}\right)=\sqrt{\frac{Lmv_0^2}{B^2l_2^2}} \tag{9}$$

解式⑨得

$$v_0\leqslant\frac{Bl_1l_2}{\sqrt{Lm}} \tag{10}$$

式⑩说明如果线框进入速度小于 $\dfrac{Bl_1l_2}{\sqrt{Lm}}$ 时,线框将不会穿过磁场,只能在磁场中来回振荡。

(2) 若线框的初速度 v_0 比较大,整个线框能全部进入磁场区。如果当整个线框刚进入磁场区时,其速度仍大于零,这要求满足下式

$$v_0>\frac{Bl_1l_2}{\sqrt{mL}} \tag{11}$$

设全部进入磁场区的时间为 τ,即

$$l_1=\sqrt{\frac{Lmv_0^2}{B^2l_2^2}}\sin\omega\tau \tag{12}$$

解式⑫得

$$\tau = \frac{\sqrt{Lm}}{Bl_2}\arcsin\frac{Bl_1l_2}{\sqrt{Lmv_0^2}} \tag{13}$$

根据式⑧可得

$$v = v_0\cos\omega\tau \tag{14}$$

将式⑬代入式⑭解得

$$v = \sqrt{v_0^2 - \frac{B^2l_1^2l_2^2}{Lm}} \tag{15}$$

式⑮说明线框在 $0\sim\tau$ 时间内做简谐振动，在 $t>\tau$ 后，将以速度 v 做匀速直线运动。

16－3 题

解　(1) 磁场波动的一般表达式为

$$H_z(x,t) = H_0\cos(\omega t - kx + \varphi) \tag{1}$$

按题意式中 ω，k，φ 是需要我们确定的未知数，根据题设条件，我们有

$$\omega = 2\pi\nu = \frac{2\pi}{T} = \frac{2\pi u}{\lambda} \tag{2}$$

$$k = \frac{2\pi}{\lambda} \tag{3}$$

我们还需要找到 φ 的表达式，根据 $t=0$ 时刻的波形图，有

$$-\frac{H_0}{2} = H_0\cos\varphi \tag{4}$$

解得

$$\varphi = \pm\frac{2\pi}{3} \tag{5}$$

再观察波形图，由于波向 x 正方向传播，下一时刻 $x=0$ 位置的振动应继续向下(z 的负方向)，所以

$$\varphi = \frac{2\pi}{3} \tag{6}$$

将式②、式③和式⑥代入式①可得磁场分量的波动表达式为

$$H_z(x,t) = H_0\cos\left[\frac{2\pi}{\lambda}(ut - x) + \frac{2\pi}{3}\right] \tag{7}$$

(2) 由于电场分量与磁场分量总是呈右手螺旋，且相位相同，所以有

$$E_y(x\,,\,t)=E_0\cos\left[\frac{2\pi}{\lambda}(ut-x)+\frac{2\pi}{3}\right]$$

$$=\sqrt{\frac{\mu_0}{\varepsilon_0}}H_0\cos\left[\frac{2\pi}{\lambda}(ut-x)+\frac{2\pi}{3}\right] \quad ⑧$$

当 $t=0$ 时,电场分量波形图如右图所示。

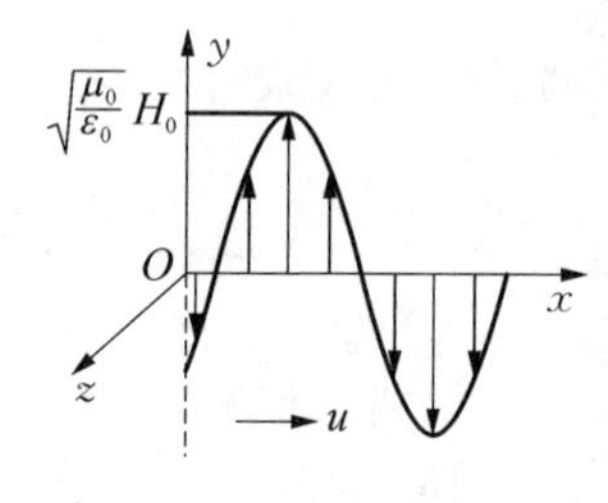

(3) 按照坡印廷矢量的定义,有

$$\boldsymbol{S}=\boldsymbol{E}\times\boldsymbol{H} \quad ⑨$$

所以坡印廷矢量的方向由 $\boldsymbol{E}\times\boldsymbol{H}$ 确定,即传播方向,它在 $t=0$ 时刻,$x=0$ 处的大小为

$$S=EH=\sqrt{\frac{\mu_0}{\varepsilon_0}}H_0^2\cos^2\left[\frac{2\pi}{\lambda}(ut-x)+\frac{2\pi}{3}\right]\Bigg|_{t=0,\ x=0}$$

$$=\frac{1}{4}\sqrt{\frac{\mu_0}{\varepsilon_0}}H_0^2 \quad ⑩$$

16-5 题

解　(1) 由于磁场分量与电场分量总是呈右手螺旋关系,且相位相同,所以有

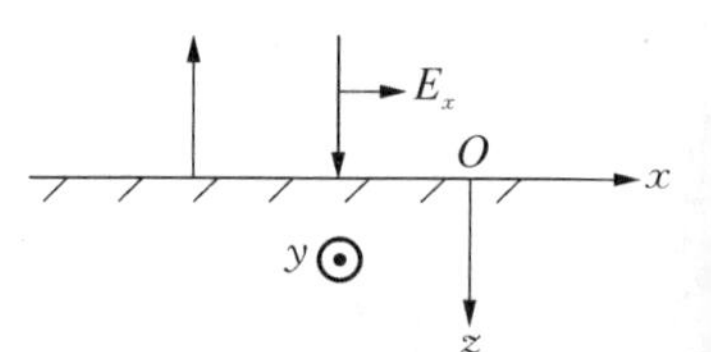

$$H_y(z\,,\,t)=\sqrt{\frac{\varepsilon_0}{\mu_0}}E_0\cos\omega\left(t-\frac{z}{c}\right)\ (z<0) \quad ①$$

(2) 反射电磁波的电场分量为

$$E'_x(z\,,\,t)=E_0\cos\left[\omega\left(t+\frac{z}{c}\right)+\pi\right]=-E_0\cos\omega\left(t+\frac{z}{c}\right) \quad ②$$

相应的磁场分量为

$$H'_y(z\,,\,t)=\sqrt{\frac{\varepsilon_0}{\mu_0}}E_0\cos\omega\left(t+\frac{z}{c}\right) \quad ③$$

(3)

$$I=\frac{1}{T}\int_0^T S\mathrm{d}t=\frac{1}{T}\int_0^T E_xH_y\mathrm{d}t$$

$$=\frac{1}{T}\int_0^T\sqrt{\frac{\varepsilon_0}{\mu_0}}E_0^2\cos^2\omega\left(t-\frac{z}{c}\right)\mathrm{d}t=\frac{1}{2}\sqrt{\frac{\varepsilon_0}{\mu_0}}E_0^2 \quad ④$$

(4)

$$p=\frac{2I}{c}=\frac{2}{2c}\sqrt{\frac{\varepsilon_0}{\mu_0}}E_0^2=\frac{2}{2c}\sqrt{\frac{\varepsilon_0^2}{\varepsilon_0\mu_0}}E_0^2=\varepsilon_0E_0^2 \quad ⑤$$

18－3 题

解 (1) 根据马吕斯定律,线偏振光通过偏振片后光强为

$$I_1 = I_0\cos^2\alpha = I_0\cos^2 10° \quad ①$$

同理,光强为 I_1 的偏振光再进入第二块偏振片,出射光强为

$$I_2 = I_1\cos^2 10° = I_0(\cos^2 10°)^2 \quad ②$$

以此类推,通过第九块偏振片的光强为

$$I_9 = I_0(\cos^2 10°)^9 = 0.760I_0 \quad ③$$

(2) 与(1) 类似讨论,有

$$I_{90} = I_0(\cos^2 1°)^{90} = 0.973I_0 \quad ④$$

由这道题我们可知,偏振片可用来改变偏振光的偏振方向,只要放置的偏振片足够多,每两块偏振片偏振化方向之间的夹角足够小,就可以得到强度几乎不损失而振动方向转了 90°的偏振光。

18－4 题

解 光经过 A 界面折射到 B 界面,假设进入 A 界面的折射角为 γ(进入 B 界面的入射角等于 γ),根据折射定律,有

$$n_1\sin\gamma = n\sin 45° \quad ①$$

因此,有

$$\sin\gamma = \frac{n}{\sqrt{2}n_1} \quad ②$$

再假设经过 B 界面的折射角为 γ',根据折射定律,有

$$n_1\sin\gamma = n_2\sin\gamma' \quad ③$$

由于需要经 B 界面的反射光为线偏振光,根据布儒斯特定律有

$$\gamma + \gamma' = \frac{\pi}{2} \quad ④$$

联立式③和式④可得

$$\tan\gamma = \frac{n_2}{n_1} \quad ⑤$$

利用三角函数关系式 $\tan\gamma = \dfrac{\sin\gamma}{\cos\gamma}$, $\cos\gamma = \sqrt{1-\sin^2\gamma}$, 将式②和式⑤联系起来可解得

$$n=\frac{\sqrt{2}n_1n_2}{\sqrt{n_1^2+n_2^2}} \quad ⑥$$

式⑥即三者之间在题设条件下需要满足的关系式。

18-6 题

解 (1) 线偏振光通过波片(双折射晶体)时按偏振方向分为两束,一束为偏振方向平行于波片光轴的 e 光,另一束为垂直于波片光轴方向的 o 光。如果我们用 E 表示入射光的振幅,E_e 为经过波片后 e 光的振幅,E_o 为经过波片后 o 光的振幅,则有

$$E_e=E\cos 45° \quad ①$$

$$E_o=E\sin 45° \quad ②$$

比较式①和式②可得

$$E_e=E_o \quad ③$$

式③说明两列振动方向互相垂直的偏振光振幅相等。进一步计算它们的相位差

$$\Delta\varphi=\frac{2\pi}{\lambda}(n_e-n_o)d=\frac{2\pi}{589.3\times 10^{-9}}\times(1.553\,3-1.544\,2)\times 1.62\times 10^{-5}=0.5\pi \quad ④$$

式④说明通过波片出射的两列振幅相同、偏振方向垂直的光出射时位相差为 $\frac{\pi}{2}$,因此它们将在出射处合成圆偏振光。由于 e 光(沿 x 方向振动)落后 o 光(沿 y 轴方向)$\frac{\pi}{2}$ 相位,所以出射光为右旋圆偏振光。

(2) 若在该圆偏振光前再加一四分之一波片,则它们的位相差再增加 $\frac{\pi}{2}$,即为 π,这样两束光合成线偏振光,但偏振方向与进入第一块波片前的方向转过 $2\times 45°=90°$。

19-4 题

解 自然光可分解为两个互相垂直的偏振光。若不考虑能量损失,通过第一块偏振片后光强变为原来的一半,即

$$I_1=\frac{1}{2}I_0 \quad ①$$

然后,这偏振光通过 1/4 波片时沿波片光轴方向和垂直于光轴方向分解为 e 光和 o 光,且它们的光强分别为

$$I_e=I_1\cos^2 30° \quad ②$$

和

$$I_o = I_1 \sin^2 30° \tag{③}$$

它们的相位差为

$$\Delta\varphi = \frac{2\pi}{\lambda} \mid n_o - n_e \mid d = \frac{2\pi}{\lambda} \times \frac{\lambda}{4} = \frac{\pi}{2} \tag{④}$$

e 光和 o 光通过第二块偏振片时，只有沿偏振化方向的分量才有可能通过。考虑到第二块偏振片的偏振化方向与第一块正交，e 光和 o 光通过第二块偏振片的光强分别为

$$I'_e = I_1 \cos^2 30° \sin^2 30° \tag{⑤}$$

和

$$I'_o = I_1 \sin^2 30° \cos^2 30° \tag{⑥}$$

它们的相位差为

$$\Delta\varphi' = \frac{2\pi}{\lambda} \mid n_o - n_e \mid d + \pi = \frac{3\pi}{2} \tag{⑦}$$

通过第二块偏振片后，e 光和 o 光合并为第二块偏振片偏振化方向振动的光波，因此总光强为

$$I_2 = I'_e + I'_o + 2\sqrt{I'_e I'_o} \cos\Delta\varphi' \tag{⑧}$$

将式⑤和式⑥代入式⑧，有

$$I_2 = 2I_1 \cos^2 30° \sin^2 30° (1 + \cos\Delta\varphi') = 4I_1 \cos^2 30° \sin^2 30° \cos^2 \frac{\Delta\varphi'}{2} \tag{⑨}$$

将式①和式⑦代入式⑨可得

$$I_2 = 4 \times \frac{1}{2} I_0 \cos^2 30° \sin^2 30° \cos^2 \frac{3\pi}{4} = \frac{3}{16} I_0 \tag{⑩}$$

式⑩说明通过第二块偏振片的光强为原自然光强度的 3/16。

21－3 题

解　这是一道很有意思的题目，它将告诉我们在什么情况下光沿直线传播，在什么情况下，需要我们考虑光的衍射现象。对于一束平行光，按光的直线传播原理它通过狭缝（宽度为 a）后打在屏幕上的光带宽度 x 满足 $x = a$。但这个原理也有适用范围，当缝宽度小到一定程度后，光会发生衍射现象。这时，观察屏的光带不再减小，而是由于衍射效应而变宽。因此，通过狭缝的光刚刚出现衍射现象时，光带的宽度最窄。根据单缝衍射中央明纹宽度的表达式，有

$$x = 2\frac{\lambda}{a} D \tag{①}$$

按题设条件 $x \geqslant a$，有

$$2\frac{\lambda}{a}D \geqslant a \tag{②}$$

解式②可得

$$a \leqslant \sqrt{2\lambda D} \tag{③}$$

取

$$a_0 = \sqrt{2\lambda D} \tag{④}$$

式④就是光带最窄的缝宽。式④说明通过单缝的光发生衍射的条件与它的波长相关。由于可见光的波长为400～700 nm，假设观察屏离缝距离为1 m，则对于可见光光带最窄的狭缝宽度 a_0 为0.9～1.2 mm。

22-2题

解　(1) 因光栅衍射中任意两个主极大间有 $N-2$ 个次极大，再查看右图我们有

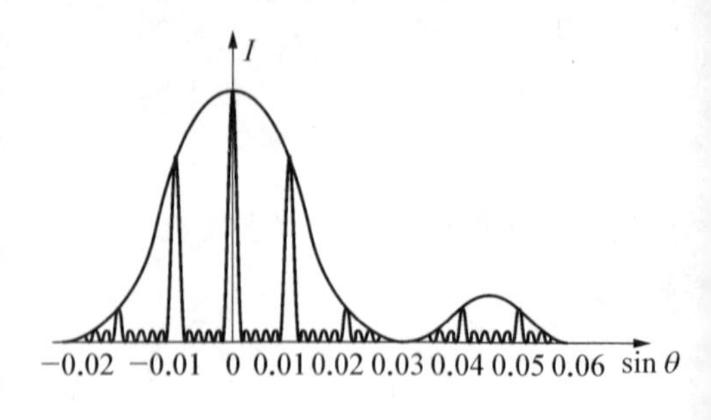

$$N-2=4 \tag{①}$$

解式①得

$$N=6 \tag{②}$$

即该衍射图像是缝数为6的光栅衍射。

再次查看图，我们发现衍射的一级暗纹的角位置为

$$\sin\theta = 0.03 \tag{③}$$

根据惠更斯-菲涅耳理论有

$$a\sin\theta = \lambda \tag{④}$$

解式④得缝宽为

$$a = \frac{\lambda}{\sin\theta} = \frac{600\times10^{-9}}{0.03} = 2\times10^{-5}\ \text{m} \tag{⑤}$$

继续查看图，反射干涉一级主极大角位置为

$$\sin\theta = 0.01 \tag{⑥}$$

根据光栅方程，有

$$d\sin\theta = \lambda \tag{⑦}$$

因此

$$d = \frac{\lambda}{\sin\theta} = \frac{600\times10^{-9}}{0.01} = 6\times10^{-5}\ \text{m} \tag{⑧}$$

式⑧中 d 为光栅常数，即光栅透光部分与不通光部分之和，因此不透光部分的宽度为

$$b = d - a = 4 \times 10^{-5}\ \text{m} \tag{⑨}$$

(2) 如果将该光栅偶数缝遮住，则缝数变为 3，缝宽不变，缝间距变为 12×10^{-5} m，所以

$$\frac{d'}{a} = 6 \tag{⑩}$$

根据式⑩可以判断衍射明纹中有 11 条干涉主极大，干涉的第六级主极大缺级。光强分布如右图所示。

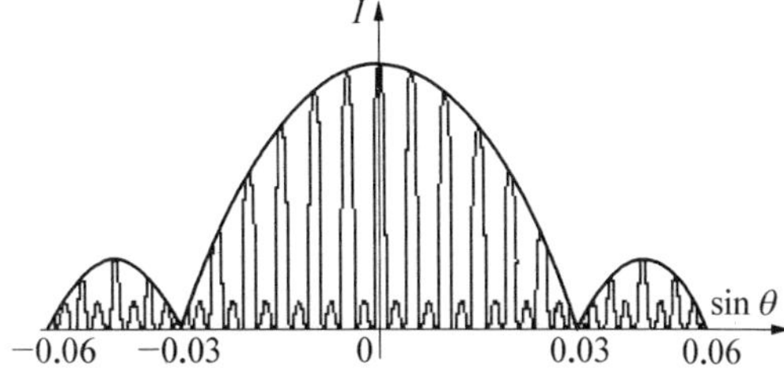